高等学校理工科化学化工类规划教材

ORGANIC CHEMISTRY

有机化学

组　编　高等学校化学化工类规划教材编审委员会

主　编　陈　平

副主编　吴　爽　陈宏博

编　者（按姓氏笔画排序）

　　　　于丽颖　李　颖　吴　爽　陈　平　陈宏博

大连理工大学出版社
Dalian University of Technology Press

图书在版编目(CIP)数据

有机化学 / 陈平主编；高等学校化学化工类规划教
材编审委员会组编. —大连：大连理工大学出版社，
2012.7(2020.8 重印)
ISBN 978-7-5611-7076-2

Ⅰ. ①有… Ⅱ. ①陈… ②高… Ⅲ. ①有机化学—高
等学校—教材 Ⅳ. ①O62

中国版本图书馆 CIP 数据核字(2012)第 149001 号

大连理工大学出版社出版

地址：大连市软件园路 80 号　邮政编码：116023
发行：0411-84708842　邮购：0411-84708943　传真：0411-84701466
E-mail：dutp@dutp.cn　URL：http://dutp.dlut.edu.cn
丹东新东方彩色包装印刷有限公司印刷　大连理工大学出版社发行

幅面尺寸：185mm×260mm　　印张：15.25　　字数：359 千字
2012 年 7 月第 1 版　　　　2020 年 8 月第 5 次印刷

责任编辑：于建辉　　　　　　　　　责任校对：周　欢
封面设计：冀贵收

ISBN 978-7-5611-7076-2　　　　　　定　价：28.00 元

本书如有印装质量问题,请与我社发行部联系更换。

前　言

　　为适应当前有机化学教学改革和培养面向 21 世纪科技人才的需求，按照教育部高等教育面向 21 世纪教学内容和课程体系改革计划的要求，编者结合多年的教学实践、教学研究、教学改革的经验和体会编写了本书。

　　本书是在陈宏博主编的《有机化学》（第三版，大连理工大学出版社出版）基础上编写的。编写本书的指导思想为：保证教材内容的科学性，针对不同专业学生对有机化学基本内容的需求，以基本理论、基本概念和基本反应为核心，突出结构与性质的内在关系，加强理论联系实际的内容，注重培养学生运用有机化学基本知识分析问题和解决问题的能力。

　　本书在内容组织上力求少而精，表述简明，通俗易懂，利于教与学。本书基本内容按照官能团分类，采用脂肪族和芳香族合编的方式，其中"有机化合物的红外光谱和核磁共振氢谱"的内容放于最后一章，此部分内容如何取舍可依据具体情况来定。

　　本书适用于普通高等院校应用化学、化学工程与工艺、化学、材料化学、环境工程、环境科学、生物工程等相关专业的有机化学教学（40～64 学时），也可作为其他相关专业的教学参考书。

　　本书第 1～7 章由陈平、李颖和陈宏博编写，第 8～13 章由吴爽、于丽颖和陈宏博编写。全书由陈平和陈宏博统稿，由陈平定稿。

　　本书的编写工作得到了辽宁石油化工大学化学与材料科学学院、大连理工大学出版社的大力支持和帮助，在此表示衷心的感谢。

　　限于编者的学识和水平，书中错误和不妥之处在所难免，敬请同行专家和读者批评指正。您有任何意见或建议，请通过以下方式与大连理工大学出版社联系：

　　邮箱　jcjf@dutp.cn

　　电话　0411-84707962　84708947

编　者

2012 年 7 月

目 录

第1章

绪 论

1.1 有机化合物与有机化学

有机化学(organic chemistry)是化学学科的一个分支,是研究有机化合物的来源、组成、结构、性质、合成以及应用的科学。

随着科学和技术的发展,有机化学与各个学科互相渗透,形成了许多分支学科。比如天然有机化学、生物有机化学、海洋有机化学、有机合成化学、元素有机及金属有机化学、物理有机化学、应用有机化学、量子有机化学、有机分析化学等。这些分支学科拓展和丰富了有机化学的内容及研究领域。

有机化合物(organic compounds)一般是指碳氢化合物及其衍生物。碳氢化合物的衍生物是指在分子组成中除了含碳和氢两种元素之外,还含有其他元素的化合物,如含有 O、N、S、P、F、Cl、Br、I、Si、B 等非金属元素及 Li、Mg、Al、Zn、Fe、Sn、Cu、Cd、Pb、Hg 等金属元素。

在自然界中有机化合物的种类繁多,数目庞大,储量丰富,不但可从动、植物和石油、煤、天然气中获得。还可以通过人工合成的方法在实验室和工厂合成。有机化合物与人类的生存及社会的发展有密不可分的关系,人们日常生活中的衣、食、住、行等都离不开有机化合物,农业、化工、国防、能源、材料、交通、信息、医药、农药、染料、颜料和涂料以及日用化学品等行业都与有机化合物相关。

1.2 有机化合物的特征与分类

1.2.1 有机化合物的一般特征

(1)种类多:有机化合物结构复杂,同分异构现象普遍存在,导致有机化合物数量众多。例如乙醇和二甲醚为同分异构体,分子式都是 C_2H_6O;又如分子式 $C_{10}H_{22}$ 的同分异构体数目可达 75 个。

(2)易燃烧:大多有机化合物完全燃烧生成二氧化碳和水,放出热量。

(3)熔、沸点低:有机化合物熔点一般不高于 400℃,液体有机化合物的挥发性较大。

(4)难溶于水:有机化合物极性小,难溶于水,易溶于有机溶剂。

(5)反应慢:大多数有机反应速率较慢,为加快反应速度,可用光照、催化剂、加热等方法。

(6)副反应多:有机反应副反应多,产物较复杂,因此有机反应的后处理和提纯就是关键。常需采用蒸馏、重结晶等操作进行分离提纯。

但也有某些例外的情况:一些常见有机化合物如甲醛、乙醇、醋酸、葡萄糖等水溶性很好,苯酚或苯胺与溴水的反应十分迅速,有机阻燃剂不容易燃烧,苯甲醛与托伦试剂的银镜反应专一性很强,这些都是由有机化合物的结构特征所决定的。

1.2.2 有机化合物的结构和构造式

分子结构是指分子中各原子相互连接的次序、成键状态及彼此间的空间关系。分子的结构包括分子的构造、构型和构象。

构造(constitution)为分子中原子间的成键顺序,表示分子中原子间成键顺序的化学式则叫做构造式(constitutional formula)。表1-1为有机化合物构造式的表示方法。构造式可以在一定程度上反映分子的结构和性质,但不能表示空间构型,如甲烷分子是正四面体,而构造式所示的碳原子和四个氢原子却都在同一平面上。因此,要用构型式或构象式来表示分子的立体结构,这些与有机化合物立体概念相关的内容将在以后的章节中讨论。

表 1-1   有机化合物构造式的表示方法

化合物	短线式	缩简式	键线式
1-丁烯	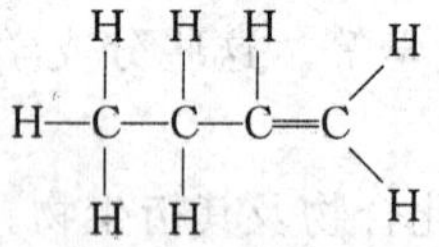	$CH_3CH_2CH=CH_2$	
正丁醇	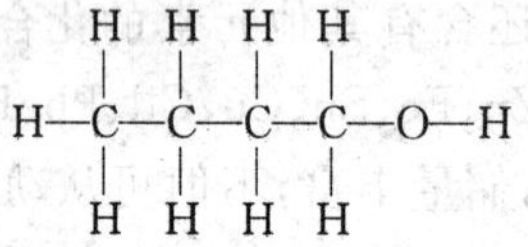	$CH_3CH_2CH_2CH_2OH$	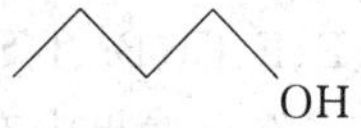
乙醚	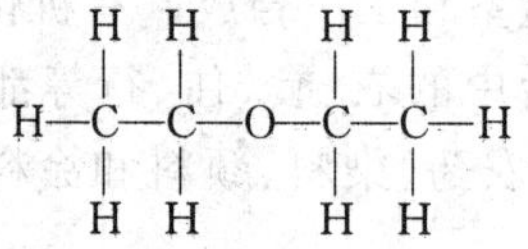	$CH_3CH_2OCH_2CH_3$	
正丁醛	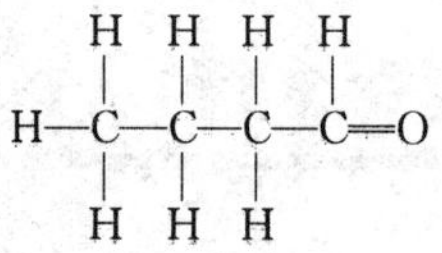	$CH_3CH_2CH_2CHO$ $(CH_3CH_2CH_2CH=O)$	
苯	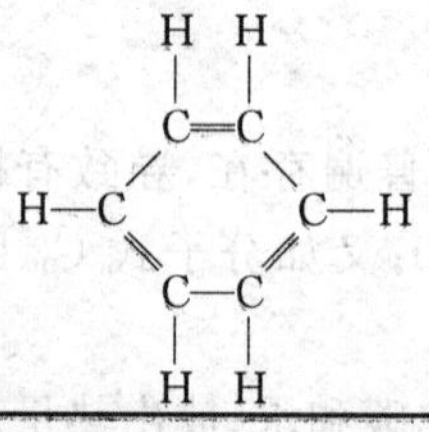	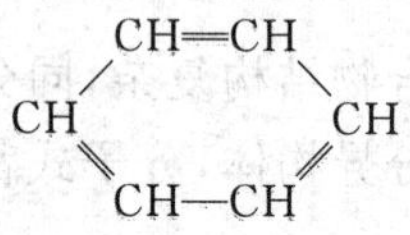	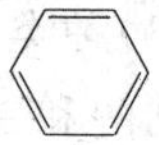

1.2.3 有机化合物的分类

有机化合物的数量庞大,其分类的方法有多种。因为有机化合物的结构(或构造)特点与其性质有密切关系,故一般按有机化合物分子的结构(或构造)采取两种分类方法。一种是按分子的碳架分类,另一种按分子中含有的官能团分类。

1. 按碳架分类

按构成分子的碳架不同,可将有机化合物分为以下 4 大类型。

(1)开链化合物

分子中碳原子相互连接成链状,称为开链化合物,又称脂肪族化合物。例如

$CH_3(CH_2)_4CH_3$　　　$CH_3(CH_2)_{10}CH_2OH$　　$CH_3(CH_2)_{15}CH_2CO_2H$　　　$(C_2H_5)_2O$

　　正己烷　　　　正十二碳醇(月桂醇)　　　十八碳酸(硬脂酸)　　　　乙醚

(2)脂环(族)化合物

分子中碳原子相互连接形成环状结构。例如

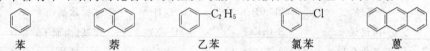

　环己烷　　　　环己基甲酸　　　　环己烯　　　　环己醇　　　　环己酮

(3)芳香族化合物

分子中含有苯环结构的化合物,其性质与脂环族化合物有明显不同。例如

　苯　　　　　　萘　　　　　　乙苯　　　　　氯苯　　　　　蒽

(4)杂环化合物

分子中形成环状骨架的原子除碳原子之外还含有其他杂原子(N、O、S 等)的化合物。例如

吡咯　　　吡啶　　　喹啉　　　噻吩　　　呋喃　　　糠醛

2. 按官能团分类

官能团是指分子中具有较高化学活性,容易发生反应的原子或基团。官能团代表着化合物的主要结构特征,决定着化合物的主要性质。含有相同官能团的化合物具有相同或相近的理化性质,它们属于同一类。常见的官能团及其类别见表 1-2。

表 1-2　　　　　　　　一些常见的官能团及化合物类别

化合物类别	化合物实例	官能团	官能团名称
羧酸	CH_3COOH	$-\overset{O}{\overset{\|}{C}}-OH$	羧基
磺酸	$C_6H_5SO_3H$	$-SO_3H$	磺基
酯	$CH_3CO_2C_2H_5$	$-\overset{O}{\overset{\|}{C}}-OR$	烷氧甲酰基
酰卤	CH_3COCl	$-\overset{O}{\overset{\|}{C}}-X$	卤代甲酰基
酰胺	CH_3CONH_2	$-\overset{O}{\overset{\|}{C}}-NH_2$	氨甲酰基

（续表）

化合物类别	化合物实例	官能团	官能团名称
腈	CH_3CN	—CN	氰基
醛	CH_3CHO	—CHO	醛基
酮	CH_3COCH_3	$(C)-\overset{O}{\overset{\|}{C}}-(C)$	酮基
醇（酚）	C_2H_5OH　（PhOH）	—OH	羟基
硫醇（硫酚）	C_2H_5SH　（PhSH）	—SH	巯基
胺	$C_2H_5NH_2$	—NH₂	氨基
炔烃	$CH_3C{\equiv}CH$	—C≡C—	炔基（三键）
烯烃	$CH_3CH{=}CH_2$	$\diagup C{=}C\diagdown$	烯基（双键）
醚	$(CH_3CH_2)_2O$	(C)—O—(C)	烃氧基（醚键）
芳烃	$C_6H_5CH_3$	—C₆H₅	苯基
卤代烃	CH_3CH_2Cl	(C—X)	卤基（卤原子）
硝基化合物	CH_3NO_2　（PhNO₂）	—NO₂	硝基
重氮化合物	$C_6H_5N_2^+Cl^-$	(C)—N₂⁺Cl⁻	重氮官能
偶氮化合物	$C_6H_5{-}N{=}N{-}C_6H_5$	(C)—N=N—(C)	偶氮官能

　　有机分子中分别含有表 1-2 中的官能团时，构成不同类别的有机化合物，并有相应类别的名称。如果在一个化合物中有多个不同的官能团，化合物类别的母体名称一般取决于排序在前的官能团。

1.3　共价键

　　共价键是有机分子中最主要且最典型的化学键，原子之间以共价键相结合是有机化合物最基本的结构特征。

1.3.1　共价键的形成

　　共价键的概念是路易斯（Lewis G N）于 1916 年提出的。共价即电子对共用或共享，在氢分子的形成中，路易斯认为，两个氢原子各提供一个电子，这两个电子自旋反平行，形成电子对，通过共用这一对电子形成 H·＋H·→H∶H 共价键而形成氢分子，其中每个氢原子的核外电子数达到惰性气体氦的稳定结构。

　　对于有机分子中的碳原子，因为其外层有 4 个价电子，可通过与其他原子（C、H、O、N、S、P、F、Cl、Br、I、Si、B 等）共用电子对，形成 4 个共价键，使碳原子达成稳定的外层八电子结构；一个碳原子和另一个碳原子共用一对电子形成单键，共用两对电子形成双键，共用三对电子形成三键；例如，在乙烷、乙烯、乙炔分子中分别存在碳碳单键、双键、三键，并都有碳氢单键，在这些分子中每个碳原子的外层电子数都是 8 个。

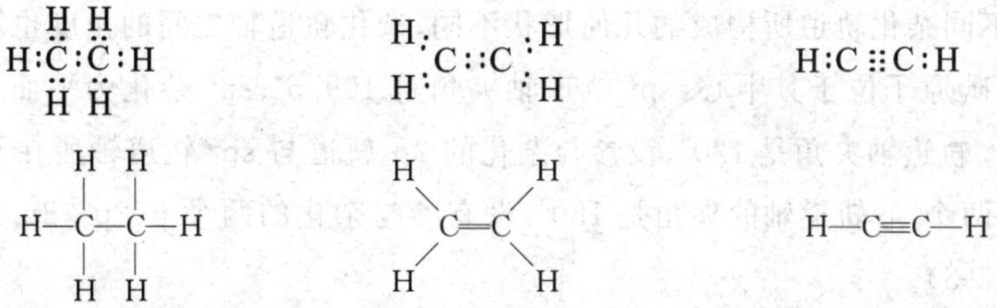

$$H:\overset{\displaystyle H}{\underset{\displaystyle H}{\overset{\displaystyle |}{C}}}:\overset{\displaystyle H}{\underset{\displaystyle H}{\overset{\displaystyle |}{C}}}:H \qquad \overset{H:}{\underset{H:}{C}}::\overset{:H}{\underset{:H}{C}} \qquad H:C:::C:H$$

$$H-\overset{\displaystyle H}{\underset{\displaystyle H}{\overset{\displaystyle |}{\underset{\displaystyle |}{C}}}}-\overset{\displaystyle H}{\underset{\displaystyle H}{\overset{\displaystyle |}{\underset{\displaystyle |}{C}}}}-H \qquad \overset{H}{\underset{H}{C}}=\overset{H}{\underset{H}{C}} \qquad H-C\equiv C-H$$

由共用电子对形成共价键的概念来描写分子中原子之间的成键情况是比较直观而且方便的,一直被采用至今。但它对共价键形成的本质没能进一步说明。随着量子化学的建立和不断发展,人们对共价键的形成在理论上有了进一步的认识。根据量子力学对 Schrödinger 方程的不同近似处理,对共价键的形成可有不同的理论解释,但常用的是价键理论和分子轨道理论。

1. 价键理论

价键理论认为,共价键的形成是成键原子的价电子层原子轨道(电子云)相互交盖的结果,在轨道交盖区域内,自旋反平行的两个电子配对为两个成键原子共有,形成共价键,并由此使两原子核之间的排斥力最大限度减小,从而降低了体系的内能。

碳原子是四价的,碳原子核外电子分布为 $1s^2 2s^2 2p^2$。由于 2s 层和 $2p(2p_x, 2p_y, 2p_z)$ 层能级不同,碳原子核外 4 个价电子在形成 4 个共价键时,每个电子所处的原子轨道可能相同,也可能不同,即在有机化合物中,碳原子所形成的 4 个共价键可以是相同的,也可以是不同的。这取决于成键碳原子的原子轨道杂化状态。

碳原子轨道的 sp^3,sp^2,sp 杂化

已知甲烷中的 4 个碳氢共价键是等性的。这就要求碳原子所提供的 4 个价电子应分别处于相同能级的 4 个等价的原子轨道中。原子轨道杂化理论的假定是:在甲烷中碳原子的 4 个等价原子轨道是由 2s 和 $2p_x$、$2p_y$、$2p_z$ 4 个原子轨道经"混杂"后"重新组合"形成的 4 个等价的原子轨道,称为 sp^3 杂化轨道,每个 sp^3 杂化轨道中原来的 2s 和 2p 轨道成分所占份额相同,sp^3 杂化轨道的能级高于 2s 而低于 2p。除 sp^3 杂化之外,碳原子轨道还有 sp^2 和 sp 杂化方式,分别形成 3 个 sp^2 杂化轨道和 2 个 sp 杂化轨道,相应地在 sp^2 杂化的碳原子中保留了一个 $2p_y$ 轨道,而在 sp 杂化的碳原子中,保留了 $2p_y$ 和 $2p_z$ 轨道。在碳原子的 sp^3、sp^2、sp 杂化轨道中,s 轨道成分依次增加,杂化轨道形成共价键的能力依次增强,而轨道的能级依次下降(图 1-1～图 1-3)。

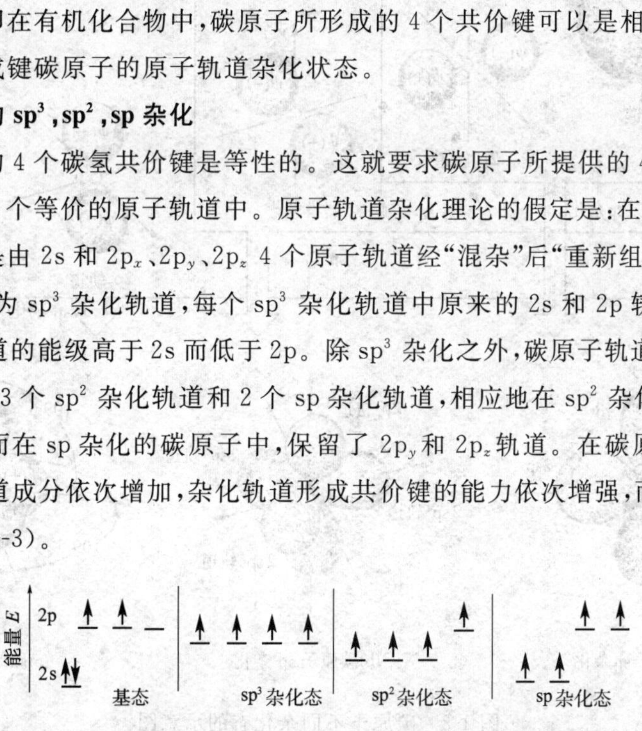

图 1-1 碳原子的基态及不同杂化态的价电子分布与能级图示

碳原子不同杂化轨道所构成的几何形状不同,杂化轨道轴之间的角度也不同。sp^3 杂化为四面体型,碳原子位于其中心,sp^3 轨道轴夹角是 109.5°;sp^2 杂化为平面三角形,碳原子位于中心,sp^2 轨道轴夹角是 120°,没参与杂化的 $2p_y$ 轨道与 sp^2 轨道轴所在平面垂直;sp 杂化为直线型,两个 sp 轨道轴的夹角是 180°,没有参与杂化的两个 p($2p_y$,$2p_z$)轨道相互垂直(图 1-2 和图 1-3)。

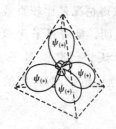
(a)1 个 s 轨道与 3 个 p 轨道
形成的 4 个 sp^3 杂化轨道

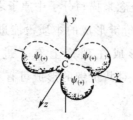
(b)1 个 s 轨道与 2 个 p 轨道杂
化形成的 3 个 sp^2 杂化轨道

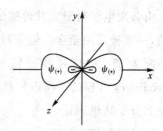
(c)1 个 s 轨道和 1 个 p 轨道杂化
形成的 2 个 sp 杂化轨道

图 1-2 碳原子不同杂化轨道的构型

2s轨道
2p_x轨道
sp杂化
ψ(-)
ψ(+)
2p_z轨道
sp² 杂化
ψ(-)
ψ(+)
2p_y轨道
sp³杂化

(a)碳原子 sp 杂化
2p_y
2sp
2sp
2p_z

(b)碳原子 sp² 杂化
2p_y轨道
2 sp²轨道
2 sp²轨道

(c)碳原子 sp³ 杂化
109.5° 109.5°
109.5°
ψ(+)
ψ(+)
ψ(+)
109.5°
109.5°

图 1-3 碳原子不同杂化态的示意图

两个碳原子的杂化轨道沿轴对称方向以"头对头"方式相互重叠,在重叠区域内共用自旋反平行的一对电子,形成 C—C σ 键;没有参与杂化的 p 轨道之间以轴向平行"肩并肩"方式相互重叠,并在重叠区域内共用自旋反平行的一对 p 电子,形成 C—C π 键。如图 1-4、图 1-5 所示。

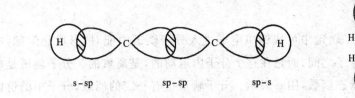

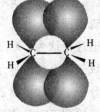

图 1-4 乙炔分子中的 σ 键　　　图 1-5 乙烯分子中的 π 键

sp^3 杂化的碳原子其 4 个 sp^3 轨道用于形成 4 个 σ 键,sp^2 杂化的碳原子其 3 个 sp^2 轨道和未杂化的 $2p_y$ 轨道分别用于形成 3 个 σ 键和 1 个 π 键,sp 杂化的碳原子其 2 个 sp 轨道和 2 个未杂化的 2p 轨道($2p_y$,$2p_z$)分别用于形成 2 个 σ 键和 2 个 π 键。例如

H_3C—CH_3　　　有 1 个 C_{sp^3}—C_{sp^3} 键和 6 个 C_{sp^3}—H_{1s} σ 键

H_2C=CH_2　　　有 1 个 C_{sp^2}—C_{sp^2} σ 键,1 个 C_{2p}—C_{2p} π 键,4 个 C_{sp^2}—H_{1s} σ 键

HC≡CH　　　有 1 个 C_{sp}—C_{sp} σ 键,2 个 C_{2p}—C_{2p} π 键,2 个 C_{sp}—H_{1s} σ 键

在有机化合物中,不但存在 C—C、C—H σ 键,还可存在 C—O、C—N、C—X、C—S、C—Si、C—B 等 σ 键。sp^2 杂化的碳原子可与 C、O、N、S 等原子形成一个 σ 键和一个 π 键而构成双键,sp 杂化的碳原子还可与 N 原子形成一个 σ 键和两个 π 键而构成三键。例如

$$H_3C\text{—}\overset{\underset{\displaystyle |}{CH_3}}{\underset{\displaystyle |}{Si}}\text{—}CH_3 \qquad CH_3CH_2\text{—}\overset{..}{\underset{..}{O}}H \qquad CH_3CH_2\text{—}\overset{..}{\underset{..}{Br}}\text{:} \qquad CH_3\text{—}\overset{..}{\underset{..}{S}}\text{—}CH_3$$

$$CH_3CH_2\text{—}\overset{..}{N}H_2 \qquad CH_3CH\text{=}\overset{..}{N}H \qquad CH_3CH\text{=}\overset{..}{O}\text{:} \qquad CH_3C\text{≡}N\text{:}$$

根据价键理论,成键电子对处于成键原子之间,是定域的观点。价键理论的主要内容是:

(a)如果两个原子各有一个未成对电子且自旋反平行,它们就可配对,形成一个共价键(即单键),如果两个原子各有两个或三个未成对电子,两两配对后就可以形成双键或三键。

(b)一个原子的未成对电子一经配对,就不能再与其他原子的未成对电子配对,此为共价键的饱和性。即一个具有 n 个未成对电子的原子可以与 n 个只有一个未成对电子的原子结合,形成 n 个共价键。

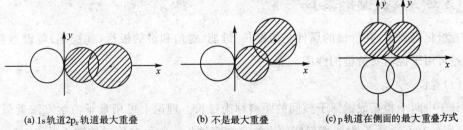

(a)1s轨道2p$_x$轨道最大重叠　　　(b)不是最大重叠　　　(c)p轨道在侧面的最大重叠方式

图 1-6 2p 轨道与 1s 轨道及 2p 轨道之间的重叠

(c)两个相互成键的原子,其轨道交盖越多,或电子云重叠越多,形成共价键越强,成键后体系的稳定性越好。因此,轨道的交盖应尽可能地在电子云密度最大的区域发生,此为共价键的方向性。如图 1-6 所示。

2. 分子轨道理论

分子轨道理论认为,原子轨道中可成键单电子进入分子轨道中配对,形成化学键,成键电子不再定域于两个成键原子之间,而是在整个分子内运动的,是离域的。分子轨道是成键电子在整个分子中运动的状态函数,用 ψ 表示。分子轨道也有一定的能级,分子中的价电子根据能量最低原理、Pauli 原理和 Hund 规则逐级排布在不同的分子轨道中。

分子轨道(ψ)可以通过原子轨道波函数(φ)的线性组合近似地导出。分子轨道有成键轨道和反键轨道。成键轨道能量低,反键轨道能量高。在基态时,两个自旋反平行的价电子优先占据成键轨道,反键轨道是空着的。如图 1-7 所示为氢分子基态时分子轨道的电子排布。

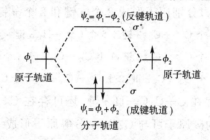

图 1-7　氢分子基态时分子轨道的电子排布

由原子轨道组成分子轨道应满足一定的条件:

(a)能级相近的原子轨道才能有效地组合成分子轨道;

(b)原子轨道的对称性相同(即位相相同)时,才能组合成有效的分子轨道,此为轨道的对称性匹配;

(c)原子轨道相互交盖的程度越大,形成的成键分子轨道越稳定。

"形成共价键的电子是分布在整个分子之中的",这是分子轨道理论的观点。由分子轨道理论来描述离域体系(如苯分子、共轭二烯等),有不可替代的优势,使分子结构的"确切性"和"模糊性"合一。但由价键理论的定域观点描述分子的成键则比较直观、形象,易于理解,故价键理论至今仍适用于常见有机分子的结构。

1.3.2　共价键的属性

有机化合物中,共价键的属性是指键长、键能、键角和键的极性(偶极矩)等键参数,这些物理量可用于说明共价键的性质。

(1)键长

分子中两个相互成键原子核间的距离称为键长。理论上可用量子力学方法近似计算出键长,实际上可通过 X-射线衍射实验方法来测定键长。常见共价键的键长见表 1-3。

表 1-3　　　　　　　　　　　常见共价键键长

共价键	键长/nm	共价键	键长/nm	共价键	键长/nm
C—H	0.110	C—C	0.154	C—F	0.141
O—H	0.097	C=C	0.134	C—Cl	0.177
N—H	0.103	C≡C	0.120	C—Br	0.191
C—N	0.147	C=N	0.128	C—I	0.212
C—O	0.143	C=O	0.121	C≡N	0.116

键长与成键原子半径大小、成键方式有关。相同原子之间,单键、双键、三键的键长依次减小,同类型的共价键中,键长越短,键的强度越大。在不同的化合物中,同类型共价键的键长略有不同。

(2)键能

两个成键原子在形成共价键的过程中释放出的能量或共价键断裂形成两个原子的过程中所吸收的能量称为键能(单位:$kJ \cdot mol^{-1}$)。气态的双原子分子的键能与键的解离能相同,在多原子分子中,两者不一致。例如,甲烷中各 C—H 键的解离能依次为

$$CH_4 \longrightarrow \cdot CH_3 + H \cdot \qquad E_d = 423 \ kJ \cdot mol^{-1}$$

$$\cdot CH_3 \longrightarrow \cdot \dot{C}H_2 + H \cdot \qquad E_d = 439 \ kJ \cdot mol^{-1}$$

$$\dot{C}H_2 \longrightarrow \dot{C}H + H \cdot \qquad E_d = 448 \ kJ \cdot mol^{-1}$$

$$\dot{C}H \longrightarrow \cdot \dot{C} \cdot + H \cdot \qquad E_d = 347 \ kJ \cdot mol^{-1}$$

甲烷 C—H 键的键能是以上 4 个解离能的平均值:

$$(423+439+448+347)kJ \cdot mol^{-1}/4 = 414 \ kJ \cdot mol^{-1}$$

键能大小可反映出成键两原子形成共价键的强度,键能越大则键越牢固。在不同的化合物中,同类型共价键的解离能略有不同,其键能也不同。表 1-4 列出了一些常见共价键的平均键能。

表 1-4　　　　　　　　常见共价键的平均键能　　　　　　　($kJ \cdot mol^{-1}$,25℃,气相)

H	C	N	O	F	S	Cl	Br	I	
436.0	414.2	389.1	464.4	568.2	347.3	431.8	366.1	298.2	H
	347.3[1]	305.4[2]	359.8[3]	472[4]	272.0	350[4]	293[4]	239[4]	C
		163.2[5]	221.8	272.0	192.5	192.5			N
			196.6	188.3	497.9	217.6	200.8	234.3	O
①C=C	610.9,C≡C	836.8		154.8					F
②C=N	615.0,C≡N	891.2			251.0	255.2	217.6		S
③C=O	736.4(醛),748.9(酮),803.3(二氧化碳)					242.7			Cl
④在 CH₃X 中							192.5		Br
⑤N=N	418.4,N≡N	944.7						150.6	I

利用平均键能或解离能可以估算有机反应的焓变,由此可判断反应的热效应。一般来说,产物分子中键能总和与反应物分子中键能总和的差值可视为反应热,在化学反应中,当新键生成所放出的能量大于旧键断裂所吸收的能量时,为放热反应,$\Delta H^{\ominus}$ 为负值;反之,为吸热反应,$\Delta H^{\ominus}$ 为正值。

（3）键角

在多原子分子中,两价或两价以上的原子与其他原子成键后,键轴之间的夹角称为键角。键角可反映出分子的空间结构,键角的大小与成键的原子尤其是中心原子直接相关,也与成键原子相连的其他原子或基团有关。即便是同类共价键,因为分子中各原子或基团是相互影响的,随分子结构的不同其键角也有所不同。例如

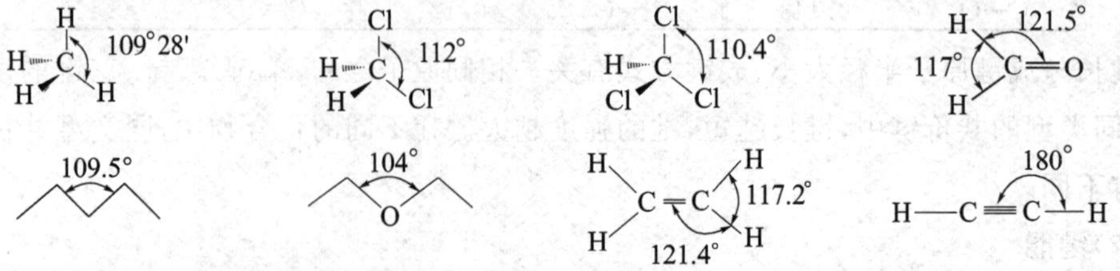

在表示分子的立体结构(分子中原子或基团在空间的取向、分布)时,常使用立体透视式,其中实线"—"表示所连原子或基团在纸面上,楔型实线"——"和楔型虚线"ᴗᴗᴗ"分别表示离开纸面指向读者背向读者和背向读者,中心原子在纸面上。

（4）键的极性

在双原子分子中,两个相同原子形成的共价键,电子云对称地分布在两个原子之间时,这种共价键没有极性,称为非极性共价键。对于不相同的两原子形成的共价键,由于成键原子的电负性不同,电负性较大的原子一端具有较高的电子云密度,因此带有部分负电荷(以 δ^- 表示);而电负性较小的原子则带有部分正电荷(以 δ^+ 表示),这种共价键有极性,称为极性共价键。

共价键的极性大小由偶极矩度量,偶极矩(μ)是正、负电荷中心之间的距离(d)与正、负电荷量(q)的乘积:$\mu = q \cdot d$,单位为 $C \cdot m$。偶极矩是矢量,一般用"⊢——→"表示极性共价键的偶极方向,箭头指向带有部分负电荷的成键原子或基团。

$$H—H \qquad Cl—Cl \qquad \overset{\delta^+}{H}——\overset{\delta^-}{Cl}$$
$$\mu = 0 \qquad \mu = 0 \qquad \underset{\longrightarrow}{} \quad \mu = 3.57 \times 10^{-30} \ C \cdot m$$

一般地,形成共价键的两个原子的电负性差别越大,则键的极性越强。有机化学中常见元素的电负性值(Pauling 值)见表 1-5。

表 1-5　　　　　有机化学中常见元素的电负性值

H						
2.1						
Li	Be	B	C	N	O	F
1.0	1.5	2.0	2.5	3.0	3.5	4.0
Na	Mg	Al	Si	P	S	Cl
0.9	1.2	1.5	1.8	2.1	2.5	3.0
K	Ca					Br
0.6	1.0					2.8
						I
						2.5

同种原子的不同杂化态,其电负性不同。例如

	C_{sp^3}	C_{sp^2}	C_{sp}	N_{sp^3}	N_{sp^2}	N_{sp}
电负性	2.48	2.75	3.29	3.08	3.94	4.67

分子中所有化学键的偶极矩(即键矩)的矢量和等于分子的偶极矩。偶极矩为零的分子是非极性分子,反之为极性分子。偶极矩越大,分子的极性就越强。

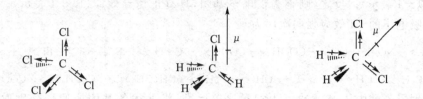

常见共价键的偶极矩见表1-6。

表 1-6　　　　　　　　　常见共价键的偶极矩(键矩)

共价键	$\mu/(10^{-30}C \cdot m)$	共价键	$\mu/(10^{-30}C \cdot m)$	共价键	$\mu/(10^{-30}C \cdot m)$
H—C	1.33	C—F	4.70	C—N	0.73
H—N	4.37	C—Cl	4.78	C—O	2.47
H—O	5.04	C—Br	4.60	C—S	3.00
H—S	2.27	C—I	3.97	C=O	7.67

键的极性影响着分子的化学性质。分子的极性可明显地影响化合物的物理性质(如沸点、熔点、溶解度等)。

在外电场作用下,共价键的极性发生改变称为键的极化。成键原子的体积越大,电负性越小,对成键电子对的约束力就越小,则键的可极化性(即键的极化度)就越大,在外电场作用下就越容易发生键的极化。在有机分子中 π 键比 σ 键易极化。由于卤素的电负性大小次序为F>Cl>Br>I,原子的体积大小次序为F<Cl<Br<I,不同碳卤键的极化度大小次序为C—F<C—Cl<C—Br<C—I。分子中的共价键无论是否有极性,都有不同程度的极化度。键的极化度越大,说明化学键在极性条件下越易于极化,分子就越容易发生变形并因此具有较高的化学反应活性。

1.3.3　诱导效应

在分子中,由于相互成键原子的电负性不同,导致成键电子发生偏移,产生极性共价键。这种极性共价键通过静电诱导作用,使相邻的化学键发生不同程度的极化,这种作用称为诱导效应(inductive effect,简称 I 效应)。诱导效应是分子中固有的电子效应,是分子中原子相互影响的结果。在有机化合物中,诱导效应在碳链上的传递在超过 3 个共价键时便很快减弱。例如,在正氯丁烷中,由于氯的电负性较大,使 $C_1^{\delta^+}$—Cl^{δ^-} 键有极性,氯的强吸引电子的作用可通过 C_1 影响到 C_2 和 C_3 并使 C_1—C_2 和 C_2—C_3 的共价键也发生极化,但极化的程度依次减弱。C_1、C_2 和 C_3 因缺少电子(被 Cl 吸引电子的结果)而带有的部分正电荷也依次减少:

$$CH_3 \xrightarrow{\delta\delta\delta^+} CH_2 \xrightarrow{\delta\delta^+} CH_2 \xrightarrow{\delta^+} CH_2 \xrightarrow{\delta^-} Cl$$
$$\quad 4 \qquad\qquad 3 \qquad\qquad 2 \qquad\qquad 1$$

部分电荷　　　+0.002　　+0.028　　+0.681　　−0.713

分子中的诱导效应是由极性键的诱导作用产生的沿化学键传递的电子偏移现象,属于静态诱导效应;在一定的环境中由外电场(如带电试剂、极性溶剂)的影响而产生的键的极化及其所表现出的诱导效应称为动态诱导效应。

相互连接的两个原子或基团中具有较大电负性的原子或基团属于吸电子基,具有负诱导效应(以-I表示)。反之,则称为供电子基团,具有正诱导效应(以+I表示)。常见原子或基团的吸电子的-I效应强弱次序为

$$-\overset{+}{NR_3}>-NO_2>-CN>-COOH>-COOR> \diagup\!\!\!\!\diagdown\!\!C\!=\!O >-F>-Cl>-Br>-I>-OCH_3 >$$

$$-OH>-C_6H_5>-CH\!=\!CH_2>H>-CH_3>-C_2H_5>-CH(CH_3)_2>-C(CH_3)_3>-COO^->-O^-$$

此次序以乙酸中甲基上的氢为相对比较标准,将上述各基团或原子分别取代乙酸中CH_3上的氢原子后,如果形成的取代乙酸酸性大于乙酸,则该取代基有吸电子诱导效应。

一般排在 H 前面的为吸电子基,有-I效应,排在 H 后面的为供电子基,有+I效应。但在不同的化合物中,同样的基团,其诱导效应的性能可能不同。如在甲基苯中,甲基有+I效应;苯环有-I效应,但在硝基苯中,硝基有-I效应,而苯环有+I效应。

$$\bigcirc\!\!\!\!-\!\!\longleftarrow\!\!-CH_3 \qquad\qquad \bigcirc\!\!\!\!-\!\!\longrightarrow\!\!NO_2$$
$$\ \ -I \qquad +I \qquad\qquad\qquad +I \qquad\ -I$$

1.3.4 共价键的断裂方式和有机反应的类型

在有机反应中,共价键的断裂方式通常有两种,一种是共价键均裂(homolysis):形成共价键的一对电子平均分给两个原子或基团生成了自由基,由此导致的反应称为均裂反应或自由基型反应:

$$A\cdot \mid \cdot B\longrightarrow A\cdot+\cdot B$$

促使均裂反应发生的条件是光照、辐射、加热或使用自由基引发剂(一般为过氧化物)。另一种是共价键的异裂(heterolysis):形成共价键的一对电子在断裂时分给某一原子或基团生成了正、负离子,在有机化学中主要生成碳正离子或碳负离子,由此导致的反应称为异裂反应或离子型反应:

$$:A^-+B^+ \longleftarrow A:B\longrightarrow A^++:B^-$$

离子型反应多是在极性条件下发生的,有的还需使用催化剂。

自由基、碳正离子、碳负离子都是在反应过程暂时生成、瞬间存在的活性中间体。有机化学反应就是根据生成的中间体进行分类的。

现将有机反应类型及代表反应总结如下:

$$有机反应类型\begin{cases}自由基反应\begin{cases}自由基取代:烷烃的卤代、烯烃\alpha氢取代\\自由基加成:烯烃与溴化氢在过氧化物作用下的加成反应\end{cases}\\离子型反应\begin{cases}亲电反应\begin{cases}亲电取代:苯环上的氢被取代的反应\\亲电加成:烯烃、炔烃的重键加成\end{cases}\\亲核反应\begin{cases}亲核取代:卤代烃的水解、氰解、醇解等\\亲核加成:醛、酮与氢氰酸、饱和亚硫酸氢钠等的加成\end{cases}\end{cases}\end{cases}$$

除上述反应之外,还有一种反应是旧键断裂和新键生成同时进行,经过环状过渡态生成产物,这类反应称为周环反应或协同反应。

阅读材料：有机化学发展史

有机化学是研究有机化合物的来源、组成、结构、性质、合成以及应用的科学。

有机化学作为一门科学，它始于 19 世纪，但有机化合物自人类社会有史以来一直伴随着人们。近两个世纪以来，有机化学的发展对社会进步和其他学科的发展做出了巨大的贡献。例如，有机化学的价键理论、构象理论和反应机理已经成为现代生物化学和化学生物学的理论基础，有机化学在蛋白质和核酸的组成与结构的研究、序列测定方法的建立、合成方法的创建等方面的重要成就为分子生物学的建立和发展奠定了基础。有机化学家通过对有机化合物分子中原子之间键合本质的揭示以及对有机分子变化规律的研究，以特有的分子设计、合成方法和手段及分离技术和结构测定，合成了众多的有特定功能的有机分子，为相关学科（如生命科学、材料科学、环境科学、信息科学等）的发展提供了理论依据、材料支持、技术保障。有机化学已成为认识自然、改造自然、推动科学发展、促进社会进步、改善人类生存环境、提高人类生活质量的不可替代的极具创新性的学科。

有机化学的产生至今已有 250 多年的历史了。最初是从分离提纯天然有机物开始，从 1769 年到 1820 年，先后得到了酒石酸、柠檬酸、乳酸、尿酸、吗啡、奎宁等。由于这些物质都是从有生命的生物体内获得的，法国化学家拉瓦锡（Lavoisier A L）首先把这类物质称为"有机化合物"。1806 年，瑞典化学家柏则里乌斯（Berzelius J J）首先使用了"有机化学"一词。具有划时代意义的是，1828 年德国 Hinsberg 大学医学院的学生维勒（Wöhler F）由蒸发氰酸铵溶液制得了原来认为只能在动物体内才能产生的尿素：

$$NH_4^+ [O-C\equiv N]^- \xrightarrow{\triangle} NH_2-\overset{\displaystyle O}{\overset{\|}{C}}-NH_2$$

其后，德国化学家柯尔柏（Kolbe A W H）于 1845 年合成了醋酸，法国化学家柏赛洛（Berthelot M）于 1854 年合成了油脂。随后又有其他一些有机化合物被人工合成出来。这些事实否定了有机化合物的"生命力学说"。19 世纪初期，定量测定有机化合物组成的方法建立之后，实验发现，大多数有机化合物都含有碳和氢，由此，把有机化学看做是研究含碳化合物的化学，后来又修正为研究碳氢化合物及其衍生物的化学。从 19 世纪中叶开始，随着对有机化合物分子结构研究的不断深入，有机化学由实验性学科逐渐转变为实验与理论并重的学科；在这个过程中，值得提及的是：

1852 年，英国化学家富兰克兰德（Frankland E）首次提出了"价"的概念。他认为金属与其他元素结合时，存在着一种特殊的引力，称为化合价。

1856 年，德国化学家凯库勒（Kekülé F A）首先提出碳是四价的，而且碳和碳可相互结合成键，并形成碳键；同年，英国有机化学家库帕（Couper A S）也提出了同样的观点，并且建议使用价键表示分子结构。1865 年，凯库勒又提出了苯的凯库勒式（⬡），并指出碳原子之间不但可以由单键相连，还可以由双键或三键相连。

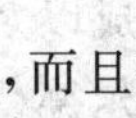

1861 年，俄国化学家布特列洛夫（Butlerov A M）提出了化学结构的概念和理论。他认为，有机分子中的各个原子是以一定的顺序相互连接的；物质的性质是由分子组成和结构决定的，而化合物的结构可从其性质推导出来；分子中的原子或原子团是相互影响的，直接相

连的原子间相互影响最强,不直接相连的原子间相互影响较弱。

1874 年,荷兰化学家范特霍夫(van't Hoff J H)和法国化学工程师勒贝尔(Le Bel J A)分别提出了饱和碳原子为正四面体的学说,建立了分子的立体概念,开创了有机化合物立体化学研究的先河。

1885 年,德国化学家拜尔(Von Baeyer A)首次提出了构型为四面体的化合物的键角为 109°28′,还提出了环状化合物的张力学说;其后拜尔确定了环己烷和六氢化苯是等同的,并且由环己醇合成了苯环。到此,经典的有机结构理论的框架基本建立起来了。拜尔对有机合成化学作出了突出的贡献,他于 1865~1882 年研究出了七条不同的合成天然染料靛蓝的方法,其间还发现了酚酞,合成出一系列三苯甲烷类新型染料;他还发现了苯酚与甲醛的缩聚物,为酚醛树脂的合成打下了基础,由此导致了高分子塑料时代的来临。

19 世纪末 20 世纪初,杰出的德国化学家费歇尔(Fischer E)在糖类化合物结构的确定、从蛋白质水解产物中分离出氨基酸、由尿酸合成嘌呤以及对尿酸、黄嘌呤、茶碱、咖啡碱等生物碱的结构确定等方面的出色工作开创了生命化学的基础研究。

1916 年,英国化学家路易斯提出了共价键的电子对理论,用电子配对说明化学键的形成,并说明了共价键的饱和性。而美国化学家鲍林(Pauling L)随后提出了杂化轨道和共振论的概念,不但说明了共价键的方向性,而且对有机化合物的立体异构现象的本质进行了阐述。这些对丰富和发展价键理论做出了突出的贡献。

1932 年,德国物理化学家休克尔(Hückel E)用量子化学方法研究芳香化合物的结构;1933 年,英国化学家英戈尔德(Ingold C K)用化学动力学方法研究饱和碳原子上的取代反应机理。这对有机化合物的结构和反应机理的研究起到了重要作用。

1965 年,著名的有机合成大师伍德瓦尔德(Woodward R B)和他的学生、量子化学家霍夫曼(Hoffmann R H)提出了有机化学反应中的"分子轨道对称性守恒原理"。这是理论有机化学和量子化学的重大成就之一。与此同时,日本化学家福井谦一借助量子化学方法研究了大量的 Diels-Alder 反应之后,提出了"前线轨道理论",指出该反应是由双烯体分子最高占有轨道(HOMO)中的电子提供给亲双烯体分子的最低空轨道(LUMO)而发生的。HOMO 和 LUMO 是反应的前线轨道,它们的对称性对反应起决定作用。前线轨道理论和分子轨道对称性守恒理论对化学反应过程中的立体化学现象作了明确的阐述,解释了用价键理论无法回答的立体化学问题;对有机化学理论的发展起到了重要的推动作用。

有机化学的研究内容非常广泛,涉及的学科也很多,但主要体现在 4 个方面。一是对天然有机物的研究:从天然产物中分离、提取纯净的有机化合物,对其结构进行测定,研究其结构与性质之间的关系,开发其应用途径。二是有机化合物的合成:对天然有机化合物的合成和新化合物的合成以及相关的合成方法和技术的研究是有机化学研究的主要内容。美国有机化学家梅里菲尔德(Merrifield R B)于 1965 年研制成功了世界上第一台多肽自动化合成仪,并在 1969 年首次人工合成了含 124 个氨基酸残基的核糖核酸酶 A。梅里菲尔德发明的"固相化学合成法"为多肽和蛋白质的合成研究作出了巨大贡献,其固相多肽合成技术的应用极大地促进了其他合成领域的研究和发展,对基因学、药物学、糖化学和分子生物学等的发展起了重大的作用。三是有机化学反应机理的研究:通过对有机化学反应机理的研究,不但可以正确认识、理解有机化学反应,了解有机化合物的结构与反应性能之间的关系,还能够合理地改变实验条件,有效地控制有机反应的发生与进行,提高有机反应的转化率和选择性,即提高合成效率。四是有机化合物的结构测定:通过有机合成得到的有机化合物,要对其结构进行表征,以判定所得合成产物是否正确;对天然有机物的结构测定是比较费时和复杂的工作,一般要通过分离、纯化、剖析(化学分析、仪器分析)三个过程。现在,利用近代的物理方法,如红外光谱、核磁共振谱、质谱、色谱及色质谱联用,再结合元素分析,可以使测定有机化合物的结构所需样品的量和时间大幅度缩减。通过计算化学进行分子结构的设计以及利用现代的合成方法和技术(如组合化学、固相合成、不对称合成、生物酶催化),合成一系列结构各异的新化合物及生物大分子及其模拟物,这对有机结构理论的研究和有机合成化学的发展,以及化学生物学和生命科学的发展等都具有重要意义。

近代有机化学的发展十分迅猛,可谓日新月异。1901～2008 年,在已获诺贝尔化学奖的 153 位化学家中,有机化学家就占据了 46 位。当今备受有机化学工作者关注的研究领域之一是绿色有机化学。绿色有机化学强调有机化学反应的原子经济性,更加注重有机化学反应(反应物、试剂、溶剂、催化剂、产物)的无害性,主张从源头解决有机化学反应对环境产生的污染,这些都直接关系到人类社会的可持续发展。发展绿色有机化学是从事有机化学的工作者和有机化学品生产的企业现今和将来要承担的艰巨而光荣的使命。

习 题

1-1 有机化合物一般具有什么特点?有机化合物是怎样分类的?

1-2 根据键能数据,判断乙烷分子 CH_3CH_3 在受热裂解时,哪种共价键易发生平均断裂?

1-3 根据电负性数据,以 δ^+ 和 δ^- 标注下列极性共价键的原子上所带的部分正电荷或部分负电荷。
$O-H, N-H, H_3C-Br, O=C=O, C-O, H_2C=O$

1-4 指出下列化合物的偶极矩大小次序。
$CH_3CH_2Cl, CH_3CH_2Br, CH_3CH_2CH_3, CH_3C\equiv N, CH_3CH=CH_2$

1-5 解释下列术语:
键能,键的解离能,共价键,σ 键,π 键,键长,键角,电负性,极性共价键,诱导效应,共价键均裂,共价键异裂,碳正离子,碳负离子,碳自由基,离子型反应,自由基型反应

1-6 指出下列化合物所含官能团的名称和化合物所属类别。
$CH_3CH_2SH, C_2H_5OC_2H_5, CH_3CH_2CH=CH_2, HOOCCH=CHCOOH$
$CH_3C\equiv CH, ClCH_2CH_2Cl, CH_3CHO, CH_3CH_2COCH_3$

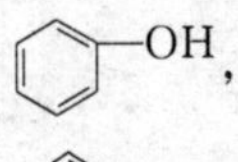

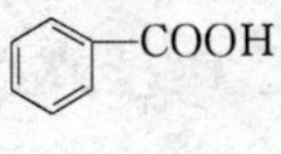

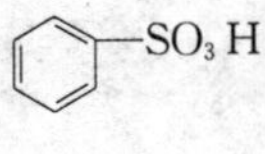

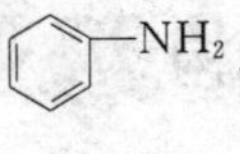

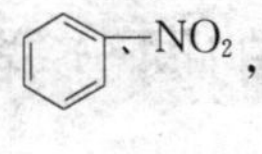

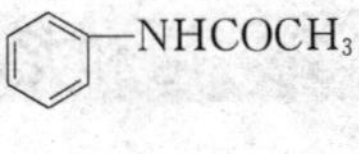

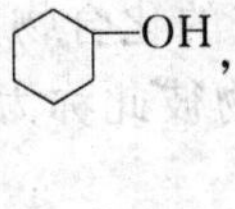

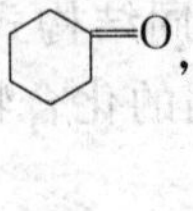

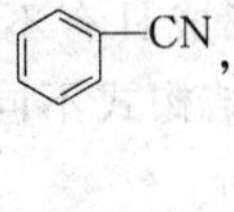

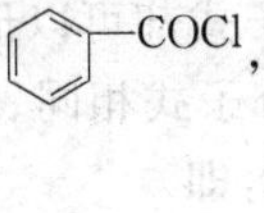

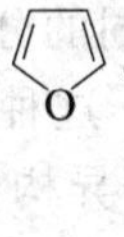

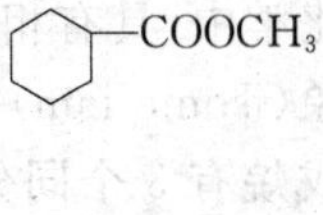

第2章

饱和烃

只含有碳和氢两种元素的有机化合物简称为烃。在烃类化合物里,碳原子以 4 个共价键分别与 4 个其他原子(C、H)以单键相连,构成饱和烃(saturated hydrocarbons)。饱和烃又称为烷烃(alkanes)。

在沼气和天然气中含有各种小分子的饱和烃。当今,石油是饱和烃的主要来源。石油中含有的各种饱和烃经过炼制,可得到低碳气(炼厂气)、液化气、汽油、煤油、柴油、润滑油、石蜡及沥青等石油初加工产品。

2.1 饱和烃的分类、通式和同分异构

2.1.1 饱和烃的分类和通式

烷烃分为链烷烃和环烷烃。环烷烃又可分为单环、双环和多环环烷烃。

链烷烃是指分子中碳原子之间以单键相互连接并形成链状骨架的饱和烃,其通式为 C_nH_{2n+2}(n 为正整数)。环烷烃是由饱和碳原子相互连接形成的碳环化合物,其通式为 C_nH_{2n}(n 为正整数)。烷烃的分子式在组成上相差一个或数个 CH_2,而在构造和性质上它们又相似或相同,这样的一系列化合物称为同系列,其中的每个化合物彼此互为同系物,CH_2 为同系列的系差。

2.1.2 饱和烃的同分异构

在有机化学中,具有相同的分子式却可以形成具有不同结构式的化合物,这种现象称为同分异构现象(isomerism)。这种分子式相同、结构式不同的化合物彼此称为同分异构体(isomer)。如戊烷有 3 个同分异构体,即

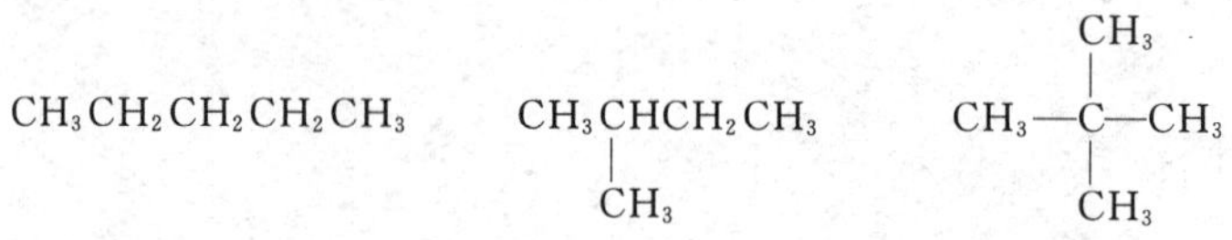

$$CH_3CH_2CH_2CH_2CH_3 \qquad \underset{\underset{CH_3}{|}}{CH_3CHCH_2CH_3} \qquad CH_3-\overset{\overset{CH_3}{|}}{\underset{\underset{CH_3}{|}}{C}}-CH_3$$

正戊烷   异戊烷   新戊烷

上述 3 个同分异构体是由分子中原子连接顺序和方式不同即构造式不同导致的,这种同分异构体现象称为构造异构(constitutional isomerism)。其特点是分子式相同,但构造式不同。烷烃的构造异构是由于碳骨架不同引起的,也称碳架异构。随着烷烃中碳原子数目

的增加,构造异构体的数目将不断增多。如碳数分别为 6、7、8、9、10、15、20 的烷烃,其相应的构造异构体数目分别为 5、9、18、35、75、4347、366319。戊烷有 3 个构造异构体,即

$$CH_3—CH_2—CH_2—CH_2—CH_3 \qquad (CH_3)_2CH—CH_2—CH_3 \qquad (CH_3)_4C$$

正戊烷   异戊烷   新戊烷

在烷烃分子中,把连有一个碳、两个碳、三个碳及四个碳的碳原子分别叫做伯碳、仲碳、叔碳和季碳,分别记为 1°C、2°C、3°C 和 4°C,而伯(1°)、仲(2°)、叔(3°)碳上连接的氢原子又分别叫做伯氢(1°H)、仲氢(2°H)、叔氢(3°H)。例如

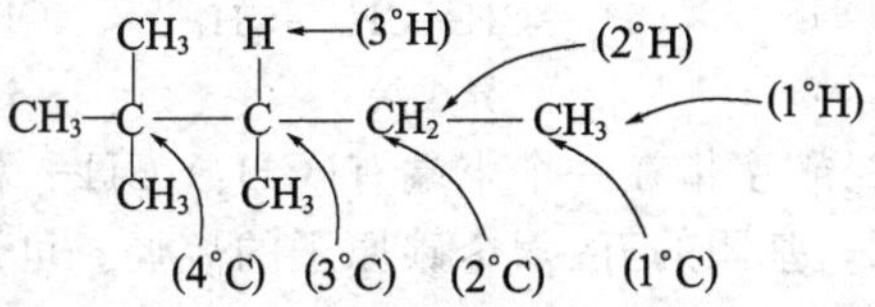

单环烷烃随着碳原子数目的增多,构造异构现象会变得很复杂。如 $n=5$ 时,会有如下的同分异构体出现:

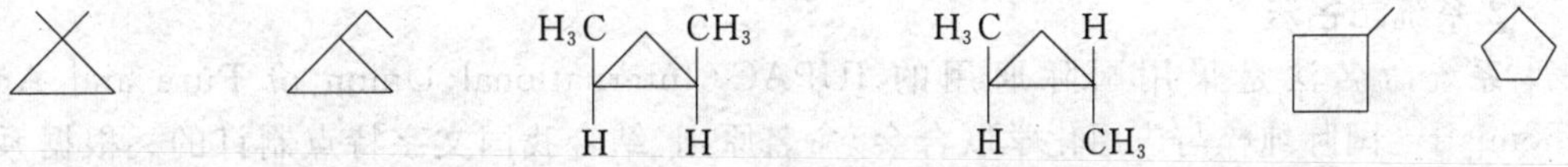

1,1-二甲基环丙烷   乙基环丙烷   顺-1,2-二甲基环丙烷   反-1,2-二甲基环丙烷   甲基环丁烷   环戊烷
(1)   (2)   (3)   (4)   (5)   (6)

其中,(3)和(4)的构造是相同的,只是两个甲基的空间排列不同,两个甲基在三元环平面的同侧或反侧,表现出在几何上为顺式和反式的异构关系,故(3)和(4)称为顺、反异构体,属于立体异构体。有关顺反异构体的内容将在 3.2.2 节中详细介绍。而(3)和(4)其中之一,与(1)、(2)、(5)、(6)是构造异构关系。

对于四元或多于四元的环烷烃,所有成环碳原子不是共平面的,但当环上有两个取代基时,也可以把环看成是个"平面";这样,环上两个取代基也有顺、反之分。如

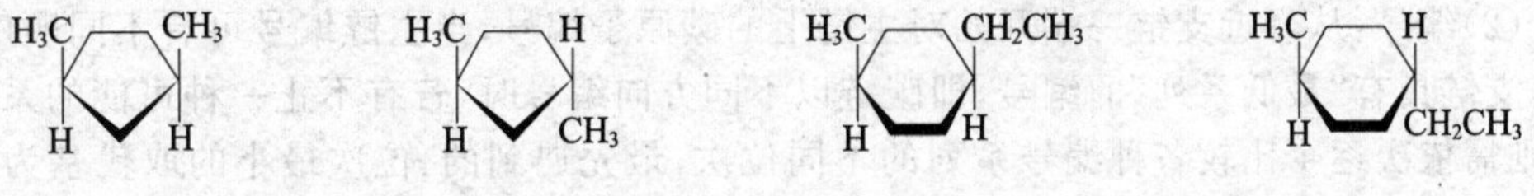

顺-1,3-二甲基环戊烷   反-1,3-二甲基环戊烷   顺-1-甲基-4-乙基环己烷   反-1-甲基-4-乙基环己烷

2.2 饱和烃的命名

烷烃(R—H)分子在形式上去掉一个氢原子后余下的部分称为烷基(alkyl group),以 R—表示。在一个多碳原子的烷烃分子中,可以形成不同的烷基。常见的烷基有

CH_3—   CH_3CH_2—   CH_3CH_2CH_2—   (CH_3)_2CH—   CH_3CH_2CH_2CH_2—
甲基(Me-)   乙基(Et-)   正丙基(n-Pr-)   异丙基(i-Pr-)   正丁基(n-Bu-)

CH_3CHCH_2CH_3   (CH_3)_3C—   (CH_3)_2CHCH_2—   环丙基
仲丁基(s-Bu-)   叔丁基(t-Bu-)   异丁基(i-Bu-)

2.2.1 链烷烃的命名

1.普通命名法

链烷烃的普通命名也是习惯命名。把碳原子数在 10 以内的烷烃,分别用甲、乙、丙、丁、戊、己、庚、辛、壬、癸表示碳原子的数目,多于 10 个碳原子的,则用十一、十二、十三等数目表示,称为某烷。如

$$CH_3-CH_2-CH_2-CH_2-CH_3 \qquad CH_3-\overset{\overset{\displaystyle CH_3}{|}}{CH}-CH_2-CH_3 \qquad (CH_3)_4C \qquad CH_3(CH_2)_{10}CH_3$$

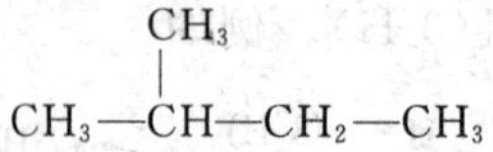

正戊烷   异戊烷   新戊烷   正十二烷

"正"字表示直链烷烃,"异"字指在一个末端有 $(CH_3)_2CH-$ 构造而无其他支链的烷烃,"新"字专门指具有 $(CH_3)_3C-$ 基团的五、六个碳原子的烷烃。可用"n-"、"iso"、"neo"分别代表"正"、"异"、"新"。$(CH_3)_3CCH_2-$ 叫新戊基。

普通命名法简便,适用于比较简单的烷烃。

2.系统命名法

系统命名法是采用国际通用的 IUPAC(International Union of Pure and Applied Chemistry:国际纯粹与应用化学联合会)命名原则,结合我国文字特点制订的。根据系统命名法,直链烷烃的命名与普通命名法基本相同;对带有支链的烷烃,把它看做是直链烷烃的烷基衍生物,命名的基本原则是:

(1)选主链:选择含有支链最多的最长碳链作为主链,支链作为取代基,根据主链所含的碳原子数目称为"某烷"。例如下面两个烷烃的主链以标上序号的为正确:

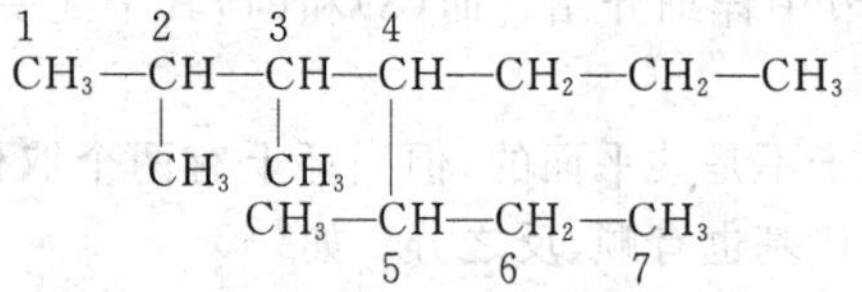

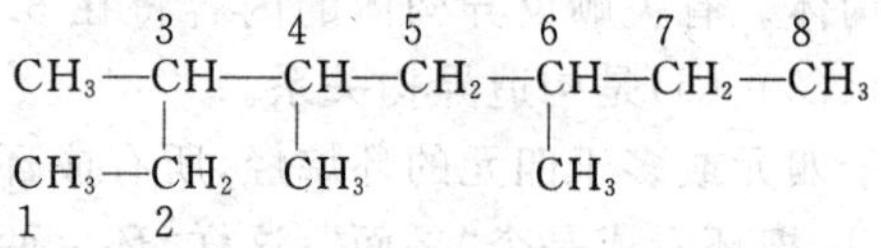

$$\overset{1}{CH_3}-\overset{2}{CH}-\overset{3}{CH}-\overset{4}{CH}-CH_2-CH_2-CH_3$$

(2)编号:从靠近支链一端开始对主链上的碳原子编号,当主链编号可有不同顺序时,应选定支链具有"最低系列"的编号,即碳链以不同方向编号时,若有不止一种可能的系列或编号,则需依次逐个比较各种编号系列的不同位次,最先遇到的、位次最小的取代基为最低系列。具有相同编号位次时,较小的烷基优先编号。

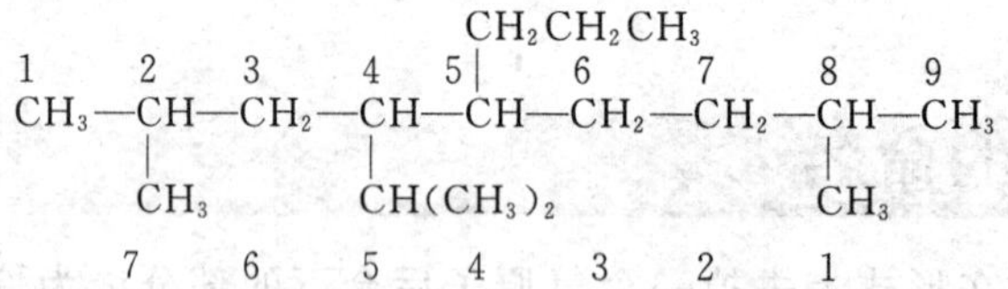

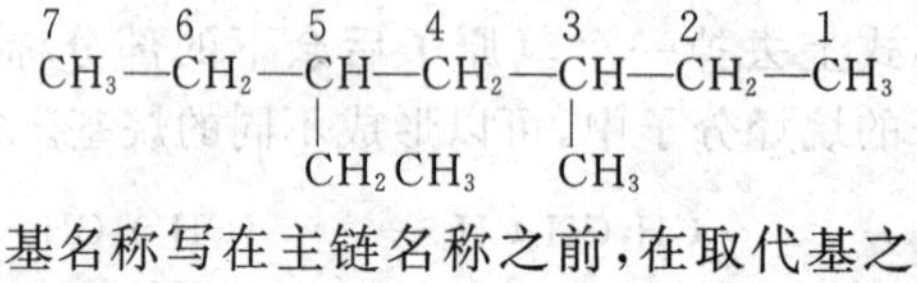

(3)取代基命名:取代基名称写在主链名称之前,在取代基之前用阿拉伯数字标注取代基在主链上的位号。位号和取代基名称之间用半字线相连。当有多个支链(取代基)时,它们在名称中的列出次序按"次序规则"(见 3.3.4)的规定,"较优"基团后列出。如

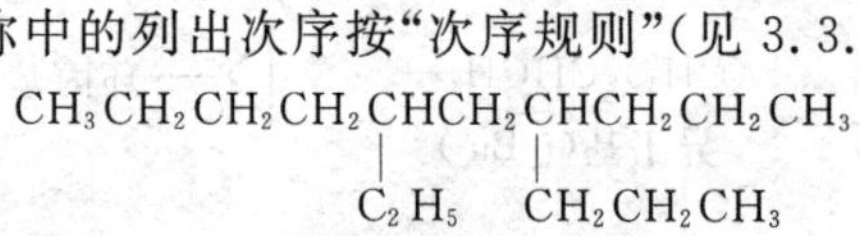

$$CH_3CH_2CH_2CH_2CHCH_2CHCH_2CH_2CH_3$$

6-乙基-4-丙基癸烷 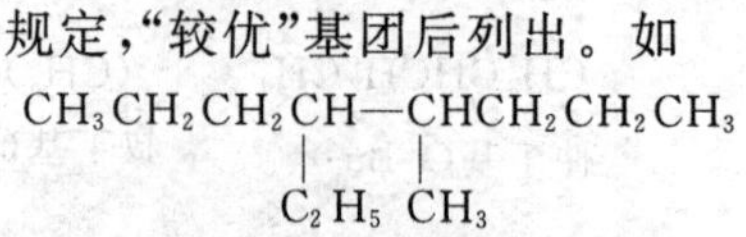   4-甲基-5-乙基辛烷

当含有相同的取代基时,将它们合并,用二、三、四…表示其数目,并标明其所在碳的位次,位次号之间用逗号分开。如

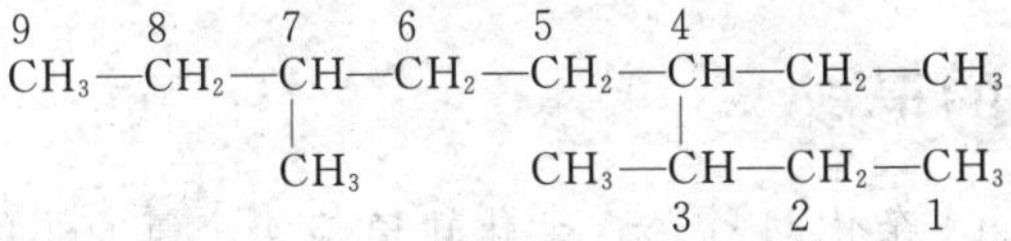

$$\underset{9}{CH_3}-\underset{8}{CH_2}-\underset{7}{CH}-\underset{6}{CH_2}-\underset{5}{CH_2}-\underset{4}{CH}-\underset{2}{CH_2}-\underset{1}{CH_3}$$

    CH_3 (在7位) $CH_3-CH_2-CH_3$ (在4位,编号3 2 1)

3,7-二甲基-4-乙基壬烷

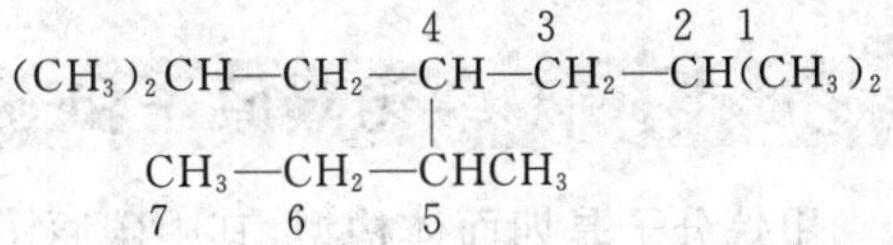

$$(CH_3)_2\underset{4}{CH}-\underset{}{CH_2}-\underset{3}{CH}-\underset{2}{CH_2}-\underset{1}{CH(CH_3)_2}$$

    $\underset{7}{CH_3}-\underset{6}{CH_2}-\underset{5}{CHCH_3}$

2,5-二甲基-4-异丁基庚烷

2.2.2　环烷烃的命名

1.单环烷烃

单环烷烃的命名是按成环碳原子的数目称为"环某烷"。如果环上有取代基,则在母体名称"环某烷"之前加上取代基的名称并标明其位号。环上碳原子的编号应使取代基的位号尽可能小。当有不同的取代烷基时,较小的基团优先编号。例如

环丙烷 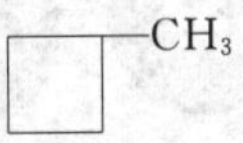　　甲基环丁烷 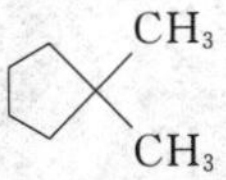　　1,1-二甲基环戊烷 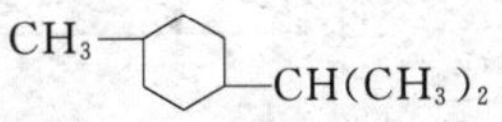　　1-甲基-4-异丙基环己烷

2.双环烷烃

分子中含有两个饱和碳环的称双环烷烃,比较有代表性的双环烷烃有螺环烷烃和桥环烷烃。

两个环共用一个碳原子的为螺环烷烃。其命名方法是:把两个碳环共用的碳原子叫螺原子,按成环碳原子的总数称为"螺[$x.y$]某烷"。方括号中的两个数字 x 和 y 依次表示形成小环和大环上的碳原子数目,但不包括螺原子在内;编号从小环上与螺原子相邻的碳原子开始。取代基写在螺字前面。如

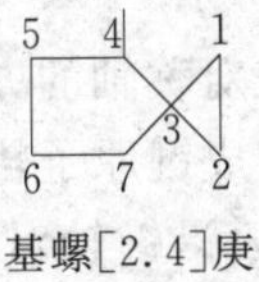

4-甲基螺[2.4]庚烷 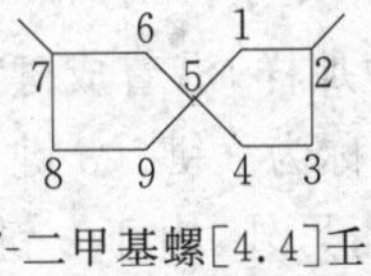　　2,7-二甲基螺[4.4]壬烷 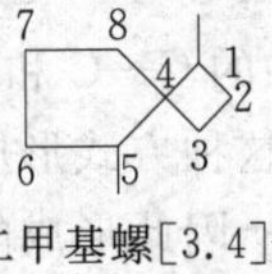　　1,5-二甲基螺[3.4]辛烷

两个碳环至少共用两个碳原子的为桥环烷烃。其命名方法是:按构成桥环的碳原子总数称为"二环[$x.y.z$]某烷"。两环连接处碳原子称做桥头碳原子,编号从桥头碳开始,沿最长的桥编到另一个桥头碳原子,再沿次长的桥编回到开始的桥头碳原子,最短桥上的碳原子最后编号。x、y、z 三个数字依次分别表示最长、较长、最短成环碳链上的碳原子数目,但不包括桥头碳原子;若有取代基,则写在前面。如

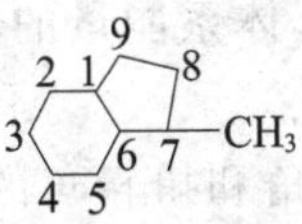

7-甲基二环[4.3.0]壬烷 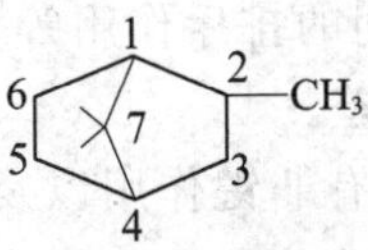　　2,7,7-三甲基二环[2.2.1]庚烷 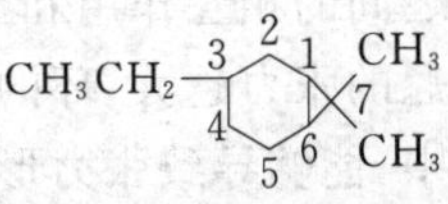　　7,7-二甲基-3-乙基二环[4.1.0]庚烷

2.3 饱和烃的结构

2.3.1 sp³ 杂化碳原子和 σ 键的形成

甲烷分子是四面体构型,其中碳原子是 sp³ 杂化,4 个 sp³ 杂化轨道与 4 个氢原子的 1s 轨道成键(C_{sp^3}—$H_{1s}\sigma$ 键)形成了甲烷分子。在甲烷中,$\angle HCH = 109.5°$,如图 2-1 所示。

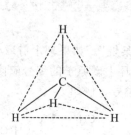

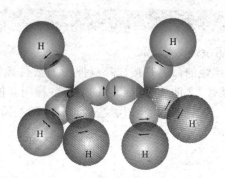

图 2-1 甲烷分子的四面体结构

图 2-2 乙烷分子

其他烷烃分子中的碳原子也是 sp³ 杂化,每两个碳原子之间都是由 sp³ 杂化轨道以"头碰头"的方式交叠,形成 C_{sp^3}—C_{sp^3} 单键,每个碳原子都是一个"四面体"的中心。在一般的烷烃分子中,C—H 键长和 C—C 键长分别约为 0.11 nm 和 0.154 nm,如图 2-2 所示。由于 sp³ 杂化轨道的夹角要求保持 109.5°,因此,在直链高级烷烃的晶体中,依次排列的碳原子成锯齿或波浪状:

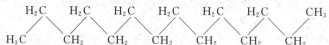

像烷烃分子中的 C—C 和 C—H 单键那样,沿着成键原子轨道对称轴的方向以"头碰头"的方式相互重叠,这种方式形成的共价键称为 σ 键。σ 键由于沿着成键原子轨道对称轴的方向进行最大的重叠,因此形成的键比较强;另外,由于 σ 键的电子云沿键轴对称分布,当绕 σ 键做相对旋转时不影响 σ 键电子云的分布,即 σ 键可以"自由"旋转。

2.3.2 环烷烃的结构

1.环烷烃的张力

与正构链烷烃相比,环烷烃分子中由于几何原因发生键角、键长偏离正常值,以及非直接键连的原子之间的相互作用和 σ 键电子间的排斥作用等,都会引起体系能量的升高而产生张力。环烷烃的张力越大,环的稳定性越差。

在环烷烃中,能够导致张力形成的因素有非键作用以及键长、键角和扭转角的变化等,由此产生的张力能分别记为 E_{nb}、E_l、E_θ、E_φ,张力是这四者之和。分子中两个非键合的原子或基团,当它们之间的距离小于两者的范德华半径之和时,这两个原子或基团会有互相排斥,即产生非键作用(non-bonding interaction)张力,由此而引起的体系能量升高为 E_{nb}。分子中由于几何的原因,使键长或键角偏离原有的平衡键长或平衡键角值时,便产生拉伸(或压缩)张力和角张力,体系因此而产生的内能升高为 E_l 和 E_θ。分子中由于扭转角发生改变而产生的张力能,记为 E_φ。形成张力的几种张力能的大小次序为:$E_{nb} > E_l > E_\theta > E_\varphi$。一般由扭转角的变化导致的扭转张力能是最小的,即便是扭转角变化较大,E_φ 也是很小的;当分子由于几何上的原因导致两个非键合的原子或基团相距很近时,相互排斥产生 E_{nb},与此同时扭转角发生变化,以减小非键作用。

在小环烷烃中,张力的产生主要是键角变化导致的,即 E_θ 很大,当然也存在 E_l 和 E_{nb}。在正常环中由 E_θ 和 E_φ 引起的环张力很小,而键长的改变极其微小($E_l \approx 0$);在中等环中,由于环的特定结构,可以产生一定的 E_{nb},如环癸烷中处于"环内部"的氢原子之间存在着非键作用力。在大环分子中,张力作用很微小。值得注意的是,在环己烷分子中,共价键的属性与开链烷烃的情况是相同的,不存在张力作用,分子的热力学稳定性相当好。

2.环丙烷的结构

由物理方法测得的结果表明,环丙烷分子中三个碳原子的共价键属性是相同的;键角 $\angle CCC$ 为 105.5°,键角 $\angle HCH$ 为 115°,C—C 键长为 0.151 nm,C—H 键长为 0.108 nm,环丙烷中三个碳原子位于正三角形的三个顶点上。由于环丙烷的这种特定平面形碳环骨架,两个相邻的 sp³ 杂化的碳原子成键时,只能以"弯曲"的方式进行 sp³ 轨道交盖,形成一个"弯曲的 σ 键",即两个碳原子的 sp³ 杂化轨道相互重叠的区域不是在两个碳原子连线之间,两个相互交盖的轨道轴夹角约为 139.5°(正常的 σ 键是轴对称的)。在环丙烷中,由于键角 $\angle CCC$ 为 105.5°,小于正常值 109.5°,产生角张力($E_\theta \neq 0$),又由于形成的弯曲 σ 键中,轨道交盖程度小,键长也发生了变化($E_l \neq 0$),这个弯曲的 C—C σ 键键能较小,容易断裂。同时环丙烷的 $E_\varphi \neq 0$,$E_{nb} \neq 0$ 多种张力因素导致环丙烷的内能升高而稳定性最小(图 2-3)。

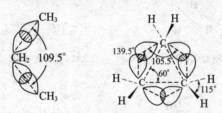

图 2-3　丙烷和环丙烷中碳碳键原子轨道交盖比较

环丁烷的结构是蝶型的,通常 4 个碳原子不在同一平面上,环丁烷中也存在较大的张力,但比环丙烷稳定。环戊烷的结构有信封式和扭曲式两种,环戊烷中的张力则很小。

蝶型环丁烷　　　　　信封式环戊烷　　　　　　　扭曲式环戊烷

2.4　饱和烃的构象

通过"σ 键旋转"形成的分子中原子之间不同的空间取向称为构象,由此而产生的立体异构体称为构象异构体。

前面提到,烷烃的 C—C 键中两个碳原子可以绕 σ 键"自由"旋转。此处的"自由"是指两个碳原子绕 σ 键轴相对旋转时对该 σ 键"无"影响。但是在旋转中,两个碳原子上连接的其他原子或基团在空间上会产生不同的排列(取向)方式,结果产生了分子的不同构象。由于"自由"旋转可连续进行,因此随之产生的构象异构体(conformation isomer)是无数的。不过,这种"自由"旋转是需要克服一定能量的。下面以乙烷和丁烷的构象为例对其进行说明。

2.4.1 乙烷的构象

在乙烷分子中,两个碳原子绕 σ 键轴相对旋转时,两个甲基上的氢原子的相对空间位置不断变化,则产生许多不同的空间排列方式,即不同的构象。当两个碳原子上的氢原子彼此相距最近时形成的构象称为重叠式(顺叠式)构象;当两个碳上的氢原子彼此相距最远时,形成交叉式(反叠式)构象。重叠式构象或交叉式构象是乙烷的两个典型构象。构象的表示通常有立体透视式、锯架式和纽曼(Newman)投影式三种方式。

(1)立体透视式

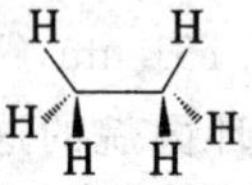

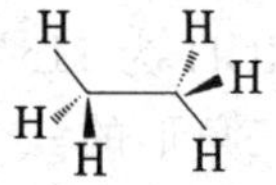

实线键表示在纸平面中,虚楔形键表示在纸面背后(远离读者),实楔形键表示在纸面之上(指向读者)。

(2)锯架式

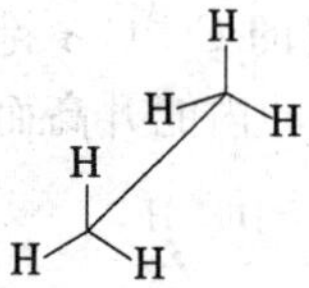

重叠式(顺叠式)构象 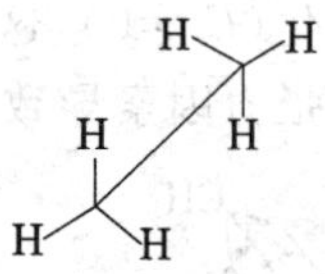　　　交叉式(反叠式)构象

(3)纽曼投影式

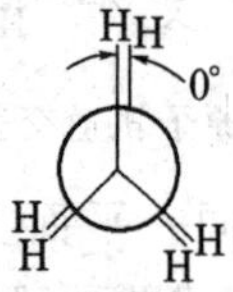

重叠式(顺叠式)构象 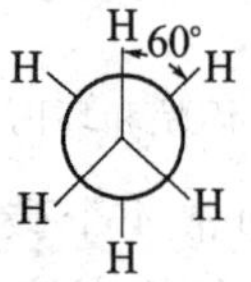　　　交叉式(反叠式)构象

乙烷的纽曼投影式是把两个碳原子沿 σ 键的轴向进行投影,前面的碳和氢以 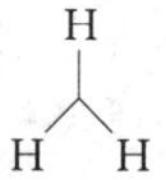 　 表示,碳氢键指向读者;后面的碳和氢以 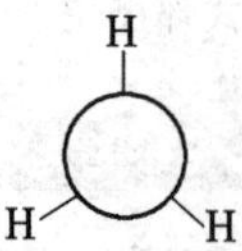 　 表示,碳氢键背向读者。在投影式中每个碳原子上的三个键互呈 120°角。当旋转角(两面角)为 0°、120°、240°、360°时,形成重叠式构象,旋转角为 60°、180°、300°时,形成交叉式构象。在重叠式构象中,两个碳上的 C—H 键是重叠相对,则 C—H σ 键的电子因相距最近而相互排斥,因此产生的扭转张力也最大;该构象

内能较大,不稳定,可自动转变为交叉式构象。交叉式构象中,扭转张力最小,内能最低,稳定性最好。这两种构象的能量差约为 12.6 kJ·mol⁻¹,此为能垒。乙烷分子在室温下因热运动而产生的能量就足以克服 12.6 kJ·mol⁻¹ 的能垒,所以,通常乙烷是各种构象不断变化的动态平衡体。一般情况下所说的乙烷构象是指它的交叉式和重叠式这两种典型构象。如图 2-4 所示为乙烷不同构象时的能量曲线。

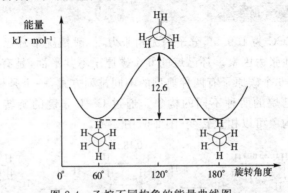

图 2-4　乙烷不同构象的能量曲线图

2.4.2　丁烷的构象

丁烷含有 4 个碳原子,其构象比乙烷的复杂,绕丁烷中 C_2—C_3 σ 键轴旋转不同角度所形成的典型构象有 4 种,即

对位交叉式(反叠式)	部分重叠式(反错式)	邻位交叉式(顺错式)	全重叠式(顺叠式)
$\varphi=0°$	$\varphi=60°$	$\varphi=120°$	$\varphi=180°$

C_2 和 C_3 绕 C_2—C_3 σ 键轴相对旋转一周,产生各种构象的能量变化如图 2-5 所示。

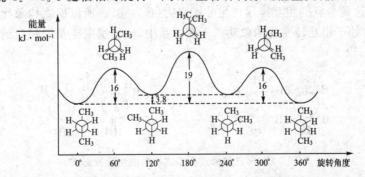

图 2-5　正丁烷不同构象的能量曲线图

能量最低的构象体是对位交叉式(反叠式),其扭转张力和非键张力最小,最稳定,是优势构象;各种构象体的能量由低到高依次为:对位交叉式、邻位交叉式、部分重叠式、全重叠

式。全重叠式（顺叠式）构象内能最高，是最不稳定的构象；因为该构象中扭转张力（电子对互斥）最大，而且两个重叠位置的甲基之间的非键张力（范德华力）也最大。四种典型构象体之间的能量差别在图 2-5 中已标明，在丁烷的所有构象体的平衡混合物中，上述全重叠式构象体含量极少，绝大多数以优势构象——对位交叉构象存在。

2.4.3 环己烷的构象

在环己烷中，∠CCC 为 109.5°，分子内无角张力，一般情况下环己烷的碳架是一种椅式结构形态，不存在其他张力因素。环己烷的 6 个碳原子不共平面，是有正常键角和键长的无张力环。环己烷中的 6 个碳原子有两种典型的不同排列方式，一个是椅式形状的，另一个是船式形状的，这是环己烷的两种不同的构象。通过 C—C σ 键的旋转和键角（∠CCC）的扭动，椅式构象和船式构象可以相互转变（图 2-6、图 2-7）。

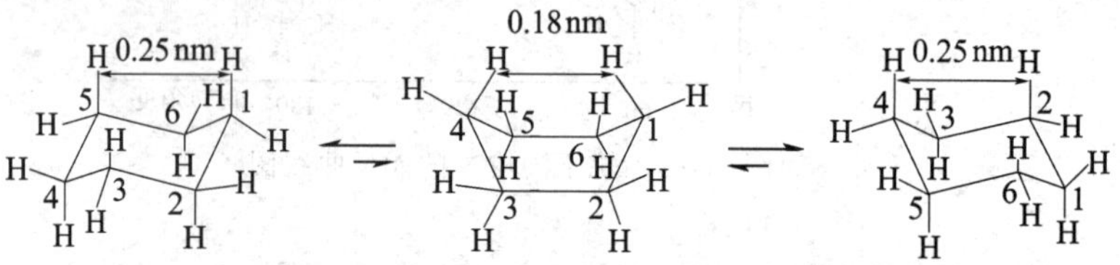

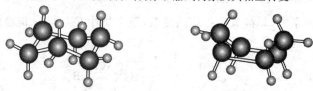

图 2-6 环己烷的椅式构象和船式构象及其相互转变

图 2-7 环己烷椅式和船式构象的球棒模型

如图 2-8 所示，在环己烷的椅式和船式两种构象中，椅式构象是无张力构象，从它们的纽曼投影式中可见，椅式构象属于交叉式构象；而船式构象属于重叠式构象（C_2、C_3、C_5、C_6 共平面），存在扭转张力（$E_\varphi \neq 0$）。此外，在船式构象中，C_1 和 C_4 上相对的两个 C—H 键（又称旗杆键）上的氢原子之间的距离约 0.18 nm，此距离小于这两个氢原子的范德华半径之和 0.24 nm，因此这两个氢的相互排斥产生非键张力（$E_{nb} \neq 0$）。所以船式构象比椅式构象能量高。在常温下，处于相互转变的构象动态平衡体系中，环己烷主要是以稳定的椅式构象体存在的（占 99.9% 以上）。

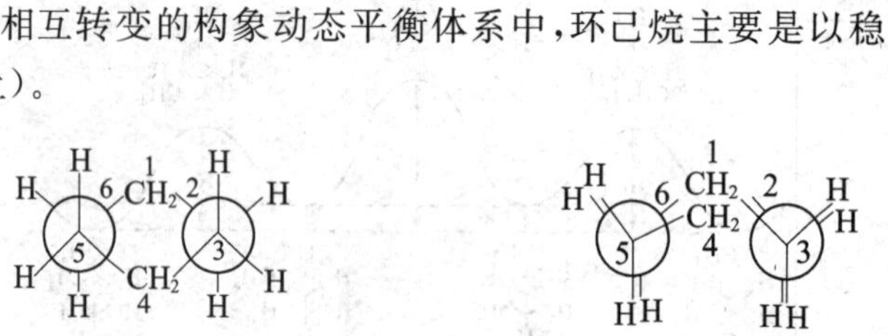

图 2-8 环己烷椅式和船式构象的纽曼投影式

在环己烷的椅式构象（图 2-9）中，一般认为：C_1、C_3、C_5 在一个平面上，C_2、C_4、C_6 在另一个平面上，这两个平面相互平行，两平面间距为 0.050 nm。椅式构象中的 C—H 键的取向也有一定规律，每个碳原子上都有一个竖直方向的 C—H σ 键，也称为 a 键（axial bonds），这六个 a 键相间同向；每个碳原子上又都有一个"平伏"的 C—H σ 键，又称 e 键（equatorial bonds)，它们是斜向上或斜向下的，也是"相间同向"。如果一个 CH_2 上的两个 C—H 键一个是向上的 a 键和一个斜向下的 e 键，则与之相邻的 CH_2 上的两个 C—H 键，一定是一个向下的 a 键和一个斜向上的 e 键，即相邻的两个 a 键或 e 键是处于反式的；而相间的两个 a 键或 e 键是顺式的。

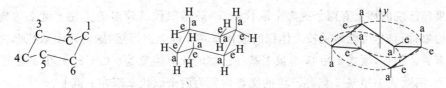

图 2-9 椅式环己烷的碳架及竖直键和平伏键

如图 2-10 所示，当环己烷由一种椅式构象经过环的翻转变为另一种椅式构象后，原来的 a 键都转变成 e 键，而原来的 e 键都转变成 a 键，这两个椅式构象之间的能垒约为 $46.2\ kJ \cdot mol^{-1}$。

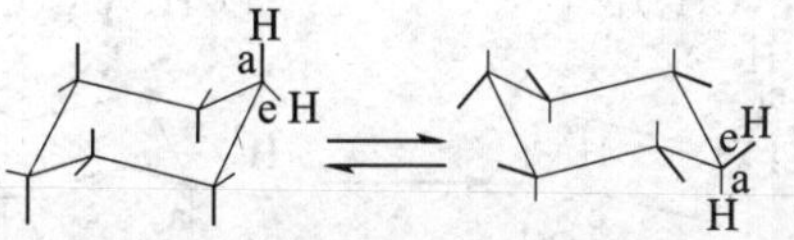

图 2-10 两种椅式构象相互转变
后的 a 键和 e 键转变

2.4.4 取代环己烷的构象

环己烷的稳定构象是椅式构象。当环上有一个取代基存在时，由于椅式构象中有 a 键和 e 键之分，取代基在 a 键上和在 e 键上的椅式构象是不同的构象异构体。这两种构象异构体在构象平衡中占有不同的比例，其中 e 键上连有取代基的椅式构象是较稳定的构象，称为优势构象。在构象平衡体系中，优势构象占有绝大多数。如

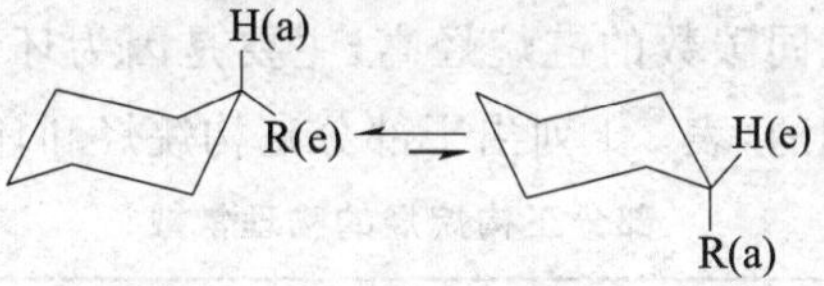

R=—CH_3	95%	5%
R=—$CH(CH_3)_2$	97%	3%
R=—$C(CH_3)_3$	>99.9%	—

取代基处于 a 键位置时，由于它和与之相间同向的氢原子因距离的变短而产生排斥作用，即存在非键张力，因此使其内能增大，稳定性下降，故通过环的翻转可自动转变成稳定性好的 e 键位置的椅式构象。

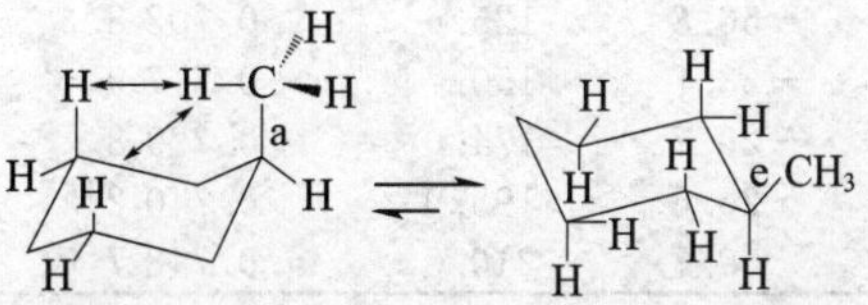

取代基—CH_3在e键位置上时,它与和它相距最近的氢原子之间不存在非键张力或非键张力极小,因此为稳定的优势构象。从单取代环己烷的纽曼投影式看,取代基在e键或a键上时,所形成的纽曼投影式分别是对位交叉式或邻位交叉式,显然对位交叉式的稳定性好于邻位交叉式。

如果环己烷的环上有两个或多个取代基,一般是取代基较多的连在e键上的椅式构象为优势构象;而且尽可能地是较大体积的取代基在e键上。当然,这与环上取代基之间的顺反关系有关。例如,顺式1-甲基-4-叔丁基环己烷的优势构象为—$C(CH_3)_3$在e键上,—CH_3在a键上;而顺式1-甲基-3-氯环己烷的优势构象为两个取代基都在e键上。

e-CH_3,a-$C(CH_3)_3$ → （优势构象）a-CH_3,e-$C(CH_3)_3$

（优势构象）e-CH_3,e-Cl ← a-CH_3,a-Cl

2.5 饱和烃的物理性质

有机化合物的物理性质一般是指其一般状态、熔点、沸点、折射率、溶解度、相对密度及波谱特征。纯物质的物理性质在一定条件下是固定的,称为物理常数。可通过测定物理常数来鉴定有机化合物及判断其是否为纯物质。通常,有机化合物中构造相近的同系列化合物,其物理常数随相对分子质量的变化而有规律的变化。在饱和烃中,环烷烃的物理常数如沸点、熔点、相对密度等要比同碳数的链烷烃高,主要是因为环烷烃具有较大的刚性和对称性使分子间作用力较强引起的,表2-1列出了部分正构烷烃和环烷烃的物理常数。

表 2-1   部分正构烷烃的物理常数

名称	分子式	熔点/℃	沸点/℃	相对密度(d_4^{20})	折射率(n_D^{20})
甲烷	CH_4	−182.6	−161.6	0.424[a]	—
乙烷	C_2H_6	−182.0	−88.6	0.546[a]	—
丙烷	C_3H_8	−187.1	−42.2	0.582[a]	1.229 7(沸点)
丁烷	C_4H_{10}	−138.0	−0.5	0.579[b]	1.356 2(−15℃)
戊烷	C_5H_{12}	−129.7	36.1	0.626 3	1.357 7
己烷	C_6H_{14}	−95.3	68.9	0.659 4	1.375 0
庚烷	C_7H_{16}	−90.5	98.4	0.683 7	1.387 7
辛烷	C_8H_{18}	−56.8	125.6	0.702 8	1.397 6
壬烷	C_9H_{20}	−53.7	150.7	0.717 9	1.405 6
癸烷	$C_{10}H_{22}$	−29.7	174.0	0.729 8	1.410 2
十一烷	$C_{11}H_{24}$	−25.6	195.9	0.740 2	1.417 2
十二烷	$C_{12}H_{26}$	−9.7	216.3	0.748 7	1.421 6

（续表）

名称	分子式	熔点/℃	沸点/℃	相对密度(d_4^{20})	折射率(n_D^{20})
十三烷	$C_{13}H_{28}$	−6.0	235.5	0.756 4	1.425 6
十四烷	$C_{14}H_{30}$	5.5	253.6	0.762 8	1.429 0
十五烷	$C_{15}H_{32}$	10.0	270.7	0.768 5	1.431 5
十六烷	$C_{16}H_{34}$	18.1	287.1	0.773 3	1.434 5
十七烷	$C_{17}H_{36}$	22.0	302.6	0.778 0	1.436 9
十八烷	$C_{18}H_{38}$	28.0	317.4	0.776 0	1.439 0
十九烷	$C_{19}H_{40}$	32.0	330.0	0.785 5	1.452 9
二十烷	$C_{20}H_{42}$	36.4	324.7	0.779 70^c	1.430 7(50℃)
环丙烷		−127.6	−33.0	0.720(−79℃)	
环丁烷		−80.0	12.5	0.703(0℃)	1.426
环戊烷		−93.0	49.3	0.746	1.406 4
环己烷		6.5	81.0	0.779	1.426 6
环庚烷		8.0	118.5	0.810	1.444 9
环辛烷		11.5	148.0	0.835	

注　a:在沸点时;b:液体在压力下;c:在熔点时

1.沸点(bp)

对直链烷烃来说,分子中的碳原子数增多,则色散力增大,故分子间的作用力(Van der Waals 力)增大,所以沸点将随之升高。

在烷烃的同系列中,相对分子质量相差比较大的直链烷烃,沸点差别较大(表 2-1、图 2-11)。

在相同碳原子数目的烷烃异构体中,含有较多支链的烷烃,其沸点较低。例如

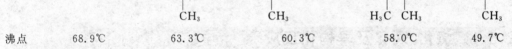

沸点　　68.9℃　　　63.3℃　　　　60.3℃　　　　58.0℃　　　49.7℃

2.熔点(mp)

在常温常压下,多于 17 个碳原子的直链烷烃是固体。直链烷烃熔点的变化与相对分子质量的变化成正比。具有偶数碳原子的直链烷烃,因其对称性较好,在烷烃的固体中有较高的晶格能,其熔点升高比相邻含奇数碳原子的烷烃的熔点升高较多(图 2-12)。

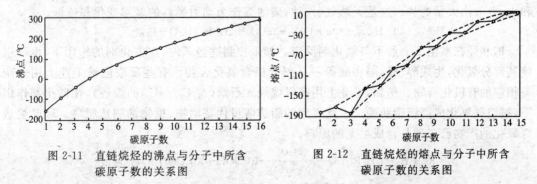

图 2-11　直链烷烃的沸点与分子中所含
碳原子数的关系图

图 2-12　直链烷烃的熔点与分子中所含
碳原子数的关系图

在有支链的烷烃中,当相对分子质量相同时,对称性好的熔点较高,甚至还可高于直链烷烃的熔点。如

$$(CH_3)_4C \qquad CH_3CH_2CH_2CH_2CH_3 \qquad (CH_3)_2CHCH_2CH_3$$

熔点	$-20℃$	$-138℃$	$-160℃$

3.相对密度(d_4^{20})

链烷烃的相对密度都小于1,随着相对分子质量增加,d_4^{20} 值将随之增大,但 d_4^{20} 值一般不超过 0.8。相对密度的大小与分子间力有关,分子间力增大,相对密度将增大。相同碳数的烷烃,支链越多,其相对密度越小。如

$$CH_3CH_2CH_2CH_2CH_3 \qquad (CH_3)_2CHCH_2CH_3 \qquad (CH_3)_4C$$

d_4^{20}	0.626 3	0.620 1	0.613 5

4.溶解度

烷烃不溶于水,在非极性有机溶剂中的溶解性好,此为"相似相溶"(烷烃分子是非极性的)。

5.折射率(n_D^{20})

折射率也称折光指数。一定波长的光在一定温度下透过纯物质时所测得的折射率是不变的。有机化合物的折射率也是其固有的物理常数。在烷烃的同系列中,通常随碳链增长折射率增大。

2.6　饱和烃的化学性质

烷烃分子中 C—C 键都是非极性共价键,因此化学性质稳定,一般不发生化学反应。但在特殊条件下,如加热或光照,烷烃可与卤素发生自由基型取代反应,在无氧强热条件下烷烃可发生自身的裂解变化,在有氧的完全燃烧反应中烷烃可转变成 CO_2 和 H_2O,同时放出大量的燃烧热。烷烃的这三类化学变化在卤代烷的制备、石油加工、能源利用等方面尤为重要。

2.6.1　氧化、裂化及异构化反应

1.氧化反应

有机化合物多为共价化合物,在氧化还原反应中无明显的电子得失,故在有机化学中的氧化一般是指分子中得氧或失氢的反应;还原一般是指分子中得氢或失氧的反应。

烷烃在空气中燃烧,可以看成是强烈的氧化反应。当空气(氧气)充足时,生成二氧化碳和水,并放出大量的热。这是天然气、汽油、柴油等作为动力燃料的基本变化和依据。

$$2C_nH_{2n+2} + (3n+1)O_2 \longrightarrow 2nCO_2 + 2(n+1)H_2O + 热量$$

饱和烃在室温下一般不与氧化剂反应。如果控制适当条件,在催化剂的作用下,也可以使其部分氧化,生成醇、醛、酮和酸等一系列有机含氧化合物。有些反应已被工业上用来制备相应的有机化合物。例如,工业上用高级烷烃如石蜡(含 $C_{20} \sim C_{30}$ 的烷烃),在催化剂作用下,被空气氧化成高级脂肪酸。由此得到的脂肪酸可代替动物、植物油制造肥皂。环己烷最终氧化的产物己二酸是合成尼龙的原料。

$$R-CH_2-CH_2R' + O_2 \xrightarrow[107\sim110℃]{MnO_2} RCOOH + R'COOH + 其他羧酸$$

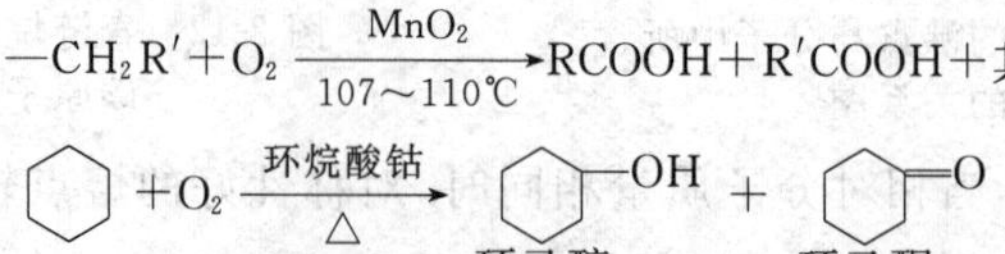

$$\text{⬡} \xrightarrow[\triangle]{HNO_3} HOOC(CH_2)_4COOH$$

2.烷烃的裂化

烷烃在无氧环境下受热分解,发生 C—C 键、C—H 键断裂,这一过程称为裂化。根据反应条件的不同,可将裂化反应分为三种:

①热裂化:在不加催化剂的条件下加热裂化。通常需较高的温度(500～700℃),同时需要一定的压力。

②催化裂化:在催化剂作用下的裂化反应。由于有催化剂存在,所以催化裂化的温度较低(450～500℃),而且常压下即可进行。除 C—C 键断裂外,还有异构化、环化、脱氢的反应,生成带有支链的烷、烯、芳烃,可提高汽油、柴油的质量和产量。

③深度裂化:也称为裂解,即在较高温度下进行的裂化(高于 700℃),目的是生产低分子量的烯烃等化工原料。

例如

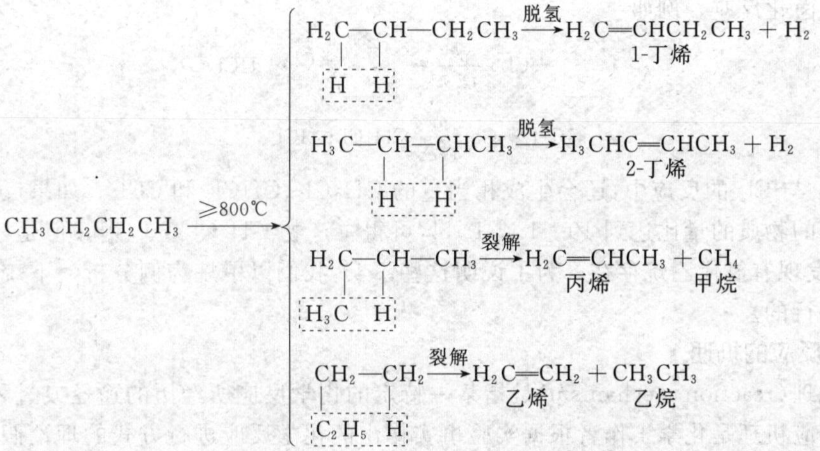

$$CH_3CH_2CH_2CH_3 \xrightarrow{\geqslant 800℃} \begin{cases} H_2C{-}CH{-}CH_2CH_3 \xrightarrow{脱氢} H_2C{=}CHCH_2CH_3 + H_2 \quad \text{1-丁烯} \\[4pt] H_3C{-}CH{-}CHCH_3 \xrightarrow{脱氢} H_3CHC{=}CHCH_3 + H_2 \quad \text{2-丁烯} \\[4pt] H_2C{-}CH{-}CH_3 \xrightarrow{裂解} H_2C{=}CHCH_3 + CH_4 \quad \text{丙烯}\;\text{甲烷} \\[4pt] CH_2{-}CH_2 \xrightarrow{裂解} H_2C{=}CH_2 + CH_3CH_3 \quad \text{乙烯}\;\text{乙烷} \end{cases}$$

在有机化学中"裂化"和"裂解"的含义是相同的,但在石油工业中意义不同。在炼油厂的石油炼制中,裂化的目的主要是用柴油或重油等生产轻质油或改善重油质量。在石油化工厂中,进行裂解反应的目的是为了得到乙烯、丙烯和丁二烯等重要化工原料。

热裂化和催化裂化的反应机理不同:催化裂化为碳正离子反应;热裂化为自由基反应。另外,主要反应产物特点也不同。催化裂化反应轻质油收率高,油品质量比较好。

3.异构化反应

从一个异构体转变成另一个异构体的反应叫异构化反应。主要指直链或支链少的烷烃异构化为支链多的烷烃。例如,工业上将正丁烷在 $AlCl_3$ 及 HCl 存在下异构化为异丁烷。将反应物循环通过催化剂,最终转化率可达 90%。

$$CH_3CH_2CH_2CH_3 \xrightarrow{AlCl_3,HCl} CH_3{-}\underset{\underset{CH_3}{|}}{CH}{-}CH_3$$

烷烃的异构化可以将直链烷烃异构化为支链烷烃,可提高汽油的辛烷值,从而提高汽油质量。

辛烷值是评价汽油抗爆性和汽油质量的指标。汽油的辛烷值越高,抗爆性越好,质量就越高。不同结构的烷烃有不同的爆震情况,辛烷中 2,2,4-三甲基戊烷(简称异辛烷)的爆震性最弱,规定它的辛烷值为100;正庚烷的爆震性最强,将它的辛烷值定为0,以这两种烃的爆震性和其他的汽油相比较,就得出该汽油的辛烷值。假如某种汽油的爆震性与异辛烷完全相同,这种汽油的辛烷值就是100;若和正庚烷相等,辛烷值就等于0。如果某一种汽油的辛烷值是80,说明这种汽油相当于一种含有80%的异辛烷和20%的正庚烷的混合物的爆震性。

一般带支链的烷烃辛烷值较高,抗爆震能力较好。烷烃通过裂化、异构化和重整反应能提高产物的支链程度,从而提高汽油的质量。另外,汽油中添加某些物质也能够提高汽油的辛烷值,过去常在汽油中添加四乙基铅($Pb(C_2H_5)_4$),由于铅有毒性,现改用甲基叔丁基醚($CH_3OC(CH_3)_3$,MTBE)来提高汽油辛烷值。

2.6.2 卤代反应

在光、热或催化剂作用下,烷烃和环烷烃(五元环及以上)分子中的氢原子被卤原子取代,生成烃的烷烃衍生物和卤化氢。这种如烷烃分子中的氢原子被卤原子取代的反应,称为卤代反应或卤化反应。例如

$$\text{△} +Cl_2 \xrightarrow[92.7\%]{h\nu} \text{△}-Cl +HCl$$

$$CH_4 +Cl_2 \xrightarrow[\text{或}\triangle]{h\nu} CH_3Cl+HCl$$

在CH_4与Cl_2的反应中,还会生成相当量的CH_2Cl_2、$CHCl_3$和CCl_4。如果反应体系中CH_4与Cl_2的物质的量比达到10∶1或1∶4,可得主产物CH_3Cl或CCl_4。但是,在这个反应体系中,发现有氯代乙烷存在。为了说明这些事实,我们以甲烷为例分析一下烷烃氯代反应是如何进行的。

1.卤代反应的机理

反应机理(reaction mechanism)是指某一特定的化学反应所经历的途径或过程,也叫反应历程。反应机理是化学工作者根据实验事实作出的化学反应进行方式的理论假说。一个反应机理所描述的反应方式和途径与这个反应的真实情况越接近,则由该机理来说明或预测反应条件(温度、试剂、浓度、溶剂、催化剂等)对反应性能(活性、选择性)的影响,以及反应物和试剂的结构变化对反应速率和反应途径的影响等就越符合实际,指导意义越大。到目前为止,在众多的有机化学反应中,反应机理基本上研究清楚的为数不多。对于甲烷的氯代反应,现在公认的反应机理是:

(1) $Cl—Cl \xrightarrow[\text{或加热}]{\text{光照}} 2\ Cl\cdot$ 自由基引发阶段

(2) $Cl\cdot + H\frown CH_3 \longrightarrow HCl + \cdot CH_3$ 链增长阶段

(3) $Cl\frown Cl + \cdot CH_3 \longrightarrow Cl\cdot + Cl—CH_3$

(2)和(3)往复发生。

(4)$Cl\cdot + Cl\cdot \longrightarrow Cl—Cl$

(5)$Cl\cdot + \cdot CH_3 \longrightarrow Cl—CH_3$ }链终止阶段

(6)$\cdot CH_3 + \cdot H_3C \longrightarrow CH_3—CH_3$

甲烷的氯代反应是由上述(1)、(2)、(3)步反应完成的。首先是反应(1)的发生,在光照或

加热的条件下,氯分子离解成氯原子,接着在(2)式中,氯原子夺得甲烷中的氢原子生成氯化氢和甲基自由基,后者在(3)式中与氯分子中的氯结合生成了一氯甲烷和另一个氯原子;(2)式和(3)式循环,发生链传递式反应,结果生成大量的一氯甲烷。(1)式为链引发反应;(2)式和(3)式为生成 CH_3Cl 的链增长阶段;(4)式、(5)式和(6)式是由两个原子或自由基生成分子,并不再产生自由基的反应,当这种反应占主导地位时,链式传递反应将逐渐停止,此为链终止阶段。

在甲烷的氯代反应中,化学键发生均裂。由于生成了活泼中间体碳自由基,称这个反应是自由基型取代反应。

按照上述反应机理,生成的 CH_3Cl 在反应体系中作为反应物,也可进行下面的自由基反应,生成 CH_2Cl_2,后者进一步反应可得到 $CHCl_3$ 以及 CCl_4:

$$Cl\cdot + H\frown CH_2Cl \longrightarrow H-Cl + \cdot CH_2Cl$$

$$Cl\dot{C}H_2 + Cl\frown Cl \longrightarrow CH_2Cl_2 + Cl\cdot$$

$$Cl\cdot + H\frown CHCl_2 \longrightarrow H-Cl + \cdot CHCl_2$$

$$Cl\frown Cl + \cdot CHCl_2 \longrightarrow CHCl_3 + Cl\cdot$$

$$Cl\cdot + H\frown CCl_3 \longrightarrow H-Cl + Cl_3C\cdot$$

$$Cl_3\dot{C}\cdot + Cl\frown Cl \longrightarrow Cl_3C-Cl + Cl\cdot$$

甲烷与其他卤素的反应以及其他烷烃的卤代反应,也是按自由基取代反应机理进行的。当甲烷氯代反应中生成少量的乙烷再与氯气反应时,自然会得到氯代乙烷。

上面我们以甲烷为例简要地介绍了自由基型氯代反应的机理,其反应特点是:

(1)反应是在光照或加热条件下发生的,当有自由基引发剂存在时,也能发生此类反应,反应中生成的活性中间体是碳自由基。

(2)自由基型反应既可在气相中又可在液相中进行;若在液相中反应,通常是在非极性溶剂中进行有利。

(3)自由基型反应一经引发,反应速率会迅速增大;当有自由基终止剂加入时,则使反应减缓直至停止。

2.烷烃卤代反应的规律

(1)伯、仲、叔氢的反应活性

对于同一烷烃中的不同位置的氢原子,在相同的条件下发生氯代反应,生成的一氯代产物组成不同。例如

$$(CH_3)_2CHCH_2CH_3 \xrightarrow[h\nu]{Cl_2} \underset{33.5\%}{CH_3\overset{\displaystyle CH_2Cl}{|}CHCH_2CH_3} + \underset{22\%}{(CH_3)_2\overset{\displaystyle Cl}{|}CCH_2CH_3} +$$

$$\underset{28\%}{(CH_3)_2CH\overset{\displaystyle Cl}{|}CHCH_3} + \underset{16.5\%}{(CH_3)_2CHCH_2\overset{\displaystyle Cl}{|}CH_2}$$

已知不同 C—H 键的解离能有如下大小次序：

$1°C—H(\sim410\ kJ\cdot mol^{-1})>2°C—H(\sim395\ kJ\cdot mol^{-1})>3°C—H(\sim380\ kJ\cdot mol^{-1})$

在异戊烷中有三类 C—H 键（三个—CH_3 上的 9 个 C—H 键属 1°C—H）。不同类 C—H 的数目不同，在反应中被取代的几率就不同，相应的产物所占比例也就不同；但是把不同类氢被取代的几率与反应产物的比例综合分析，可看到叔氢的反应活性最大，伯氢的反应活性最小，仲氢的反应活性居中。即：不同类氢原子的反应活性比为

$$叔氢：仲氢：伯氢 = \frac{22}{1} : \frac{28}{2} : \frac{33.5+16.5}{6+3} \approx 4.0 : 2.5 : 1.0$$

伯、仲、叔氢的反应活性次序与伯、仲、叔 C—H 键的解离能大小次序恰好相反，键的解离能越小，相应的 C—H 键越易断裂，对应生成的自由基就越稳定，反应也越易进行。由以上数据可以看出，碳自由基稳定性次序为$(CH_3)_3\dot{C}>(CH_3)_2\dot{C}H>CH_3\dot{C}H_2>\dot{C}H_3$。因此在同一烷烃中，氢原子的反应活性是 $3°H>2°H>1°H$。

（2）卤素的反应活性

不同的卤素进行烷烃卤代反应时，其反应活性不同。这一点表现为在自由基的链传递反应过程中的反应热明显不同。例如乙烷的卤代反应：

$$\begin{array}{lcccc} & X=F & Cl & Br & I \\ X\cdot+H—CH_2CH_3 \longrightarrow HX+CH_3\dot{C}H_2 \quad \Delta H/(kJ\cdot mol^{-1}) & -159 & -21 & +42 & +113 \\ CH_3\dot{C}H_2+X—X \longrightarrow XCH_2CH_3+X\cdot \quad \Delta H/(kJ\cdot mol^{-1}) & -285 & -100 & -96 & -75 \\ 反应热\ \Delta H^{\ominus}/(kJ\cdot mol^{-1}) & -444 & -121 & -54 & +38 \end{array}$$

由此可见，卤素的相对反应活性为 $F_2>Cl_2>Br_2>I_2$。

氟与烷烃的反应放热量大，反应剧烈，不易控制，极易发生爆炸式反应，产物也复杂。一般不易由烷烃直接氟化制备氟代烷烃。烷烃的碘代反应是可逆的，生成的 HI 可使碘代烷还原成原来的烷烃，故碘代烷也不易由直接碘代反应制取。

$$R—H+I_2 \rightleftharpoons R—I+HI$$

2.6.3 小环环烷烃的加成反应

小环环烷烃如环丙烷、环丁烷等分子中存在较大的张力，因此性质比较活泼，具有一些特殊的反应，主要是开环加成反应。

反应活性：环丙烷＞环丁烷

$$CH_3CH_2CH_2I \xleftarrow{\ HI\ } \triangle \begin{cases} \xrightarrow[80℃]{H_2,Ni} CH_3CH_2CH_3 \\ \xrightarrow[CCl_4,室温]{Br_2} BrCH_2CH_2CH_2Br \end{cases}$$

环丙烷易与氢气、卤素、卤化氢等发生加成反应，体现了小环环烷烃的"不饱和性"。环丙烷在室温下与 Br_2 的 CCl_4 溶液反应，使 Br_2/CCl_4 溶液褪色，可利用该反应鉴别环丙烷及其衍生物。

取代环丙烷与 HX 的加成反应，其产物有选择性。如

$$CH_3-CH\underset{\overset{\displaystyle CH_2}{|}}{----}CH_2 +HBr \longrightarrow CH_3-\underset{\overset{\displaystyle |}{Br}}{CH}-CH_2-CH_3（主产物）$$

从产物的结构看,环的断裂应选择在含氢最多与含氢最少的两个碳原子之间。HX 中的 X⁻ 加成到含 H 较少的碳原子上,H⁺ 加成到含 H 较多的碳原子上,是主要的反应产物。在桥环化合物中,若存在三元环,当与 Br₂ 作用时,也是三元环优先加成而开环。如

$$\text{（桥环）} +Br_2 \xrightarrow{CCl_4} \text{（产物）}$$

习　题

2-1 用系统命名法命名分子式为 C_7H_{16} 的所有构造异构体。

2-2 试将下列各化合物按其沸点由高到低排列成序:

正庚烷,正己烷,正辛烷,2-甲基戊烷,2,2-二甲基丁烷,正癸烷

2-3 比较下列各组化合物的熔点高低,并说明理由。

(1)正戊烷、异戊烷和新戊烷　　(2)正辛烷和 2,2,3,3-四甲基丁烷

2-4 给出下列各组自由基稳定性次序:

(1)A. $CH_3\overset{\displaystyle |}{\underset{\displaystyle CH_3}{CH}}CH_2\dot{C}H_2$　　B. $CH_3\overset{\displaystyle |}{\underset{\displaystyle CH_3}{CH}}\dot{C}HCH_3$　　C. $CH_3\overset{\displaystyle |}{\underset{\displaystyle CH_3}{\dot{C}}}CH_3$

(2)A. （环己基 $\dot{C}H_2$）　　B. （环己基 $\dot{C}H$）　　C. （环己基 $\dot{C}H_3$）

2-5 解释下列实验事实:

(1)在室温下和黑暗中,甲烷和氯气可以长期保存而不起反应。

(2)在黑暗中将甲烷和氯气的混合物加热到 250℃ 以上,可以得到氯化产物。

(3)先用光照射氯气,然后在黑暗中迅速与甲烷混合,可以得到氯化产物。

(4)将氯气用光照射后,在黑暗中放一段时间再与甲烷混合,不发生氯化反应。

(5)先将甲烷用光照射,然后在黑暗中与氯气混合,不发生氯化反应。

2-6 比较下列化合物加成反应活性大小:

(1) △　　(2) ⬡　　(3) （环丁烷并环）

2-7 试写出下列化合物的最稳定的构象式:

(1)乙基环己烷　　(2)1-甲基-3-异丙基环己烷　　(3)1,3,5-三甲基环己烷

2-8 用化学方法区别 1,2-二甲基环丙烷和环戊烷。

2-9 用系统命名法命名下列化合物:

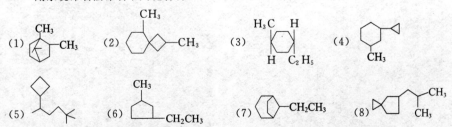

$$\text{(9)} \quad CH_3-CH-CH-CH_2-\underset{\underset{CH_3}{|}}{\overset{\overset{CH_2CH_3}{|}}{C}}-CH_3$$
$$\underset{CH_3 \quad CH_3}{|\quad\quad|}$$

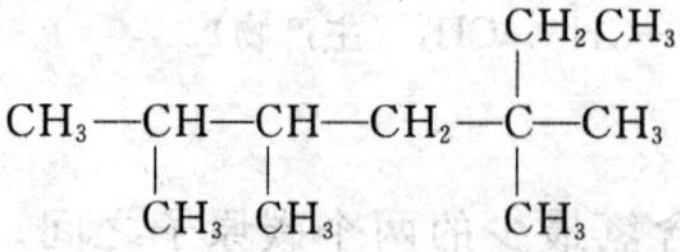

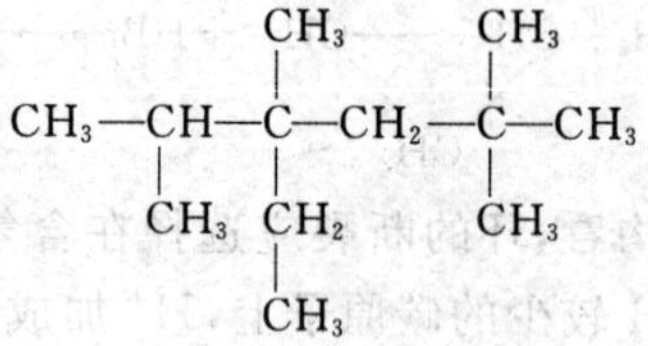

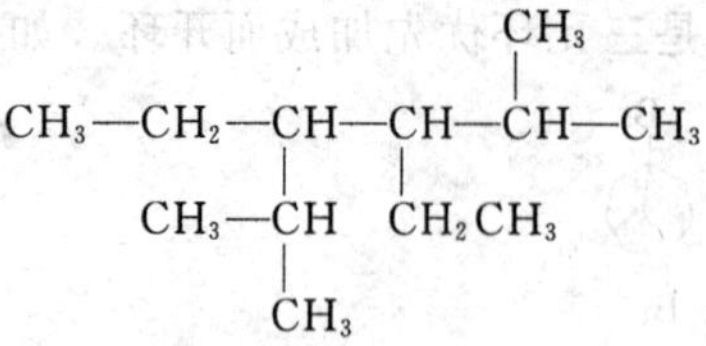

$$\text{(10)} \quad CH_3-CH-C-CH_2-C-CH_3$$
$$\overset{\overset{CH_3 \quad CH_3}{|\quad\quad|}}{}\quad\overset{\overset{CH_3}{|}}{}$$

$$\text{(11)} \quad CH_3-CH_2-CH-CH-CH-CH_3$$
$$\underset{CH_3-CH \quad CH_2CH_3}{|\quad\quad\quad}$$
$$\underset{CH_3}{|}$$

$$\text{(12)} \quad CH_3CH_2CH_2CHCH_2CHCH_2CH_2CH_3$$
$$\underset{CHCH_3CH_2}{|}$$
$$\underset{CH_3 \quad CH_2}{|\quad\quad|}$$
$$\underset{CH_3}{|}$$

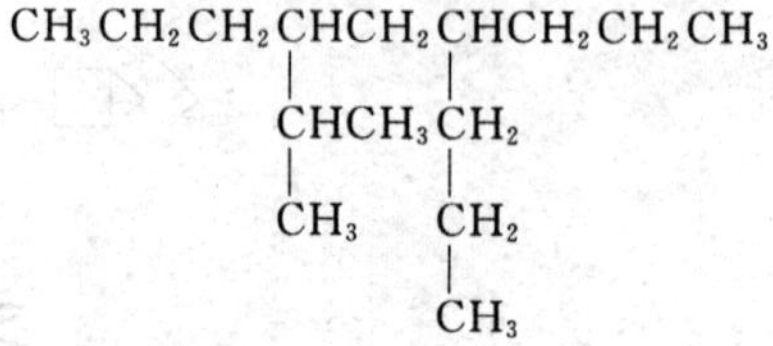

2-10 写出下列化合物的构造式：

(1) 2,3,3-三甲基戊烷   (2) 2,4-二甲基-3-乙基己烷

(3) 2,3,5-三甲基-4-丙基庚烷   (4) 1-甲基-3-异丙基环己烷

(5) 5-乙基螺[3.4]辛烷   (6) 2-甲基二环[3.1.1]庚烷

(7) 2,2-二甲基螺[4.4]壬烷   (8) 1,7,7-三甲基二环[2.2.1]庚烷

2-11 完成下列化学反应：

(1) 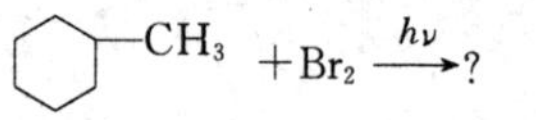 ⬡CH₃ + Br₂ —(hν)→ ?   (2) 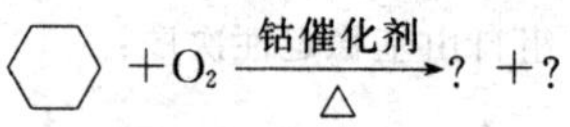 ⬡ + O₂ —(钴催化剂, △)→ ? + ?

(3) 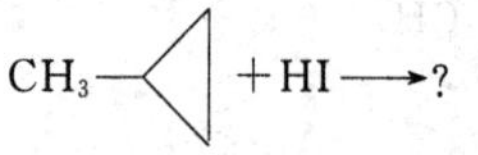 CH₃—▷ + HI —→ ?   (4) 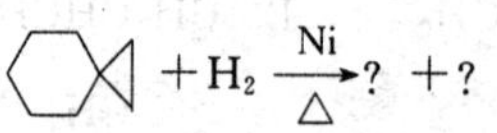 ⬡▷ + H₂ —(Ni, △)→ ? + ?

(5) 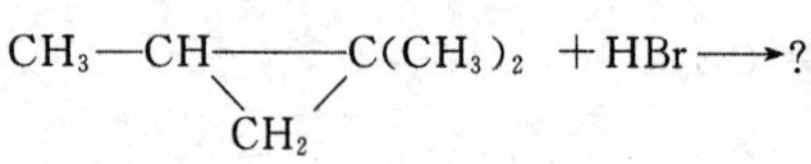 $CH_3-CH-C(CH_3)_2 + HBr \longrightarrow ?$ (6) 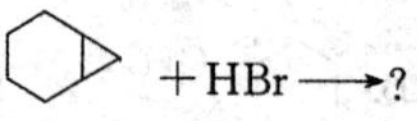 ⬡ + HBr —→ ?
$$\underset{CH_2}{\diagup\diagdown}$$

2-12 将下列的投影式改为锯架式,锯架式改为投影式：

(1) 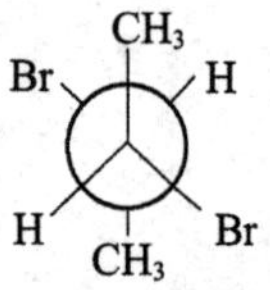 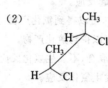   (2)   (3) 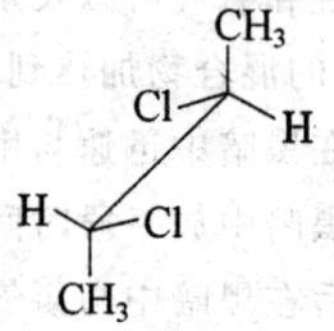 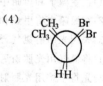   (4)

2-13 试分析在甲烷氯代反应中生成极少量乙烷的原因。

第3章

不饱和烃

含有碳碳双键或碳碳三键的烃统称为不饱和烃(unsaturated hydrocarbons)。本章主要介绍烯烃、炔烃和二烯烃三类典型的不饱和烃。其中含有一个碳碳双键者称为烯烃(alkene),碳碳双键(C═C)是其官能团;含有一个碳碳三键者称为炔烃(alkyne),碳碳三键(C≡C)是其官能团;分子中同时含有碳碳双键和碳碳三键的不饱和烃称为烯炔(eneyne);含有两个碳碳双键的不饱和烃称为二烯烃(alkadiene)。

3.1 烯烃和炔烃的结构

烯烃、炔烃的结构特点主要是由碳碳双键和碳碳三键的特性决定的。

3.1.1 sp² 杂化碳原子和碳碳双键

研究结果已证明乙烯分子中的 6 个原子都处于同一平面内,每个碳原子与两个氢原子及另一个碳原子相连。乙烯分子中碳原子的价电子原子轨道以 sp² 杂化方式进行成键,即:sp² 杂化碳原子的 3 个 sp² 杂化轨道,其中两个 sp² 杂化轨道与两个氢原子的 1s 轨道分别交盖形成 C—H σ 键;两个 sp² 杂化的碳原子各以一个 sp² 杂化轨道以头对头的方式相互交盖,形成(C_{sp^2}—C_{sp^2})σ 键;而两个碳原子上各自未参与 sp² 杂化的 2p 轨道以肩并肩的方式从侧面相互平行交盖,形成了另一种碳碳共价键——π 键。π 键垂直于 sp² 杂化碳原子所在平面。两个碳原子之间共用的两对成键电子形成碳碳双键,一个是 σ 键,一个是 π 键。(图 3-1～图 3-3)

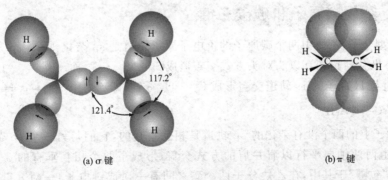

(a) σ 键　　　　　　　　　　　　　　　(b) π 键

图 3-1　乙烯分子中的 σ 键和 π 键电子云分布示意图

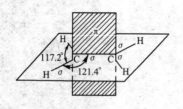

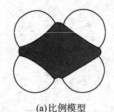

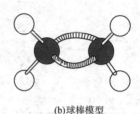

图 3-2 乙烯分子结构
键长:C═C(0.134 nm),C—H(0.108 nm)

图 3-3 乙烯结构模型图

(a)比例模型   (b)球棒模型

在其他烯烃中,形成碳碳双键的碳原子也是 sp² 杂化,碳碳双键的结构特征与乙烯中的情况相同。

3.1.2 π 键的特性

π 键是由两个碳原子各自的 p 轨道从侧面平行交盖形成的;这种轨道交盖的程度比 σ 键的要小,而且 π 键电子对不定域在两个碳原子核连线之间,其键能比 σ 键的低,故 π 键较不稳定,易断裂,是较弱的共价键。

形成 π 键的两个 p 轨道只有以其对称轴相互平行的取向才能达到尽可能大的侧面交盖,构成双键的两个碳原子之间不能绕其 σ 键轴作相对旋转,否则 π 键将被削弱以至破坏。这一点与烷烃中的碳碳 σ 键不同,形成双键的两个碳原子之间不能自由旋转(图 3-4)。

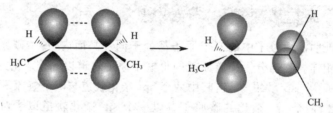

图 3-4 双键旋转示意图

由于 π 键电子的运动区域不像 σ 键电子那样在两个 sp² 杂化碳原子之间,π 键电子受碳原子核的约束力较小,π 电子不但有较大的运动区域和流动性,而且还易受外界电场影响发生极化;故 π 键比 σ 键有较高的化学活泼性。

3.1.3 sp 杂化碳原子和碳碳三键

乙炔是直线型分子,乙炔中两个碳原子的价电子原子轨道是 sp 杂化,两个 sp 杂化的碳原子各以一个 sp 杂化轨道相互以头对头方式交盖形成C_{sp}—C_{sp} σ 键,而另外一个 sp 轨道与 H 原子的 1s 轨道交盖形成 C_{sp}—H_{1s} σ 键,即乙炔中有三个 σ 键:$H \overset{\sigma}{-} \underset{sp}{C} \overset{\sigma}{-} \underset{sp}{C} \overset{\sigma}{-} H$。

sp 杂化碳原子上的两个没有杂化的 2p 轨道是相互垂直的,它们与另一个 sp 杂化碳原子的两个 2p 轨道两两轴向平行以肩并肩的方式交盖,形成了两个相互垂直的 π 键,并把C_{sp}—C_{sp}σ键电子“包围”于其中,在乙炔分子两个碳之间有三对成键电子:一对 σ 键电子,两对 π 键电子;两个碳原子都满足了价电子层八隅体结构,如图 3-5 所示。

由于 sp 杂化的碳原子成键能力大，乙炔中碳碳三键的键能高达 $837\ kJ \cdot mol^{-1}$，$C—H\ \sigma$ 键键能为 $506\ kJ \cdot mol^{-1}$；两个碳之间的 π 电子被束缚得较牢固，不易极化变形，可以预测炔烃的亲电加成反应活性不如烯烃。与乙烷、乙烯相比，乙炔中的 C—H 键有较大的极性，炔氢（sp 杂化碳上的氢原子）有较明显的酸性（见表 3-1）。

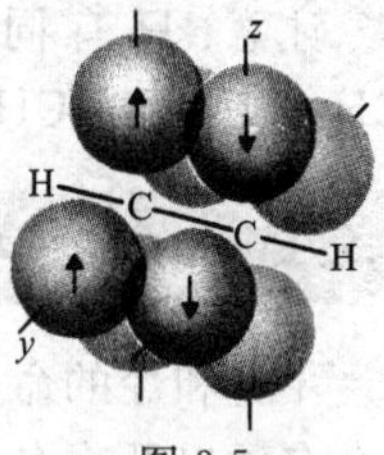

表 3-1　　　　　　　　　　碳的杂化状态与电负性

	碳的杂化态	碳的电负性	氢的酸性（pK_a）
$H_3C—CH_2—H$	sp^3	2.48	50
$H_2C=CH—H$	sp^2	2.75	44.5
$HC\equiv C—H$	sp	3.29	25

图 3-5

其他链状炔烃的结构特点也是由碳碳三键决定的。

3.2　不饱和烃的通式和同分异构

脂肪族链状单烯烃的通式为 C_nH_{2n}，其同分异构有两大类，一是构造异构，另一是构型异构。链状单炔烃和二烯烃有共同的通式，都是 C_nH_{2n-2}。

3.2.1　构造异构

不饱和烃的构造异构包括碳架异构和官能团位置异构。

分子中碳原子相互连接的顺序不同，形成不同的碳链，即为碳架异构。如

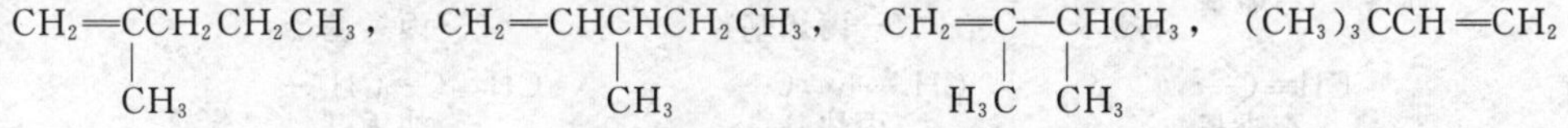

$$CH_2=CCH_2CH_2CH_3, \quad CH_2=CHCHCH_2CH_3, \quad CH_2=C—CHCH_3, \quad (CH_3)_3CCH=CH_2$$
$$\quad\ \ |\qquad\qquad\qquad\qquad\quad\ | \qquad\qquad\qquad\ |\ \ \ | $$
$$\quad\ CH_3 \qquad\qquad\qquad\qquad\quad CH_3 \qquad\qquad\quad H_3C\ \ CH_3$$

分子中官能团（如 $C=C$ 或 $C\equiv C$）在碳链上的位置不同时，便形成官能团位置异构，在相同的碳架中，碳原子的不同连接（成键）方式，也形成官能团位置异构。如

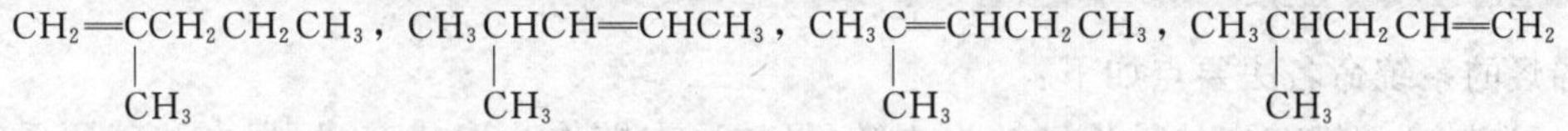

$$CH_2=CCH_2CH_2CH_3, \quad CH_3CHCH=CHCH_3, \quad CH_3C=CHCH_2CH_3, \quad CH_3CHCH_2CH=CH_2$$
$$\quad\ \ |\qquad\qquad\qquad\qquad\ |\qquad\qquad\qquad\qquad\ |\qquad\qquad\qquad\qquad\ |$$
$$\quad\ CH_3 \qquad\qquad\qquad\quad CH_3 \qquad\qquad\qquad\quad CH_3 \qquad\qquad\qquad\quad CH_3$$

通常把双键在一端的烯烃叫做端烯烃，也称为 α-烯烃；而把与双键碳相邻的饱和碳原子叫做 α-碳原子，其上的氢原子又叫做 α-氢原子。双键在碳链内部的，称为内烯烃，没有支链的 α-烯烃又叫做正构烯烃。炔烃也是如此。

3.2.2　顺反异构

与炔烃不同的是，烯烃除具有构造异构外，还存在着顺反异构，它属于构型异构的一种。

由于碳碳双键不能绕轴自由旋转，因此当烯烃中的两个双键碳原子各连有两个不同原子或基团时，可能产生两种不同的排列方式。例如，2-丁烯分子中的两个 —CH_3 可以在双键的同一侧（称顺式）或两侧（称反式），这种现象称为顺反异构现象（cis-trans isomerism），形成的同分异构体称顺反异构体（cis-trans isomer）。

$$
\begin{array}{cc}
CH_3 \quad CH_3 & CH_3 \qquad H\\
\diagdown\ \ /\ & \diagdown\ \ \ \ /\\
C=C & C=C\\
/\ \ \ \diagdown & /\quad\ \ \diagdown\\
H \qquad H & H \qquad CH_3
\end{array}
$$

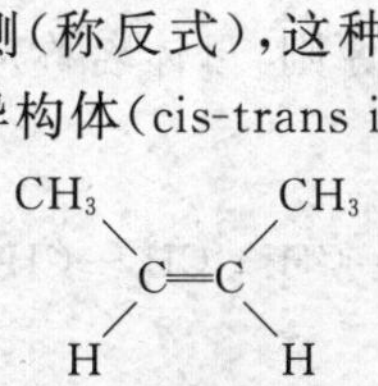

顺-2-丁烯 　　　　　　　　反-2-丁烯

分子中原子在空间的排列称为构型，顺-2-丁烯和反-2-丁烯是由于构型不同产生的异构体，称为构型异构体(configurational isomer)。由于构型反映的是空间的概念，所以顺反异构也称为几何异构。

注意：只有同一个碳上连的两个原子或基团不同时，才存在顺反异构，例如 $CH_2{=}CHCH_2CH_3$ 就不存在顺反异构。

3.3 不饱和烃的命名

不饱和烃的命名主要是系统命名法。除此之外，还有普通命名法(也称习惯命名法)、衍生命名法以及俗名。虽然各有所用，但后几种命名法多有局限性，一般只适用于简单的或特殊的烯烃。如 $CH_2{=}CHCH_2CH_3$ 的习惯名称是正丁烯，衍生名称是乙基乙烯。

炔烃也有衍生命名法。如

$CH_3C{\equiv}CCH_3$	$(CH_3)_2CHC{\equiv}CCH(CH_3)_2$	$C_2H_5C{\equiv}CCH_3$
二甲基乙炔	二异丙基乙炔	甲基乙基乙炔

3.3.1 烯基、炔基

烯烃和炔烃分子失去一个氢原子后剩下的部分称为烯基和炔基。它们的编号从自由价碳原子开始。例如

$CH_2{=}CH{-}$	$CH_3{-}CH{=}CH{-}$	$CH_2{=}CH{-}CH_2{-}$
乙烯基	丙烯基 (1—丙烯基)	烯丙基 2—丙烯基
$CH{\equiv}C{-}$	$CH_3{-}C{\equiv}C{-}$	$CH{\equiv}C{-}CH_2{-}$
乙炔基	丙炔基	炔丙基

3.3.2 烯烃和炔烃的系统命名法

烯烃的系统命名法要点如下：

(1)选择含双键在内的最长碳链为主链(母体)，支链作为取代基，根据主链碳原子数命名为某烯。如碳原子数超过 10 以上时，命名为"某碳烯"。

(2)以双键碳原子编号最小为原则对主链编号，取代基的编号尽可能小。

(3)写名称：根据主链所含的碳原子数，称为"某烯"，并在其前标注双键所在位置；取代基的位次、数目、名称等依次写在母体名称某烯之前，书写规则和列出次序与烷烃的命名法相同。例如

$$\overset{6}{C}H_3\overset{5}{C}H_2\overset{4}{C}H(CH_3)\overset{3}{C}H_2{-}\overset{2}{C}(C_2H_5){=}\overset{1}{C}H_2$$

4-甲基-2-乙基-1-己烯

$$\overset{8}{(CH_3)_3}\overset{7}{C}\overset{6}{C}H_2\overset{5}{C}H_2\overset{4}{C}H_2\overset{3}{C}H{=}\overset{2}{C}\overset{1}{(CH_3)_2}$$

2,7,7-三甲基-2-辛烯

$$CH_3(CH_2)_3CH{=}CH(CH_2)_4CH_3$$

5-十一碳烯

如果是多烯烃，则主链的选取应包含最多双键在内的最长碳链，不在其内的双键可以作为烯基；编号时应以最先遇到的双键碳位次最小为原则，母体名称应体现出主链上双键的数目和位次。例如

$$\overset{1}{C}H_2{=}\overset{2}{C}H{-}\overset{3}{C}H{=}\overset{4}{C}H{-}\overset{5}{C}H_3$$

1,3-戊二烯

$$\overset{6}{C}H_2{=}\overset{5}{C}H{-}\overset{4}{C}H{=}\overset{3}{C}(CH_3){-}\overset{2}{C}H{=}\overset{1}{C}H_2$$

3-甲基-1,3,5-己三烯

$$\overset{7}{C}H_3{-}\overset{6}{C}H{=}\overset{5}{C}(CH_3){-}\overset{4}{C}H{=}\overset{3}{C}H{-}\overset{2}{C}H{=}\overset{1}{C}H_2$$

5-甲基-1,3,5-庚三烯

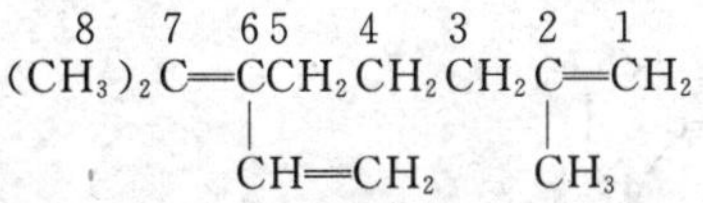

$$\begin{array}{cccccccc} 8 & 7 & 65 & 4 & 3 & 2 & 1 \end{array}$$
(CH₃)₂C=CCH₂CH₂CH₂C=CH₂
|　　　　　　　　　　　　|
CH=CH₂　　　　　　　　CH₃

2,7-二甲基-6-乙烯基-1,6-辛二烯

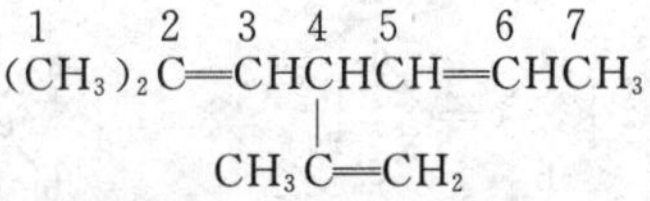

$$\begin{array}{ccccccc} 1 & 2 & 3 & 4 & 5 & 6 & 7 \end{array}$$
(CH₃)₂C=CHCHCH=CHCH₃
|
CH₃C=CH₂

2-甲基-4-异丙烯基-2,5-庚二烯

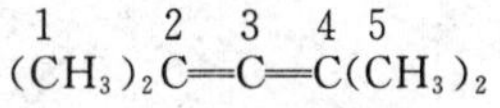

$$\begin{array}{ccccc} 1 & 2 & 3 & 4 & 5 \end{array}$$
(CH₃)₂C=C=C(CH₃)₂

2,4-二甲基-2,3-戊二烯

如果是环烯烃,一般以不饱和碳环为母体,支链为取代基,环上双键碳原子的编号应最小且连续。例如

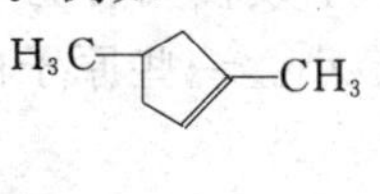

1,4-二甲基-1-环戊烯 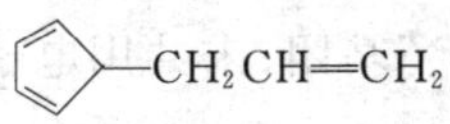　　　5-烯丙基-1,3-环戊二烯 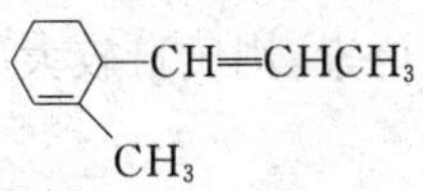　　　1-甲基-6-丙烯基-1-环己烯

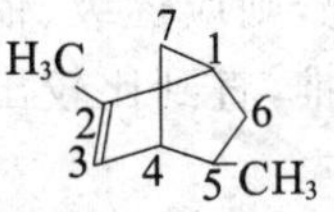

2,5-二甲基二环[2.2.1]-2-庚烯 　　2-甲基螺[4.5]-6-癸烯 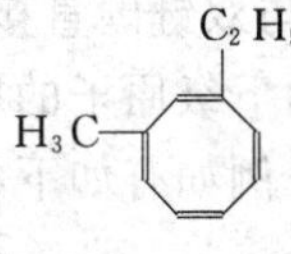　　3-甲基-1-乙基-1,3,5,7-环辛四烯

炔烃的系统命名与烯烃相似,将母体名称"烯"改为"炔"即可。例如

C₂H₅—C≡CH　　　　(CH₃)₂CH—C≡C—CH₃　　　　CH₃(CH₂)₄C≡C—CH₃

　　1-丁炔　　　　　　　　4-甲基-2-戊炔　　　　　　　　2-辛炔

3.3.3　烯炔的命名

如果在分子中,既含有碳碳三键,又含有碳碳双键,则化合物命名为某烯炔;写名称时,烯在前,炔在后。编号仍遵从官能团位次最低的原则,主链的选取应包含尽可能多的不饱和键在内。当双键和三键的编号有选择时,双键位次最小;若有取代基时,则应考虑取代基的位次应较小。例如

CH₂=CHCH₂C≡CH

1-戊烯-4-炔

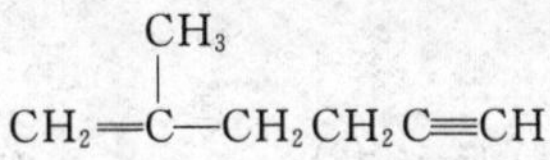

CH₃
|
CH₂=C—CH₂CH₂C≡CH

2-甲基-1-己烯-5-炔

CH₃
|
CH₃CHCHCH₂CH=CHCH
　　|
　　（3-甲基-5-庚烯-1-炔）

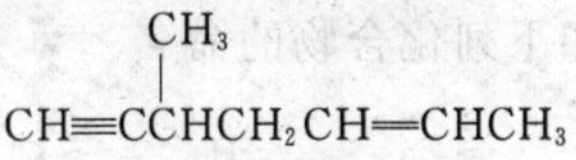

3-甲基-5-庚烯-1-炔

3.3.4　烯烃顺反异构的命名

在烯烃分子中,两个相同原子或基团处于双键碳原子同一侧的称为顺式,反之称为反式。例如

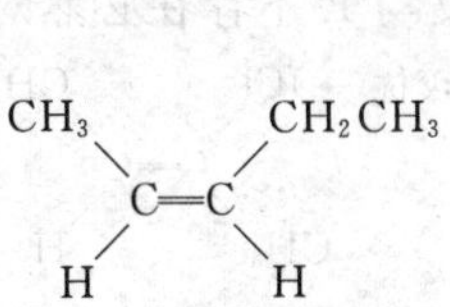

　　CH₃　　　CH₂CH₃
　　　＼　　／
　　　　C＝C
　　　／　　　＼
　　H　　　　　H

顺-2-戊烯

　　H　　　　C₂H₅
　　　＼　　／
　　　　C＝C
　　　／　　　＼
　　CH₃　　　　H

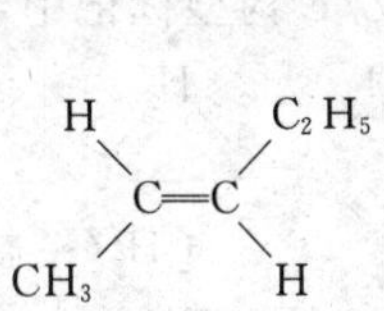

反-2-戊烯

但是当两个双键碳原子所连的四个原子或基团都不相同时,则不适合用顺、反命名法命名,就要采用系统命名法中的 Z/E 标记法。

采用 Z/E 标记法来区别烯烃的构型时,要根据"次序规则"比较出双键碳原子上连接的两个原子或基团的优先次序。若两个双键碳原子上连接的"较优"原子或基团都处于双键同侧,则记为 Z 式(Z 为德文 Zusammen 的字首,意为"共同");如果相反,则记为 E 式(E 为德文 Entgegen 的字首,意为"相反")。如下式:若 a＞b,d＞e,则有

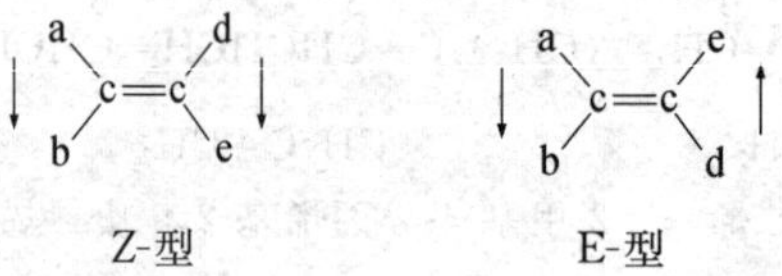

$$\text{Z-型} \qquad\qquad \text{E-型}$$

次序规则的要点是：

(1)与手性碳原子直接相连的原子按原子序数大小排列,原子序数较大者为"较优"基团,若有同位素,则质量较大的为"较优"基团;未共用电子对视为最小。一些原子的优先次序为

$$I>Br>Cl>S>F>O>N>C>D>H>:$$

(2)如果与双键碳直接相连的原子之间有原子序数相同的情况,则应逐级、依次比较与该原子相连的下级原子的原子序数大小,如果还是相同,应再次外推,直到比较出较优的基团序列为止。例如有如下的较优基团次序：

$$-CH_2Cl>-CH_2OH>-CH_2NH_2>-CH_2CH_3$$
$$-C(CH_3)_3>-CH(CH_3)_2>-CH_2CH_2CH_3>-CH_2CH_3>-CH_3$$

(3)当基团中含有双键或三键时,可以将其分解为相当于连有两个或三个相同原子的基团。如

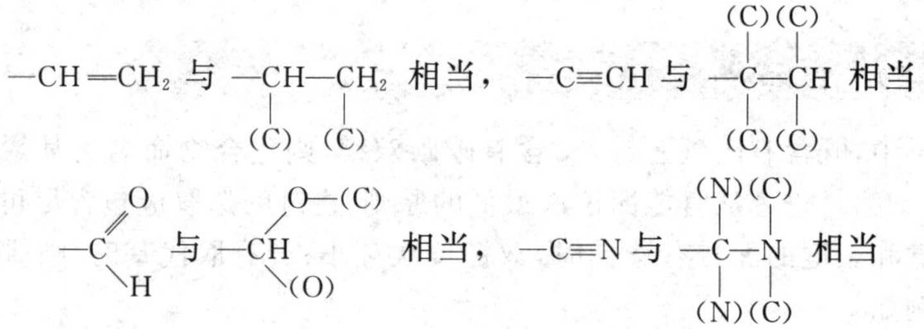

如下列化合物的命名

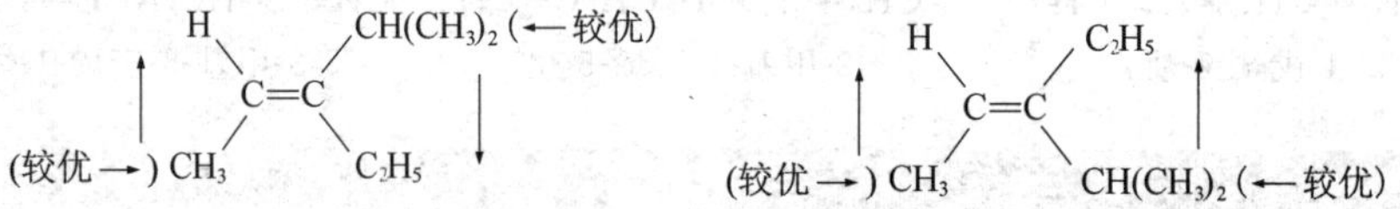

(E)-4-甲基-3-乙基-2-戊烯　　　　　　(Z)-4-甲基-3-乙基-2-戊烯

在烯烃的顺/反和 Z/E 构型标记中,顺与 Z,反与 E 不存在必然对应关系。如

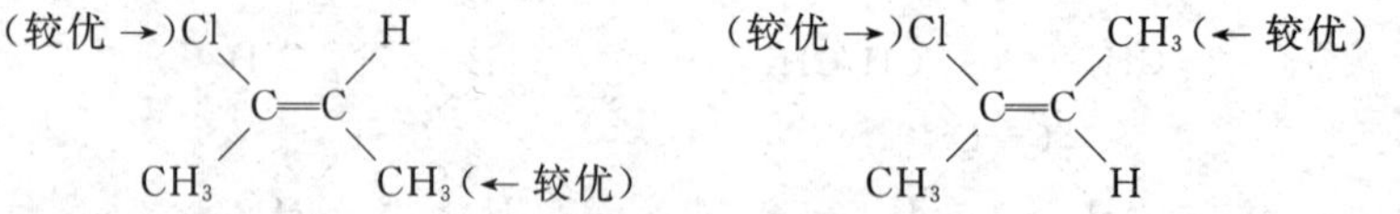

(E)或(顺)-2-氯-2-丁烯　　　　　　(Z)或(反)-2-氯-2-丁烯

3.4　烯烃和炔烃的物理性质

烯烃和炔烃的物理性质和烷烃基本相似。例如,相对密度均小于1,均不溶于水,易溶于苯、乙醚、氯仿或石油醚等有机溶剂。在烯烃和炔烃的同系列中,沸点皆随相对分子质量的增加而增高;当相对分子质量相同时,正构烯、炔烃的沸点高于带有支链的烯烃和炔烃;当碳架相同时,端烯烃和炔烃的沸点及熔点均低于内烯烃和炔烃。在烯烃的顺反异构体之间,一

般顺式的沸点高于反式的,顺式的熔点低于反式的(表3-2)。

表 3-2　　　　　　　　　部分烯烃和炔烃的一般物理性质

名称	结构式	熔点/℃	沸点/℃	相对密度 d_4^{20}
乙烯	$CH_2=CH_2$	−169	−102	
丙烯	$CH_2=CHCH_3$	−185	−48	
1-丁烯	$CH_2=CHCH_2CH_3$		−6.5	
1-戊烯	$CH_2=CH(CH_2)_2CH_3$		30	0.643
1-己烯	$CH_2=CH(CH_3)_3CH_3$	−138	63.5	0.675
1-庚烯	$CH_2=CH(CH_2)_4CH_3$	−119	93	0.698
1-辛烯	$CH_2=CH(CH_2)_5CH_3$	−104	122.5	0.716
1-壬烯	$CH_2=CH(CH_2)_6CH_3$		146	0.731
1-癸烯	$CH_2=CH(CH_2)_7CH_3$	−87	171	0.743
顺-2-丁烯	顺-$CH_3CH=CHCH_3$	−139	4	
反-2-丁烯	反-$CH_3CH=CHCH_3$	−106	1	
异丁烯	$CH_2=C(CH_3)_2$	−141	−7	
顺-2-戊烯	顺-$CH_3CH=CHCH_2CH_3$	−151	37	0.655
反-2-戊烯	反-$CH_3CH=CHCH_2CH_3$		36	0.647
3-甲基-1-丁烯	$CH_2=CHCH(CH_3)_2$	−135	25	0.648
2-甲基-2-丁烯	$CH_3CH=C(CH_3)_2$	−123	39	0.660
2,3-二甲基-2-丁烯	$(CH_3)_2C=C(CH_3)_2$	−74	73	0.705
乙炔	$HC\equiv CH$	−82	−75	
丙炔	$HC\equiv CCH_3$	−101.5	−23	
1-丁炔	$HC\equiv CCH_2CH_3$	−122	9	
1-戊炔	$HC\equiv C(CH_2)_2CH_3$	−98	40	0.695
1-己炔	$HC\equiv C(CH_2)_3CH_3$	−124	72	0.719
1-庚炔	$HC\equiv C(CH_2)_4CH_3$	−80	100	0.733
1-辛炔	$HC\equiv C(CH_2)_5CH_3$	−70	126	0.747
1-壬炔	$HC\equiv C(CH_2)_6CH_3$	−65	151	0.763
1-癸炔	$HC\equiv C(CH_2)_7CH_3$	−36	182	0.770

由于烯烃和炔烃中碳碳重键的 π 电子易被极化,它们的折射率均大于相应的烷烃。又由于烯烃和炔烃中不饱和碳原子(sp^2、sp 杂化)的电负性大于与之相连接的饱和碳原子(sp^3 杂化)的电负性,不对称取代的烯烃和炔烃分子有极性,而且顺式烯烃的极性大于反式烯烃的极性,炔烃的极性略大于烯烃的极性。

$$CH_3CH=CH_2 \qquad\qquad C_2H_5CH=CH_2 \qquad\qquad CH_3CH=CHCH_3$$

$$\mu=1.17\times10^{-30}C\cdot m \qquad \mu=1.23\times10^{-30}C\cdot m \qquad \begin{array}{l} E式:\mu=0 \\ Z式:\mu=1.1\times10^{-30}C\cdot m \end{array}$$

3.5　烯烃和炔烃的化学性质

烯烃和炔烃的不饱和性决定了它们主要发生加成反应(addition reaction),即碳碳重键中的 π 键断裂,形成新的 σ 键。

烯烃和炔烃 π 电子可极化度大,易受亲电(缺电子)试剂进攻,因此烯烃和炔烃的典型特征反应是亲电加成。

3.5.1 催化加氢

在金属催化剂(如 Raney Ni)作用下,烯烃和炔烃都可以与氢发生加成反应,生成烷烃。但是由于炔烃中碳碳三键在催化剂表面的吸附作用比烯烃的碳碳双键强,因此炔烃比烯烃更易进行催化加氢,即加氢活性:炔>烯。

$$CH_3C\equiv CCH_3 \xrightarrow[CH_3OH]{H_2/Ni} CH_3CH_2CH_2CH_3$$

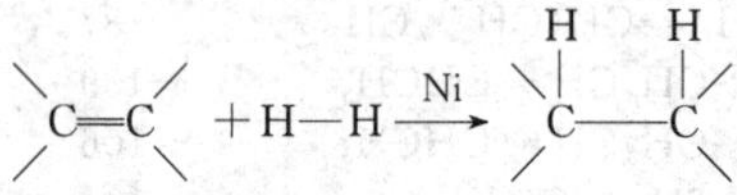

用于催化加氢的金属催化剂还可以是 Pt 或 Pd,它们的催化活性是 Pt>Pd>Ni。

催化加氢是放热反应,1 mol 单烯烃加 1 mol H_2 时所放出的热量叫做氢化热;单烯烃的氢化热一般为 $115\sim125$ kJ·mol^{-1},乙烯的氢化热较高,约为 135 kJ·mol^{-1}。

烯烃的异构体之间的氢化热有所不同,反映出各异构体所含内能不同。氢化热较小的烯烃所含内能较少,则其热力学稳定性相对较高。如

$$CH_3CH_2CH=CH_2 + H_2 \xrightarrow{Cat.} CH_3CH_2CH_2CH_3 \quad \Delta H = -127 \text{ kJ·mol}^{-1}$$

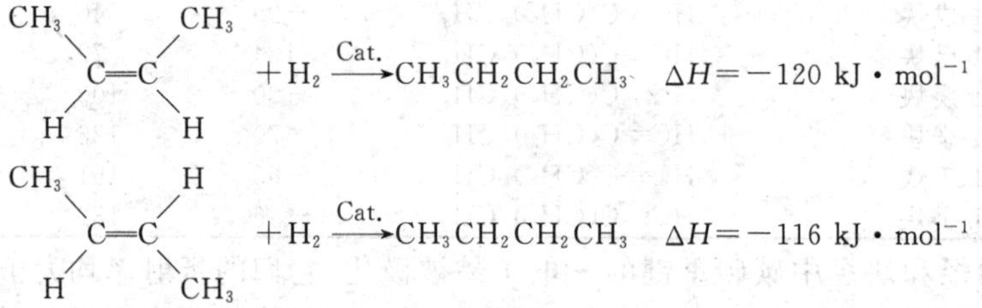

$$+ H_2 \xrightarrow{Cat.} CH_3CH_2CH_2CH_3 \quad \Delta H = -120 \text{ kJ·mol}^{-1}$$

$$+ H_2 \xrightarrow{Cat.} CH_3CH_2CH_2CH_3 \quad \Delta H = -116 \text{ kJ·mol}^{-1}$$

可见,端烯烃的热力学稳定性最差;顺式 2-丁烯的稳定性小于反式 2-丁烯,这是因为两个甲基在双键的同侧,相互排斥导致内能升高。在下面的实例中可以清楚地看到,连接在双键碳原子上的烷基数目越多,烯烃的氢化热越小,稳定性越大:

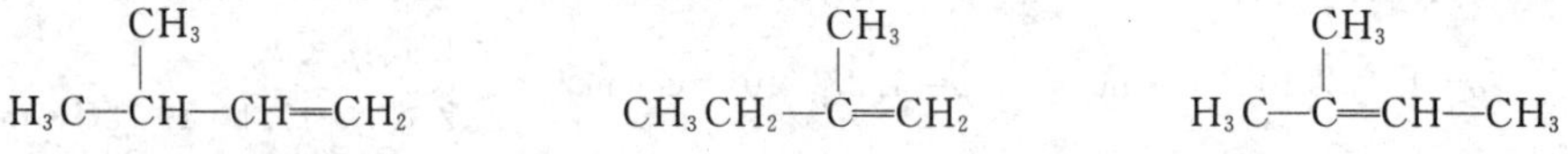

ΔH -126.8 kJ·mol^{-1} $\qquad -119.2$ kJ·mol^{-1} $\qquad -112.5$ kJ·mol^{-1}

烯烃的热力学稳定性一般有如下次序:

$$R_2C=CR_2 > R_2C=CHR > R_2C=CH_2, \quad RCH=CHR > RCH=CH_2 > CH_2=CH_2$$

烯烃的催化加氢是在催化剂的活性中心上通过吸附、加成、脱附等过程完成的;由于双键碳原子在同一平面内,π键电子在催化剂表面上主要是同向吸附,两个氢原子是在同一方向加成到双键碳上的,此为顺式加成;对于环烯烃的加氢产物,则有一定的立体选择性。如

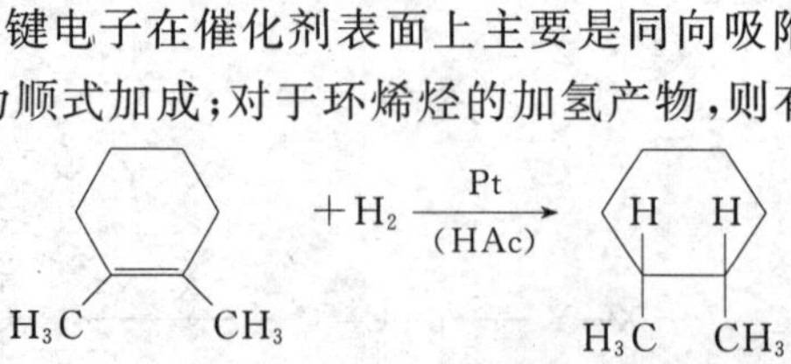

顺式产物(内消旋体)

选用适当的催化剂,可使炔烃加氢停留在生成烯烃阶段,而且得到的烯烃主要是顺式。例如

$$C_2H_5-C\!\equiv\!C-C_2H_5 + H_2 \xrightarrow{\text{P-2 催化剂}} \begin{array}{c} H_5C_2 \quad\quad C_2H_5 \\ C\!=\!C \\ H \quad\quad\quad H \end{array}$$

$$\underset{\overset{|}{CH_3}}{HC\!\equiv\!C-C-CHCH_2CH_2OH} + H_2 \xrightarrow[\text{喹啉}]{\text{Pd-BaSO}_4} \underset{\overset{|}{CH_3}}{CH_2\!=\!CH-C-CHCH_2CH_2OH}$$

P-2 催化剂是 Ni_2B,它由硼氢化钠($NaBH_4$)与醋酸镍($CH_3COO)_2Ni$ 在乙醇中作用而得;将 Pd-BaSO$_3$ 或 Pd-CaCO$_3$ 用喹啉或醋酸铅将其部分毒化后,可降低催化剂的催化活性,使炔烃加氢生成烯烃的选择性高达 98%;这类控制加氢催化剂又称为 Lindlar 催化剂。

内炔烃在液氨中以金属钠或锂与之作用,则炔烃主要被还原成反式的烯烃。例如

$$CH_3CH_2CH_2C\!\equiv\!CCH_2CH_2CH_3 \xrightarrow[\text{NH}_3\text{(液),}-33℃]{\text{Na}} \begin{array}{c} CH_3CH_2CH_2 \quad\quad\quad\quad H \\ C\!=\!C \\ H \quad\quad\quad\quad CH_2CH_2CH_3 \end{array}$$

3.5.2　亲电加成

不饱和烃的碳碳重键可以与多种亲电试剂发生离子型的加成反应,称做亲电加成。在这类反应中,不饱和烃中的 π 电子对表现出 Lewis 碱的性质,它与缺电子的亲电试剂作用时,π 键发生异裂,生成 σ 键,亲电加成活性:烯烃>炔烃。

1.与卤化氢加成

烯烃能与 HI、HBr、HCl 等加成,生成相应的卤代烷。实验发现,HX 的酸性越强,加成反应越易进行;即 HX 的反应活泼性次序为 HI>HBr>HCl。烯烃与卤化氢加成是制备卤代烷的重要方法。例如

$$CH_3CH\!=\!CHCH_3 + HCl \longrightarrow \underset{\overset{|}{Cl}}{CH_3CH_2CHCH_3}$$

不对称开链烯烃与 HX 加成,可以得到两种产物,如

$$C_2H_5-CH\!=\!CH_2 + HBr \xrightarrow{\text{AcOH}} \underset{\underset{(20\%)}{\overset{|}{H}\quad\overset{|}{Br}}}{C_2H_5-CH-CH_2} + \underset{\underset{(80\%)}{\overset{|}{Br}\quad\overset{|}{H}}}{C_2H_5-CH-CH_2}$$

对这两种产物进行含量分析发现,2-溴丁烷是主要产物。这说明 HX 与不对称的烯烃发生加成反应时,有位置选择性。俄国化学家马尔科夫尼科夫(Vladimer Markovnikov)在考查了众多的此类反应之后,总结出一个经验规则,即:在酸和烯烃的碳碳双键发生离子型加成反应中,酸中的氢原子主要是加到含氢较多的双键碳原子上,而酸中的负离子则加到含氢较少的双键碳原子上。此为 Markovnikov 规则,简称马氏规则。应用这个规则可以正确地预测烯烃发生此类反应的主要产物,例如

$$(CH_3)_2C\!=\!CHCH_3 + HI \longrightarrow \underset{\overset{|}{I}}{(CH_3)_2C-CH_2CH_3}$$

2.亲电加成反应机理及马氏规则的解释
烯烃与 HX 加成是分两步进行的(两步历程):

首先是 HX 解离出的 H^+ 作为亲电试剂与烯烃双键中的一对 π 电子作用,(π 键异裂)形成一个新的 C—H σ 键,失去 π 电子的碳变成碳正离子,新形成 C—H σ 键的碳原子由原来的 sp^2 杂化转变为 sp^3 杂化,而带正电荷的碳仍是 sp^2 杂化。

$$\overset{|}{\underset{|}{C}}=\overset{|}{\underset{|}{C}} + HX \xrightarrow{慢} \overset{|}{\underset{|}{\underset{H}{C}}}-\overset{+}{\underset{|}{C}} \quad (第一步)$$

然后是 X^- 与生成的碳正离子结合形成新的 C—X σ 键而完成反应。

$$\overset{|}{\underset{H}{C}}-\overset{+}{\underset{|}{C}} + X^- \xrightarrow{快} \overset{|}{\underset{H}{C}}-\overset{|}{\underset{X}{C}} \quad (第二步)$$

在这两步反应中,第一步生成碳正离子中间体的反应速率较慢,是整个反应的反应速率控制步骤。由于是亲电试剂(H^+)进攻双键的 π 电子而引起加成反应,故称为亲电加成反应。

从酸碱概念来看,在烯烃与 HX 的亲电加成第一步反应中,前者属于碱(是 π 电子给予体),后者属于酸(是 π 电子接受体)。因而,HX 的酸性越强,烯烃中双键的 π 电子云密度越大,亲电加成的反应速率就越快。有亲电加成反应活性:

$$HI > HBr > HCl$$

$$(CH_3)_2C{=}C(CH_3)_2 > (CH_3)_2C{=}CHCH_3 > (CH_3)_2C{=}CH_2 > CH_3CH{=}CHCH_3 >$$

$$CH_3CH{=}CH_2 > CH_2{=}CH_2 > CH_2{=}CHCl$$

甲基对双键碳有供电子的诱导作用(+I 效应),属于供电基;双键碳上连接的甲基(或烷基)越多,双键上的电子云密度就越大,越有利于 H^+ 与 π 电子作用;烯烃反应活性也就越高。在 $CH_2{=}CHCl$ 中,由于 Cl 的电负性大于 sp^2 杂化的碳,Cl 对双键而言,有吸电子的诱导作用(−I 效应),结果使双键上的电子云密度下降,不利于 H^+ 对 π 电子的进攻,故 $H_2C{=}CHCl$ 的亲电加成反应活性小于 $CH_2{=}CH_2$。

由于烯烃与 HX 的亲电加成反应先是生成了活性中间体——碳正离子,因此在最终的加成产物中,导致了加成方向的位置选择性及立体化学特性。例如

$$CH_3CH_2CH{=}CH_2 + HCl \longrightarrow \underset{(主产物)}{CH_3CH_2\overset{Cl}{\underset{|}{C}}H-\overset{H}{\underset{|}{C}}H_2} + \underset{(副产物)}{CH_3CH_2\overset{H}{\underset{|}{C}}H-CH_2{-}Cl}$$

在这个反应中,H^+ 对双键的加成有位置选择性,即第一步生成的碳正离子有两种:

$$CH_3CH_2CH{=}CH_2 + H^+ \longrightarrow CH_3CH_2\overset{+}{C}H-CH_3 \; + \; CH_3CH_2CH_2-\overset{+}{C}H_2$$

$$(Ⅰ)(2°)仲碳正离子 \qquad (Ⅱ)(1°)伯碳正离子$$

利用烷基的 +I 效应可以解释上述两种产物的生成及马氏规则。

(1)从分子结构本身看 丙烯分子中,甲基的碳是 sp^3 杂化,而双键碳是 sp^2 杂化,杂化轨道的电负性大小为 $sp^2 > sp^3$,所以甲基的 +I 效应使双键上的 π 电子云向远离甲基的端 C 偏离,使端 C 带部分负电荷,即 $CH_3 \longrightarrow \overset{\delta^+}{C}H{=}\overset{\delta^-}{C}H_2$。因此,亲电试剂 H^+ 首先进攻带部分负电荷的端 C,形成(Ⅰ),进而生成相应的主产物。

(2)从碳正离子中间体的稳定性考虑 根据静电学理论,一个带电体的电荷越分散,体系越稳定。丙烯与亲电试剂加成,生成两种碳正离子中间体(Ⅰ)和(Ⅱ)。甲基的 +I 效应可以分散正电荷,当碳正离子中间体的中心碳原子所连的甲基越多,正电荷被分散的程度越高,相应的碳正离子就越稳定。因此,一般的烷基碳正离子的稳定性为:$3° > 2° > 1° > CH_3^+$。

很显然,碳正离子中间体(Ⅰ)＞(Ⅱ),导致生成相应的主产物,由此可知,马氏规则是反应过程中生成稳定的碳正离子的必然结果。

炔烃中 sp 杂化的碳原子电负性大,所以在碳碳三键中两个 π 键的电子被约束得牢,不易极化,与亲电试剂的加成较烯烃难。炔烃与 HX 的加成一般是在催化剂存在下才能顺利进行,生成卤代烯烃。如

$$HC\equiv CH + HCl \xrightarrow[150\sim160℃]{HgCl_2} H_2C=CHCl \xrightarrow[HgCl_2]{HCl} CH_3CHCl_2$$

$$CH_3CH_2C\equiv CCH_2CH_3 + HCl \xrightarrow[CH_3CO_2H,25℃]{HgCl_2} CH_3CH_2-\overset{\overset{\displaystyle Cl}{|}}{C}-CH_2CH_3 \quad (>95\%)$$

不对称炔烃与 HX 的加成也遵循马氏规则,生成的卤代烯可再加成一分子 HX,生成的同碳二卤代烷是主产物。

$$CH_3CH_2CH_2C\equiv CH + HBr \longrightarrow CH_3CH_2CH_2\overset{\overset{\displaystyle Br}{|}}{C}=CH_2 \xrightarrow{HBr} CH_3CH_2CH_2CBr_2CH_3$$

某些不对称烯烃在亲电加成反应后,会发现加成产物的碳架发生了改变,我们称之为重排。这是由于先生成的碳正离子发生结构变化——碳正离子重排所致。例如,3,3-二甲基-1-丁烯与 HCl 加成,不仅得到 3,3-二甲基-2-氯丁烷,还得到 80％以上重排产物 2,3-二甲基-2-氯丁烷:

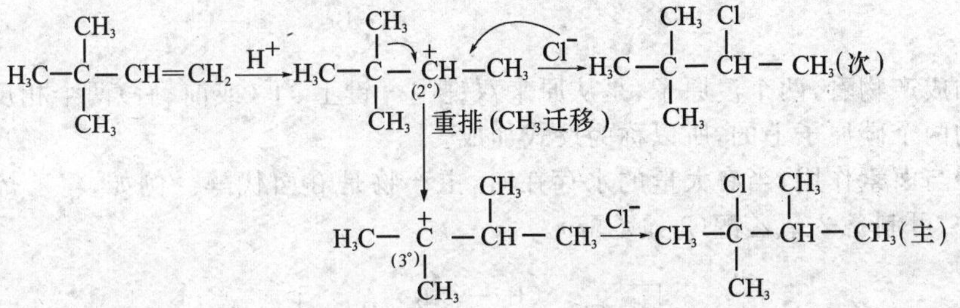

在最初生成的 2°碳正离子中,邻位季碳原子上的甲基带着一对电子与 2°碳正离子结合,生成了一个新的 3°碳正离子,由于重排后得到的 3°碳正离子的稳定性大于原来的 2°碳正离子,这个过程可以"自发"进行;当 Cl⁻ 与 3°碳正离子结合后,便产生重排产物。

3.与卤素加成

烯烃可与卤素加成,生成邻二卤代烷。这是制备邻二卤代烷的好方法。例如

$$CH_2=CH_2 + Cl_2 \xrightarrow[1,2\text{-二氯乙烷}]{FeCl_3} ClCH_2CH_2Cl$$

$$CH_3CH=CH_2 + Br_2 \xrightarrow{CCl_4} CH_3CHBrCH_2Br$$

烯烃与 Br_2/CCl_4 作用生成邻二溴代烷烃,同时溴的四氯化碳溶液迅速褪去溴的颜色,这一现象可用于鉴定碳碳重键的存在。

卤素与碳碳双键的加成也属于亲电加成。实验结果表明卤素的反应活性次序为

$$F_2 > Cl_2 > Br_2 \gg I_2$$

氟与烯烃的加成反应放热剧烈,不易平稳控制反应的进行,一般要以惰性气体或溶剂来稀释反应物;碘与烯烃的加成是可逆的平衡反应,往往是邻二碘代烷脱碘的反应是主要的,故不常用。

实验研究表明,烯烃与卤素(Br_2、Cl_2)的加成反应是分两步进行的。以加溴为例说明其

反应机理：

第一步，当烯烃的双键与溴接近时，双键中的 π 电子与溴分子的相互极化作用使溴分子中的 σ 键发生极化，溴分子中的两个溴原子因此带有部分正、负电荷；带有 δ^+ 电荷的溴原子作为亲电试剂与双键 π 电子络合成键，生成了一个三元环状溴鎓离子中间体。

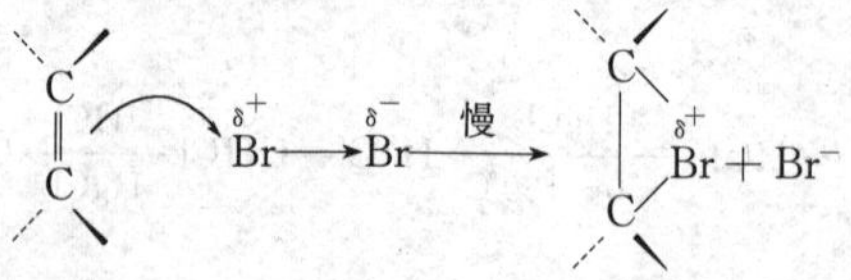

这一步是烯烃加 Br_2 反应速率的控制步骤。可以认为溴鎓离子的生成是缺电子溴与一对 π 电子成键的同时又以一对电子与失去 π 电子的另一个双键碳成键的结果：

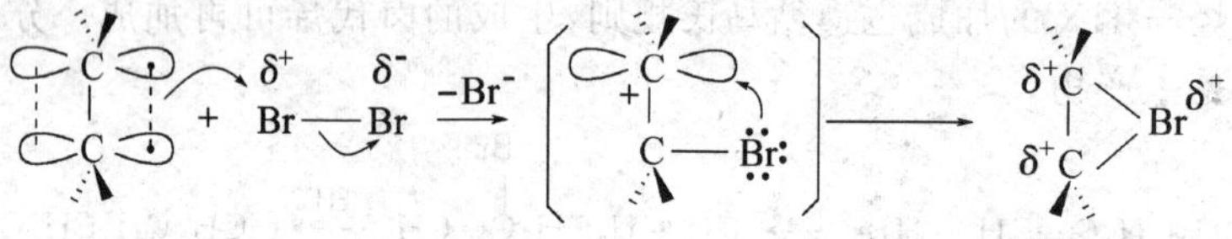

溴鎓正离子

第二步，溴负离子（Br^-）从背后（鎓离子中 Br—C 键的反方向）攻击缺电子碳，与此同时，鎓离子的三元环开环，生成邻二溴加成产物。

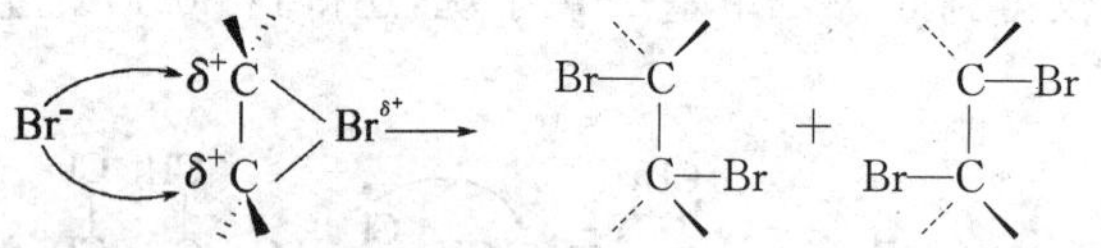

从加成产物看，两个溴原子，是从原来双键中 π 键上、下（或前、后）两个相反的方向加成到双键的两个碳原子上的，所以称为反式加成。

烯烃与卤素作用，当有大量的水存在时，主产物是 β-卤代醇。例如，将乙烯及氯气共同通入水中，可制备 2-氯乙醇（β-氯乙醇）。

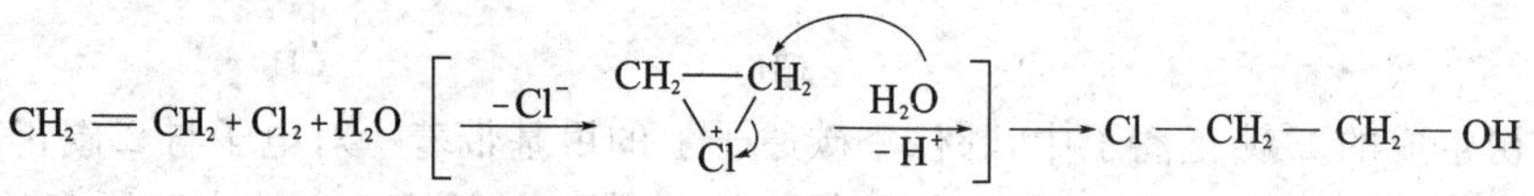

由于 Cl_2 在水中有如下转化：$H_2O+Cl_2 \rightleftharpoons HCl+HOCl$，β-氯代醇的生成相当于烯烃与次氯酸 HOCl 加成，当使用不对称烯烃时主产物符合马氏规则。如

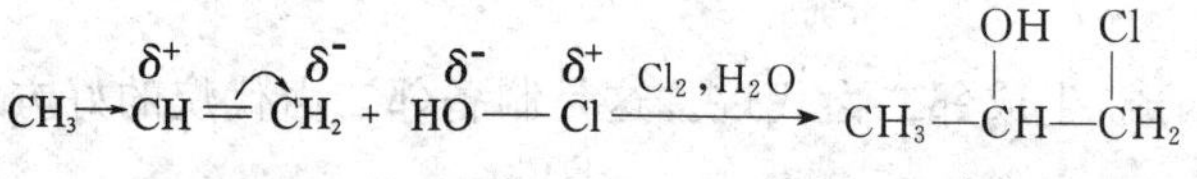

1-氯-2-丙醇

炔烃与卤素的加成反应可较顺利进行，也是分步进行的反式加成，但反应活性明显小于烯烃加卤素。如果分子中同时含有双键和三键，在与限量的 Br_2 作用时，双键优先加溴。

$$CH\equiv C-CH_2-CH=CH_2 + Br_2 \xrightarrow[-20℃]{CCl_4} CH\equiv CCH_2CHBrCH_2Br$$

炔烃与一分子卤素加成生成二卤代烯烃后，由于卤原子的 -I 效应使双键上的 π 电子云密度下降，不利于进一步的亲电加成反应进行，因此，炔烃的亲电加成可以控制在生成烯烃阶段。如果卤素过量，可使加成反应进一步发生。例如

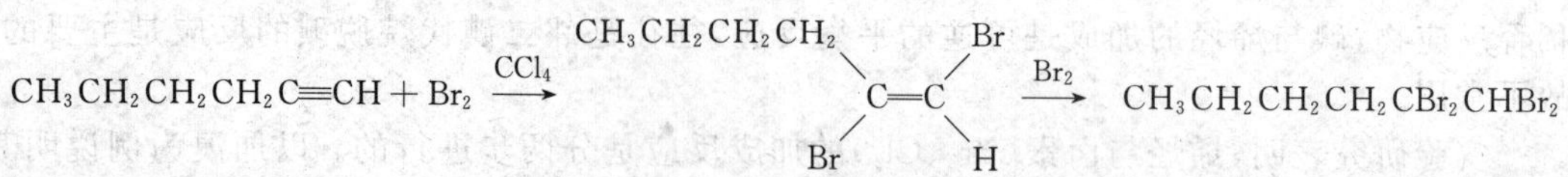

$$HC\!\equiv\!CH + Cl_2 \xrightarrow{FeCl_3} ClCH\!=\!CHCl \xrightarrow[FeCl_3]{Cl_2} Cl_2CHCHCl_2$$

4.与硫酸和水的加成

烯烃在较低温度下可与浓硫酸顺利地加成生成硫酸氢酯。与烯烃加 HX 反应相似,这个反应符合马氏规则。即

$$RCH\!=\!CH_2 + H_2SO_4 \longrightarrow \underset{\underset{OSO_3H}{|}}{RCH}\!-\!CH_3$$

不同结构的烯烃,反应活泼性不同,所需 H_2SO_4 浓度也不同;反应活性高者所需 H_2SO_4 浓度低。例如

$$CH_2\!=\!CH_2 \xrightarrow{98\%H_2SO_4} CH_3CH_2OSO_3H \xrightarrow[\triangle]{H_2O} CH_3CH_2OH + H_2SO_4$$

$$CH_3CH\!=\!CH_2 \xrightarrow{80\%H_2SO_4} \underset{\underset{CH_3}{|}}{CH_3CHOSO_3H} \xrightarrow[\triangle]{H_2O} \underset{\underset{OH}{|}}{CH_3CHCH_3} + H_2SO_4$$

$$(CH_3)_2C\!=\!CH_2 \xrightarrow{63\%H_2SO_4} \underset{\underset{CH_3}{|}}{(CH_3)_2C\!-\!OSO_3H} \xrightarrow[\triangle]{H_2O} (CH_3)_3C\!-\!OH + H_2SO_4$$

烯烃与 H_2SO_4 加成,生成的硫酸氢酯在水中受热,可水解生成醇。此为烯烃的间接水合法制醇。但用此法由烯烃生产醇,将有大量的稀硫酸产生。

由于硫酸氢酯可溶解于硫酸中,故可用这个反应将烷烃中少许的烯烃除去。

为了避免或减少间接水合法制备醇所带来的大量废硫酸对环境的影响以及对生产成本和生产设备的不利影响,可采用直接水合法制备醇。即:在酸催化下烯烃与水直接加成,此为烯烃的水合反应。如

$$CH_2\!=\!CH_2 + H_2O \xrightarrow[300℃,8\ MPa]{H_3PO_4} CH_3CH_2OH$$

$$CH_3CH\!=\!CH_2 + H_2O \xrightarrow[200℃,2\ MPa]{H_3PO_4} \underset{\underset{OH}{|}}{CH_3CHCH_3}$$

酸催化下烯烃直接水合制备醇是醇的重要合成方法。但这种方法往往得到的是仲醇或叔醇,尤其是还会得到重排产物醇,这给产品的分离纯化带来了困难。由于直接水合反应也是分步进行的亲电加成反应,碳正离子的生成是必然的,则碳正离子的重排就不可避免。例如

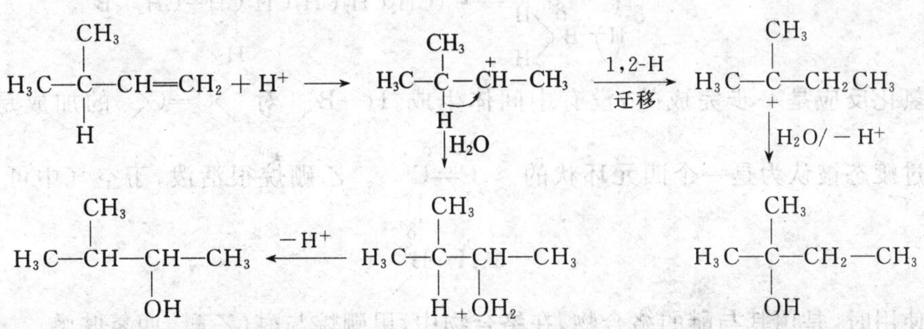

在酸催化下烯烃也可与醇加成,反应产物是醚。例如

$$(CH_3)_2C\!=\!CH_2 + HOCH_3 \xrightarrow{H^+} (CH_3)_3C\!-\!OCH_3$$

工业上采用磺酸型阳离子交换树脂为催化剂,使甲醇与异丁烯加成,生产甲基叔丁基醚。该醚可替代四乙基铅作为油品抗爆剂。

炔烃与水在 $HgSO_4$-H_2SO_4 催化下发生加成反应,生成烯醇(—OH 与双键碳相连),这个稳定性极小的烯醇随即发生分子内重排,转变成稳定的产物酮或醛。加成反应符合马氏规则。若是乙炔加水,则生成乙醛,后者还可以氧化成乙酸,此为工业上生产乙醛、乙酸的重要方法。

$$HC\equiv CH + H_2O \xrightarrow[H_2SO_4]{HgSO_4} \left[\begin{array}{c} H_2C=CH \\ | \\ OH \end{array} \right] \xrightarrow{重排} \begin{array}{c} H_3C-CH \\ \parallel \\ O \end{array} \quad (乙醛)$$

烯醇式与酮式是互变异构体,属构造异构,两者可相互转变,是一个动态平衡体系。但在这个互变平衡中,一般情况下烯醇占有量极少,几乎都是羰基化合物。烯醇重排成酮的过程可看做是由较强酸转变为较弱酸的过程。

酮式-烯醇式互变异构的动态平衡可描述为

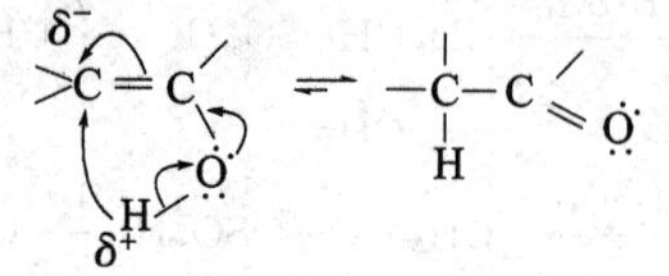

烯醇式结构　　　酮式结构

不对称炔烃与水的加成,也遵守马氏规则。例如

$$CH_3-C\equiv CH + H_2O \xrightarrow[H_2SO_4]{HgSO_4} \begin{array}{c} CH_3-C-CH_3 \\ \parallel \\ O \end{array} \quad (丙酮)$$

$$CH_3(CH_2)_5C\equiv CH + H_2O \xrightarrow[H_2SO_4]{HgSO_4} \begin{array}{c} CH_3(CH_2)_5-C-CH_3 \\ \parallel \\ O \end{array} \quad (甲基酮)$$

5.硼氢化反应

烯烃与硼氢化物加成,生成烷基硼,此为烯烃的硼氢化反应。最简单且常用的是乙硼烷 B_2H_6。在乙硼烷中,硼是缺电子中心,在反应中乙硼烷以 BH_3 为计量式参与反应。由于 H—B 键的解离性不好,当烯烃的双键与之作用时,是 $\overset{\delta^-}{H}$—$\overset{\delta^+}{B}$ 键与双键碳的 π 键在同侧顺式加成,并且 BH_3 可以与三分子烯烃反应,例如

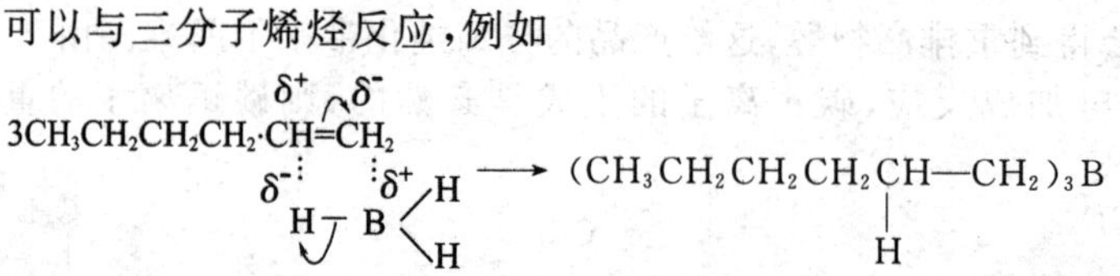

$$3CH_3CH_2CH_2\cdot\overset{\delta^+}{C}H\overset{\delta^-}{=}CH_2 \longrightarrow (CH_3CH_2CH_2CH_2-CH-CH_2)_3B$$

硼氢化反应是一步完成的,没有中间体生成。H—B< 对 >C=C< 的加成是顺式的。

反应的过渡态被认为是一个四元环状的 结构。乙硼烷很活泼,于空气中可自燃。作

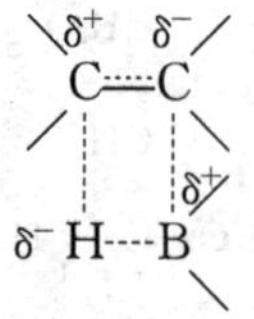

为试剂使用时,是用其与醚的络合物,在络合物中,甲硼烷与醚(乙醚、四氢呋喃、二甘醇二甲醚等)形成络合体,且溶于醚中:

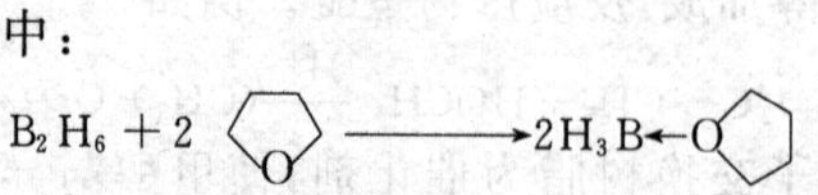

$$B_2H_6 + 2\bigcirc \longrightarrow 2H_3B\leftarrow\bigcirc$$

在反应进行中,这个络合物可自行解离。

硼氢化产物(三烷基硼)在碱性条件下用过氧化氢氧化,可以生成三烷基硼酸酯,后者发生水解得到醇。即

$$(CH_3CH_2CH_2CH_2CH_2CH_2)_3B \xrightarrow[NaOH]{H_2O_2} [CH_3(CH_2)_5O]_3B \xrightarrow[NaOH]{H_2O} 3CH_3CH_2CH_2CH_2CH_2CH_2OH + B(OH)_3$$

特别注意的是,与烯烃直接水合法制醇不同,这种方法制得的醇是反马氏加成的产物,因此可由此方法从 α-烯烃制得高收率、高选择性的伯醇。例如:

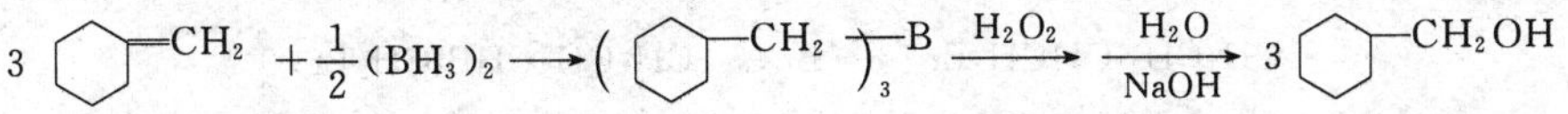

由于烯烃的硼氢化反应是一步顺式加成,一定结构的烯烃可以得到一定构型的醇。例如

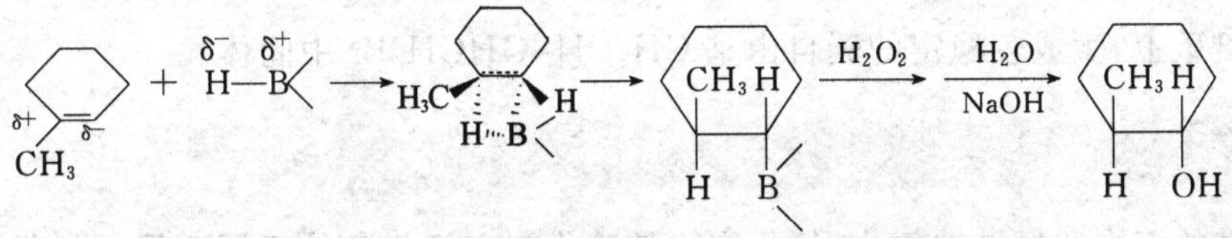

炔烃也可发生硼氢化反应,生成烯基硼。硼烷与炔烃的加成方向是受电子效应控制和空间效应影响的。加成产物烯基硼再经 H_2O_2/OH^- 处理,生成烯醇。后者重排,转变成羰基化合物。如果将烯基硼用醋酸处理,则生成顺式的烯烃。例如

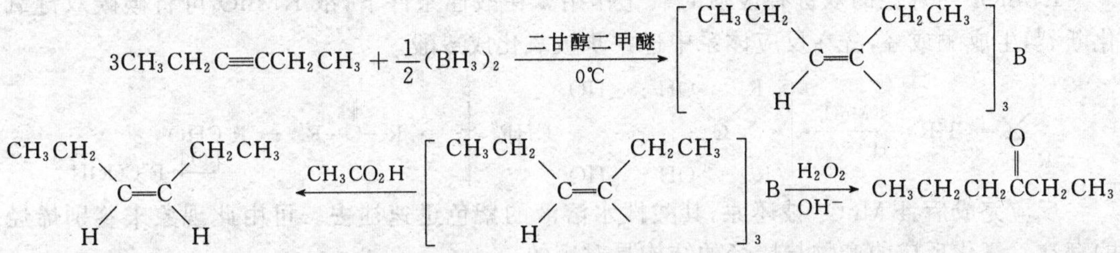

由烯基硼制得酮和顺式烯烃,以及由 α-炔烃制得醛,是实验室合成这些化合物的重要方法。

3.5.3 自由基加成——过氧化物效应

在过氧化物存在下(如 ROOR、$\overset{\overset{O}{\|}}{R}C\overset{\overset{O}{\|}}{OOC}R$),烯烃和炔烃与 HBr 可以发生自由基加成反应,生成的主产物在构造上是反马氏规则的。例如

$$CH_3CH_2CH=CH_2 + HBr \xrightarrow[\triangle]{ROOR} CH_3CH_2CH_2-CH_2Br$$

过氧化物的存在引起 HBr 与烯烃和炔烃加成主产物选择性的改变,此为过氧化物效应。不对称烯烃与 HBr 加成的过氧化物效应的反应机理如下:

链引发:

$$R-O-O-R \xrightarrow[(或 h\nu)]{\triangle} 2RO\cdot$$

链传递:

$$RO\cdot + H-Br \longrightarrow RO-H + \cdot Br$$

$$CH_3CH_2CH=CH_2 + \cdot Br \longrightarrow CH_3CH_2\dot{C}H-CH_2Br$$

$$CH_3CH_2\overset{\bullet}{C}HCH_2Br + H\!-\!Br \longrightarrow CH_3CH_2\underset{\underset{H}{|}}{C}HCH_2Br + Br\cdot$$

链终止：

$$Br\cdot + Br\cdot \longrightarrow Br\!-\!Br$$

$$CH_3CH_2\overset{\bullet}{C}HCH_2Br + CH_3CH_2\overset{\bullet}{C}HCH_2Br \longrightarrow CH_3CH_2\underset{\underset{CH_2Br}{|}}{C}H\!-\!\underset{\underset{CH_2Br}{|}}{C}HCH_2CH_3$$

$$CH_3CH_2\overset{\bullet}{C}HCH_2Br + \cdot Br \longrightarrow CH_3CH_2CHBrCH_2Br$$

由于中间体碳自由基的稳定性顺序是 $3°>2°>1°>\overset{\bullet}{C}H_3$，按生成较稳定碳自由基的方向进行反应，必然得到反马氏规则的产物。与烯烃加 HBr 相比，这里的情况是，$\cdot Br$（不是 H^+）先加到双键碳上，生成较稳定的碳自由基 $CH_3CH_2\overset{\bullet}{C}HCH_2Br$ 中间体。

3.5.4 氧 化

含碳碳重键的不饱和烃易被氧化，氧化产物随氧化剂和氧化条件不同而异。氧化活性：烯烃＞炔烃。

1.$KMnO_4$ 氧化

$KMnO_4$ 对烯烃的双键有很强的氧化作用。在酸性条件下，浓 $KMnO_4$ 可将碳碳双键氧化断裂，生成酮或醛，醛在反应体系中进一步被氧化成羧酸。

$$\underset{R'}{\overset{R}{>}}C\!=\!CHR'' \xrightarrow[H^+(\triangle)]{KMnO_4} \left[\underset{R'}{\overset{R}{>}}\underset{\underset{OH}{|}}{\overset{\overset{OH}{|}}{C}} + \underset{HO}{\overset{HO}{>}}CHR'' \right] \longrightarrow R\!-\!\overset{\overset{O}{||}}{C}\!-\!R' + R''CHO\underset{\lfloor\overline{\;[O]\;}}{\longrightarrow}R''COOH$$

反应完成后，$KMnO_4$ 被还原，其酸性水溶液的紫色迅速褪去。可由此现象来鉴别烯烃的存在。氧化反应的产物与烯烃的结构是对应的。

$KMnO_4$ 对环丙烷不发生氧化反应。如

$$\triangle\!-\!CH_2CH\!=\!CHCH_3 \xrightarrow{KMnO_4} \triangle\!-\!CH_2COOH + CH_3COOH$$

在碱性条件下，稀 $KMnO_4$ 于较低温度时对烯烃双键的氧化，可以生成邻位二醇，但收率较低。在反应中，MnO_4^- 从 π 键的一侧与双键发生加成式氧化，称为顺式氧化，所得邻位二醇的立体化学结构为顺式邻二醇。如

炔烃也能被 $KMnO_4$ 氧化，但条件不同时，产物不同。

$$CH_3(CH_2)_7C\!\equiv\!C(CH_2)_7CO_2H \begin{cases} \xrightarrow[\text{常温}]{KMnO_4,H_2O} CH_3(CH_2)_7\overset{\overset{O}{||}}{C}\overset{\overset{O}{||}}{C}(CH_2)_7CO_2H \\ \xrightarrow[②H^+,H_2O]{①KMnO_4,OH^-,\triangle} CH_3(CH_2)_7CO_2H + HO_2C(CH_2)_7CO_2H \end{cases}$$

2.催化氧化与环氧化反应

在特定的催化剂存在下,烯烃与 O_2 作用被氧化成环氧化合物或羰基化合物。

以活性银为催化剂(附载于 $CaO \cdot BaO \cdot CsO$ 上),在较高温度下乙烯被氧化成环氧乙烷:

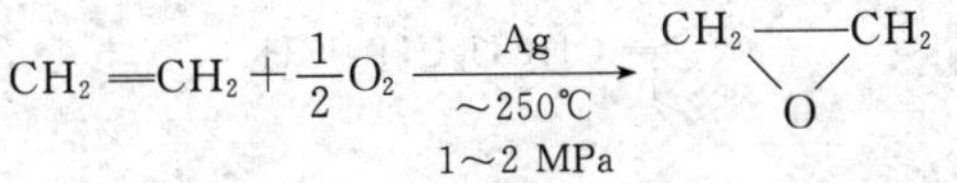

$$CH_2{=}CH_2 + \frac{1}{2}O_2 \xrightarrow[\substack{\sim 250\text{℃} \\ 1\sim 2\ \text{MPa}}]{Ag} \underset{O}{CH_2{-}CH_2}$$

在 $PdCl_2\text{-}CuCl_2$ 的水溶液中,乙烯或丙烯可被 O_2 氧化成乙醛或丙酮。

$$CH_2{=}CH_2 + \frac{1}{2}O_2 \xrightarrow[H_2O,\ \sim 120\text{℃}]{PdCl_2\text{-}CuCl_2} CH_3CHO$$

$$CH_3CH{=}CH_2 + \frac{1}{2}O_2 \xrightarrow[H_2O,\ \sim 120\text{℃}]{PdCl_2\text{-}CuCl_2} CH_3COCH_3$$

环氧乙烷、乙醛、丙酮等都是重要的化工原料,它们在许多方面都有大量的应用。如果要使一般的烯烃氧化成取代的环氧乙烷则应使用 H_2O_2 或 CH_3CO_3H 等过氧化物,此为烯烃的环氧化反应:

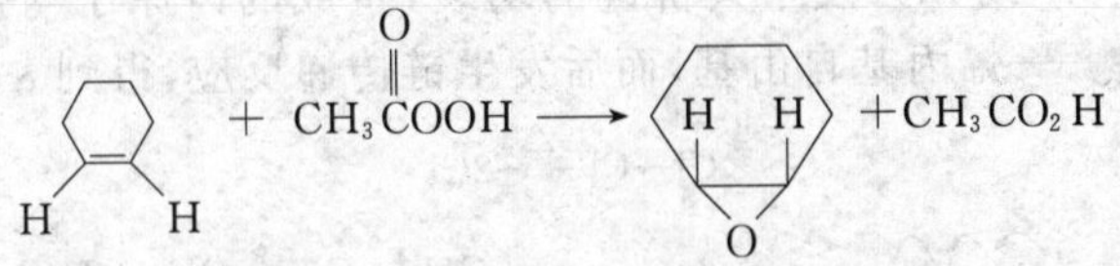

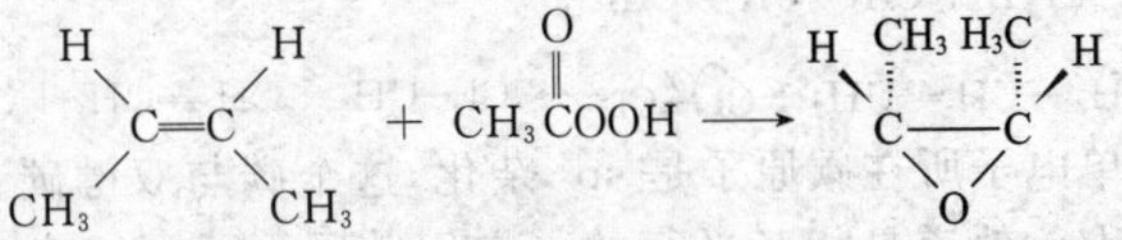

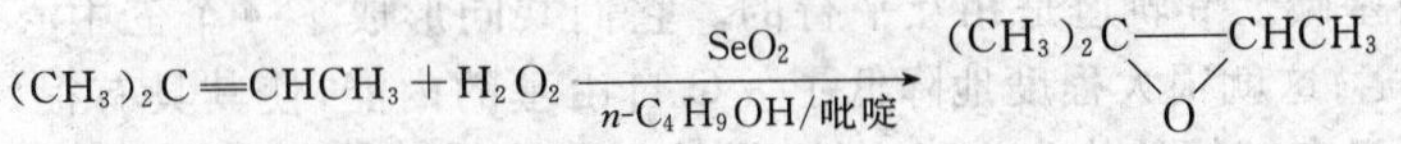

$$(CH_3)_2C{=}CHCH_3 + H_2O_2 \xrightarrow[n\text{-}C_4H_9OH/吡啶]{SeO_2} (CH_3)_2C{-}CHCH_3$$

用 CF_3CO_3H 为氧化剂时,效果会更好;以 H_2O_2 为氧化剂时,加入 SeO_2 可提高反应物的转化率和产物的选择性。生成的环氧化合物经水解,可得到反式的邻二醇:

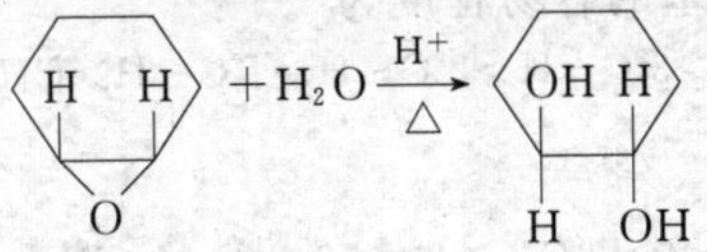

3.臭氧氧化反应

把含 $6\%\sim 8\%$ 臭氧(O_3)的氧气通入烯烃中,烯烃被氧化成不稳定的臭氧化物。后者直接水解可生成醛、酮和 H_2O_2:

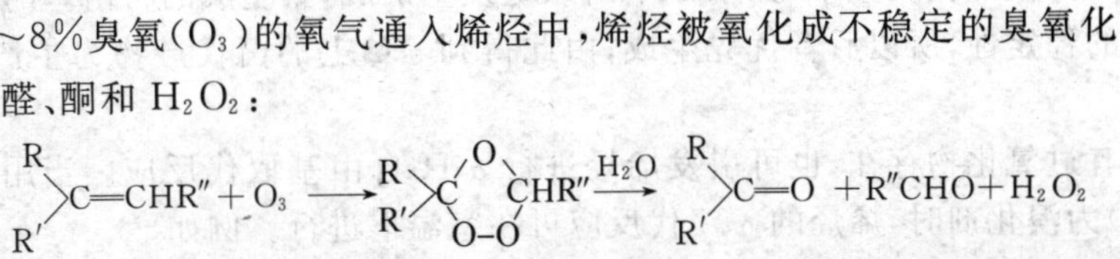

$$\underset{R'}{\overset{R}{>}}C{=}CHR'' + O_3 \longrightarrow \underset{R'}{\overset{R}{>}}C\underset{O{-}O}{\overset{O}{<}}CHR'' \xrightarrow{H_2O} \underset{R'}{\overset{R}{>}}C{=}O + R''CHO + H_2O_2$$

生成的 H_2O_2 可将 $R''CHO$ 进一步氧化成 $R''CO_2H$;当在水解反应体系中加入锌粉时,可防止 $R''CHO$ 被氧化:

$$CH_3CH_2CH_2{-}\underset{CH_3}{\overset{}{C}}{=}CHCH_3 \xrightarrow[Zn]{O_3 \quad H_2O} CH_3CH_2CH_2{-}\underset{CH_3}{\overset{}{C}}{=}O + CH_3CHO$$

烯烃与 O_3 的反应是定量进行的,臭氧化物经还原性水解所得产物(羰基化合物)与原来的烯烃在结构上有对应性。因此,烯烃的臭氧化水解反应可用于烯烃结构的判定,也可用于醛、酮的制备。例如,1 mol 某烯烃与足够的 O_3 作用后,在锌粉存在下水解得到了 HCHO、

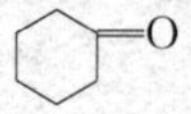

、OHC—CH_2—CHO 各 1 mol,则该烯烃的结构式应为

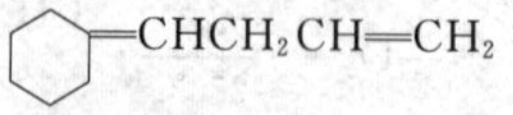

—$CHCH_2CH$=CH_2

3.5.5　烯烃的 α-H 反应

1.烯烃 α-H 的卤代

我们已知烷烃与卤素可以在加热或光照下发生自由基型取代反应。在烯烃中,与双键碳相邻的 α-H,由于受到双键 π 电子的影响,有较高的反应活性,表现在它容易发生自由基型卤代反应。例如,在较高的温度下,在气相中,烯烃与低浓度的卤素反应主要生成 α-H 被卤代的烯烃。如

$$CH_3—CH=CH_2 + Cl_2 \xrightarrow{500\sim600℃} Cl—CH_2—CH=CH_2 + HCl$$

工业上依据此反应生产 3-氯丙烯。后者是制备烯丙醇、环氧氯丙烷、甘油等的重要原料。

在高温下,卤素(Cl_2 或 Br_2)发生共价键的均裂,生成的卤原子与烯烃的 α-H 作用生成了一个新的碳自由基——烯丙基自由基,而后发生链传递反应,得到 α-卤代丙烯:

$$Cl—Cl \xrightarrow{\triangle} 2Cl\cdot$$

$$\dot{Cl}+H\frown CH_2—CH=CH_2 \longrightarrow \dot{C}H_2—CH=CH_2 + HCl$$

$$\dot{C}H_2—CH=CH_2 + Cl\frown Cl \longrightarrow Cl—CH_2—CH=CH_2 + Cl\cdot$$

烯丙基自由基中单电子所在碳原子是 sp^2 杂化,这个碳与双键碳是共平面的;形成 π 键的 p 轨道与自由基碳上 p 轨道是相互平行的。它们共同形成了一个三中心、三个 p 电子的大 π 键体系,即 π_3^3;这就很大程度地降低了 α-C 自由基的内能,使其具有很好的稳定性。烯丙基自由基之所以有较好的热力学稳定性,得益于离域体系 π_3^3 的形成。从 C—H 键能大小来看,烯丙位的 C—H 键能较小($368\ kJ\cdot mol^{-1}$),易优先断裂生成烯丙基自由基。

不同碳氢键均裂生成自由基的容易程度为

烯丙型 C—H>3°C—H>2°C—H>1°C—H>CH_4,CH_2=CH_2

自由基的稳定性次序为

烯丙基自由基>3°C·>2°C·>1°C·>$\dot{C}H_3$,$H_2\dot{C}$=CH

在烯烃的高温氯代反应中,如果 Cl· 对双键发生加成,则生成的自由基的稳定性小于烯丙基自由基的稳定性,所以后者优先生成;由此得到 α-C 上的卤代产物为主产物,而加成产物很少。

光照或有过氧化物存在,也可引发烯烃进行 α-H 自由基取代反应。当用 NBS(N-溴代丁二酰亚胺)为溴化剂时,烯烃的 α-溴代反应可在室温下进行。例如

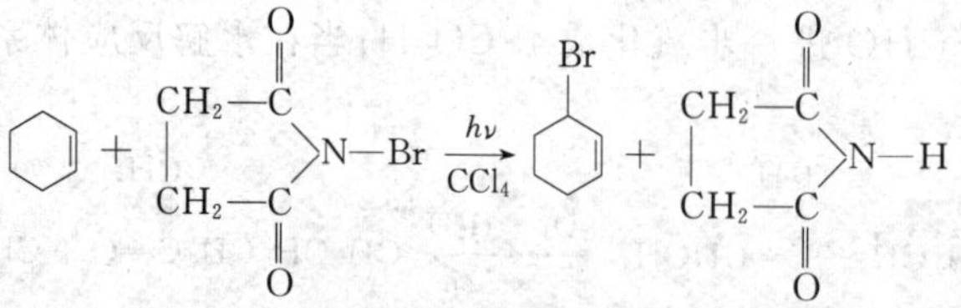

1-丁烯、2-丁烯以及多于 4 个碳的且含有 α-H 的烯烃与 NBS 作用后,会得到重排产物,如

$$CH_3CH_2CH_2CH=CH_2 \xrightarrow[h\nu,CCl_4]{NBS} CH_3CH_2\overset{\overset{\displaystyle Br}{|}}{C}HCH=CH_2 + CH_3CH_2CH=CH\overset{\overset{\displaystyle Br}{|}}{C}H_2$$

3-溴-1-戊烯   1-溴-2-戊烯

这是由于发生烯丙位自由基重排的结果:

$$CH_3CH_2\dot{C}H-CH=CH_2 \Longrightarrow CH_3CH_2CH=CH-\dot{C}H_2$$

(Ⅰ)   (Ⅱ)

$$CH_3CH_2-CH-CH-CH_2 \Longrightarrow CH_3CH_2-CH-CH-CH_2$$

(Ⅰ)   (Ⅱ)

从烯丙位自由基的 π_3^3 离域体系看,1 位和 3 位都体现单电子自由基的结构,由(Ⅰ)转变为(Ⅱ),或由(Ⅱ)转变为(Ⅰ)则是必然的。正是由于这种离域体系使烯丙位自由基的缺电子性不明显了,获得了"额外的"稳定化能。这种烯丙位重排现象在化学反应中是普遍存在的。

2.α-碳原子的氧化

丙烯在相关催化剂存在下可被 O_2 氧化为丙烯醛,在 NH_3 气氛中,可被氧化成丙烯腈,它们都是重要的有机合成中间体:

$$CH_3CH=CH_2 + O_2 \begin{cases} \xrightarrow[350℃,0.25 MPa]{钼酸铋} CH_2=CH-CHO + H_2O \\ \xrightarrow[440℃,63\sim74 kPa]{NH_3,磷钼酸铋} CH_2=CH-CN + H_2O \end{cases}$$

丙烯在 NH_3 存在下氧化制得丙烯腈,称为氨氧化。丙烯腈大量用于丁腈橡胶、聚丙烯腈、丙烯酸、树脂 ABS 的生产原料。

通过类似方法还可将异丁烯氧化成 α-甲基丙烯醛、α-甲基丙烯酸、α-甲基丙烯腈等。

3.5.6 炔烃的反应

1.亲核加成

由亲核试剂进攻而发生的加成反应称为亲核加成反应。亲核试剂的特征是富电子的,常是负离子或带有未共用电子对的中性分子,如 OH^-、CH_3O^-、$H_2\ddot{O}$ 等。

炔烃可以与 CH_3OH,CH_3COOH,HCN 等试剂在一定条件下发生亲核加成反应。如

$$HC\equiv CH + HOCH_3 \xrightarrow[\substack{160\sim165℃ \\ 2.0\sim2.5 MPa}]{20\%KOH 溶液} CH_2=CH-O-CH_3$$

$$HC\equiv CH + CH_3COOH \xrightarrow[\substack{150\sim180℃ \\ 0.1\sim0.5 MPa}]{(CH_3CO_2)_2Zn/C} CH_3-\overset{\overset{\displaystyle O}{\|}}{C}-O-CH=CH_2$$

$$HC\equiv CH + HCN \xrightarrow[NH_4Cl]{CuCl} CH_2=CH-CN$$

上述反应是向试剂分子中引入一个乙烯基,故称为乙烯基化反应。由此,可把乙炔看做乙烯基化试剂。其中甲基乙烯基醚是制备黏合剂、涂料、清漆及增塑剂等化工产品的原料之一;醋酸乙烯酯是生产聚乙烯醇的单体,也用于生产乳胶黏合剂。

炔烃与醇在碱催化下的加成是亲核加成反应,最先与碳碳三键加成的是有亲核性的负离子 CH_3O^-,生成的中间体是碳负离子。反应机理为

$$CH_3OH + KOH \Longrightarrow CH_3O^- K^+ + H_2O$$

$$CH_3O^- + HC\equiv CH \longrightarrow CH_3O-CH\overset{-}{=}CH$$

$$CH_3O-CH\overset{-}{=}CH + H-OCH_3 \longrightarrow CH_3OCH=CH_2 + \overset{-}{O}CH_3$$

2.炔氢的酸性

炔氢有一定的弱酸性,其 pK_a 为 25,比水($pK_a=15.7$)和乙醇($pK_a=16$)的酸性小;但比氨($pK_a=38$)的酸性强。当强碱 $NaNH_2$ 与端炔作用时,便生成炔负离子和 NH_3。即

$$HC\equiv CH + NaNH_2 \longrightarrow HC\equiv\overset{-}{C}\overset{+}{Na} + NH_3$$

$$R-C\equiv CH + NaNH_2 \longrightarrow RC\equiv\overset{-}{C}\overset{+}{Na} + NH_3$$

一般把乙炔通入 $NaNH_2$ 的乙醚溶液中,便可得到乙炔钠。将乙炔通入 $NaNH_2$ 的氨溶液中,则可生成乙炔的双钠盐:

$$HC\equiv CH \xrightarrow[NH_3(l),-33℃]{NaNH_2} NaC\equiv CNa$$

乙炔钠是强碱,遇水或醇立即分解。例如:

$$HC\equiv CNa + H_2O \longrightarrow HC\equiv CH + NaOH$$

由于乙烯及乙烷的酸性小于 NH_3,它们不能与 $NaNH_2$ 反应生成相应的钠盐;这也说明碳负离子有如下的稳定性次序:

$$HC\equiv C^- > H_2C\overset{-}{=}CH > CH_3-\overset{-}{C}H_2$$

炔负离子是供电子的亲核试剂,当它与伯卤代烷作用时,可以发生取代反应,生成较高级的炔烃。这是炔烃的合成方法之一。例如

$$HC\equiv C\overset{-}{N}a + \overset{\delta^-}{Br}-\overset{\delta^+}{CH_2}CH_3 \longrightarrow HC\equiv C-CH_2CH_3 + NaBr$$

$$C_2H_5C\equiv CH + NaNH_2 \xrightarrow[-NH_3]{} C_2H_5C\equiv CNa \xrightarrow[-NaBr]{BrC_2H_5} C_2H_5C\equiv CC_2H_5$$

乙炔及端炔烃中的炔氢还可以被 Ag^+、Cu^+ 取代,分别生成炔银和炔亚铜,反应迅速,现象明显,可用来鉴别端炔烃的存在。把乙炔通入到硝酸银的氨溶液或氯化亚铜的氨溶液中,立即生成乙炔银或乙炔亚铜沉淀;端炔也有此反应。例如

$$HC\equiv CH + 2Ag(NH_3)_2NO_3 \xrightarrow[H_2O]{HO^-} \underset{(白色)}{AgC\equiv CAg\downarrow} + 2NH_4NO_3 + 2NH_3$$

$$HC\equiv CH + 2Cu(NH_3)_2Cl \xrightarrow[H_2O]{HO^-} \underset{(棕红色)}{CuC\equiv CCu\downarrow} + 2NH_4Cl + 2NH_3$$

乙炔二亚铜

$$C_2H_5C\equiv CH + Ag(NH_3)_2NO_3 \xrightarrow[H_2O]{HO^-} C_2H_5C\equiv CAg\downarrow$$

丁炔银

炔亚铜或炔银可在稀盐酸或稀硝酸中分解。可利用这一性质,来分离、精制端炔烃。

$$CH_3CH_2CH_2C\equiv CAg + HNO_3 \longrightarrow CH_3CH_2CH_2C\equiv CH + AgNO_3$$

炔银及炔亚铜在干燥状态下受到撞击或受热,极易发生爆炸。实验中剩余的炔金属化合物应及时用酸处理。

3.6　共轭二烯烃的分类

二烯烃根据两个双键的位置关系,可分为共轭二烯烃、隔离二烯烃及累积二烯烃。

(1)共轭二烯烃:两个双键被一个单键隔开的二烯烃,例如,1,3-丁二烯,异戊二烯,环戊二烯等。

(2)隔离二烯烃:两个双键之间至少存在一个饱和的碳原子的二烯烃。如

$$\bigcirc\!\!-CH_2-CH_2-CH=CH_2 \quad , \quad CH_2=CH-CH_2-CH=CH_2$$

(3)累积二烯烃:两个双键共用一个碳原子的二烯烃。如 $CH_2=C=CH_2$(丙二烯),中间的碳原子是 sp 杂化的。(可以预见,共用了一个 sp 杂化碳原子的相互垂直的两个 π 键之间的互斥作用,将使分子的内能增加)

3.7　共轭二烯烃的结构和共轭体系

3.7.1　1,3-丁二烯的结构和共轭效应

1,3-丁二烯是最简单的共轭二烯烃,其中每个碳原子都是 sp^2 杂化,所以 1,3-丁二烯是平面分子。四个碳原子未杂化的 p 轨道相互平行(图 3-6),这样,不只在 C_1-C_2 之间,C_3-C_4 之间,而且在 C_2-C_3 之间也有轨道的部分交盖,使 C_2-C_3 之间也有部分双键的性质,此时两对 π 电子已不像结构式所示的那样"定域"于 C_1-C_2 和 C_3-C_4 之间,而是扩展到四个碳原子周围,这种现象称为离域。存在离域现象的体系称为共轭体系。由于离域(共轭),使每个电子不只受到两个原子核的束缚,而是受到四个原子核的束缚,因而增强了分子的稳定性。

由于电子离域而产生的分子中原子间相互影响的电子效应,称为共轭效应,用 C 表示。这样的分子称为共轭分子。如 1,3-丁二烯分子就是共轭分子,在 1,3-丁二烯分子中,由 π 电子离域所体现的共轭效应,称为 π、π-共轭效应。

特别要注意,共轭效应的发生是有先决条件的,即构成共轭体系的原子必须在同一平面内,只有这样,p 轨道的对称轴才能相互平行交盖而发生离域。

与诱导效应截然不同,共轭效应只存在于共轭体系中,共轭效应在共轭链上传递会产生正负电荷交替的现象,而且共轭效应沿共轭链传递是不减弱的,共轭链越长,共轭效应越充分,体系越稳定。

共轭效应会影响到分子的物理性质和化学性质。例如,共轭效应使 1,3-丁二烯的碳碳单键键长相对缩短,使单双键产生平均化的趋势。

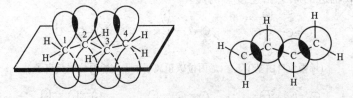

图 3-6　1,3-丁二烯中 p 轨道交盖和大 π 键俯视示意图

$$CH_2 = CH - CH = CH_2 \qquad CH_2 = CH_2 \qquad CH_3 - CH_3$$

键长/nm	0.137 0 0.147 0 0.137 0	0.134 0	0.154 0

$$CH_2 = CH - CH_2 - CH = CH_2 \qquad CH_2 = CH - CH = CH - CH_3$$

氢化热/(kJ·mol^{-1})	-254	-226

另外,由于共轭,使化合物能量显著降低,稳定性增加。这可以从氢化热的数据看出。很显然,共轭二烯烃的完全氢化热小于隔离二烯烃的完全氢化热;说明共轭二烯的内能较小,其热力学稳定性较隔离二烯烃好。

二者的能量差值称为离域能或共轭能,是由于 π 电子离域引起的。电子离域越明显,离域程度越大,则体系的能量越低,化合物越稳定,离域能越大。因此离域能反映了共轭分子的稳定性。

3.7.2 共轭体系的种类

对于有机化合物来说,共轭体系多指可以形成大 π 键体系的分子、离子或自由基,一般是由三个或多于三个具有相互平行 p 轨道的原子直接相连所形成的体系。

1. π-π 共轭体系

π-π 共轭体系一般是指单双键交替排列的体系,构成该体系的分子骨架叫做共轭链。在 π-π 共轭体系中,共轭链上每个原子都是不饱和的。例如

$$C=C-C=C \qquad C=C-C\equiv C \qquad C=C-C=O \qquad C=C-C\equiv N$$

在 π-π 共轭体系中,π 电子的离域方向(或 π 电子云被极化的方向)通常是用弯箭头来示意的。例如

$$\underset{\delta^+}{CH_2} = \underset{\delta^-}{CH} - \underset{\delta^+}{CH} = \underset{\delta^-}{O} \qquad 或 \qquad \underset{\delta^+}{CH_2} = \underset{\delta^-}{CH} - \underset{\delta^+}{CH} = \underset{\delta^-}{O}$$

$$\underset{\delta^+}{H_2C} = \underset{\delta^-}{CH} - \underset{\delta^+}{C} \equiv \underset{\delta^-}{CH} \qquad 或 \qquad \underset{\delta^+}{H_2C} = \underset{\delta^-}{CH} - \underset{\delta^+}{C} \equiv \underset{\delta^-}{CH}$$

很显然,在共轭链上产生了正负电荷交替的现象。

在 π-π 共轭体系中,共轭链上电负性较大的原子或基团起到吸引 π 电子的作用,称为吸电子共轭效应,记为 −C;而电负性较小的原子或基团起到供给 π 电子的作用,称为供电子共轭效应,记为 +C。

2. p-π 共轭体系

形成 p-π 共轭体系的共轭链上一般含有奇数个原子,即双键碳(或其他类型的双键及三键)与一个含有 p 轨道的原子相连接。例如

$$\overset{}{>}C=C-C\overset{}{<} \qquad \overset{+}{>}C=C-C\overset{}{<} \qquad \overset{\cdot\cdot}{>}C=C-C\overset{}{<}$$

(烯丙位自由基)　　(烯丙位碳正离子)　　(烯丙位碳负离子)

在 p-π 共轭体系中,与 π 键共轭(离域)的 p 轨道中,可以是单 p 电子(如烯丙位自由基)、没有 p 电子(如烯丙位碳正离子)、一对 p 电子(如烯丙位碳负离子、氯乙烯)。在烯丙位碳自由基或烯丙位碳正离子中,p 轨道中的缺电子性是由相邻双键 π 电子的供电离域(+C)来补偿的;即通过 p-π 共轭作用使烯丙位的正电荷分散到双键碳上,形成一个离域的碳正离子,因此稳定性增加;烯丙位自由基也是由于本身的 p-π 共轭作用使其内能下降,稳定性增加。

共轭体系的存在对有机化合物化学反应的活性影响是明显的,特别是对反应中间体稳定性的影响,可决定反应进行的主要方向。例如,在 $H_2C=CHCl$ 分子中,Cl 的 $-I$ 效应使 $C=C$ 中的电子云密度下降,所以 $H_2C=CHCl$ 进行亲电加成反应较 $CH_2=CH_2$ 难。在反应进行中,由于生成的中间体碳正离子的稳定性有:$CH_3-\overset{+}{C}H-\overset{..}{\underset{..}{C}}l: > \overset{+}{C}H_2CH_2-\overset{..}{\underset{..}{C}}l:$,反应是沿着较易生成 $H_3C-\overset{+}{C}H-\overset{..}{\underset{..}{C}}l:$ 的方向进行的,故有下面的主反应:

$$CH_2=CH-\overset{..}{\underset{..}{C}}l: + HI \longrightarrow CH_3-\overset{\overset{\displaystyle I}{|}}{C}H-Cl$$

$CH_3-\overset{+}{C}H-\overset{..}{\underset{..}{C}}l:$ 之所以有较好的稳定性,是因为其中存在着 $p^+-p^{..}$ 共轭体系,这类似于 p-π 共轭体系;即氯原子的一对 p 电子可离域到碳正离子的 p 空轨道中,使碳正离子的正电荷得以分散到氯原子上。这里 $\overset{..}{\underset{..}{C}}l:$ 对带正电荷的碳有供电子的 $+C$ 作用,使相应的碳正离子变得比较稳定,导致相应的产物生成。

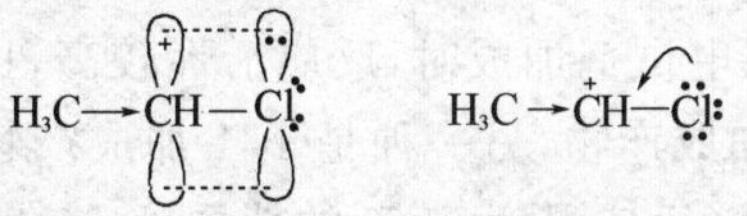

3.超共轭体系

超共轭体系是指 C—H σ 键参与电子离域的体系。有 σ-π 超共轭和 σ-p 超共轭之分。例如

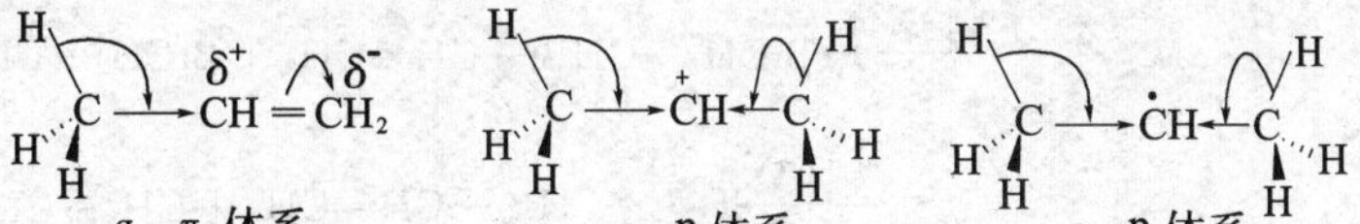

σ-π 体系　　σ-p 体系　　σ-p 体系

在丙烯中,α C—H σ 键与 π 键不平行,但可以共平面。由于 σ 键的饱和性和方向性,α C—H σ 键电子只能有较弱的向 π 键方向的离域,从空间上使双键的电子云密度略有增加,这个结果与—CH_3 对碳碳双键的 $+I$ 效应是一致的,使丙烯的稳定性高于乙烯,而且 σ-π 超共轭作用的结果也使 π 电子云极化。烯烃中 α C—H σ 键越多,σ-π 超共轭作用的几率和程度就越大,则双键因电子云密度的增加而有较好的热力学稳定性,并且亲电加成反应活性较高。

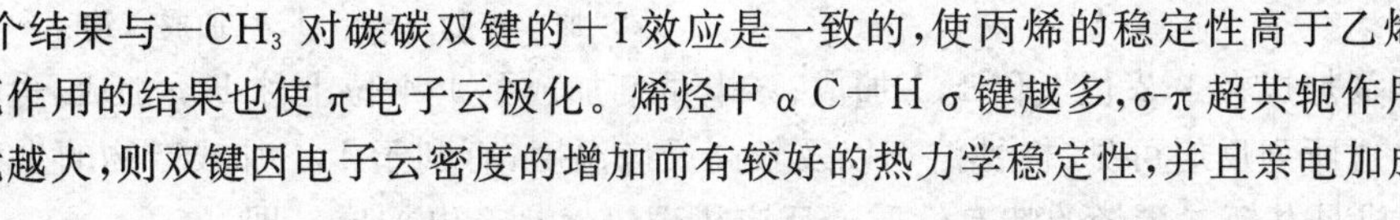

只有一个 C—H σ 键可参与超共轭　　有两个 C—H σ 键参与超共轭　　有三个 C—H σ 键参与超共轭

在烷基碳正离子或烷基自由基中，p 轨道也可与相邻的 C—H σ 键发生类似的超共轭作用，即 σ-p 超共轭。如

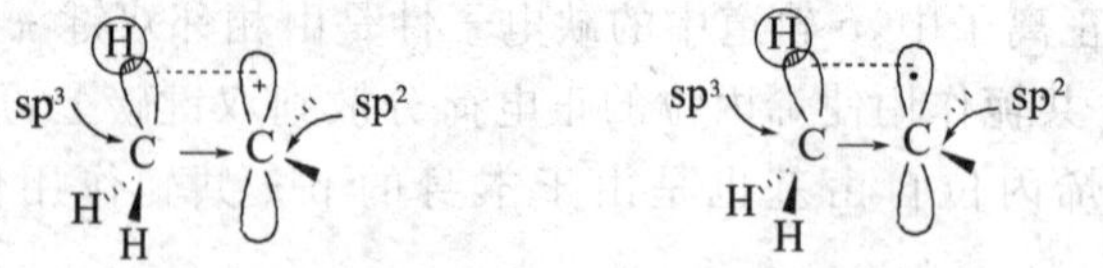

虽然 C—H σ 键的电子向 p˙ 或 p⁺ 轨道的供电子共轭作用(离域)很弱，但对碳自由基或碳正离子也能起到一定的稳定化作用；相邻的 C—H σ 键越多，这种给电子的超共轭作用程度就越大，碳正离子或碳自由基的稳定性越好。这与烷基对碳正离子和碳自由基有＋I 作用的效果是一致的。因此碳正离子的稳定性次序：

$$(CH_3)_3C^+ > (CH_3)_2\overset{+}{C}H > CH_3\overset{+}{C}H_2 > \overset{+}{C}H_3$$

以及碳自由基的稳定性次序：

$$(CH_3)_3\dot{C} > (CH_3)_2\dot{C}H > CH_3\dot{C}H_2 > \dot{C}H_3$$

由于超共轭效应不是完全在 p 轨道中发生的电子离域或轨道交盖，其作用和影响远不及 π-π 和 p-π 共轭效应强。

3.8 共轭二烯烃的性质

3.8.1 1,4-加成反应

1,3-丁二烯烃与一分子亲电试剂加成时，反应活性较高，比单烯烃容易反应。但是加成产物可有两种。一种是 1,2-加成产物，另一种是 1,4-加成产物(也称共轭加成产物)。这两种产物的多少取决于反应条件(反应温度、溶剂的性质等)。例如

$$CH_2{=}CH{-}CH{=}CH_2 + Br_2 \xrightarrow[-15^\circ C]{正己烷} \underset{(62\%)}{BrCH_2{-}CHBr{-}CH{=}CH_2} + \underset{(38\%)}{BrCH_2{-}CH{=}CH{-}CH_2Br}$$

$$CH_2{=}CH{-}CH{=}CH_2 + Br_2 \xrightarrow[-15^\circ C]{氯仿} \underset{(37\%)}{BrCH_2{-}CHBr{-}CH{=}CH_2} + \underset{(63\%)}{BrCH_2{-}CH{=}CH{-}CH_2Br}$$

$$CH_2{=}CH{-}CH{=}CH_2 + HBr \xrightarrow{-80^\circ C} \underset{(80\%)}{H_3C{-}CHBr{-}CH{=}CH_2} + \underset{(20\%)}{CH_3{-}CH{=}CH{-}CH_2Br}$$

$$CH_2{=}CH{-}CH{=}CH_2 + HBr \xrightarrow{40^\circ C} \underset{(20\%)}{H_3C{-}CHBr{-}CH{=}CH_2} + \underset{(80\%)}{CH_3{-}CH{=}CH{-}CH_2Br}$$

1,2- 加成产物　　1,4- 加成产物

亲电试剂加成在 1,2-位上称 1,2-加成；亲电试剂加成到 1,4-位上称 1,4-加成，也称共轭加成。由上述所列反应可见：极性溶剂以及较高反应温度，有利于 1,4-加成产物的生成。

1,4-加成是共轭二烯烃的特有性质。反应机理仍然是亲电加成。即

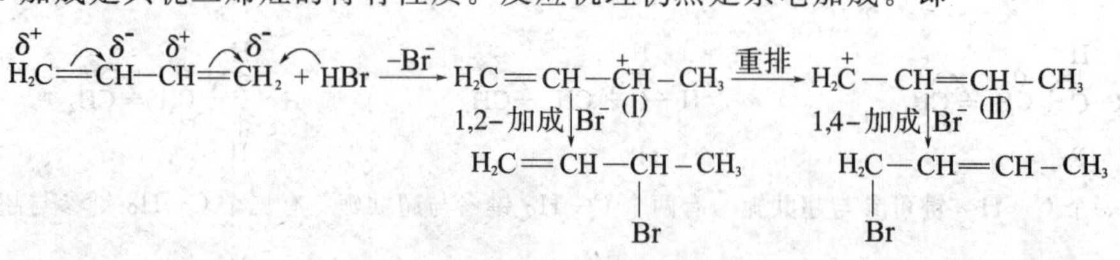

首先 H$^+$ 与 1,3-丁二烯端碳上的 π 电子对结合形成 C—H σ 键,产生了烯丙基碳正离子(Ⅰ);在(Ⅰ)中,形成了 p-π 共轭体系,由于 p-π 共轭效应的影响,使中心碳原子上的正电荷得到分散,在共轭链上形成极性交替的现象,使 C$_2$ 和 C$_4$ 分别带有部分正电荷,因此可以把(Ⅰ)表示为如下的形式:

$$CH_2=CH-\overset{+}{C}HCH_3 \longleftrightarrow \overset{+}{C}H_2-CH=CH-CH_3$$
$$\quad 4 \quad 3 \quad 2 \quad 1$$
$$\text{(Ⅰ)} \qquad\qquad \text{(Ⅱ)}$$

这个变化叫做碳正离子的烯丙位重排。当然,由(Ⅱ)还可以转变成(Ⅰ)。然后(Ⅰ)与 Br$^-$ 作用得 1,2-加成产物,(Ⅱ)与 Br$^-$ 作用得 1,4-加成产物。那么 1,2-加成和 1,4-加成哪种产物是主要的,就要看反应体系中有利于哪种中间体——碳正离子的生成。(Ⅰ)属于仲碳烯丙位正离子,(Ⅱ)属于伯碳烯丙位正离子,(Ⅰ)的稳定性好于(Ⅱ)。按照较稳定的碳正离子较易生成的原理,(Ⅰ)在较低反应温度下容易生成,而(Ⅱ)的生成要在较高反应温度下才有利。

从产物看,1,4-加成得内烯烃,热力学稳定性较好,属热力学控制产物;而 1,2-加成得端烯,其活泼中间体的稳定性较好,属动力学控制产物。当把 HBr 与 1,3-丁二烯在 -80℃ 时反应的产物加热至 40℃ 时,产物的组成恰好相反。

共轭二烯烃的 1,2-亲电加成主产物也遵循马氏规则。例如

$$\overset{\delta^-}{CH_2}=\overset{\delta^+}{\underset{\underset{CH_3}{|}}{C}}-\overset{\delta^-}{CH}=\overset{\delta^+}{CH_2}+HBr \longrightarrow CH_3-\underset{\underset{CH_3}{|}}{\overset{\overset{Br}{|}}{C}}-CH=CH_2 + CH_3-\underset{\underset{CH_3}{|}}{\overset{\overset{Br}{|}}{C}}-CH-CH_2$$
$$\qquad\qquad\qquad\qquad\qquad\qquad \text{(1,2-加成)} \qquad\qquad \text{(1,4-加成)}$$

3.8.2 双烯合成

共轭二烯烃与碳碳双键、三键等烯、炔化合物及其衍生物可按 1,4-加成的形式发生环化反应,生成环己烯或环己二烯类化合物,此为双烯合成反应,又称为 Diels-Alder 反应。这是共轭二烯烃的特征反应。例如

在这类反应中,共轭二烯烃称为双烯体,单烯或单炔称为亲双烯体。两个反应物在反应中相互作用,经过一个环状过渡态形成产物;反应是一步协同完成的,没有中间体生成,原有 π 键的断裂和新 π 键及两个新 σ 键的生成是同时进行的。由于产物是环状的,又把这类反应叫做环加成反应。

1,3-丁二烯与乙烯的环加成反应较难发生;如在 165℃ 时,90 MPa 压力下,反应 17 h,得到的环己烯的收率为 78%。但是当亲双烯体上连有吸电子基团时,反应较易发生;双烯体上连有供电子基时,也是有利的。如

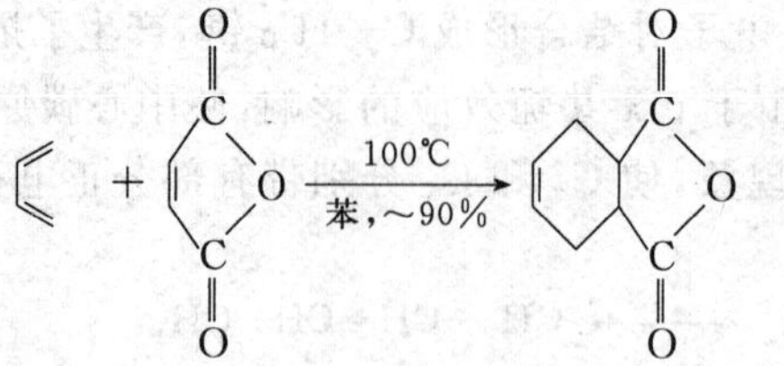

顺-Δ⁴-四氢化邻苯二甲酸酐
(4-环己烯-1,2-二甲酸酐)

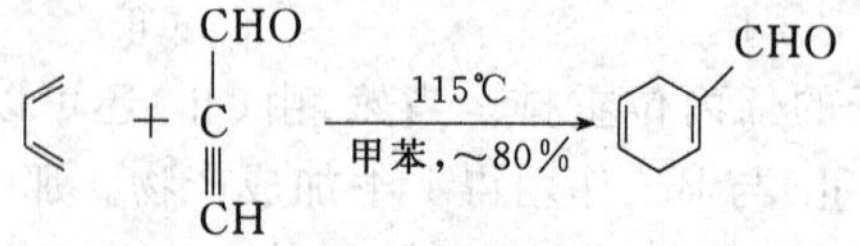

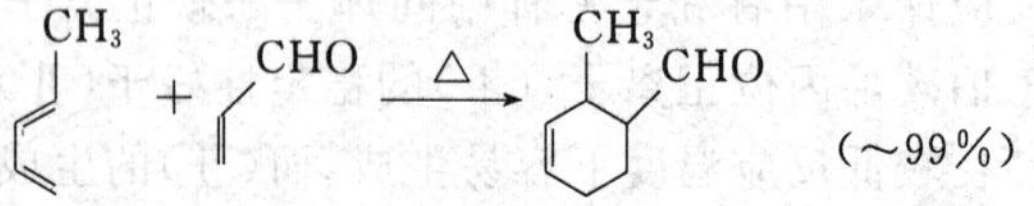

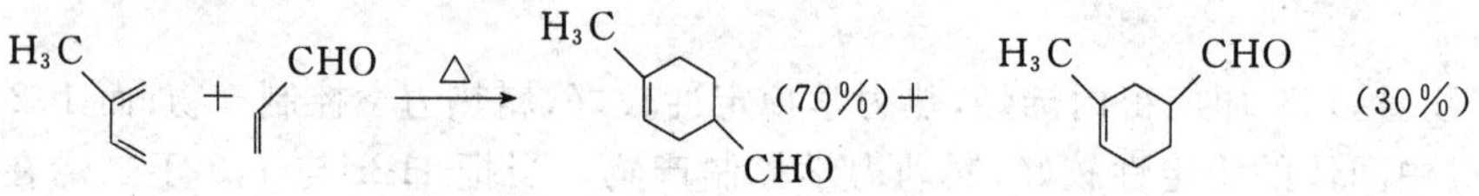

如果亲双烯体有确定构型,则产物也有立体选择性;环戊二烯也有此反应性能。例如

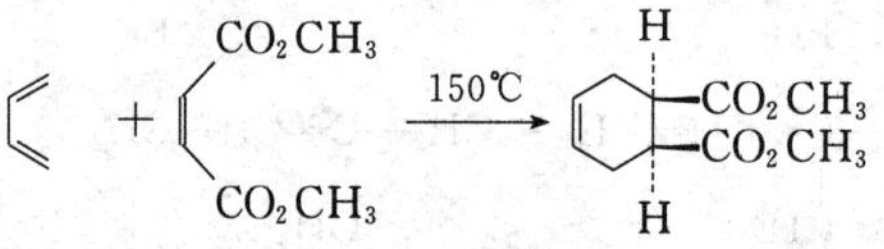

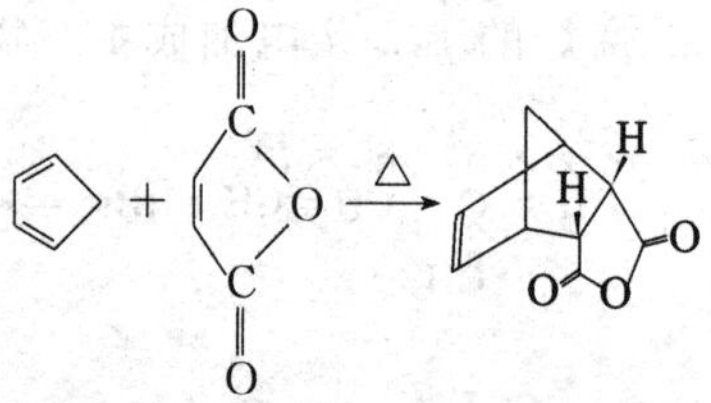

3.9 不饱和烃的聚合

在一定条件下不饱和烃分子之间可发生相互的加成反应,生成大分子化合物,此类反应称为聚合反应。

在自由基引发剂存在下,乙烯于高温、高压下可以聚合,生成高压聚乙烯;其相对分子质量可达到几十万。

$$n CH_2\!=\!CH_2 \xrightarrow[\;>100\text{℃},\;>100\text{ MPa}\;]{\text{自由基引发剂}} \{CH_2\!-\!CH_2\}_n$$

单体　　　　　　　　　　　　　　　　聚合物

在 Ziegler-Natta 催化剂的作用下,乙烯、丙烯等可以发生离子型聚合反应,生成低压聚乙烯、聚丙烯;还可以进行共聚合反应生成乙烯和丙烯的共聚物。

$$n CH_2\!=\!CH_2 \xrightarrow{TiCl_4/C_2H_5AlCl_2} H\{CH_2\!-\!CH_2\}_{n-1} CH\!=\!CH_2$$

$$n CH_3CH\!=\!CH_2 \xrightarrow{TiCl_4-Al(C_2H_5)_3} H\{\underset{\underset{CH_3}{|}}{CH}\!-\!CH_2\}_{n-1} CH\!=\!CHCH_3$$

$$n CH_2\!=\!CH_2 + n CH_2\!=\!CHCH_3 \xrightarrow{TiCl_4/C_2H_5AlCl_2} \{CH_2CH_2CH_2\!-\!\underset{\underset{CH_3}{|}}{CH}\}_n \quad (\text{乙丙橡胶})$$

共轭二烯烃的高聚物——合成橡胶,具有广泛的工业用途。例如:

合成天然橡胶——顺式聚异戊二烯:

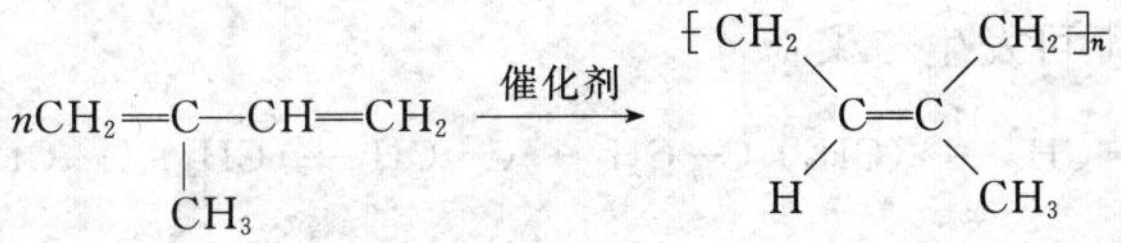

$$nCH_2=C-CH=CH_2 \xrightarrow{\text{催化剂}} \left\{ \begin{matrix} CH_2 \\ C \\ H \end{matrix} = \begin{matrix} CH_2 \\ C \\ CH_3 \end{matrix} \right\}_n$$

（其中 C 上带有 CH_3）

顺丁橡胶——顺式聚 1,3-丁二烯：

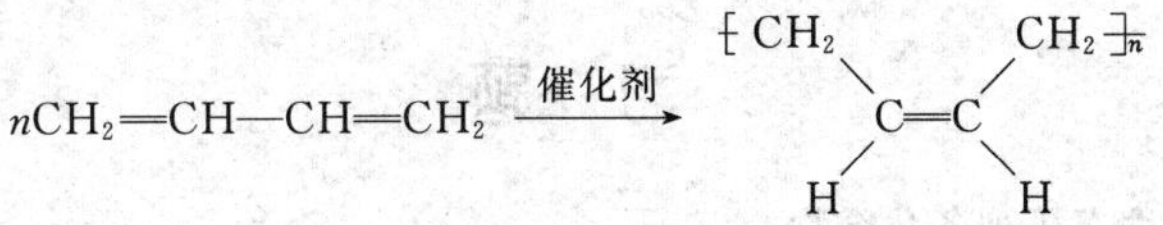

$$nCH_2=CH-CH=CH_2 \xrightarrow{\text{催化剂}} \left\{ \begin{matrix} CH_2 \\ C \\ H \end{matrix} = \begin{matrix} CH_2 \\ C \\ H \end{matrix} \right\}_n$$

氯丁橡胶：

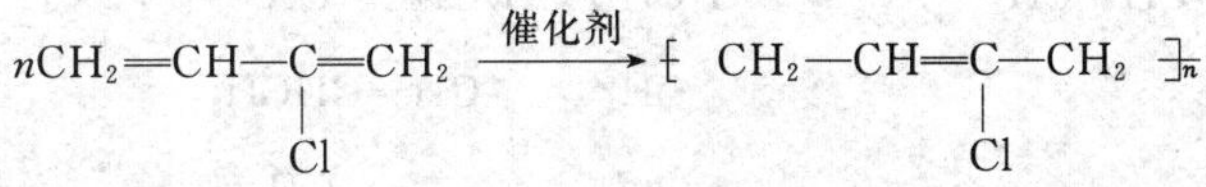

$$nCH_2=CH-C=CH_2 \xrightarrow{\text{催化剂}} \left\{ CH_2-CH=C-CH_2 \right\}_n$$

（其中 C 上带有 Cl）

丁苯橡胶（共聚物）：

$$nCH_2=CH-CH=CH_2 + mCH_2=CH \xrightarrow{\text{催化剂}} \left\{ CH_2-CH=CH-CH_2 \right\}_p \left\{ CH_2-CH \right\}_q$$

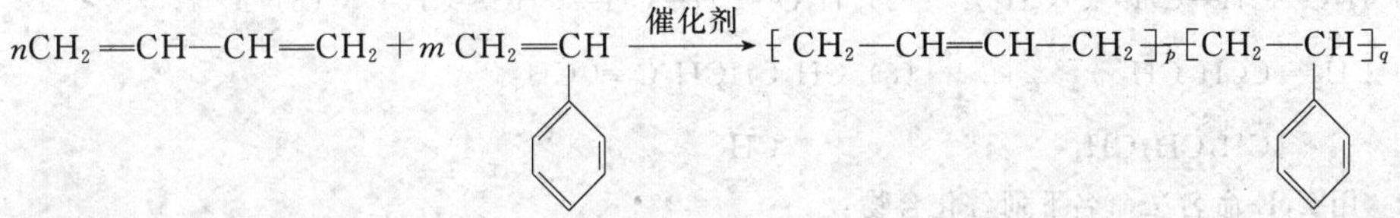

ABS 树脂（嵌段共聚物）：

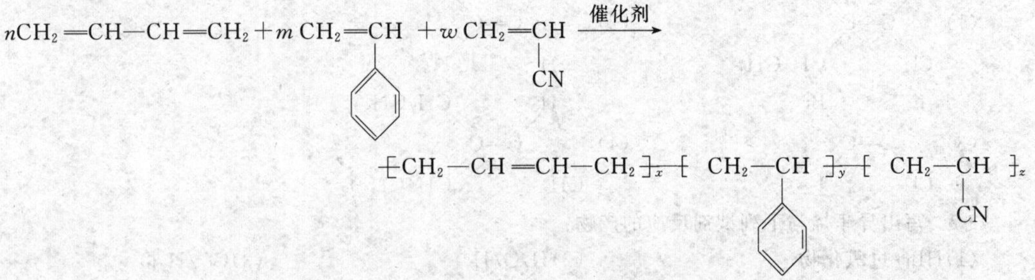

$$nCH_2=CH-CH=CH_2 + mCH_2=CH + wCH_2=CH \xrightarrow{\text{催化剂}}$$

$$\left\{ CH_2-CH=CH-CH_2 \right\}_x \left\{ CH_2-CH \right\}_y \left\{ CH_2-CH \right\}_z$$

在 Ziegler-Natta 催化剂作用下，乙炔可聚合生成聚乙炔。聚乙炔是大分子共轭体系，具有良好的导电性，是极具应用前景的不溶性、高熔点的结晶性高聚物半导体材料。

$$nHC \equiv CH \xrightarrow{\text{催化剂}} \left\{ HC=CH \right\}_n （聚乙炔）$$

聚乙炔有顺、反之分：

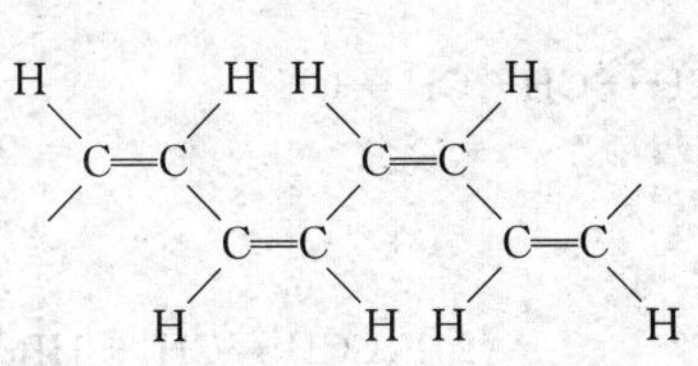

顺聚乙炔 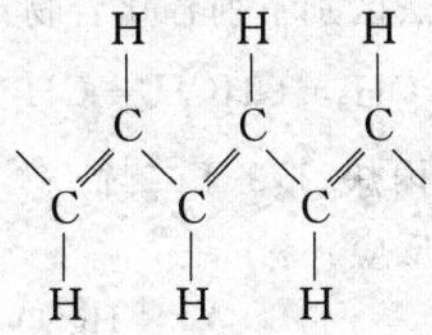　　　　　　　反聚乙炔

在 Cu_2Cl_2-NH_4Cl 催化下，乙炔可二聚、三聚。例如

$$HC\equiv CH + HC \equiv CH \xrightarrow{Cu_2Cl_2/NH_4Cl} CH_2=CH-C\equiv CH$$

$$CH_2=CH-C\equiv CH + HC\equiv CH \xrightarrow{Cu_2Cl_2/NH_4Cl} CH_2=CH-C\equiv C-CH=CH_2$$

乙烯基乙炔与 HCl 加成生成 2-氯-1,3-丁二烯，是合成氯丁橡胶的单体。乙炔在催化剂作用下可合成环辛四烯以及苯环，这在研究芳香族化合物的结构中曾起到重要作用。

异丁烯在酸催化下可发生二聚：

$$2(CH_3)_2C=CH_2 \xrightarrow{H^+} (CH_3)_3C-CH_2-\underset{CH_3}{C}=CH_2 + (CH_3)_3C-CH=\underset{CH_3}{C}-CH_3$$

（主）　　　　　　　　（次）

习　题

3-1 用系统命名法命名下列各化合物：

(1) $CH\equiv C-CH_2CH=CH_2$

(2) $CH_3CH-CH_2CHC\equiv C\underset{CH=CHCH_3}{}$，带 CH_3

(3) 环己烯 CH_3, C_2H_5

(4) $H_2C=CH-CH=C(CH_3)_2$

(5) $H_2C=CH-CH=CH\underset{CH_3}{C}=CH_2$

(6) 环己烯 CH_3, CH_3

(7) $CH_2=\underset{CH_2CH_2CH_3}{C}CH_2CH_3$

(8) $CH_3CHCH_2C\equiv C\underset{CH_3}{C}H$，$CH_3$

3-2 用 Z,E-命名法命名下列各化合物：

(1) $\underset{Cl}{\overset{F}{C}}=\underset{CH_2CH_3}{\overset{CH_3}{C}}$

(2) $\underset{H}{\overset{CH_3}{C}}=\underset{H}{\overset{CH=CH_2}{C}}$

(3) $\underset{Cl}{\overset{F}{C}}=\underset{I}{\overset{Br}{C}}$

(4) $\underset{CH_3}{\overset{CH_3}{C}}=\underset{CH(CH_3)_2}{\overset{CH_2CH_3}{C}}$

3-3 写出异丁烯与下列试剂反应的产物：

(1) HBr/过氧化物

(2) H_2O/H^+

(3) Cl_2/H_2O

(4) ①$(BH_3)_2$, ②H_2O_2/HO^- - H_2O

(5) HBr/CH_3OH

(6) CH_3CO_3H

3-4 比较下列各组碳正离子稳定性大小：

(1) A. $CH_3CH=CHCH_2\overset{+}{C}H_2$ B. $CH_3CH=CHCH_2\overset{+}{C}HCH_3$ C. $CH_3CH=CH\overset{+}{C}HCH_2C_2H_5$

(2) A. $CH_3\overset{+}{C}HCH_3$ B. $Cl_3C\overset{+}{C}HCH_3$ C. $(CH_3)_3C^+$

3-5 用化学方法区别下列各化合物：

(1) △　$(CH_3)_2CHCH=CH_2$　$CH_3CH=CH-CH=CH_2$

(2) 丙烷、丙烯、丙炔、1,3-丁二烯

3-6 完成下列反应：

(1) $CH_3CH_2C\equiv CH + H_2O \xrightarrow[H_2SO_4]{HgSO_4}$

(2) $F_3CCH=CH_2 + HBr \longrightarrow$

(3) 环己烯-$CH_3 \xrightarrow[②H_2O,Zn]{①O_3}$

(4) $C_2H_5C\equiv CC_2H_5 + Br_2 \longrightarrow$

(5) $CH_3CH=CHCH_2C\equiv CCH_3 \xrightarrow[Pd-CaCO_3,喹啉]{H_2}$
(E)

(6) 环己烯 $CH_3 \xrightarrow{HOBr}$

(7) $ + \| \xrightarrow{\triangle} ? \xrightarrow[②H_2O,Zn]{①O_3} ? + ?$

(8) $C_2H_5C \equiv CH \xrightarrow{NaNH_2} ? \xrightarrow{BrC_2H_5} ? \xrightarrow[HgSO_4/H_2SO_4]{H_2O} ?$

(9) $CH_3CH=CH_2 \xrightarrow[高温]{Cl_2} ? \xrightarrow{NaC \equiv CH} ? \xrightarrow{Br_2(1\ mol)} ?$

(10) $+$ $\begin{matrix} CH_3OOC \\ \end{matrix} \begin{matrix} H \\ C=C \\ H \end{matrix} \begin{matrix} \\ COOCH_3 \end{matrix}$ $\xrightarrow{\triangle} ? \xrightarrow{CH_3CO_3H} ?$

(11) $+ \parallel \xrightarrow{\triangle} ? \xrightarrow[H_3^+O]{KMnO_4} ?$

(12) $\xrightarrow[500℃]{Cl_2} ? \xrightarrow[ROOR]{HBr} ?$

(13) $CH_3CH_2\overset{\overset{\displaystyle CH_3}{|}}{C}=CH_2 + HCl \longrightarrow$

(14) $(CH_3)_2C=CH_2 + Br_2 \xrightarrow[水溶液]{NaCl}$

(15) $CH_3CH_2\overset{\overset{\displaystyle CH_3}{|}}{C}=CH_2 + Cl_2 + H_2O \longrightarrow$

(16) $CH_3CH_2C \equiv CH \xrightarrow[H_2O_2,OH^-]{\frac{1}{2}(BH_3)_2}$

(17) $H_2C=CHBr \xrightarrow{HBr}$

(18) $H_2C=CHBr \xrightarrow[过氧化物]{HBr}$

(19) $(CH_3)_2CHC \equiv CH \xrightarrow[过量]{HBr}$

(20) $H_2C=\overset{\overset{\displaystyle}{|}}{C}-CH=CH_2 + HCl(1mol) \longrightarrow$
  $\quad\quad\;\; CH_3$

(21) $(CH_3)_2C=CH_2 \xrightarrow[\triangle]{KMnO_4,H^+}$

(22) $(CH_3)_2C=CH_2 \xrightarrow{O_3}{H_2O,Zn}$

(23) $C_2H_5C \equiv CH \xrightarrow[KOH]{CH_3CH_2OH}$

(24) $+$ $\xrightarrow{\triangle}$

(25) $\begin{matrix} C_6H_5 \\ C=C \\ H \end{matrix} \begin{matrix} H \\ \\ C_6H_5 \end{matrix} \xrightarrow{CH_3COOH}$

3-7 试写出下面反应所得产物的反应机理:

(1) $\xrightarrow[H_2SO_4]{H_2O}$ $+$ $+$

(2) $H_2C=CH-\overset{\overset{\displaystyle CH_3}{|}}{\underset{\underset{\displaystyle CH_3}{|}}{C}}CH_3 \xrightarrow[H^+]{HBr}$ $+$

3-8 排列下列化合物与 1,3-丁二烯进行双烯合成反应的活性次序:

(1) $\overset{\overset{\displaystyle CH_3}{|}}{\parallel}$ (2) $\overset{\overset{\displaystyle CH_2Cl}{|}}{\parallel}$ (3) $\overset{\overset{\displaystyle CHO}{|}}{\parallel}$ (4) $\overset{\overset{\displaystyle OCH_3}{|}}{\parallel}$

3-9 比较下列各化合物进行亲电加成反应的活性:

(1) A. $CH_2=\overset{\overset{\displaystyle}{|}}{\underset{\underset{\displaystyle CH_3}{|}}{C}}-\overset{\overset{\displaystyle}{|}}{\underset{\underset{\displaystyle CH_3}{|}}{C}}=CH_2$ B. $CH_2=CH-CH=CHCH_3$ C. $H_2C=CHCH_2CH=CH_2$

(2) A. $CH_2=C(CH_3)_2$ B. $CH_3CH=CH_2$ C. $CH_2=CHCl$

(3) A. $CH_3CH_2CH=CH_2$ B. $CH_3CH_2C \equiv CH$ C. $CH_3CH=CHCH_3$

3-10 比较下列化合物的热力学稳定性：

(1)$CH_2=CH-CH_2-CH=CH_2$ (2)$CH_2=CH-CH=CH-CH_3$

(3)$CH_3CH=CHCH_2CH_3$ (4)$CH_2=CHCH_2CH_2CH_3$

3-11 合成化合物（试剂任选）。

(1)由乙炔出发合成 $CH_3CH_2CH_2CH_2OH$ 及 $H_2C=CH-O-C_2H_5$

(2)由乙炔出发合成 ![环己烯-CN] 及顺式 3-己烯

(3)由 $CH_3CH=CH_2$ 合成 $ClCH_2-CHBr-CH_2Br$ 及 $ClCH_2CH-CH_2$（环氧 O）

(4)以丙炔为唯一碳源合成

$$CH_3CH_2CH_2 \quad H$$
$$C=C$$
$$H \quad CH_3$$

(5)以乙炔为原料合成

（六元环，含 Br、CH_2Br、Br、CH_2Br 取代基）

(6)由不同的烯烃合成 (a) ![环己烯-CH₂Cl] (b) ![双环结构 Cl、Cl、CH₂Cl]

3-12 有 A 和 B 两个化合物，它们互为构造异构体，都能使溴的四氯化碳溶液褪色。A 与 $Ag(NH_3)_2NO_3$ 反应生成白色沉淀。用 $KMnO_4$ 溶液氧化生成丙酸(CH_3CH_2COOH)和二氧化碳；B 不与 $Ag(NH_3)_2NO_3$ 反应。用 $KMnO_4$ 溶液氧化只生成一种羧酸。试写出 A 和 B 的构造式及各步反应式。

3-13 化合物 A 的分子式为 C_4H_8，它能使溴溶液褪色，但不能使稀的高锰酸钾溶液褪色。1 mol A 与 1 mol HBr 作用生成 B，B 也可以从 A 的同分异构体 C 与 HBr 作用得到。C 能使溴溶液褪色，也能使稀的高锰酸钾溶液褪色。试推测 A、B 和 C 的构造式，并写出各步反应式。

3-14 分子式为 C_4H_6 的三个异构体 A、B 和 C，可以发生如下的化学反应：

(1)三个异构体都能与溴反应，但在常温下对等物质的量的试样，与 B 和 C 反应的溴量是 A 的两倍；

(2)三者都能与 HCl 发生反应，而 B 和 C 在 Hg^{2+} 催化下与 HCl 作用得到的是同一产物；

(3)B 和 C 能迅速地与含 $HgSO_4$ 的硫酸溶液作用，得到分子式为 C_4H_8O 的化合物；

(4)B 能与硝酸银的氨溶液反应生成白色沉淀。

试写出 A、B 和 C 的构造式，并给出有关的反应式。

3-15 分子式为 C_6H_{10} 的化合物 A，能加成两分子溴，但不与氯化亚铜氨溶液起反应；在 $HgSO_4/H_2SO_4$ 存在下加一分子水可生成 4-甲基-2-戊酮和 2-甲基-3-戊酮。写出 A 的构造式。

3-16 某化合物 A(C_6H_8)可加 2 mol H_2 得 C_6H_{12}，A 可使溴褪色，但不能与顺丁烯二酸酐发生双烯合成反应。当用 2 mol O_3 与 A 作用后，再用锌粉还原水解得到 2 mol 化合物 B($C_3H_4O_2$)。试写出化合物 A、B 的构造式。

3-17 分子式为 C_7H_{10} 的某开链烃 A，可发生下列反应：A 经催化加氢可生成 3-乙基戊烷；A 与 $AgNO_3/NH_3$ 溶液反应可产生白色沉淀；A 在 $Pd/BaSO_4$ 作用下吸收 1 mol H_2 生成化合物 B；B 可以与顺丁烯二酸酐反应生成化合物 C。试推测 A、B 和 C 的构造式。

3-18 某化合物 A 的分子式为 C_5H_8，在液 NH_3 中与 $NaNH_2$ 作用后，再与 1-溴丙烷作用，生成分子式为 C_8H_{14} 的化合物 B；用 $KMnO_4$ 氧化 B 得到分子式为 $C_4H_8O_2$ 的两种不同的酸 C 和 D。A 在 $HgSO_4$ 存在下与稀 H_2SO_4 作用，可得到酮 E($C_5H_{10}O$)。试写出 A~E 的构造式，并用反应式表示上述转变。

第4章

对映异构

同分异构现象在有机化学中极为普遍。在前几章中已讨论过几种异构现象,如烷烃的碳架异构;烯烃、炔烃的官能团位置异构;酮式和烯醇式的互变异构等。除此以外,还有烯烃和脂环烃的顺反异构以及烷烃和环烷烃的构象异构。顺反异构和构象异构涉及基团在三维空间的排布情况,这种有机分子在三维空间的结构称为立体结构(stereo structure),分子的构造相同,但原子在空间排列不同而产生的异构称为立体异构(stereo isomerization)。立体异构包括构型异构和构象异构,构型异构与构象异构的差别主要为构型异构间的转变必须断裂化学键,构象异构间的转变不需要断裂化学键,只需通过单键的旋转就可实现。而构型异构又包括顺反异构和对映异构(enantiontropic isomerization)。

将各种异构现象归纳总结,可概括如下:

```
                                    ┌─ 碳架异构
                        ┌─ 构造异构 ─┤  官能团位置异构
                        │            │  官能团异构
                        │            └─ 互变异构
同分异构 ─┤
                        │            ┌─ 构型异构 ─┬─ 顺反异构
                        └─ 立体异构 ─┤            └─ 对映异构
                                     └─ 构象异构
```

上述异构中,构造异构和构象异构已在第 2 章中讨论,而顺反异构已在第 3 章中详细地阐述,本章主要讨论构型异构中的对映异构。

4.1 平面偏振光和物质的旋光性

旋光性又称光活性。分子的旋光性最早是十九世纪由 L. Pasteur 发现的。他发现酒石酸的结晶有两种相对的结晶型,形成溶液时会使光向相反的方向旋转,因而确定分子有左旋与右旋的不同结构(图 4-1)。

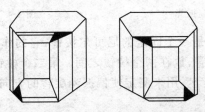

图 4-1　左旋和右旋酒石酸钠铵晶体

光是一种电磁波,其振动方向垂直于光波的前进方向,普通光可在空间各个不同的平面上振动,如图 4-2 所示。

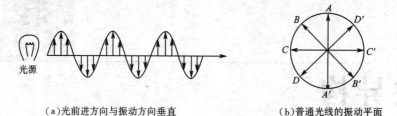

（a）光前进方向与振动方向垂直　　　　　（b）普通光线的振动平面

图 4-2　光的传播

如果让普通光通过尼可尔(Nicol)棱镜,只有与棱镜的晶轴平行振动的光波才能通过。通过尼可尔棱镜后只在一个平面上振动的光叫做平面偏振光(plane-polarized light),简称偏振光,如图 4-3 所示。

若把两个棱镜按晶轴平行放置,则通过第一个棱镜后的偏振光能完全通过第二个棱镜;若在两个平行透镜之间放一个测定管,在管内装入乙醇、水或丙酮等任何一种液体,则偏振光能完全通过第二个棱镜;若在管内装入乳酸或葡萄糖水溶液,则通过第一个棱镜后的偏振光不能完全通过第二个棱镜,必须将第二个棱镜向左或向右转一定角度后,偏振光才能完全通过。

物质能使偏振光旋转的性质叫做旋光性(optical activity),具有旋光性的物质称为旋光性物质。能使偏振光向右旋转的物质叫右旋体,能使偏振光向左旋转的物质叫左旋体。右旋和左旋可分别用 d(dextro-rotatory) 和 l(levo-rotatory) 或"＋"和"－"表示。偏振光振动平面旋转的角度称为旋光度,用 α 表示。

旋光性物质的旋光度是用旋光仪测出的。旋光仪的主要组成部分是两个尼可尔棱镜和一个盛液管,如图 4-4 所示。

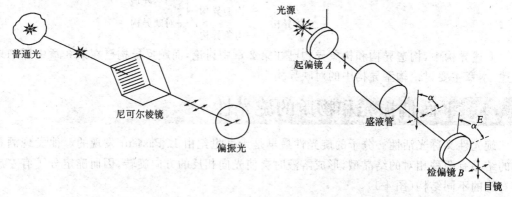

图 4-3　普通光与偏振光　　　　　图 4-4　旋光仪原理示意图

第一个棱镜(起偏镜 A)是一个固定的尼可尔棱镜,它的作用是将普通光变为偏振光。用来装被测物质溶液的盛液管,放在两个棱镜之间。第二个棱镜(检偏镜 B)是一个可以转动的尼可尔棱镜,它连着刻度盘,用来测定使偏振光旋转的方向和角度,从刻度盘上可读出其左旋或右旋的角度。

测得的旋光度(α)除了与物质本身的分子结构有关外,还与盛液管的长度、溶液的浓度、光的波长、测定时的温度及所用的溶剂有关。在一定的条件下,旋光性物质的旋光度是一个特定的物理常数,用比旋光度 $[\alpha]$ 来表示。旋光度和比旋光度(specific rotation)的关系为

$$[\alpha]_{\lambda}^{t} = \frac{\alpha}{\rho_B l}$$

式中 α ——旋光度;

ρ_B ——溶液的质量浓度,$g \cdot mL^{-1}$;若为纯液体,则 ρ_B 为 ρ(试样相对密度),$g \cdot cm^{-3}$;

l ——盛液管长度,dm;

λ ——光源的波长(一般是钠光,波长 589 nm,用 D 表示);

t ——测定时的温度。

当 ρ 和 l 的数值都等于 1 时,$[\alpha] = \alpha$。因此,比旋光度在数值上等于旋光性物质的浓度为 $1\ g \cdot mL^{-1}$、放在 1 dm 长的盛液管中所测得的旋光度。例如,在 20 ℃时 50 $g \cdot L^{-1}$ 果糖溶液,用钠光作光源,放在 1 dm 长的盛液管中,测得旋光度为 $-4.64°$。则比旋光度为

$$[\alpha]_{D}^{20} = \frac{\alpha}{\rho l} = \frac{-4.64°}{1 \times 50/1000} = -92.8°$$

在已知比旋光度时,通过测定旋光性物质的比旋光度来计算其纯度和含量。

因为溶剂的性质能影响测得的旋光度数据,所以不用水作溶剂时,应注明溶剂的名称。例如,右旋酒石酸的乙醇溶液测得的比旋光度为 $[\alpha]_{D}^{20} = +3.79°$(50 $g \cdot L^{-1}$ 乙醇)

4.2 分子的手性和对称因素

4.2.1 手性分子

哪些物质具有旋光性,能使平面偏振光发生偏转呢? 人们发现,在立体异构体中,有些分子的关系,就像人们的左右手关系(图 4-5)。人的左手和右手看起来似乎一模一样,但无论你怎样放,它们在空间上却无法完全重合。如果把人的右手放在镜子前面,右手在镜中的像与左手可以完全重叠在一起。左右手之间不能重合但互为镜像的这种特征称为手性(chirality)或手征性。借鉴手的特征,在有机化学中定义,凡不能与其镜像重叠的分子,称为手性分子(chiral molecule)。

手性分子的显著特征是具有旋光性。当分子与其镜像能重合时,该分子的结构是对称的,是非手性分子,没有旋光性;反之,分子和它的镜像不能重合时,该分子的结构是不对称的,是手性分子,具有旋光性。

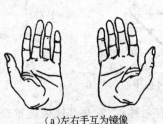

(a)左右手互为镜像   (b)左右手不能同向完全重合

图 4-5　左右手的关系

造成分子具有手性或不对称性的直接原因是分子中存在着不对称因素,主要是分子中存在不对称中心——不对称碳原子(也称为手性碳原子)。不对称碳原子是指与四个不同原子或基团相连接的碳原子;不对称碳原子一般以星号"＊"标记。如下面三个分子中有"＊"标记的碳原子是不对称碳原子或手性碳原子:

$$CH_3-\overset{\overset{H}{|}}{\underset{\underset{OH}{|}}{C^*}}-COOH \qquad CH_3CH_2-\overset{\overset{H}{|}}{\underset{\underset{Cl}{|}}{C^*}}-CH_3 \qquad CH_3CH_2-\overset{\overset{H}{|}}{\underset{\underset{CH_3}{|}}{C^*}}-CH_2OH$$

这三个化合物都有手性,都具有旋光活性。可以说,手性是物质或分子具有旋光性的必要条件。可以从判断分子是否有对称性来判断一个分子是否具有手性。分子有对称性则无手性;分子无对称性则有手性。而分子是否有对称性取决于分子是否有对称因素。

4.2.2 对称因素

(1)对称面

假如有一个平面可以把分子分割成互为镜像的两部分,或者组成分子的所有原子在同一平面上,该平面就是分子的对称面(可用 σ 表示)。如图 4-6 所示的分子中都存在对称面:

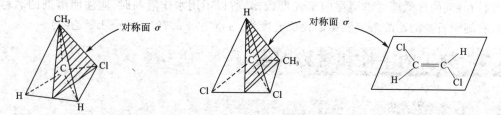

图 4-6　分子对称面示意图

在氯乙烷中,对称面 σ 过 CH₃、C、Cl 三质点,并平分∠HCH;在 1,1-二氯乙烷中,对称面 σ 过 H、C、CH₃ 三质点,并平分∠ClCCl;在(E)-1,2-二氯乙烯中对称面 σ 过所有原子(平分 π 键正负位相)。

(2)对称中心

若分子中有一点 i,过 i 点作任一直线,如果在离 i 等距离的两端有相同的原子存在,则该点 i 为分子的对称中心。如图 4-7 所示化合物中都存在对称中心:

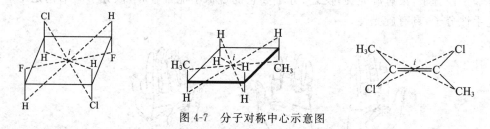

图 4-7　分子对称中心示意图

分子中存在对称面或对称中心,则该分子有对称性,它与其镜像能重合,因此不具备手性,是非手性分子(achiral molecule)。要判断一个分子是否有手性,一般情况下看它是否有对称面或对称中心即可。由于手性碳原子上所连的四个原子或基团各不相同,既没有对称面,也没有对称中心。含一个手性碳原子(即一个手性中心)的化合物具有手性,也就有旋光性。

4.3　手性和对映体

凡是手性分子,必有一个与之不能完全重叠的镜像。以乳酸为例:

如图 4-8 所示,在乳酸分子中,α-碳原子上连有四个不同的原子或基团,它们在空间上有两种不同的排布,形成两种不同空间构型的乳酸分子结构。这两种分子的结构彼此是实物与镜像或左手与右手的对映关系,叫做对映异构(enantiomerism),这种异构体称为对映异构体(enantiomer),简称对映体。对映异构体具有旋光活性,所以也把对映异构体叫做旋光异构体(optical isomer)。它们都具有旋光活性,旋光能力相同,但旋光方向相反。一个使偏振光左旋,称左旋体,一个使偏振光右旋,称右旋体。把右旋乳酸和左旋乳酸等量地混合在一起,则因右旋光和左旋光的作用相互抵消,不产生旋光现象(此混合体无旋光活性),此为外消旋乳酸,记为(±)-乳酸。由酸牛奶中得到的乳酸是外消旋乳酸。

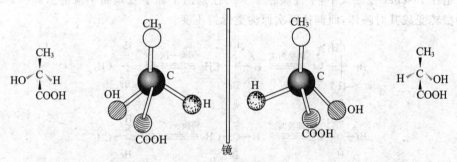

图 4-8　乳酸的对映异构体

4.4　构型的表示方法和标记

4.4.1　构型的表示方法

一般有两种方法表示对映异构体的不同构型。一种是采用立体透视式表示,另一种是采用 Fischer 投影式表示。Fischer 投影式的规定是:把手性碳原子置于纸面,以横竖两条直线的垂足表示之,横向线表示手性碳上所连原子或基团指向纸面上方(指向读者),竖向线表示手性碳上所连原子或基团指向纸面下方(背向读者),也称横前竖后,横上竖下。画 Fischer 投影式时,一般把碳链放在竖直线方向,并把编号最小的碳原子写在上端,如图 4-9 所示。

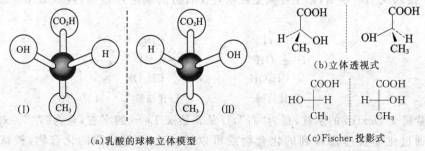

(a)乳酸的球棒立体模型

(b)立体透视式

(c)Fischer 投影式

图 4-9　乳酸的立体结构

用 Fischer 投影式表示对映异构体,最方便之处是将分子的三维立体模型转化为二维的平面图形;但使用 Fischer 投影式时应遵守有关规定。一是 Fischer 投影式只能在纸平面内旋转 180°,构型不变;但不能旋转 90°或 270°,因为这样将违背"横朝前、竖朝后"的规定。即

$$\underset{OH}{HOOC-\overset{H}{\underset{|}{C}}-CH_3} \quad \overset{旋转90°}{\underset{或270°}{\times}} \quad \underset{CH_3}{HO-\overset{COOH}{\underset{|}{}}-H} \quad \overset{旋转180°}{=\!=\!=} \quad \underset{COOH}{H-\overset{CH_3}{\underset{|}{}}-OH}$$

二是 Fischer 投影式不能离开纸面旋转 180°,否则将得到原有构型的对映体的投影式。如

$$\underset{CH_3}{HO-\overset{COOH}{\underset{|}{}}-H} \quad \overset{离开纸面}{\underset{旋转180°}{\times}} \quad \underset{CH_3}{H-\overset{COOH}{\underset{|}{}}-OH}$$

三是在 Fischer 投影式中,手性碳原子上的任意两个原子或基团不能随意调换;调换一次原构型转变成其对映体,而调换两次原构型保持不变。

$$\underset{H}{Br-\overset{CH_3}{\underset{|}{}}-Cl} \quad \overset{调换两次}{=\!=\!=} \quad \underset{Br}{H-\overset{Cl}{\underset{|}{}}-CH_3} \quad \overset{调换一次}{\times\!=\!=} \quad \underset{Br}{Cl-\overset{H}{\underset{|}{}}-CH_3}$$

$$\|$$ $$\qquad\qquad\|$$ $$\qquad\qquad\|$$

$$\underset{H}{Br-\overset{CH_3}{\underset{|}{\odot}}-Cl} \quad \overset{调换两次}{=\!=\!=} \quad \underset{Br}{H-\overset{Cl}{\underset{|}{}}-CH_3} \quad \overset{调换一次}{\times\!=\!=} \quad \underset{Br}{Cl-\overset{H}{\underset{|}{\odot}}-CH_3}$$

4.4.2　构型和旋光方向的标记

一对对映异构体具有不同的构型,有不同的旋光方向,那么哪一个是左旋体,哪一个是右旋体呢? 不同构型的区别是什么呢? 构型与旋光方向有什么关系吗? 到目前为止,还没有确定对映异构体中,构型和旋光方向之间有什么内在的联系。对映异构体对平面偏振光的旋转方向是实测得出的;以前用 d 和 l 分别表示右旋和左旋,现在用"+"和"−"分别表示右旋和左旋。外消旋体用"dl"或"±"来标记。

对于构型,有 D/L 和 R/S 两种标记方法。

1. D/L 标记法

D/L 是构型相对标记方法,是以甘油醛为标准来确定对映体的相对构型。具体方法是:按 Fischer 投影式书写原则,把手性碳上羟基写在右边的规定为 D 型,羟基写在左边的规定为 L 型。

$$\underset{CH_2OH}{H-\overset{CHO}{\underset{|}{}}-OH} \qquad\qquad \underset{CH_2OH}{HO-\overset{CHO}{\underset{|}{}}-H}$$

D-甘油醛　　　　　　　　L-甘油醛

D 是希腊文 Dextro 的字首,意为"右",L 是希腊文 Levo 的字首,意为"左"。对于可由 D-甘油醛通过化学反应而得到的化合物或可以转变成 D-甘油醛的化合物,被认为是与 D-甘油醛有相同的构型,即 D 型;反之则为 L 型。这里所说的化学反应,一般不应涉及手性

碳原子(即不是改变手性碳原子构型的反应)。D-甘油醛经测定是右旋的,所以右旋甘油醛记为 D-(＋)-甘油醛,而左旋甘油醛记为 L-(－)-甘油醛。

2. R/S 标记法

R 是拉丁文 Rectus 的字首,意为"右",S 是拉丁文 Sinister 的字首,意为"左"。用 R/S 标记构型的具体方法是:先把手性碳原子上连接的 4 个原子或基团按次序规则排列(见 3.3.4 节),然后把排列次序最小的放在距观察者最远的位置或放在朝向纸面下方的位置,再由大到小轮数其他三个原子或基团(较优基团编号较大),是顺时针方向轮数结果的手性碳记为 R 型,是逆时针方向轮数结果的手性碳记为 S 型。如 A、B、E、F 四个原子按次序规则排序为 A＞B＞E＞F,则下面两个构型,一个为 R 型,另一个为 S 型,两者是对映异构体:

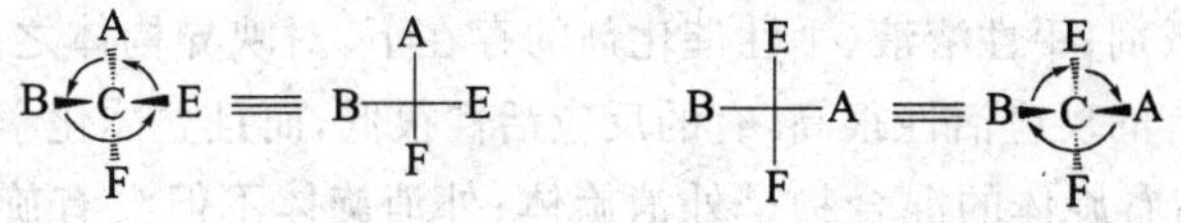

S 型   R 型

例如,2-丁醇分子中与手性碳原子相连的 4 个原子或基团的优先顺序为—OH＞—CH_2CH_3＞—CH_3＞—H,所以其对映异构体的 R/S 构型应标记为

顺时针轮数   R 型   S 型   逆时针轮数

(R)-2-丁醇   (S)-2-丁醇

甘油醛和乳酸的旋光性经测定为

(R)-(＋)-甘油醛   (S)-(－)-甘油醛   (R)-(－)-乳酸   (S)-(＋)-乳酸

4.5 分子中有手性碳原子的对映异构

4.5.1 含有一个手性碳原子的对映异构

含有一个手性碳原子的物质必有两种构型,两者互为对映异构体。如图 4-8 中的乳酸。

2-甲基-1-丁醇 $CH_3CH_2\overset{CH_3}{\underset{}{C}}HCH_2OH$ 中也有一个手性碳原子,因此分子有手性,其对映异构体的构型如图 4-10 中 C* 所示。

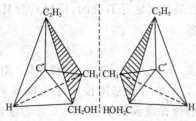

	（＋）-2-甲基-1-丁醇	（－）-2-甲基-1-丁醇
沸点/℃	128	128
相对密度	0.819 3	0.819 3
折射率	1.410 2	1.410 2
$[\alpha]_D^{20}$	＋5.756	－5.756

图 4-10　2-甲基-1-丁醇的对映异构体

对映异构体之间的一般物理性质、化学性质是相同的。但对映体之间对偏振光表现出的旋光性能不一样；即：旋转角度大小相等，但旋光方向恰好相反。更为重要的是，在不对称环境或条件下，如在手性试剂、手性溶液、手性催化剂的存在下，对映异构体之间会表现出化学反应性能上的明显差异，有的反应活性很高，有的反应活性很低，而且立体化学结构也会不同。

等量的左旋体和右旋体的混合物是外消旋体；外消旋体不但没有旋光性，而且其物理性质也与左旋体或右旋体不同。如左旋或右旋乳酸的熔点为 53℃，而外消旋乳酸的熔点为 18℃。

4.5.2　含有两个不同手性碳原子的对映异构

含有两个构造不同的手性碳原子的分子，因一个手性碳有两种构型（R 和 S），应有 4 个旋光异构体存在。例如，氯代苹果酸(2-羟基-3-氯丁二酸)：

（Ⅰ）	（Ⅱ）	（Ⅲ）	（Ⅳ）
(2R,3R)	(2S,3S)	(2R,3S)	(2S,3R)

（Ⅰ）和（Ⅱ）及（Ⅲ）和（Ⅳ）是对映体，（Ⅰ）与（Ⅲ）、（Ⅳ）以及（Ⅱ）与（Ⅲ）、（Ⅳ）不是对映体关系，它们互为非对映异构体，简称非对映体，等量的（Ⅰ）和（Ⅱ）及等量的（Ⅲ）和（Ⅳ）组成两种外消旋体。非对映异构体之间的物理性质不同，（Ⅰ）和（Ⅱ）的熔点都是 173℃，其外消旋体熔点为 146℃，（Ⅲ）和（Ⅳ）的熔点都是 167℃，其外消旋体熔点为 153℃。

含有两个手性碳原子的构型表达式除了 Fischer 式和透视式之外，还有锯架式和纽曼式，它们之间可转换。如

立体透视式　　　锯架式　　　纽曼式(a)　　　纽曼式(b)　　　Fischer 式

Fischer 投影式可直接转为重叠构象的纽曼式(b),由纽曼式(b)转为纽曼式(a)然后再转为锯架式,虽然构象发生了变化,但构型不变。

可以预测,当分子中含有 n 个不相同的手性碳原子时,其对映异构体的总数可为 2^n 个,可有 2^{n-1} 对对映体,可组成 2^{n-1} 种外消旋体。

4.5.3 含有两个构造相同的手性碳原子的对映异构

含有两个构造相同的手性碳原子的分子,其对映异构现象与上述情况有所不同。例如,2,3-二羟基丁二酸(俗称酒石酸)中两个手性碳原子的构造相同,手性碳上连接的四个基团分别是—OH,—CO_2H,—$CH(OH)CO_2H$ 和—H;其对映异构体的 Fischer 投影式为

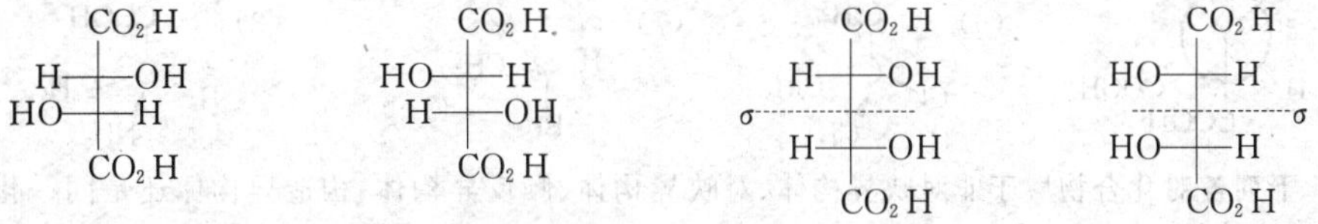

| (2R,3R)-2,3-二羟基丁二酸 (Ⅰ) | (2S,3S)-2,3-二羟基丁二酸 (Ⅱ) | (2R,3S)-2,3-二羟基丁二酸 (Ⅲ) | (2S,3R)-2,3-二羟基丁二酸 (Ⅳ) |

(Ⅰ)与(Ⅱ)是一对对映体;而(Ⅲ)和(Ⅳ)是相同构型的同一个分子,其分子中存在一个对称面 σ,可将分子分成互为镜像的两部分,一部分为 R 构型,另一部分为 S 构型,这两部分旋光能力相同,但旋光方向相反,对偏光的旋光作用在分子内部相互抵消,所以分子表现出无旋光性。因此,把(Ⅲ)或(Ⅳ)称为内消旋体(meso),内消旋体(Ⅲ)与(Ⅳ)是同一物质,它与(Ⅰ)或(Ⅱ)是非对映体关系。内消旋体与外消旋体不同,前者是纯物质,后者是等分子混合物。内消旋体虽然无旋光性,但也把它称为旋光异构体,对映体、内消旋体及外消旋体的物理性质不同。(表 4-1)

表 4-1　　　　　　　　　　　酒石酸各异构体的物性常数

酒石酸	熔点/℃	d_4^{20}	溶解度/[g·(100g 水)$^{-1}$]	$[\alpha]_D^{25}$	pK_{a_1}	pK_{a_2}
右旋体	170	1.760	139.0	+12°	2.93	4.23
左旋体	170	1.760	139.0	−12°	2.93	4.23
内消旋体	140	1.666	125.0	0°	3.11	4.80
外消旋体	204	1.687	20.6	0°	2.96	4.16

习　题

4-1 某样品 A 配置成 1 g/mL 溶液,放在 10 cm 长的盛液管中,在旋光仪上测得的读数为+120°,但把它放在 5 cm 长的盛液管中,在旋光仪上测得的读数却是−120°,求样品 A 在 10 cm 长的盛液管中测得的实际读数。

4-2 指出下列各对投影式是否是同一化合物。

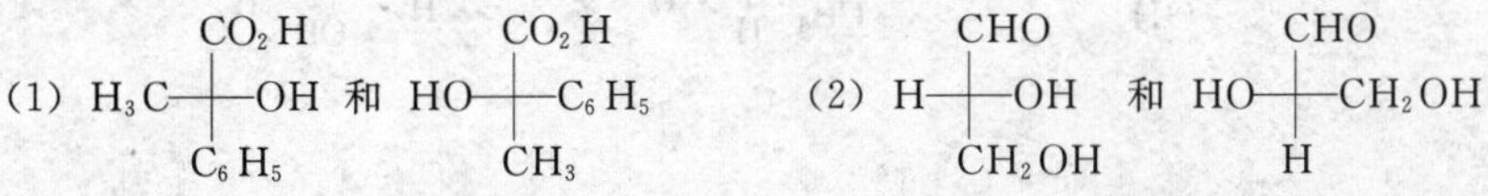

(3) 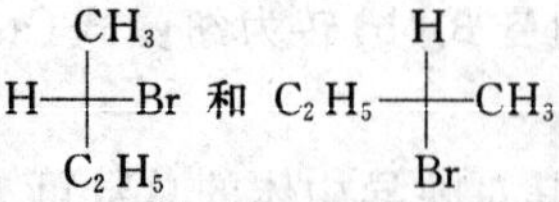 和 　　　　(4) 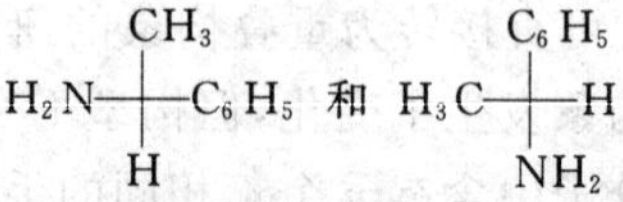 和

4-3　写出下列化合物的 Fischer 投影式,标出每个手性碳的 R/S 构型,判断每个化合物是否具有旋光性。

(1) 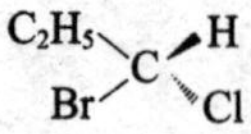 　(2) 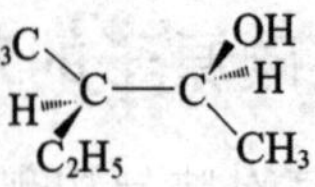 　(3) 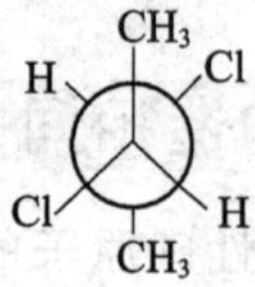 　(4)

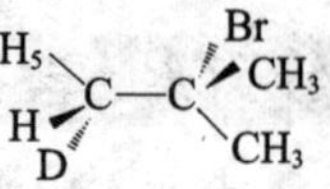

(5) 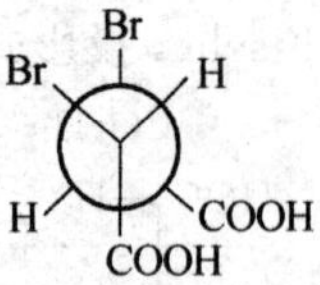 　(6) 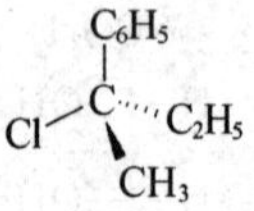 　(7) 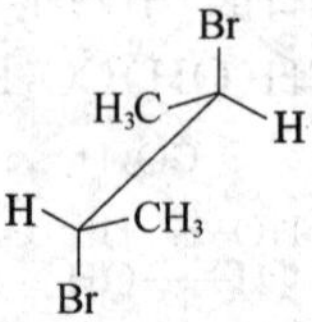 　(8)

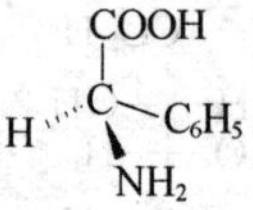

4-4　下列各对化合物属于非对映异构体、对映异构体、顺反异构体、构造异构体还是同一化合物或不同化合物?

(1) 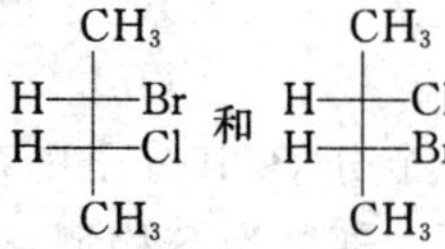 和 　　　(2) 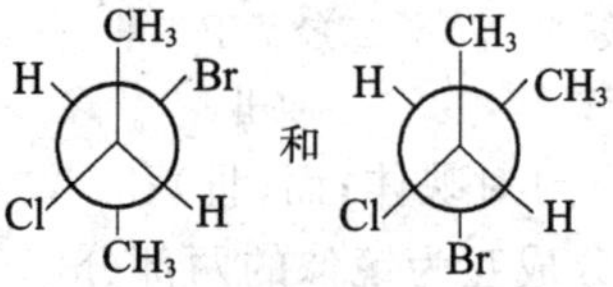 和

(3) 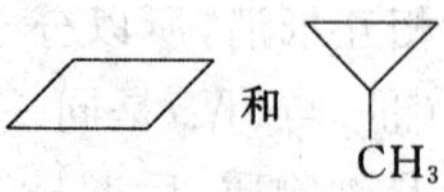 和 　　　(4) 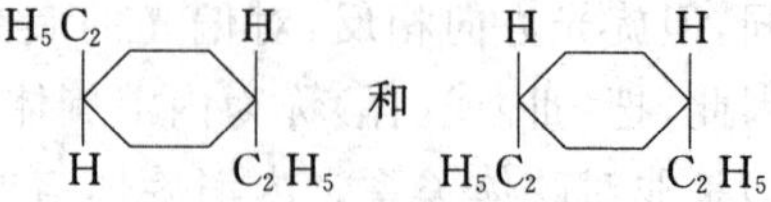 和

(5) 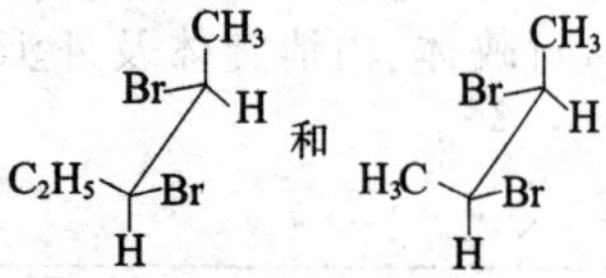 和 　　　(6) 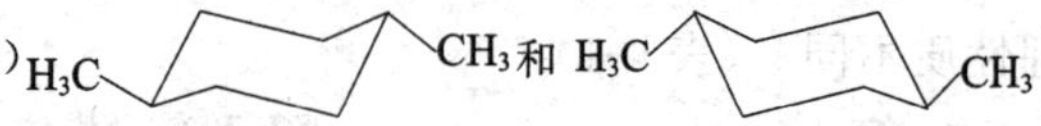 和

4-5　用系统命名法命名下列化合物或写出结构式:

(1) 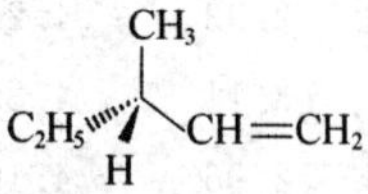 　　(2) 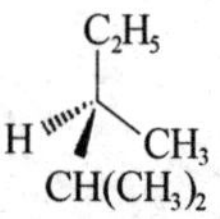 　(3) 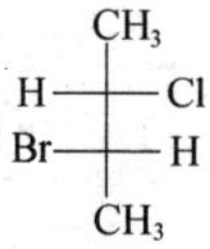 　(4)

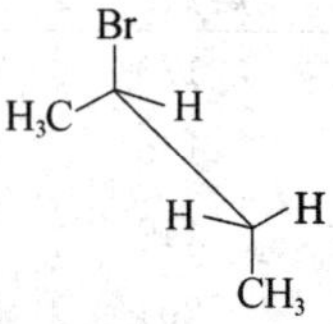

(5)(R)-3-甲基己烷(锯架式)　　　(6)(S)-$CH_3CHDC_6H_5$　(Fischer 投影式)

4-6　(1)指出 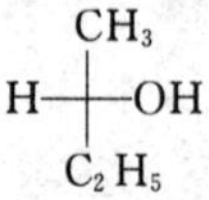 是 R 还是 S 构型　(2)在下列各构型式中哪些是与上述化合物的构型相同?

哪些是它的对映体?

(a) 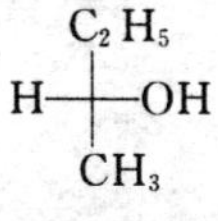 　(b) 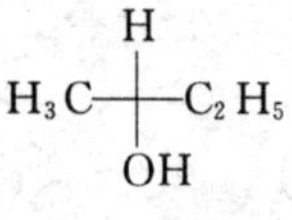 　(c) 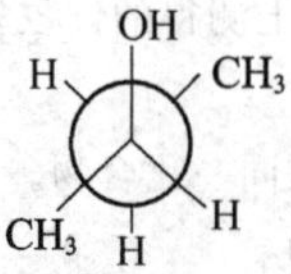 　(d)

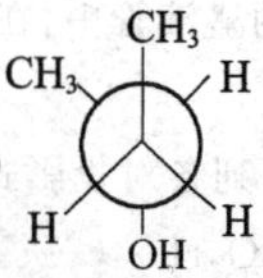

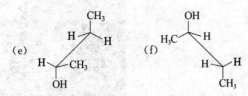

(e) (f)

4-7 某醇 $C_5H_{10}O$(A)具有旋光性。催化加氢后生成的醇 $C_5H_{12}O$(B)没有旋光性。试写出 A 和 B 的结构式。

4-8 开链化合物 A 和 B 的分子式都是 C_7H_{14}。它们都具有旋光性且旋光方向相同。分别催化加氢后都得到 C,C 也有旋光性。试推测 A、B、C 的结构。

4-9 考查下面列出的 4 个 Fischer 投影式,回答问题。

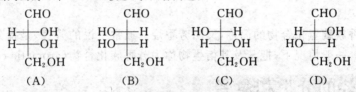

(A) (B) (C) (D)

(1)B 和 C 是否为对映体?　　(2)A 和 D 是否为对映体?

(3)A 和 B 的沸点是否相同?　　(4)A 和 C 的沸点是否相同?

(5)有无内消旋体存在?　　(6)A、B、C、D 四者等量混合后有无旋光性?

第5章

芳　烃

芳烃是芳香族碳氢化合物的简称，又叫芳香烃。通常所说的芳烃，是指分子中含有苯环的碳氢化合物。一般情况下，把苯及其衍生物称为芳香族化合物（aromatic compounds）

5.1　芳烃的分类和命名

5.1.1　芳烃的分类

芳烃从结构特征上可分为两大类：一类是分子中有苯环结构的含苯芳烃；另一类是分子中不含苯环的非苯芳烃。如无特别说明，以后所涉及的芳烃均为含苯芳烃。

含苯芳烃大致有三种。

1. 单环芳烃

分子中只含有一个苯环的芳烃。例如

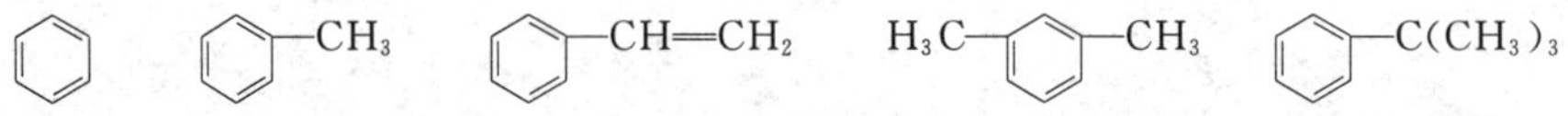

苯　　　甲苯　　　　苯乙烯　　　　　间二甲苯　　　　　叔丁苯

2. 多环芳烃

分子中含有两个或多于两个独立苯环的芳烃。例如

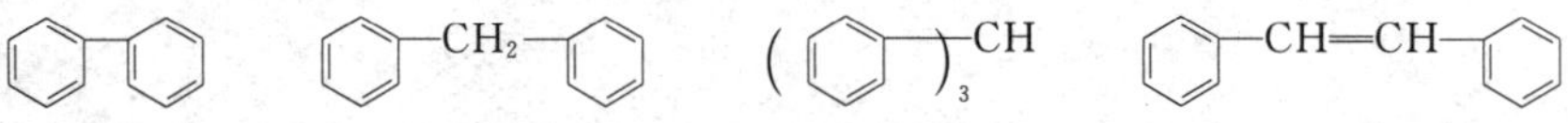

联苯　　　　二苯甲烷　　　　三苯甲烷　　　　1,2-二苯乙烯

3. 稠环芳烃

由两个或多个苯环彼此通过共用两个相邻碳原子构成的芳烃。例如

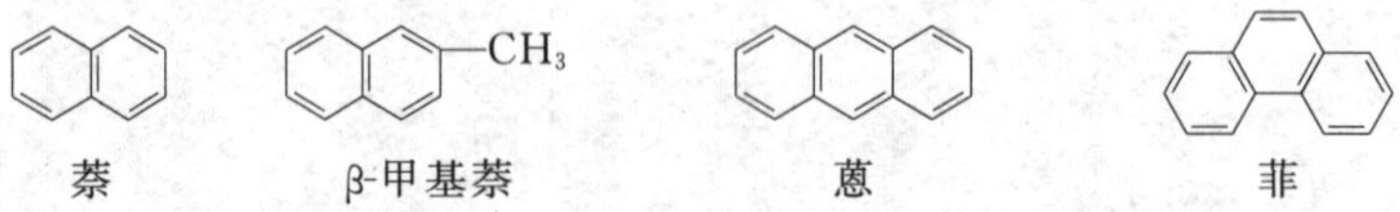

萘　　　　β-甲基萘　　　　　蒽　　　　　　菲

5.1.2　芳烃的命名

对于含苯环的芳烃，其构造异构现象主要是由苯环上取代基的种类、数目及其相对位置、取代基本身的异构现象引起的。较简单的单环芳烃命名时以苯环为母体，烷基为取代基，称为某烷基苯，基字通常可省略。若苯环上有多个烷基时，烷基的位次应标明。例如

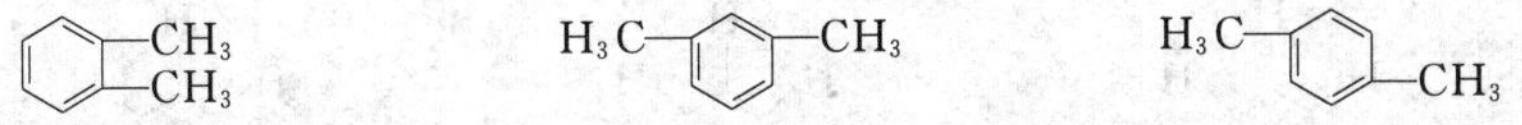

CH₃
CH₃

1,2-二甲基苯
(邻二甲苯或 *o*-二甲苯)

H₃C — CH₃

1,3-二甲基苯
(间二甲苯或 *m*-二甲苯)

H₃C — CH₃

1,4-二甲基苯
(对二甲苯或 *p*-二甲苯)

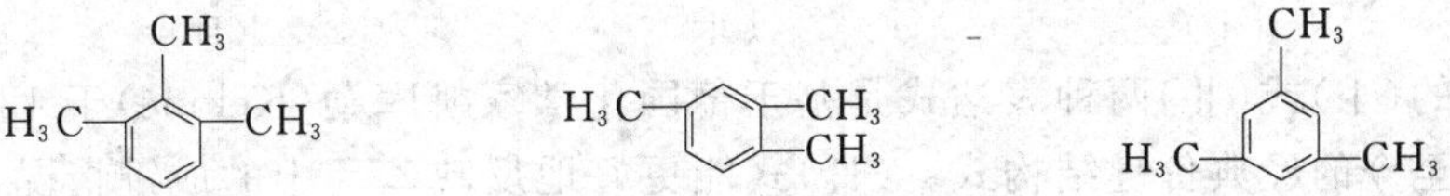

CH₃
H₃C — CH₃

1,2,3-三甲苯
(连三甲苯)

H₃C — CH₃
CH₃

1,2,4-三甲苯
(偏三甲苯)

CH₃
H₃C — CH₃

1,3,5-三甲苯
(均三甲苯)

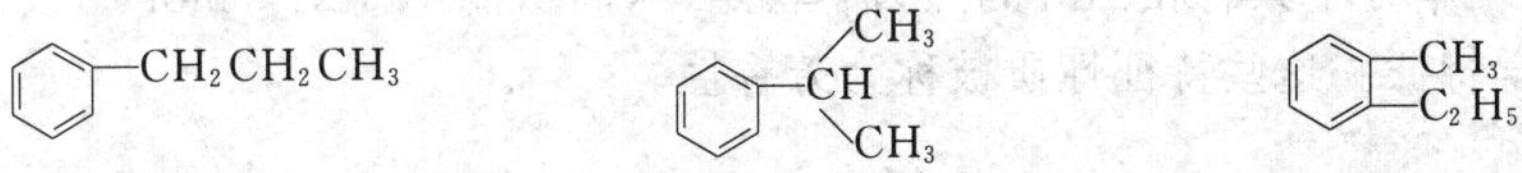

CH₂CH₂CH₃

丙(基)苯

CH₃
CH
CH₃

异丙(基)苯

CH₃
C₂H₅

1-甲基-2-乙基苯
(邻甲乙苯)

当苯环上连接的烃基较复杂时，或有不止一个苯环连在烃链上时，命名时可以把苯环作为取代基。例如

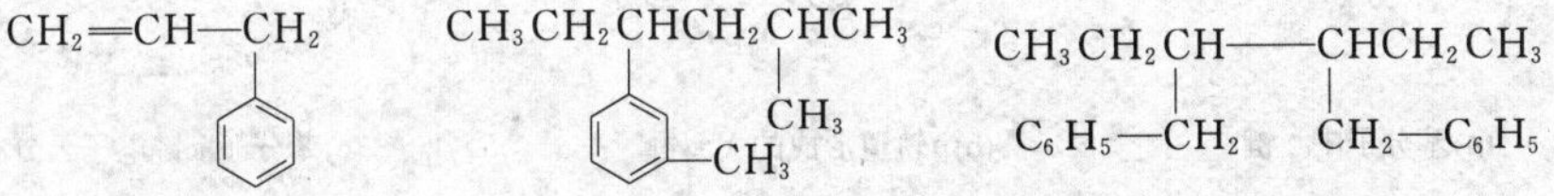

CH₂=CH—CH₂

3-苯基丙烯
(烯丙基苯)

CH₃CH₂CHCH₂CHCH₃
CH₃

2-甲基-4-间甲苯基己烷

CH₃CH₂CH—CHCH₂CH₃
C₆H₅   C₆H₅

3,4-二苄基己烷

芳烃在形式上去掉一个氢原子后余下的部分称为芳基。例如

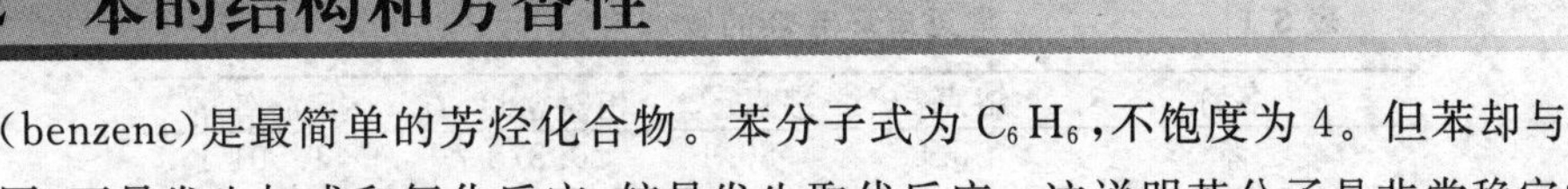

CH₃

邻甲苯基

H₃C

间甲苯基

H₃C

对甲苯基

CH₂—

苄基(苯甲基)

H₃C

CH₃

3,5-二甲基苯基

一价的芳基常用 Ar— 表示，苯基也常用 Ph—（Phenyl 的缩写）或 φ 表示。

5.2　苯的结构和芳香性

苯(benzene)是最简单的芳烃化合物。苯分子式为 C_6H_6，不饱和度为 4。但苯却与烯烃和炔烃不同，不易发生加成和氧化反应，较易发生取代反应。这说明苯分子是非常稳定的。

近代物理方法对苯分子研究的结果表明：苯分子中所有的原子都处于同一个平面中，其中 6 个碳原子构成一个正六边形，碳碳键长是 0.140 nm；每个碳原子只与一个氢原子结合，碳氢键长是 0.110 nm；苯分子中所有的 σ 键角都是 120°[图 5-1(a)]。在苯分子中，每个 sp² 杂化的碳原子以一个 sp² 轨道与一个 H 形成 C—H σ 键，以另两个 sp² 轨道与相邻的两个碳原子的 sp² 轨道分别形成 C_{sp^2}—C_{sp^2} σ 键，由此构成了苯分子的平面骨架环。每个碳原子上的 p 轨道相互平行侧面交盖，形成了一个大 π_6^6 键——闭合的 π-π 共轭体系[图 5-1 中的(b)和(c)]。苯环上每两个碳原子之间，都可认为存在一对 π 电子；每个碳原子都达到了八隅体结构。但采用经典的结构式书写时存在局限性，在形式上有单、双键之别；如下面的(Ⅰ)和(Ⅱ)式。

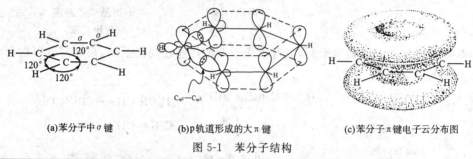

（Ⅰ）   （Ⅱ）   （Ⅲ）

苯分子的（Ⅰ）或（Ⅱ）两种表达式是基于德国化学家凯库勒（Kekulé）于 1865 年提出的设想并沿用至今的经典价键结构式。（Ⅲ）式能更好地反映苯环中的成键情况，并且可满意地说明邻二取代苯只有一种结构特征。正是由于苯分子中存在这种闭合的 π-π 共轭体系，π 电子充分离域，使苯分子具有相当好的热力学稳定性（离域能 150 kJ·mol^{-1}）及不易氧化和不易加成的化学特征。这些特征性质被称为芳香性。

(a)苯分子中 σ 键   (b)p轨道形成的大 π 键   (c)苯分子 π 键电子云分布图

图 5-1　苯分子结构

5.3　单环芳烃的物理性质

苯及其常见同系物一般是液体，相对密度小于 1，不溶于水，易溶于有机溶剂。某些溶剂（如环丁砜、N,N-二甲基甲酰胺、N-甲基吡咯烷-2-酮等）对芳烃有高选择性溶解作用，可用来萃取芳烃。

在苯的二取代异构体中，对位异构体的对称性最好，因此熔点较高；而邻位异构体往往有较高的沸点。由于苯环具有闭合的 π-π 共轭体系及较高的 π 电子云密度，故芳烃的折光率较烯烃和炔烃都大。常见的单环芳烃的物理常数见表 5-1。

表 5-1　　　　常见单环芳烃的物理常数

名称	熔点/℃	沸点/℃	相对密度 d_4^{20}	折光率 n_D^{20}
苯	5.5	80.1	0.878 7	1.501 1
甲苯	−95	110.6	0.866 9	1.496 1
乙苯	−95	136.1	0.867 0	1.495 9
丙苯	−99	159.3	0.862 0	1.492 0
异丙苯	−96	152.4	0.861 8	1.491 5
邻二甲苯	−25	144	0.880 2	1.505 5
间二甲苯	−48	139	0.864 2	1.497 2
对二甲苯	13	138	0.861 1	1.495 8
连三甲苯	−25.5	176.1	0.894 0	
偏三甲苯	−44	169.2	0.876 0	
均三甲苯	−45	164.6	0.865 2	1.499 4
均四甲苯 (1,2,4,5-四甲基苯)	79	197	0.887 5	1.511 6
苯乙烯	−31	145	0.906 0	
苯乙炔	−45	142	0.903 0	

5.4　单环芳烃的化学性质

5.4.1　亲电取代反应概述

从苯的结构可知,苯环有高度的不饱和性,但苯环却不容易发生氧化、还原和加成等反应而在一定条件下易发生环上的氢原子被取代的反应。由于苯环碳原子所在平面上下两侧集中分布着 π 电子,与烯烃中的双键相似,有利于亲电试剂与苯环的 π 电子作用,发生亲电的离子型反应。常见的可与苯发生反应的亲电试剂有：O_2N^+、$R-\overset{+}{C}=O$、R^+、SO_3(及 HO_3S^+)、$\overset{\delta^+}{X}-\overset{\delta^-}{X}$($Br_2$、$Cl_2$)等。

通过实验研究,对苯与亲电试剂(以 E^+ 表示)发生的亲电取代反应已有明确认识：反应是分步进行的,反应机理如下：

第(1)步,E^+ 与苯环的 π 电子相互作用,由形成 π-络合物经过渡态生成一个碳正离子中间体,称为 σ 络合物,在此,因 E^+ 加成到苯环"双键"的碳上生成了 $C_{sp^3}-E$ σ 键,苯环原来稳定的共轭体系被破坏了,剩余的 4 个 π 电子在 5 个碳原子上离域。此步反应速率很慢,是整个反应的速率控制步骤。σ 络合物是一个碳正离子活性中间体。

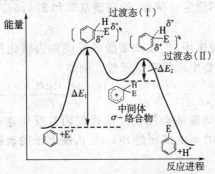

反应物　亲电试剂　π-络合物　　　　过渡态(Ⅰ)　　　　σ 络合物(碳正离子中间体)

第(2)步,σ 络合物脱除 H^+ 恢复苯环稳定结构,是内能下降的快速反应步骤。结果是 E^+ 取代了 H^+。

σ-络合物(中间体)　过渡态(Ⅱ)　产物　被取代的质子

上述反应过程的能量变化如图 5-2 所示。

图 5-2　苯亲电取代反应的能量变化

在反应过程中,若过渡态(Ⅰ)内能大于(Ⅱ)时,σ-络合物一经形成便可迅速脱 H^+ 生成产物 ;如果过渡态(Ⅰ)和(Ⅱ)能量相当,则反应是可逆的;如果过渡态(Ⅰ)的内能小于(Ⅱ),则反应是逆向进行的。

根据苯的亲电取代反应机理,可以预测:E^+越是缺电子,芳烃环上π电子云密度越高,对反应越有利,即反应活性高,反应速率快。亲电取代是芳烃最重要的化学性质;在特定的条件下芳烃还可进行氧化、加成等反应。

5.4.2 亲电取代反应的类型

1. 硝化反应

苯与硝酸反应生成硝基苯,称为硝化反应;但是,硝化反应速率较慢,副反应产物较多。以混酸(浓硝酸与浓硫酸按一定比例混合)与苯作用时,硝化反应迅速,产物收率高。例如

$$\bigcirc + HO{-}NO_2 \xrightarrow[50\sim60℃]{浓\ H_2SO_4} \bigcirc{-}NO_2 + H_2O$$

生成的硝基苯在较高的反应温度下与混酸作用,可进一步在环上进行硝化反应;产物以间二硝基苯为主。例如

$$O_2N{-}\bigcirc + HO{-}NO_2 \xrightarrow[100\sim110℃]{浓\ H_2SO_4} O_2N{-}\bigcirc{-}NO_2 + O_2N{-}\bigcirc{-}NO_2 + \bigcirc{<}^{NO_2}_{NO_2}$$

$$(93\%) \qquad\qquad (1\%) \qquad\qquad (6\%)$$

甲苯在混酸作用下,苯环发生硝化反应,而且比苯的硝化反应容易进行;生成的产物以邻位和对位硝基甲苯为主:

$$H_3C{-}\bigcirc + HO{-}NO_2 \xrightarrow[25\sim30℃]{浓\ H_2SO_4} H_3C{-}\bigcirc{-}NO_2 + H_3C{-}\bigcirc{<}_{NO_2}^{} + H_3C{-}\bigcirc{-}NO_2$$

$$(34\%\sim39\%) \qquad (63\%\sim59\%) \qquad (3\%\sim4\%)$$

在混酸中,亲电试剂$^+NO_2$易于生成:

$$HOSO_2O{-}H + HO{-}NO_2 \Longleftrightarrow HOSO_3^- + \underset{H}{\overset{+}{HO}}{-}NO_2$$

$$\underset{H}{\overset{+}{H{-}O}}{-}NO_2 \Longleftrightarrow H_2O + {^+NO_2} \quad (H_2O + H_2SO_4 \Longleftrightarrow H_3^+O + HSO_4^-)$$

硝化反应不可逆;硝化产物经过硝基还原可生成芳胺类化合物,这是制备芳胺的主要方法。多硝基化合物一般都不稳定。例如,均三硝基苯和2,4,6-三硝基甲苯都是烈性炸药。

2. 磺化反应

苯与浓硫酸或发烟硫酸作用,生成苯磺酸的反应称为磺化反应。生成的苯磺酸可在较高的温度下进一步磺化,主要生成间苯二磺酸。例如

$$\bigcirc \xrightarrow[或\ 20\%H_2SO_4\cdot SO_3,45℃]{浓\ H_2SO_4,60℃} \bigcirc{-}SO_3H \xrightarrow[90℃]{66\%\ H_2SO_4\cdot SO_3} HO_3S{-}\bigcirc{-}SO_3H$$

苯的磺化反应,使用发烟硫酸会加快反应速度而且反应速率与其中的SO_3含量有关。因此,一般认为磺化反应中的亲电试剂是SO_3,是由缺电子的硫进攻苯环发生的亲电取代反应。反应机理如下:

$$\bigcirc + \underset{\delta^-}{\overset{\delta^-}{\underset{O}{\overset{O}{S}}}}{=}O \xrightarrow{慢} \bigcirc{<}^{H}_{SO_3^-} + HSO_4^- \xrightarrow{快} \bigcirc{-}SO_3^- + H_2SO_4 \Longleftrightarrow \bigcirc{-}SO_3H + HSO_4^-$$

硫酸中可以产生 SO_3：

$$2H_2SO_4 \rightleftharpoons SO_3 + H_3O^+ + HSO_4^-$$

磺化反应在合成药物、染料等时经常使用。分子中引入磺酸基后可加大芳烃的水溶性和酸性。因为苯磺酸的酸性与硫酸的酸性相当。

磺化反应是可逆的，苯磺酸在稀 H_2SO_4 中加热，可使磺酸基水解，此为脱磺基反应。如

$$\text{（苯）}-SO_3H + H_2O \xrightarrow[\triangle(\sim150℃)]{\text{稀 } H_2SO_4} \text{（苯）}-H + H_2SO_4$$

磺化和脱磺基两个反应联合使用，在有机合成及有机物分离和提纯中均已被采用。

3. 卤化反应

在 FeX_3 催化剂作用下，卤素与苯反应生成卤代苯，称为卤化反应。例如

$$\text{（苯）} + Br_2 \xrightarrow{FeBr_3} \text{（苯）}-Br + HBr$$

一卤代苯可继续发生卤化反应，但反应活性不如苯；产物以邻位和对位二卤代苯为主。例如

$$\text{（苯）} \xrightarrow{\frac{Cl_2}{FeCl_3}} \text{（苯）}-Cl \xrightarrow{\frac{Cl_2}{FeCl_3}} \text{（邻二氯苯）} + \text{（间二氯苯）} + \text{（对二氯苯）}$$

$$（39\%） \qquad （6\%） \qquad （55\%）$$

甲苯的卤化也生成三个产物，邻位和对位卤代产物为主，但反应活性比苯高。例如

$$H_3C\text{（苯）} + Br_2 \xrightarrow[CH_3CO_2H]{FeCl_3} H_3C\text{（苯）}-Br + \text{（邻）} + \text{（间）}$$

$$（\sim66\%） \qquad （\sim33\%） \qquad （\sim1\%）$$

没有 FeX_3 存在时，苯不与 X_2（Cl_2、Br_2、I_2）发生卤化反应。FeX_3 的作用是使 X—X 发生极化，形成亲电中心，然后再与苯环反应。即

$$Br—Br + FeBr_3 \longrightarrow \overset{\delta^+}{Br}\overset{\delta^-}{\longrightarrow}BrFeBr_3$$

$$\text{（苯）} + \overset{\delta^+}{Br}\overset{\delta^-}{\longrightarrow}BrFeBr_3 \longrightarrow \text{（络合物）}^+\overset{H}{Br} + FeBr_4^- \longrightarrow \text{（苯）}-Br + HBr + FeBr_3$$

在卤化反应中，卤素的反应活性次序是：$F_2 > Cl_2 > Br_2 > I_2$。F_2 与苯的反应因急剧放热使反应不易控制；I_2 与苯的反应很慢，而且反应可逆，并且逆向反应趋势很强；所以 F_2 和 I_2 通常不用于卤化反应。

4. 烷基化和酰基化反应

在无水三氯化铝催化剂作用下，卤代烷与苯反应生成烷基苯，酰氯与苯反应生成酰基苯（芳酮），分别称为苯的烷基化和酰基化反应（又叫做 Friedel-Crafts 反应）。例如

$$\text{（苯）} + CH_3CH_2Br \xrightarrow{AlCl_3}{85℃} \text{（苯）}-CH_2CH_3 + HBr$$

$$\text{（苯）} + CH_3\overset{O}{C}Cl \xrightarrow{AlCl_3}{80℃} \text{（苯）}-\overset{O}{C}-CH_3 + HCl$$

$FeCl_3$、$ZnCl_2$、BF_3 等也可用于此类反应的催化剂，但效果不如 $AlCl_3$ 好。烷基化反应还可以用烯烃和醇替代卤代烷，此时，催化剂可用 HF 和 BF_3。酸酐、甚至羧酸也可用于酰基化试剂。例如

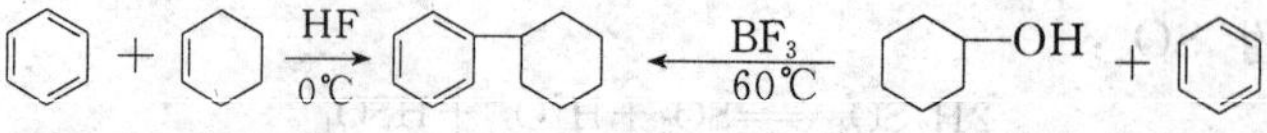

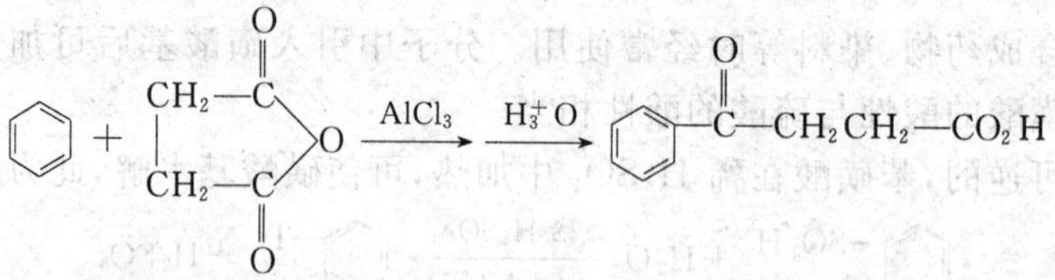

如果苯环上连有强吸电子基团时（如—NO$_2$、—CN、—CX$_3$ 和 —$\overset{+}{N}$(CH$_3$)$_3$ 等），苯环上的电子云密度有较大程度下降，故不能发生烷基化和酰基化反应。因此，硝基苯可用于此类反应的溶剂。当苯环上连有—$\ddot{N}$H$_2$、—$\ddot{N}$HR、—$\ddot{N}$R$_2$ 时，因氮上的电子对可与 AlCl$_3$ 作用，所以芳胺类化合物也不易发生环上烷基化和酰基化反应。

应当注意的是，在烷基化反应中，试剂 RX 与 AlX$_3$ 作用先生成了碳正离子，这个碳正离子可发生重排反应。所以在烷基化反应中，常常得到重排的产物。例如

$$CH_3CH_2CH_2CH_2Cl + AlCl_3 \longrightarrow CH_3CH_2CH_2\overset{+}{CH_2} + [AlCl_4]^-$$

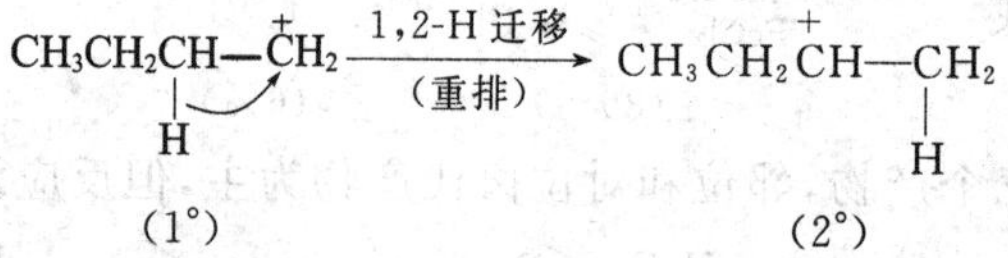

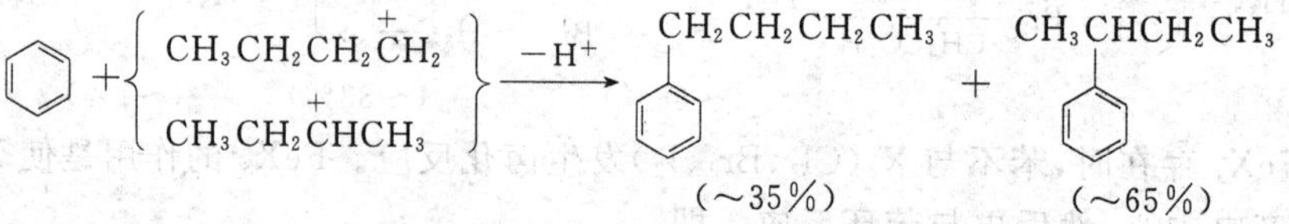

若要得到正构烷基苯，可由酰基化反应生成芳酮，然后再将羰基还原成—CH$_2$—。例如

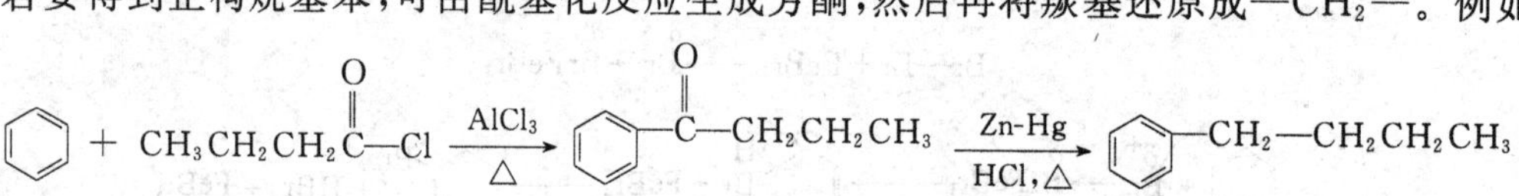

（酰基碳正离子不发生重排：$R\overset{O}{\underset{}{-}}\overset{\|}{C}-Cl + AlCl_3 \longrightarrow R-\overset{+}{C}^+ \ AlCl_4^-$）

酰基化反应是制备芳酮的重要方法。但是因产物（芳酮）也可与 AlCl$_3$ 络合，所以耗用的 AlCl$_3$ 催化剂量比烷基化反应多。由于生成的芳酮中羰基对苯环是吸电子作用（－I 和－C），苯环上电子云密度的下降使其不易再度酰基化，故酰基化反应可控制在生成一酰基化物；但在较强的条件下也可发生同环二酰基化反应。例如，2-乙基蒽醌的合成：

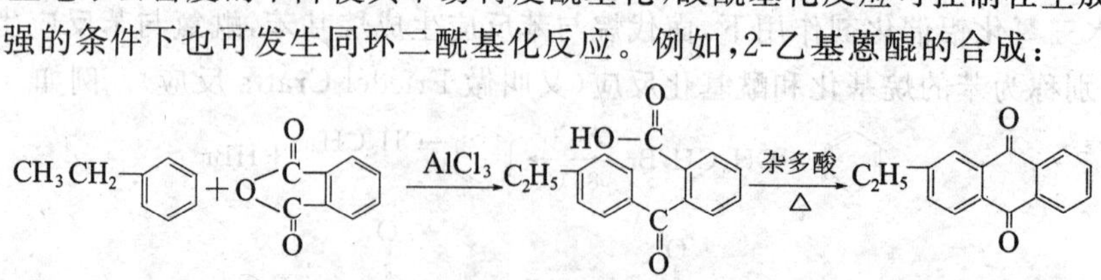

与酰基化反应不同，烷基化反应生成的烷基苯中，烷基对苯环有供电子作用（＋C、＋I），使苯环易进一步发生烷基化反应，从而得到多烷基化产物：

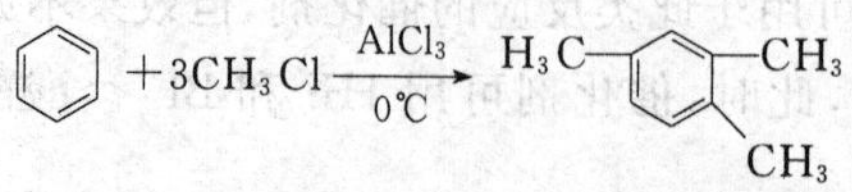

酰基化反应不可逆,但烷基化反应可逆,所以烷基化反应产物在 Lewis 酸作用下,会发生歧化反应。例如

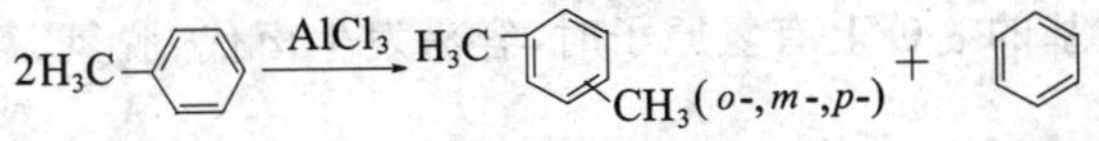

$$2H_3C- \xrightarrow{AlCl_3} H_3C- CH_3(o-,m-,p-) + $$

正是由于烷基化反应可逆,在热力学控制条件下,当烷基化反应达到平衡时,可得到稳定性最好的多烷基苯。例如

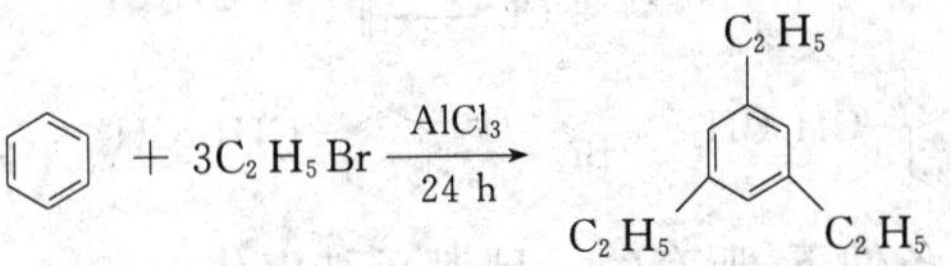

$$+ 3C_2H_5Br \xrightarrow{AlCl_3}_{24h} $$

5. 氯甲基化反应

在无水氯化锌存在下,芳烃与甲醛及氯化氢作用,结果在芳环上引入了—CH_2Cl 基,称为氯甲基化反应。如

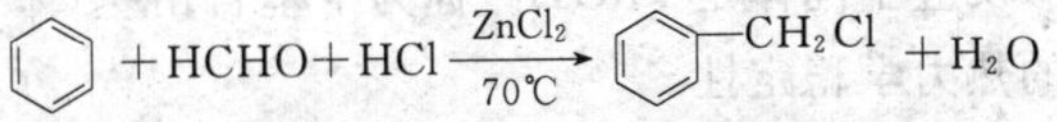

$$+ HCHO + HCl \xrightarrow{ZnCl_2}_{70℃} -CH_2Cl + H_2O$$

（氯苄）

氯甲基化反应对烷基苯、烷氧基苯以及萘等也能得到良好的效果。由于产物(氯苄)中的氯可被置换为—OH、—CN、—NH_2、—$N(CH_3)_2$、—SO_3H 等官能团,在有机合成中有很多的应用,故氯甲基化反应很重要。

5.4.3 苯环的氧化和加成反应

苯虽然很稳定,但在一定条件下仍然可以发生氧化和加成反应。例如,在五氧化二钒催化下,苯可被空气氧化成顺丁烯二酸酐,此为顺酐的工业制法。

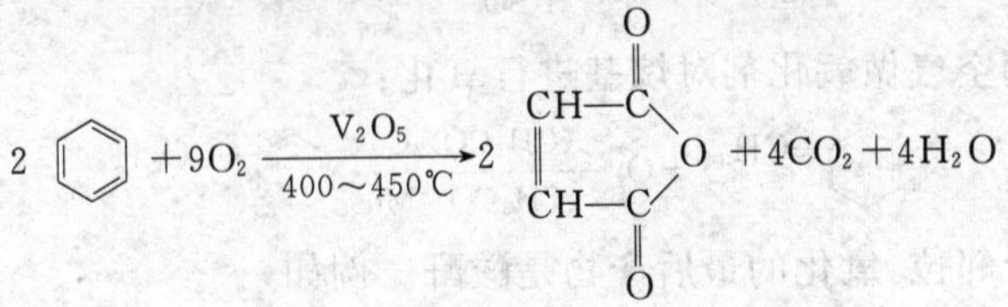

$$2 + 9O_2 \xrightarrow{V_2O_5}_{400\sim450℃} 2 \begin{array}{c} CH-C \\ \| \quad \\ CH-C \end{array} O + 4CO_2 + 4H_2O$$

顺丁烯二酸酐(顺酐)

在催化剂存在条件下,苯环可发生加氢反应,生成环己烷或其衍生物:

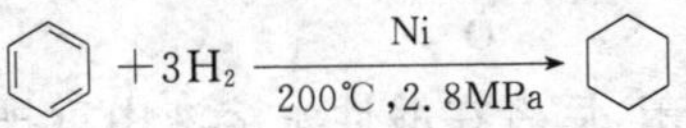

$$+ 3H_2 \xrightarrow{Ni}_{200℃,2.8MPa} $$ （也可用 Pd、Pt 催化）

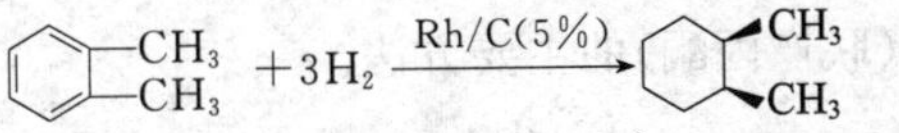

$$\begin{array}{c}CH_3\\CH_3\end{array} + 3H_2 \xrightarrow{Rh/C(5\%)} \begin{array}{c}CH_3\\CH_3\end{array}$$ （主产物）

在强紫外线照射下,苯与氯加成,生成六氯环己烷(俗称六六六):

$$+ 3Cl_2 \xrightarrow{h\nu} $$

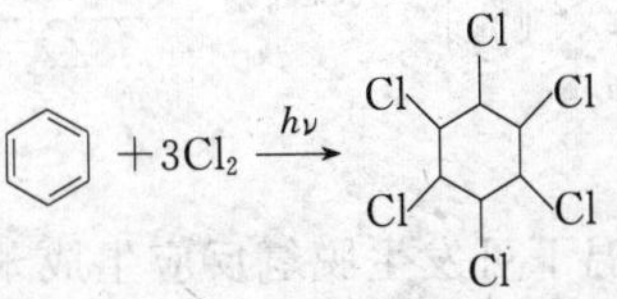

5.4.4 烷基苯侧链上的反应

在烷基苯中,烷基的 α-C 上有氢原子时,容易发生卤代、脱氢、氧化等反应。

1. α-H 的卤代

烷基苯中的 α-H 与烯丙位 α-H 有结构上的一致性,易发生自由基型卤代反应:

$$\text{C}_6\text{H}_5-\text{CH}_3 + \text{Cl}_2 \xrightarrow{h\nu} \text{C}_6\text{H}_5-\text{CH}_2\text{Cl}$$

$$\text{C}_6\text{H}_5-\text{CH}_2\text{CH}_3 + \text{Br}_2 \xrightarrow{h\nu} \text{C}_6\text{H}_5-\text{CHBrCH}_3 + \text{HBr}$$

在较强的自由基反应条件下,所有的 α-H 都可被卤代:

$$\text{H}_3\text{C}-\text{C}_6\text{H}_4-\text{CH}_3 + 6\text{Cl}_2 \xrightarrow[100\sim120℃]{h\nu,\text{过氧化苯甲酰}} \text{Cl}_3\text{C}-\text{C}_6\text{H}_4-\text{CCl}_3$$

甲苯的甲基一氯代,反应中间体是 $\text{Ph}\dot{\text{C}}\text{H}_2$,称为苄基自由基(苯甲基自由基),它与烯丙位自由基相似,有较好的热力学稳定性。

2. 侧链的氧化

含有 α-H 的烷基苯与强氧化剂作用,生成苯甲酸。而且无论烷基的碳链长短,一般都生成苯甲酸;若无 α-H 原子,如叔烷基,一般很难氧化。如强烈氧化时,通常是苯环被氧化。例如

$$\text{C}_6\text{H}_4(\text{CH}_3)_2 \xrightarrow[\text{H}_3^+\text{O},\triangle]{\text{KMnO}_4} \text{C}_6\text{H}_4(\text{CO}_2\text{H})_2$$

$$(\text{CH}_3)_3\text{C}-\text{C}_6\text{H}_4-\text{CH}_3 \xrightarrow[\text{H}_2\text{SO}_4]{\text{K}_2\text{Cr}_2\text{O}_7} (\text{CH}_3)_3\text{C}-\text{C}_6\text{H}_4-\text{CO}_2\text{H}$$

工业上一般是用空气做氧化剂对烷基进行氧化:

$$\text{C}_6\text{H}_5-\text{CH}_3 + \text{O}_2 \xrightarrow[(\text{CH}_3\text{CO})_2\text{Mn}]{(\text{CH}_3\text{CO})_2\text{Co}} \text{C}_6\text{H}_5-\text{CO}_2\text{H}$$

若两个烷基处于邻位,氧化的最后产物是酸酐。例如

$$\text{C}_6\text{H}_4(\text{CH}_3)_2 + \text{O}_2 \xrightarrow[480℃]{\text{V}_2\text{O}_5} \text{(邻苯二甲酸酐)}$$

异丙苯经空气氧化,生成过氧化异丙苯,后者在酸性水溶液中重排分解,生成苯酚和丙酮。这是目前工业上制备苯酚(联产丙酮)的主要方法。

$$\text{C}_6\text{H}_5-\text{CH}(\text{CH}_3)_2 \xrightarrow[0.4\text{MPa}]{\text{O}_2,\ 110\sim120℃} \text{C}_6\text{H}_5-\overset{\text{O}-\text{OH}}{\underset{}{\text{C}}}(\text{CH}_3)_2 \xrightarrow[\triangle]{10\%\text{H}_2\text{SO}_4} \text{C}_6\text{H}_5-\text{OH} + \text{CH}_3\text{COCH}_3$$

3. 脱氢反应

乙苯在 Fe_2O_3 存在时,于高温下可发生脱氢反应生成苯乙烯,此为苯乙烯的工业制法:

$$\text{C}_6\text{H}_5-\text{CH}_2-\text{CH}_3 \xrightarrow[560\sim600℃]{\text{Fe}_2\text{O}_3} \text{C}_6\text{H}_5-\text{CH}=\text{CH}_2 + \text{H}_2$$

苯乙烯是无色液体,沸点 146℃。由于双键与苯环是共轭的,苯乙烯有较活泼的化学性质。在常温下放置,苯乙烯便可发生缓慢的自身聚合,长期放置则应加入阻聚剂。在自由基引发剂存在下,苯乙烯发生自由基型聚合反应,生成的聚苯乙烯有良好的绝缘性和化学稳定性,而且透光性很好,可用于光学仪器、绝缘材料、日用品;但聚苯乙烯的耐热性不好,机械强度也较低。苯乙烯与少量乙烯的共聚物(交联型苯乙烯)可用于制备强酸性阳离子交换树脂及强碱性阴离子交换树脂。

5.5 苯环上亲电取代的定位规律

5.5.1 两类定位基

单取代苯发生亲电取代反应,理论上可得到 3 种产物,它们互为官能团或取代基的位置异构体。即

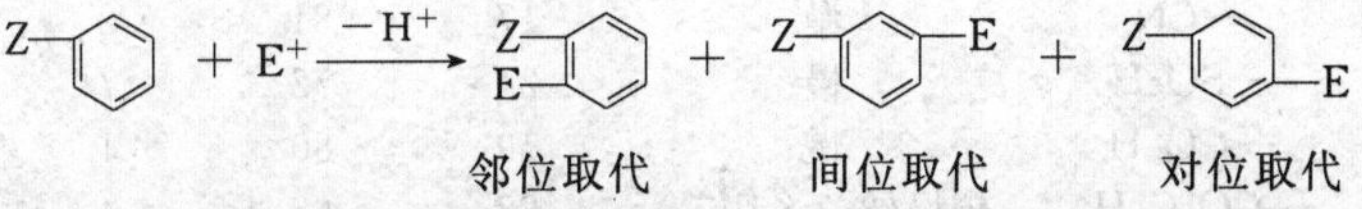

$$Z-\text{①} + E^+ \xrightarrow{-H^+} Z-\text{②}_E + Z-\text{③}-E + Z-\text{④}-E$$

邻位取代 间位取代 对位取代

按计算,单取代苯中,环上 5 个位置的氢原子被取代的几率是:邻位取代占 40%,间位取代占 40%,对位取代占 20%。但实际上,当取代基 Z 不同时,各异构体在产物组成中所占比例是不同的,即 Z 决定着进入基 E 的位置选择性。另外,不同的取代基 Z,使苯环上发生亲电取代反应的活性也不同,即 Z 又影响着取代苯亲电取代反应的活性。在大量实验研究的基础上,总结出了定位规律,把单取代苯的取代基(Z)按照对进入基 E 的定位效果分为两大类。

第一类定位基(又称邻对位定位基):使亲电试剂(E^+)主要进入到它的邻位和对位(邻位和对位取代的产物之和大于 60%),并且可使苯环活化(卤原子除外)。例如:

强活化的第一类定位基:$-O^-$,$-N(CH_3)_2$,$-NHCH_3$,$-NH_2$,$-OH$

中等活化的第一类定位基:$-OCH_3$,$-NHCOCH_3$,$-OCOCH_3$

较弱活化的第一类定位基:$-CH_3$,$-CH_2CH_3$,$-C_6H_5$

较弱钝化的第一类定位基:$-F$,$-Cl$,$-Br$,$-I$,$-CH_2Cl$

第二类定位基(又称间位定位基):使亲电试剂(E^+)主要进入到它的间位(间位取代的产物大于 40%),并且可使苯环钝化。例如:

强钝化的第二类定位基:$-\overset{+}{N}(CH_3)_3$,$-NO_2$,$-CF_3$

中等钝化的第二类定位基:$-CN$,$-SO_3H$,$-CHO$,$-COCH_3$,$-CO_2H$,$-CCl_3$

较弱钝化的第二类定位基:$-\overset{O}{\overset{\|}{C}}OCH_3$,$-\overset{O}{\overset{\|}{C}}-NHCH_3$,$-\overset{+}{N}H_3$

两类定位基的定位效果不同。同一类定位基中,不同的基团其定位能力也不同,对苯环上进行亲电取代反应的活化或钝化作用的程度也不同。在不同类型或不同条件下的亲电取代反应中,原有基团的定位能力及对反应速率的影响也会有一定的差别,参见表 5-2。

表 5-2 部分一取代苯硝化反应的产物组成

取代基	相对反应速率 （以苯为基准）	硝化反应产物/%		
		邻位	间位	对位
—H	1			
—OH	很快	～55	—	～45
—OCH₃	快（～2×10⁵）	74	11	15
—NHCOCH₃	快	19	2	79
—CH₃	24.5	58	4	38
—C(CH₃)₃	15.5	15.8	11.5	72.7
—CH₂Cl	7.1×10⁻¹	32	15.5	52.5
—F	1.5×10⁻²	12		88
—Cl	3.3×10⁻²	30	—	69
—Br	3.0×10⁻²	36	1	63
—I	1.8×10⁻¹	38	2	60
—N⁺(CH₃)₃	1.2×10⁻⁸	—	～100	—
—NO₂	6×10⁻⁸	6	93	1
—CF₃	很慢	—	～100	—
—CN	慢	17	81	2
—SO₃H	慢	21	72	7
—CO₂H	慢	19	80	1
—CO₂C₂H₅	较慢（3.7×10⁻³）	28	68	4

5.5.2 定位规律的理论解释

（1）关于苯环的活化与钝化

单取代苯在环上发生亲电取代反应时，对苯环而言，反应活性或反应速率取决于环上 π 电子云密度大小和过渡态的内能大小（或活化能大小）。苯环上 π 电子云密度越大，越易受到亲电试剂的进攻，亲电取代反应活性就越大；中间体碳正离子（σ-络合物）的稳定性越好，过渡态的内能相对越低，亲电取代反应的速率就越快。

在第一类定位基中，除烷基外，取代基中直接与苯环相连接的原子上都带有没参与成键的孤对电子；这些原子（$\ddot{Z}$）的电负性一般较 sp² 杂化的碳原子大，它们对苯环有 −I 效应。但是，孤对电子与苯环上 π 电子之间存在着 p-π 共轭作用，对苯环而言，−$\ddot{Z}$ 有 +C 效应。

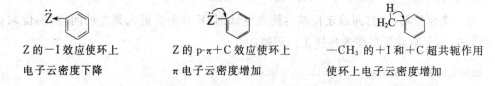

Z 的 −I 效应使环上
电子云密度下降

Z 的 p-π +C 效应使环上
π 电子云密度增加

—CH₃ 的 +I 和 C 超共轭作用
使环上电子云密度增加

除卤原子以外，取代基 −$\ddot{Z}$ 的 +C 作用强于其 −I 作用，结果是苯环上总体的 π 电子云密度比单纯的苯要高，这类取代基活化了苯环。对于卤代苯，卤原子的 −I 作用强于 +C 作用，使苯环上电子云密度下降，所以 −$\ddot{X}$: 对苯环有钝化作用。对于烷基苯，由于烷基（含 α-H）对苯环的 +I 与 +C（超共轭）作用都使环上电子云密度增加，故烷基也活化苯环。

对于第二类定位基，由于它们与苯环直接相连的原子或基团都有较强的吸电子作用

（—C 效应或—I 效应），使环上 π 电子云密度下降，—C 或—I 效应越强，环上电子云密度越低，亲电取代反应活性越小，即取代基的钝化作用越强。例如，有下列钝化强度次序：

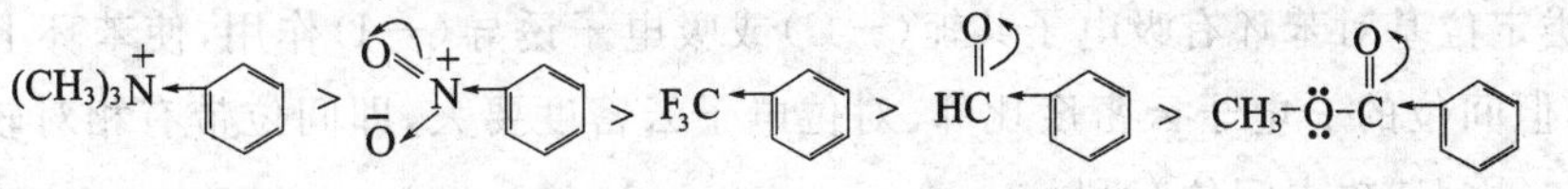

$$(CH_3)_3\overset{+}{N}-\bigcirc > \overset{\overset{O}{\parallel}}{\underset{O^-}{N^+}}-\bigcirc > F_3C-\bigcirc > HC-\bigcirc > CH_3-\overset{O}{\underset{\parallel}{C}}-\bigcirc$$

　　（—I）　　　　　（—I，—C）　　　　（—I）　　　（—I，—C）　　　（—I，—C）

一般地，有如下亲电取代反应活性次序：

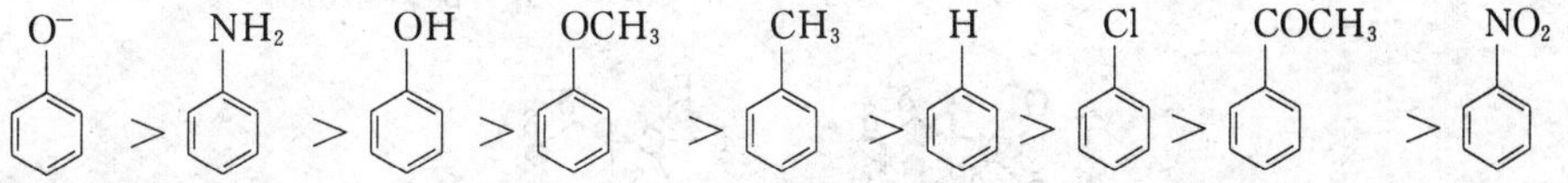

$$\overset{O^-}{\bigcirc} > \overset{NH_2}{\bigcirc} > \overset{OH}{\bigcirc} > \overset{OCH_3}{\bigcirc} > \overset{CH_3}{\bigcirc} > \overset{H}{\bigcirc} > \overset{Cl}{\bigcirc} > \overset{COCH_3}{\bigcirc} > \overset{NO_2}{\bigcirc}$$

当取代苯的反应活性低于卤代苯时，不易发生烷基化反应；当取代基为—NH$_2$，—NHR，—NR$_2$ 时，也不易发生环上烷基化反应（但可发生 N 上烷基化反应）。

（2）关于苯环上亲电取代的位置

单取代苯的亲电取代反应，亲电试剂（E$^+$）的位置选择性，主要是由苯环上电子云分布情况（属静态电子效应）和中间体的稳定性大小（属动态电子效应）决定的。其他因素也会对亲电试剂的位置选择性有不同程度的影响，如反应的温度、溶剂的性质、催化剂的种类等，较为重要的还有取代基（Z）和亲电试剂（E）的体积大小，即空间因素。

第一类定位基通过供电子的 p-π 共轭作用，即+C 效应，使其邻、对位有较高的 π 电子云密度，因此，有利于 E$^+$ 在邻、对位发生亲电进攻，而得到邻、对位的亲电取代产物。烷基苯中的烷基对苯环有+I 和+C 超共轭作用，使苯环在其邻、对位有较高的电子云密度，也有利于亲电取代反应在此发生。

取代基的存在对苯环上电子分布情况的影响与烯烃类似。

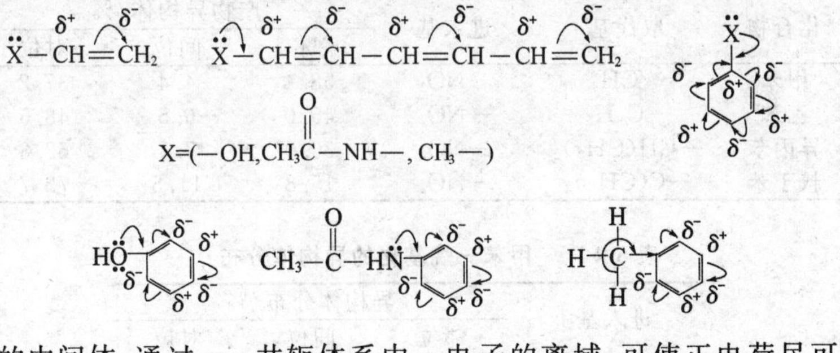

$$X=(-OH, CH_3\overset{O}{\overset{\parallel}{C}}-NH-, CH_3-)$$

对于生成的中间体，通过 p-π 共轭体系中 π 电子的离域，可使正电荷尽可能地被分散，因此 σ-络合物较稳定，并由此决定着反应的选择性。这是动态电子效应的结果。

当第一类定位基的钝化基团—X（X＝F、Cl、Br、I）与苯环相连时，它们的—I 和+C 是相矛盾的。静态时—I＞+C，所以使苯环上的电子云密度降低，是钝化基团；在动态时，却以+C 为主，卤苯在动态时的供电子作用与氯乙烯类似。

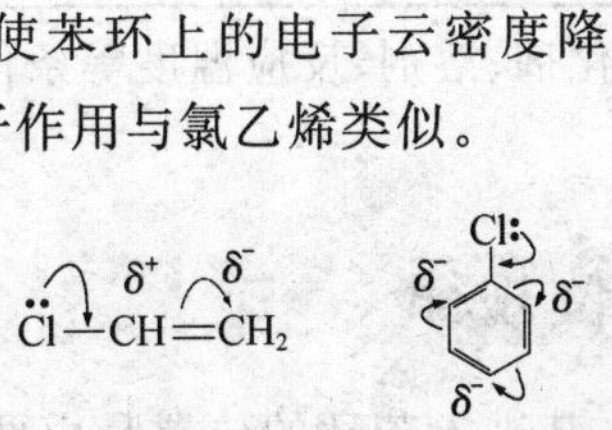

由于动态共轭效应中—X 的 +C 效应,使苯环上—X 的邻对位有较大的 π 电子云密度,带有较多的负电荷,亲电试剂优先进攻邻对位,得到相应的产物,导致卤素是邻对位定位基。

第二类定位基对苯环有吸电子共轭(—C)或吸电子诱导(—I)作用,使苯环上 π 电子云密度下降,但间位的 π 电子云密度比邻、对位电子云密度要大,即间位带有相对较多的负电荷,记为 δ^-,故 E$^+$ 攻击间位有利。

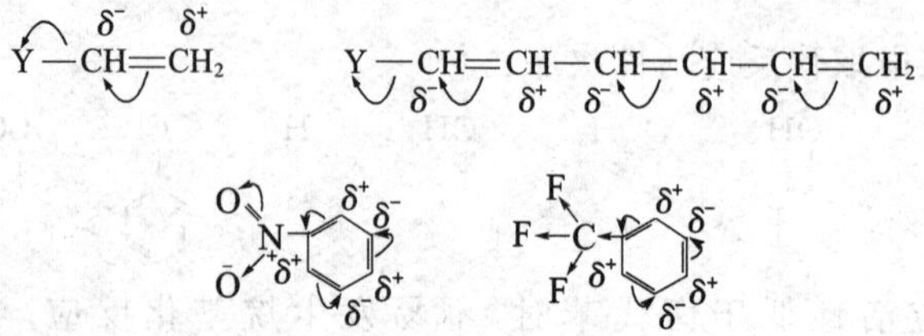

$$Y - \overset{\delta^-}{CH} = \overset{\delta^+}{CH_2} \qquad Y - \overset{\delta^-}{CH} = \overset{\delta^+}{CH} - \overset{\delta^-}{CH} = \overset{\delta^+}{CH} - \overset{\delta^-}{CH} = \overset{\delta^+}{CH_2}$$

(3)空间效应的影响

取代苯进行亲电取代反应,取代基和亲电试剂的体积较大时,空间上的障碍(空间效应)对亲电试剂的位置选择性有明显的影响,空间位阻越大,邻位取代产物比例越少。例如,氯苯的亲电取代反应:

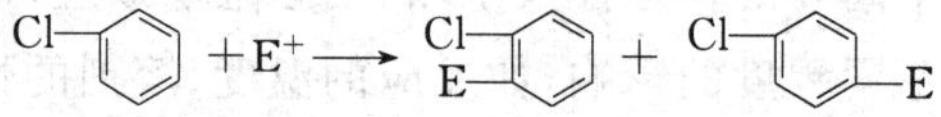

反应类型	邻位产物	对位产物
氯化	39%	55%
硝化	30%	69%
溴化	11%	87%
磺化	1%	99%

又如,烷基苯的硝化及甲苯的烷基化反应,见表 5-3、表 5-4。

表 5-3　　　　一烷基苯硝化的异构体分布

化合物	取代基	进入基	产物异构体/%		
			邻位	间位	对位
甲苯	—CH$_3$	—NO$_2$	58.4	4.4	37.2
乙苯	—C$_2$H$_5$	—NO$_2$	45.0	6.5	48.5
异丙苯	—CH(CH$_3$)$_2$	—NO$_2$	30.0	7.7	62.3
叔丁苯	—C(CH$_3$)$_3$	—NO$_2$	15.8	11.5	72.7

表 5-4　　　　甲苯一烷基化的异构体分布

进入基	异构体分布/%		
	邻位	间位	对位
甲基	53.8	17.4	28.8
乙基	45.0	30.0	25.0
异丙基	37.5	29.8	32.7
叔丁基	0	7.0	93.0

除电子因素、空间因素外,催化剂、溶剂、反应温度等条件的变化对定位也有不同程度的影响。

5.5.3　二取代苯的定位规律

苯环上有两个取代基时,进入基进入苯环的位置是由两个取代基的定位作用共同决定的。两个取代基定位作用一致,则产物的选择性好;两个取代基定位作用不一致时,亲电试剂进入的位置主要由活化能力大或定位作用强的取代基团决定。例如,在下列化合物中,箭头所指位置是亲电试剂主要进入位置:

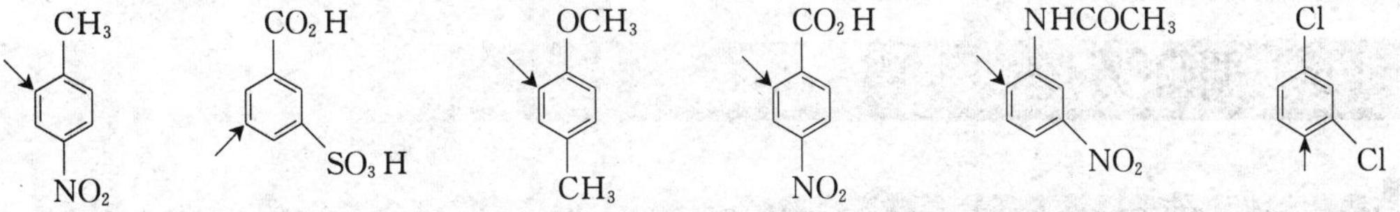

5.5.4　定位规律在合成芳香族化合物中的应用

要合成一个在苯环上有多个取代基的芳香族化合物时,应当遵从取代基的定位规则,这样才能设计合理的合成路线,以较高的收率得到较高纯度的目标化合物。例如,由苯为起始原料,经过必要的反应合成下列化合物:

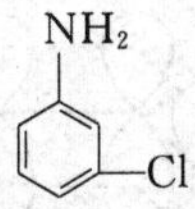

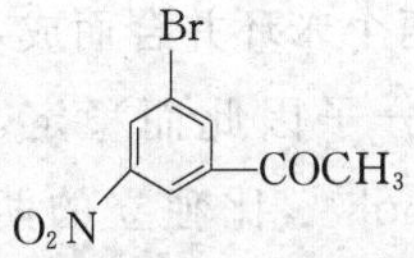

化合物①是间硝基氯苯的还原产物,环上两个取代基是间位关系,而—NO_2 是第二类定位基,—Cl 是第一类定位基,所以应先由苯制备硝基苯,然后氯化,再还原硝基:

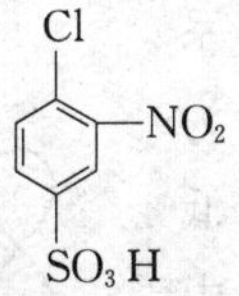

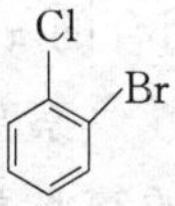

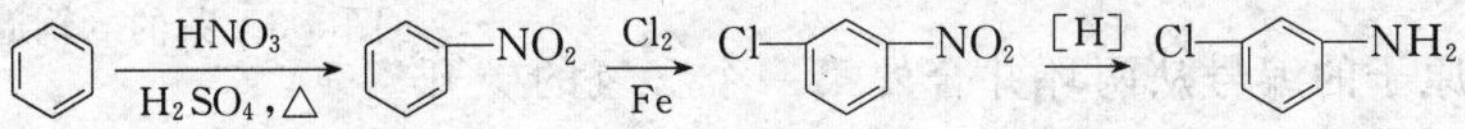

化合物②中有三个取代基,—NO_2 处于—Cl 的邻位,—SO_3H 处于—Cl 的对位,而—NO_2 又处于—SO_3H 的间位,所以应先制取对氯苯磺酸,然后再硝化:

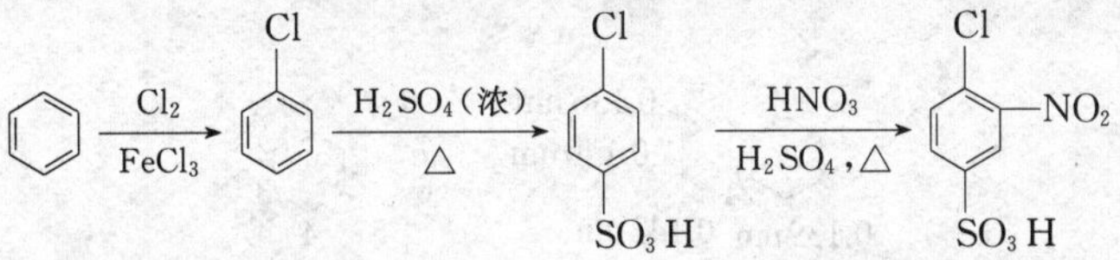

化合物③中,两个取代基—Cl 和—Br 是相邻位置。无论由氯苯溴化,还是由溴苯氯化,都将得到较多的对位异构体,即合成选择性不好。如果利用磺化反应的可逆性,先制得对溴苯磺酸,然后再进行氯化得到定位一致的产物 3-氯-4-溴苯磺酸,最后在稀硫酸水溶液中加热,使磺酸基水解除去,得到产物③。

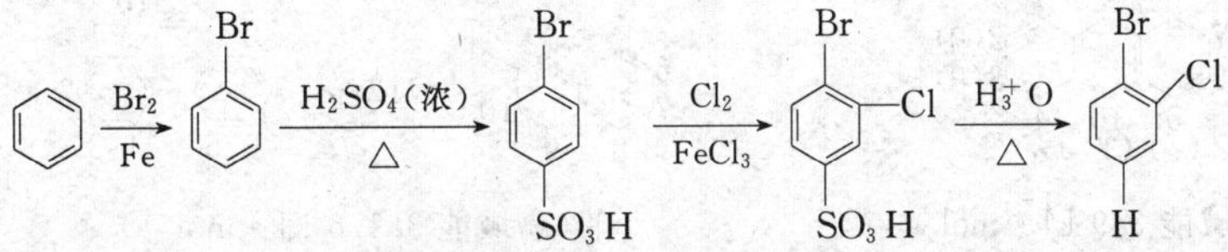

在这个合成反应过程中,应用了磺化反应引入—SO_3H 和水解去除—SO_3H 的方法,此为磺酸基在合成中的"占位"和"定位"作用。

化合物④中,三个取代基互为间位,所以—Br 应当最后引入到苯环上,以便得到较纯的产物④。要注意,应先制备苯乙酮,然后硝化得间硝基苯乙酮;不能先硝化后乙酰基化。即

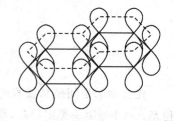

反应式（顶部）：

苯 →（CH₃COCl / AlCl₃）→（H₃⁺O）→ 苯乙酮 →（HNO₃ / H₂SO₄，△）→ 间硝基苯乙酮 →（Br₂ / FeBr₃）→ 溴代硝基苯乙酮

5.6 稠环芳烃

5.6.1 稠环芳烃的结构和命名

常见的典型稠环芳烃是萘（naphthalene）、蒽（anthracene）、菲（phenanthrene），它们主要来源于煤焦油和石油沥青，是染料、农药及精细化工产品的重要基础原料。

构成萘、蒽、菲骨架的碳原子是 sp^2 杂化，整个分子是平面的，虽然它们都有较高的不饱和度，但热力学稳定性很好，化学性质与苯相似。

萘是由两个苯环并合而成，是一个闭合的 π-π 共轭体系（图 5-3），萘分子因此而稳定，有芳香性。萘离域能约为 $255.0\ kJ \cdot mol^{-1}$，比独立的两个苯环的离域能之和约低 $45\ kJ \cdot mol^{-1}$。所以萘的芳香性小于苯，这可归于萘分子中 π 电子离域不十分完全，这一点从键长的平均化程度不难看出。

图 5-3 萘的 p 轨道构成的大 π 键

萘环上碳原子的编号从两环并合处第一个含氢的碳开始，依次编为 1,2,3,4,5,6,7,8，并合处碳原子不编号，其中 1,4,5,8 又称 α-位，2,3,6,7 又称 β-位，萘的一取代衍生物有两个位置异构体（α- 和 β-）；萘的二取代物则有更多的位置异构体。

0.136 nm
0.140 nm
0.139 nm 0.142 nm

在萘的 1、2 两个位置或 2,3 两个位置再并合一个苯环的化合物是菲或蒽。它们也具有闭合的 π-π 共轭的平面结构，但 C—C 键长不完全相等，电子云的分布不完全平均化。虽然也具有芳香性，但比萘的芳香性差，表现为二者在 9、10 位较易发生氧化和加成反应。

蒽（离域能 $349\ kJ \cdot mol^{-1}$）

菲（离域能 $381.6\ kJ \cdot mol^{-1}$）

多于三个苯环相互并合的稠环芳烃也称多核芳烃，存在于煤焦油中，有的多核芳烃具有致癌性，如 2,3-苯并芘、1,2,5,6-二苯并蒽等。

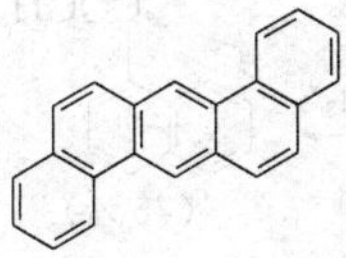

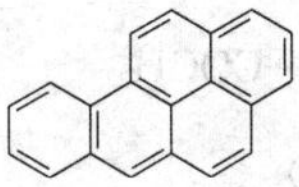

1,2,5,6-二苯并蒽

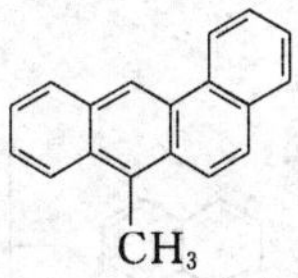

10-甲基-1,2-苯并蒽

2,3-苯并芘

5.6.2 萘的性质

萘是熔点为 80.2℃ 的片状结晶，有光泽，沸点 218℃，易升华，有特殊芳香气味，不溶于水，易溶于苯、吡啶等有机溶剂。

萘环上共有 10 个 π 电子，离域的结果是在萘的 α-位上有更高的电子云密度，所以萘的亲电取代反应易在 α-位上发生。从反应生成的中间体看，萘在 α-位取代生成的中间体中有两个含有独立苯环的共振极限结构；而 β-位取代生成的中间体只有一个含有独立苯环的共振极限结构，所以 α-位取代的中间体稳定性较好，反应易在 α-位进行。

α-位取代的中间体的共振杂化体：

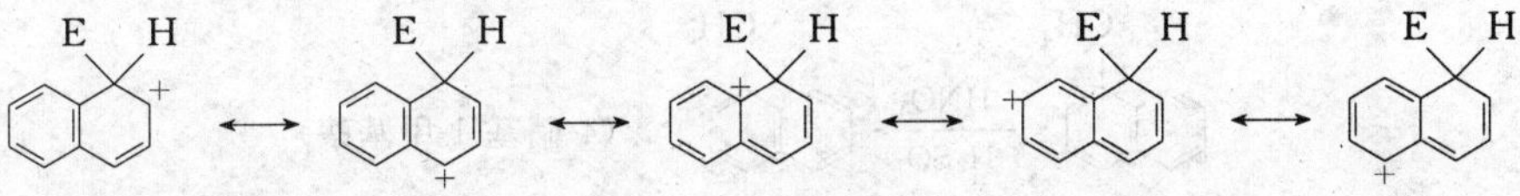

β-位取代的中间体的共振杂化体：

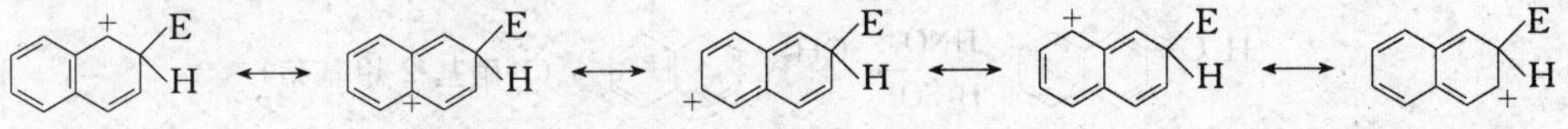

由于萘亲电取代反应的中间体的稳定性明显大于苯亲电取代反应的中间体，因此，萘的亲电取代反应活性大于苯。

1.萘的卤化

将氯气通入萘的苯溶液中，可得 α-氯（代）萘，其沸点 259℃，是无色液体，可用于高沸点溶剂和增塑剂。

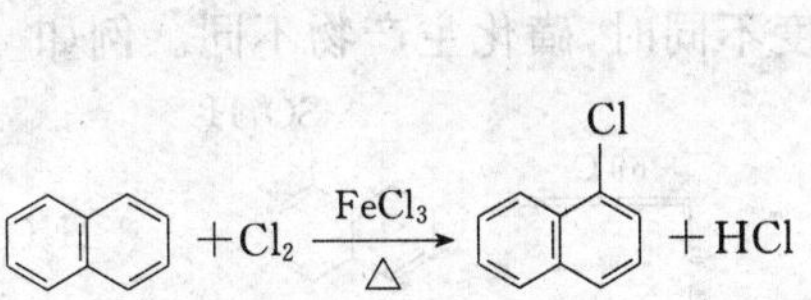

$$+Cl_2 \xrightarrow[\triangle]{FeCl_3} \text{（α-氯萘）} +HCl$$

2.萘的硝化

萘在混酸中硝化，得主产物 α-硝基萘，其熔点 61℃，是黄色针状结晶，用于制备 α-萘胺：

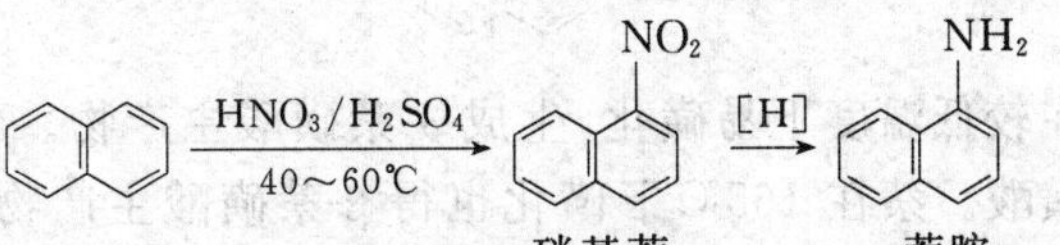

$$\xrightarrow[40\sim60℃]{HNO_3/H_2SO_4} \text{α-硝基萘} \xrightarrow{[H]} \text{α-萘胺}$$

3.萘的酰基化

在不同的溶剂中，不同的反应温度下，萘的乙酰化产物的选择性不同，例如

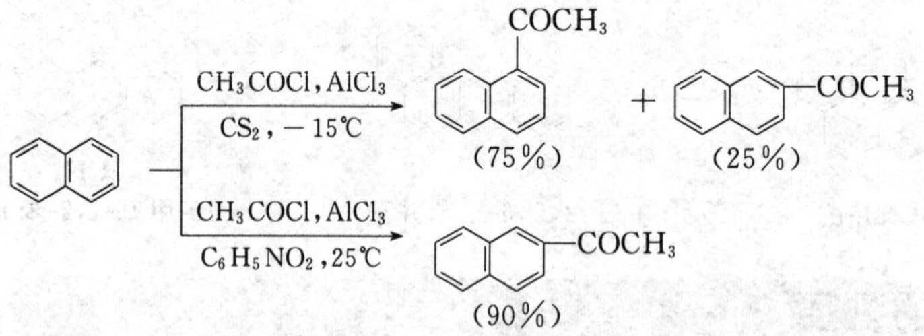

萘环较苯环活泼，萘的烷基化反应易生成多烷基萘，选择性较低。当烷基化试剂的活泼性较弱时，萘的烷基化有实用意义。如植物生长激素（α-萘乙酸）的合成：

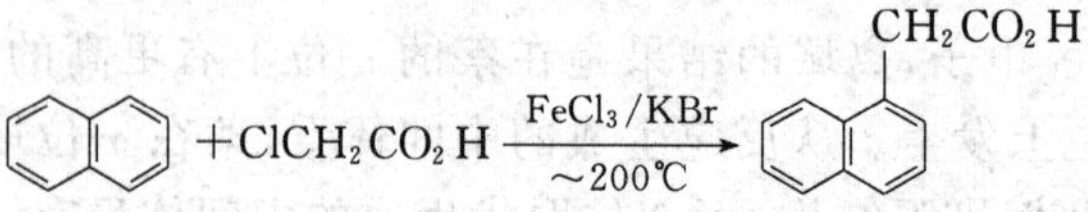

α-萘乙酸（熔点 134.5～135.5℃）

单取代萘亲电取代反应的一般定位规律是：活化取代基同环取代 α-位，钝化取代基则异环取代 α-位。例如

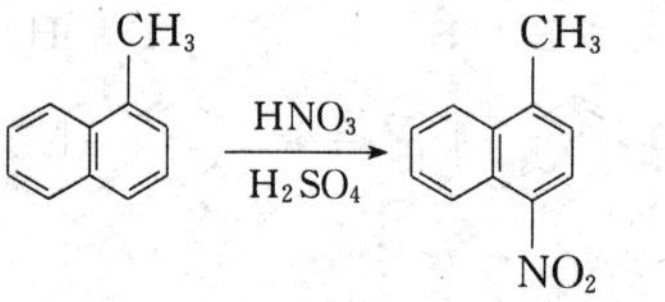

（4-硝基-1-甲基萘）

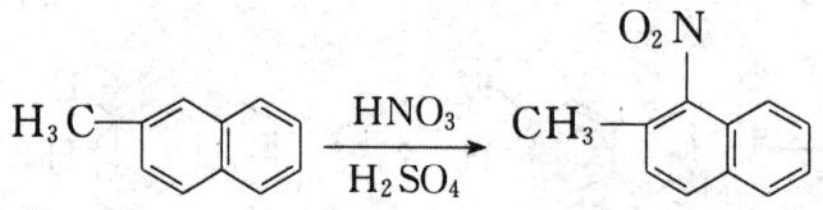

（1-硝基-2-甲基萘）

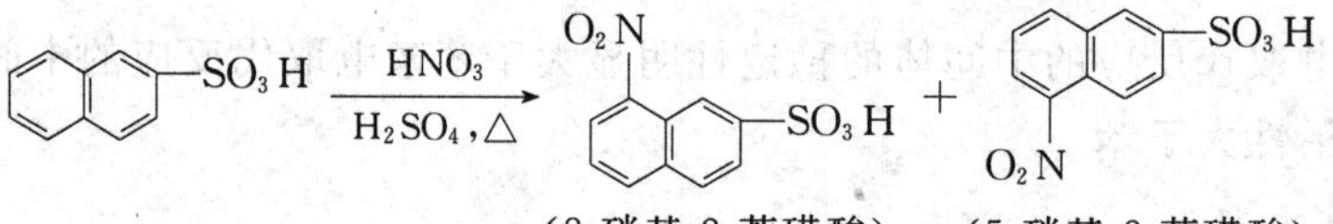

（8-硝基-2-萘磺酸）（5-硝基-2-萘磺酸）

4.萘的磺化

萘的磺化可逆，反应温度不同时，磺化主产物不同。例如

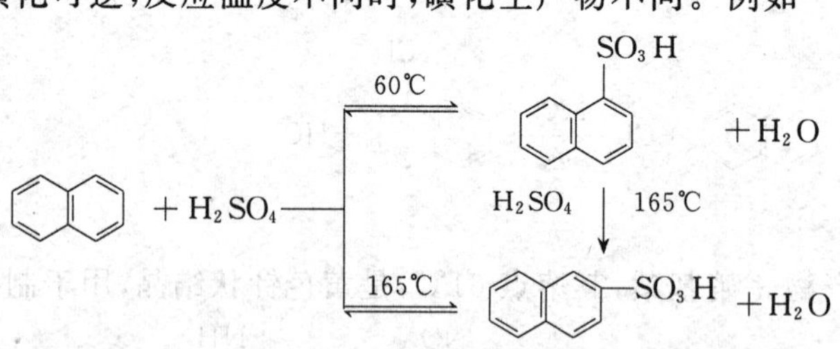

萘环 α-位活泼，在较低温度下易磺化，生成 α-萘磺酸主产物。但该产物不稳定，受热至 165℃可转变成 β-萘磺酸。萘在 165℃下磺化也得 β-萘磺酸主产物。α-萘磺酸中，1-位的磺酸基与 8-位的氢原子之间存在互斥力，因两者的间距小于范德华作用半径。由于磺化可逆，则在较高温度下，磺酸基选择进入萘环的 β-位生成稳定性高的 β-萘磺酸（图 5-4）。

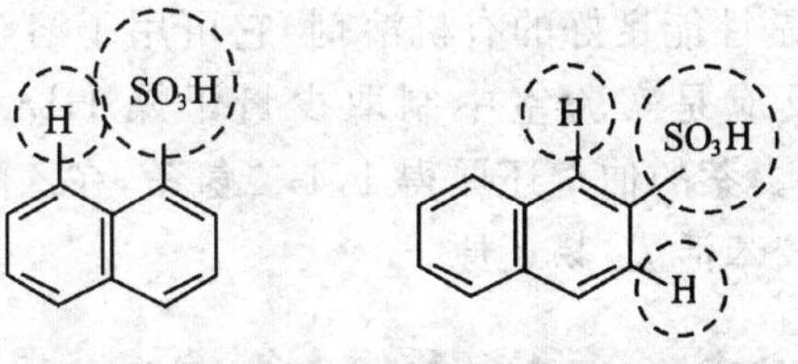

α- 萘磺酸(1-,8- 位互斥)　　　β-萘磺酸(1-,2-,3- 位不互斥)

图 5-4　萘磺化产物的空间位阻作用

萘磺酸是重要的化工原料,可用于生产萘酚、萘胺及染料中间体。例如

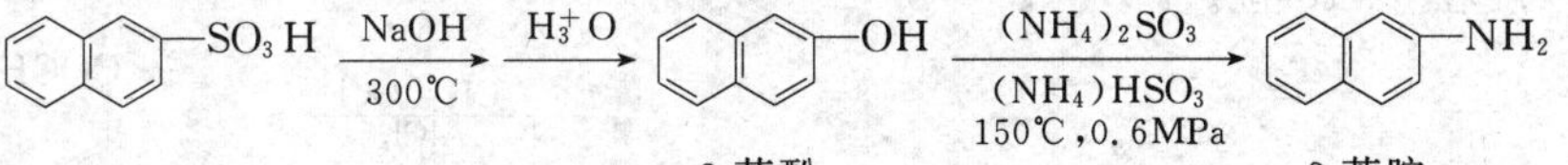

β-萘酚　　　　　　β-萘胺

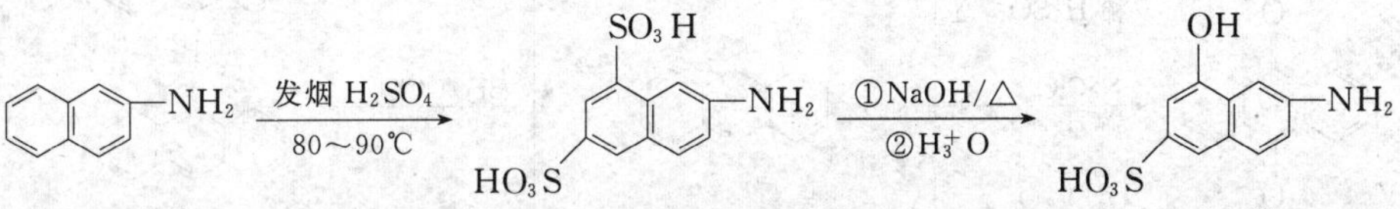

（γ-酸）

由萘磺酸转变成萘酚的反应称为磺酸的碱熔（属于亲核取代反应）,是工业上制备萘酚的基本方法。

由 β-萘酚转变成 β-萘胺的反应称 Bucherer 反应,此反应也有可逆性,又叫做羟氨互换反应。由于直接将萘硝化得到的是 1-硝基萘,硝基经还原则得 α-萘胺,故上述 β-萘胺制备方法有实际意义。

5.萘的氧化和还原

由于萘的芳香性小于苯,萘比苯易氧化和加氢还原。例如

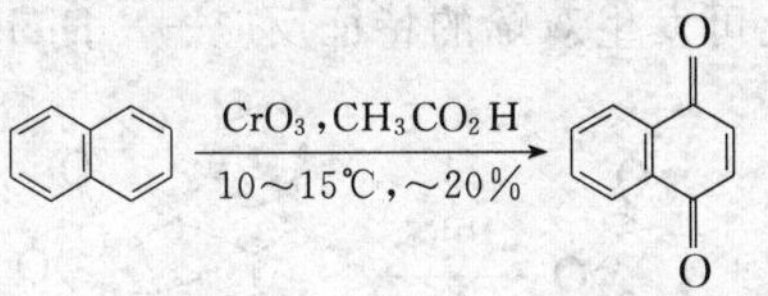

（1,4-萘醌）

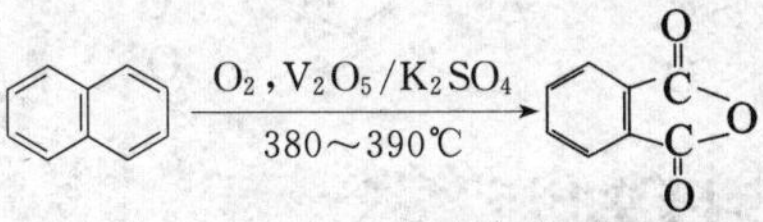

（邻苯二甲酸酐）

萘在醋酸中被 CrO_3 氧化成 1,4-萘醌,收率很低;但在催化剂存在下被空气氧化生成邻苯二甲酸酐是工业制法。如果萘环上有取代基,则电子云密度较高的一侧易被氧化。例如

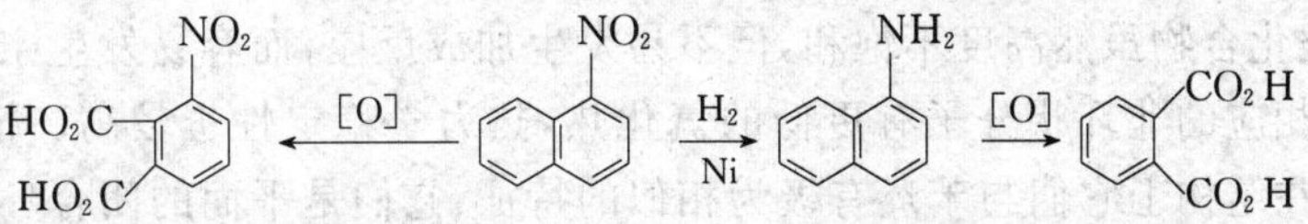

萘在适当条件下可加氢。例如

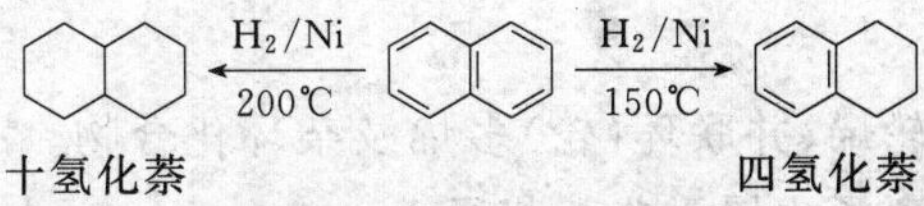

十氢化萘　　　　　　　　　　　四氢化萘

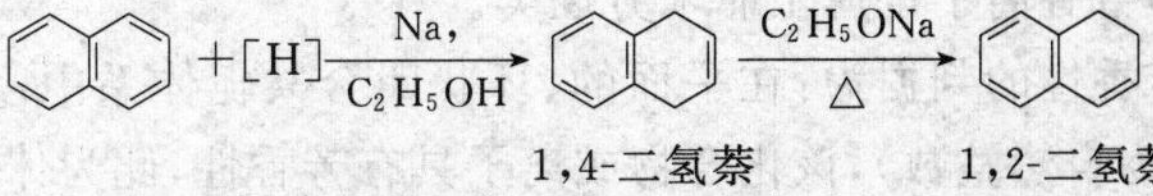

1,4-二氢萘　　　　1,2-二氢萘

四氢化萘(沸点 208℃)是性能良好的有机溶剂,它可用于溶解脂肪和类脂物质;它还能溶解硫磺。四氢化萘与溴反应是实验室中制取少量干燥 HBr 的方法。十氢化萘(沸点192℃)也常用于高沸点溶剂。萘的伯奇还原得 1,4-二氢萘,在乙醇中即可反应,而苯则要在液氨中才能反应,这说明萘较苯活泼,易还原。

5.6.3　蒽和菲的性质

蒽和菲除了能发生环上亲电取代反应外,还易发生氧化反应,生成醌类化合物。反应的活泼位置一般在 9-,10-位。

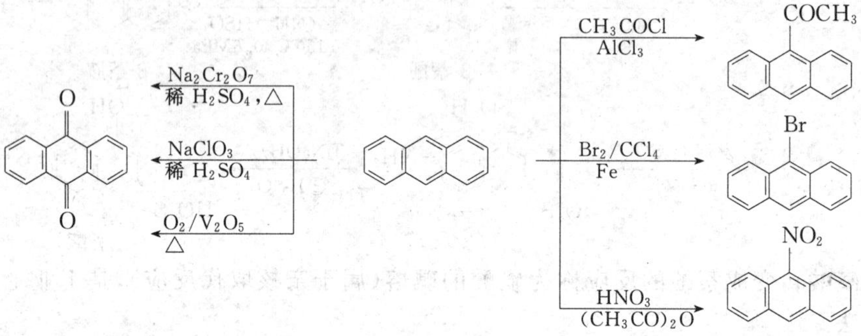

菲的卤化或氧化也发生在 9-、10-位上:

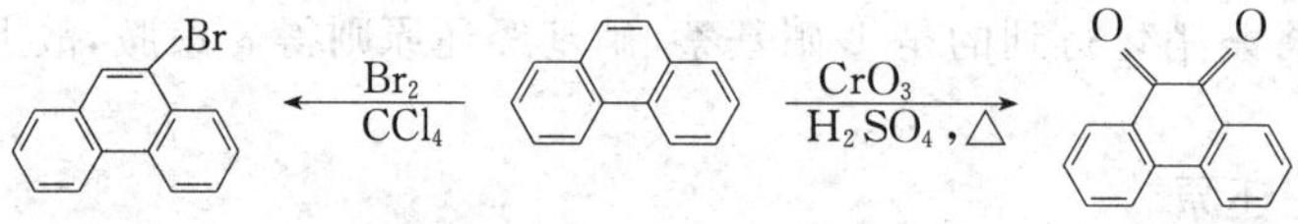

9-溴菲　　　　　　　　　　　　　9,10-菲醌

蒽的芳香性较低,在 9-、10-位上可发生双烯的特征反应——Diels-Alder 反应。如

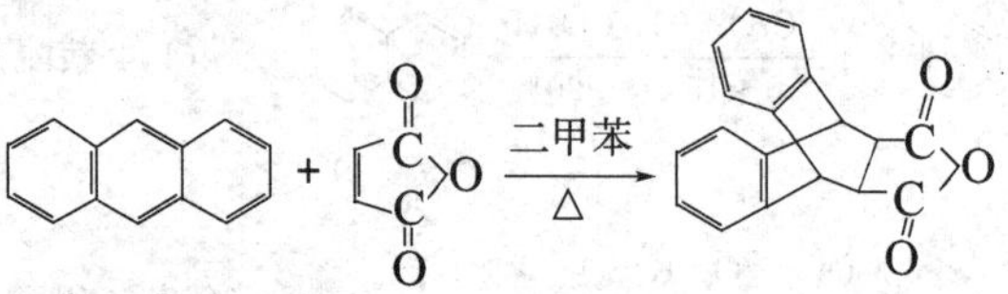

5.7　非苯芳烃——芳香性判断

在有的环状化合物(或离子)中,虽不含有苯环,但却有与苯环相同或相似的特性——芳香性。即:这类化合物虽然高度不饱和,但不易发生加成反应,而容易发生亲电取代反应;这类环状分子比相应的非环状分子有更低的氢化热,热力学稳定性也较高。把这类化合物称为非苯芳烃。在结构上它们与苯环有极为相似的特征:它们是平面的闭合环状共轭体系,即在这个体系中,环上每个碳原子都有 p 轨道,且相互平行,发生离域的 π 电子在共轭链上可作圆周式环流运动。

非苯芳烃一般指单环轮烯、并联环(轮)多烯及杂环化合物。有的平面环状带电共轭体系也有芳香性——即芳香离子也属于非苯芳烃类。

非苯芳烃具有芳香性的判据为:在平面的、环状闭合共轭体系中,参与离域的 π 电子数为 $(4n+2)$ 个时(n 为自然整数),该化合物或离子具有芳香性,此为休克尔(Hückel)规则。

依据休克尔规则判断化合物是否有芳香性时,要求闭合共轭体系是平面结构或非常接近平面(平面扭曲不大于 0.01 nm)。但是,当 $n \geqslant 7$ 时,休克尔规则的适用性较差。

5.7.1　轮　烯

单环共轭多烯称为轮烯,其母体名称在轮烯二字之前的方括号内以数字注明成环碳原子数目即可。环丁二烯、环辛四烯、环癸五烯、环十八碳九烯、环二十二碳十一烯等,其结构和轮烯名称如下:

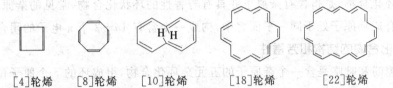

|[4]轮烯|　[8]轮烯|　[10]轮烯|　　　　[18]轮烯|　　　　　[22]轮烯|

如上所示的各轮烯中,离域的 π 电子数符合休克尔规则的有[10]轮烯、[18]轮烯、[22]轮烯,但[10]轮烯却无芳香性,因[10]轮烯有两个"环内氢原子",这两个氢原子之间相互排斥,使整个轮烯环发生扭曲而非共平面。[14]轮烯也是同样的原因而不具有芳香性。

5.7.2　芳香离子

有些轮烯本身不具有芳香性,但其相应的离子(正离子或负离子)却具有芳香性。例如:环辛四烯即[8]轮烯不是平面分子,但是当它离去两个氢质子转变成环辛四烯双负离子时,则为平面结构,环上参与离域的 π 电子数为 10 个 ($n = 2$),符合休克尔规则,有芳香性。同理,环丙烯正离子、环戊二烯负离子以及环庚三烯正离子也有芳香性。

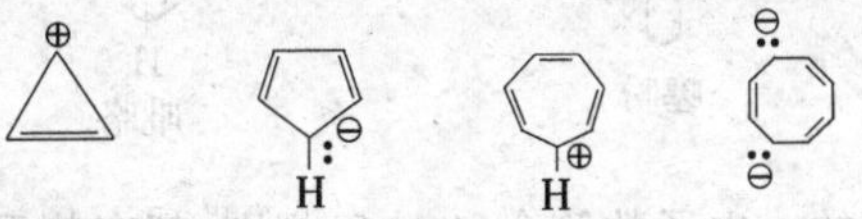

正是因为环戊二烯负离子有芳香性,较稳定,环戊二烯亚甲基上的氢有一定的"酸性",其 $pK_a \approx 16$,可有如下反应:

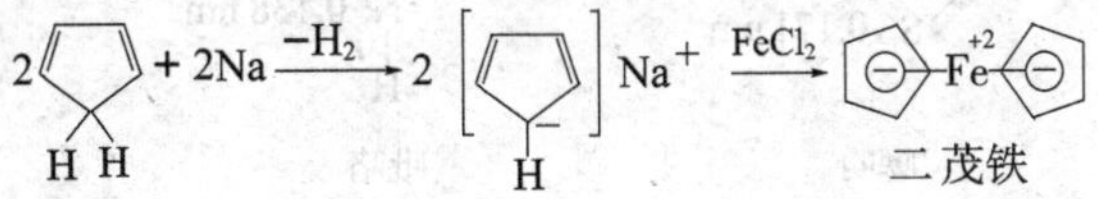

5.7.3　并联环(轮)多烯

平面的并联环(轮)多烯类化合物也可有芳香性。可以把萘、蒽、菲等化合物看成是"环己三烯"——即苯环的并联环系,它们有芳香性。化合物薁($C_{10}H_8$),是萘的同分异构体,其熔点为 99℃,偶极矩为 3.6×10^{-30} C·m。薁很稳定,这是因为薁分子中的七元环和五元环分别是具有芳香性的正离子和负离子,因此,薁分子有极性,具有芳香性。

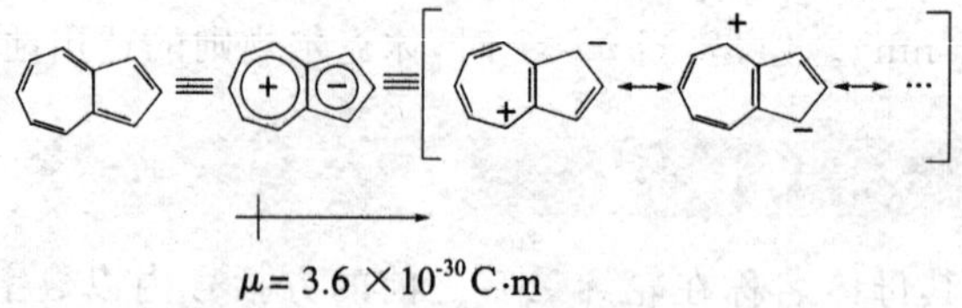

$$\mu = 3.6 \times 10^{-30} \mathrm{C \cdot m}$$

5.7.4　芳杂环化合物

"芳杂环化合物"是指含有杂原子并具有芳香性的环状化合物,常见的杂原子有氧、氮和硫原子;所有成环原子处于同一平面之中,构成一个含有 $4n+2$ 个 π 电子的闭合共轭体系。

1.杂环化合物的结构和芳香性

呋喃、噻吩和吡咯是含一个杂原子的五元杂环化合物,组成环的 5 个原子位于同一平面上,彼此以 σ 键相连接,4 个 sp^2 杂化的碳原子各有 1 个电子在 p 轨道上,杂原子有 2 个电子在 p 轨道上,这 5 个 p 轨道都垂直于环所在平面;五元杂环的 6 个 p 电子组成了 6 个 π 电子的闭合离域体系,使它们都具有芳香性;吡啶的结构和苯相似,只是苯中的 1 个碳原子被氮原子取代,组成环的 5 个碳原子和 1 个氮原子位于同一平面上,所有成环原子均以 sp^2 杂化轨道形成 σ 键相互连接,每个原子均有一个含 1 个电子的 p 轨道,这 6 个 p 轨道都垂直于环所在平面,相互平行交盖,组成一个六 π 电子的芳香体系。如下式所示。

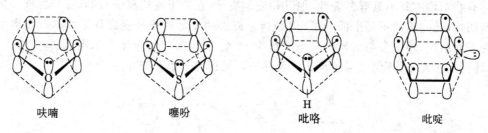

呋喃　　　　　噻吩　　　　　吡咯　　　　　吡啶

在这些分子中参与离域的 π 电子数符合 $(4n+2)$ 规则,都有芳香性,分子中的键长数据如下:

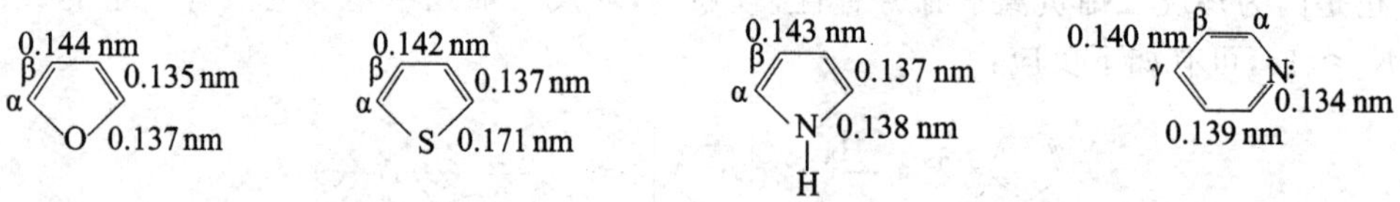

呋喃　　　　　噻吩　　　　　吡咯　　　　　吡啶

已知典型的键长数据为

　　　　C—C 0.154 nm;　C—O 0.143 nm;　C—S 0.182 nm;　C—N 0.147 nm
　　　　C=C 0.134 nm;　C=O 0.122 nm;　C=S 0.160 nm;　C=N 0.128 nm

由此可见,五元杂环分子中的键长有一定程度的平均比,但不像苯那样完全平均化,因此芳香性较苯差,有一定程度的不饱和性及环的不稳定性。五元杂环分子中的杂原子由于 p-π 共轭,使环上电子云密度较苯环高,比苯更容易发生亲电取代反应。

噻吩、吡咯、呋喃的离域能依次为 117 kJ·mol^{-1}、88 kJ·mol^{-1}、67 kJ·mol^{-1},因此芳香性由大到小的次序为

苯＞噻吩＞吡咯＞呋喃

芳香性较差的呋喃还表现出了共轭二烯烃的性质，如可以进行双烯加成反应。

与吡咯不同，吡啶氮上的一对未共享电子（sp^2）不参与共轭，因此该氮原子有一定的碱性和亲核性。由于氮原子的吸电子诱导效应，使环上电子云密度降低，所以吡啶的亲电取代反应较苯要难。

2.杂环化合物的分类和命名

杂环化合物根据环的多少可分为单杂环化合物和稠杂环化合物；根据环的大小可分为五元杂环化合物和六元杂环化合物；根据杂原子数目的多少可分为含有一个杂原子、两个或多个杂原子的杂环化合物；根据所含杂原子的种类分为氧杂环、氮杂环和硫杂环等。

杂环化合物的命名习惯上采用音译法，即按照英文名称的译音，选用同音汉字，再加上"口"旁以表示环状化合物，见表 5-5。

表 5-5 杂环的分类和名称

杂环分类		碳环母核	重要的杂环				
单杂环	五元杂环	 环戊二烯	 呋喃 (furan) 	噻吩 (thiophene) 	吡咯 (pyrrole) 	噻唑 (thiazole) 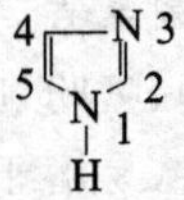	咪唑 (imidazole)
	六元杂环	 苯	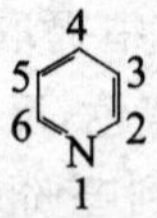 吡啶 (pyridine) 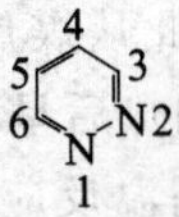	哒嗪 (pyridazine) 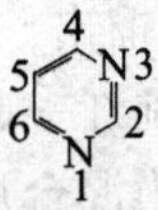	嘧啶 (pyrimidine) 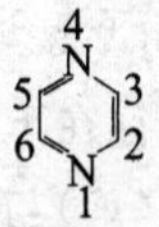	吡嗪 (pyrazine)	
稠杂环		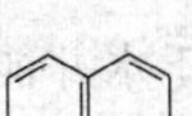 萘	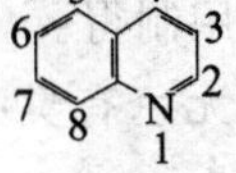 喹啉 (quinoline) 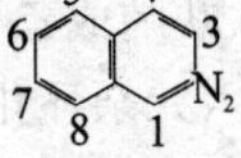	异喹啉 (isoquinoline)			
		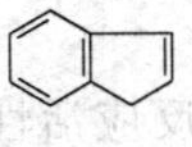 茚	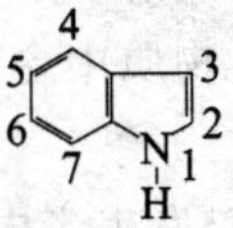 吲哚 (indole) 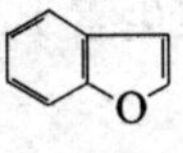	苯并呋喃 (benzofuran) 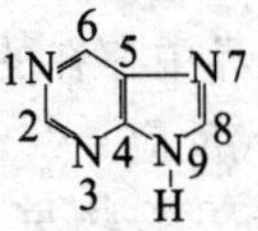	嘌呤 (purine)		
		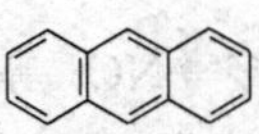 蒽	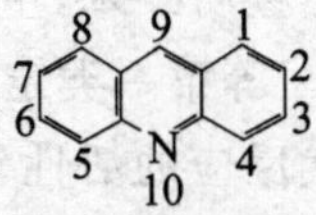 吖啶 (acridine)				

当杂环化合物的环上有取代基时,通常以杂环为母体,编号时从杂原子开始,将杂原子编为 1 号,依次为 2、3、…,或与杂原子相邻的碳原子编为 α,依次为 β、γ、…。当环上有两个或两个以上的杂原子时,应使杂原子所在的位次数字为最小;当环上有不同杂原子时,按 O→S→N 的次序编号。当环上连有不同取代基时,编号时遵守次序规则及最低系列原则。例如

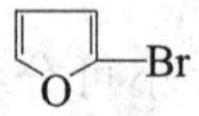

2-溴呋喃	3,4-二甲基吡啶	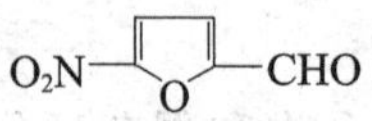 5-硝基-2-呋喃甲醛	2,4-二甲基呋喃	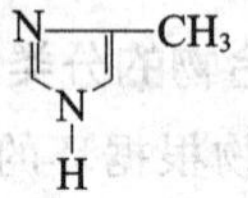 4-甲基咪唑	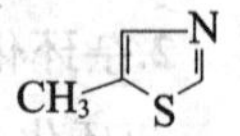 5-甲基噻唑
α-溴呋喃	β,γ-二甲基吡啶	α'-硝基-α-呋喃甲醛	α,β'-二甲基呋喃		

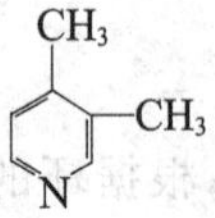

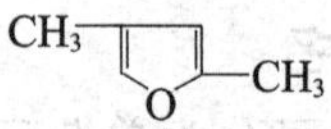

3.杂环化合物的性质

杂环化合物广泛存在于自然界中,如植物中的叶绿素和动物体内的血红素都含有吡咯环,生物碱如毒芹碱和新烟碱等都含有吡啶环,石油、煤焦油中也含有少量杂环化合物。许多杂环化合物结构很复杂,有的具有重要的生理作用,如嘧啶和嘌呤的衍生物是生物遗传物质——脱氧核糖核酸的重要组成部分;许多医药是杂环化合物的衍生物,如吗啡、黄连素、维生素、抗菌素等。

呋喃、噻吩、吡咯是最常见的五元杂环化合物。呋喃是无色、易挥发的液体,沸点 31℃,难溶于水,易溶于乙醇、乙醚等有机溶剂。它遇到被盐酸浸湿过的松木片时呈绿色,此反应称为松木检验反应,可用于鉴定呋喃的存在。工业上可用糠醛或糠酸为原料制备呋喃。噻吩是无色液体,有难闻的臭味,存在于煤焦油的粗苯中。由于沸点(84℃)与苯接近,分馏煤焦油时,噻吩可与苯一起馏出。因此从煤焦油中提取得到的苯都含有少量的噻吩(0.5%)。噻吩在浓硫酸存在下与靛红一起加热后呈现蓝色,反应灵敏,可用于检验噻吩的存在。工业上可用正丁烷(烯)与硫磺混合后高温反应得到噻吩;实验室中可用丁二酸制备噻吩。吡咯也是无色液体,但易被空气氧化而变黑,气味与苯胺相似,沸点 129℃,难溶于水,易溶于乙醇和乙醚,存在于煤焦油、骨油和石油中,其蒸气遇浸过盐酸的松木片显红色,可用于检验吡咯的存在,工业上可从呋喃或乙炔与氨作用制得。

吡啶是重要的六元杂环化合物,是无色有臭味的液体,可溶于水并能与许多有机物(如乙醇、乙醚等)混溶,是良好的有机溶剂。

吡啶多存在于煤焦油及页岩油中。工业上从煤焦油中提取吡啶。将煤焦油中分馏出的轻油部分用硫酸处理,使吡啶生成硫酸盐而溶于水,再用碱中和,吡啶即游离出来,最后经蒸馏精制。在自然界中存在的维生素 B_6 类物质中含有吡啶环,如吡多醇、吡多醛、吡多胺。

(1)亲电取代反应

五、六元杂环化合物与苯类似,都可以发生亲电取代反应,但反应活性不同。在呋喃、噻吩、吡咯中,由于杂原子的 p-π 共轭效应,使环上电子云密度增大,亲电取代反应比苯容易进行,反应活性:吡咯>呋喃>噻吩>苯,主要发生在电子云密度较大的 α-位,其反应活性相当于苯环上连接—OH,—NH₂ 等第一类定位基。

吡啶环上发生亲电取代反应的活性较差,类似于苯环上连接—NO₂ 等吸电子基团的作用,但作用弱于硝基苯,主要生成 β-取代产物,吡啶可进行卤代、硝化、磺化等反应,但所需反应条件较高。

（a）卤代

五元单杂环可与卤素迅速反应，生成卤代产物。例如

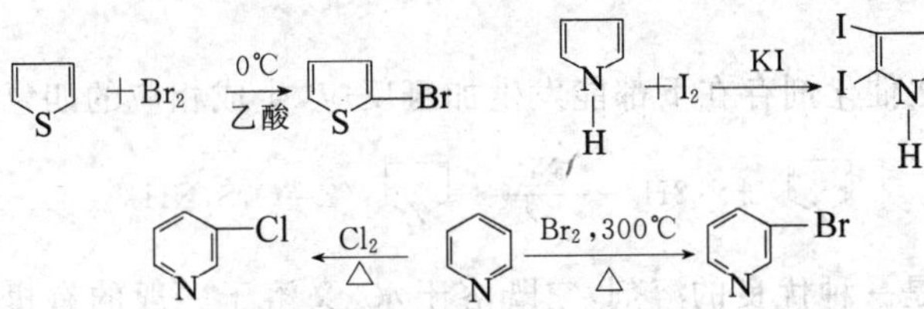

（b）硝化

呋喃与吡咯在强酸作用下很容易开环聚合，噻吩用混酸硝化时反应剧烈，易发生爆炸，所以不能采用混酸硝化，可用缓和的硝化试剂——硝酸乙酰酯（混酐）在低温下进行硝化；而吡啶反应比较困难，需在高温下进行。

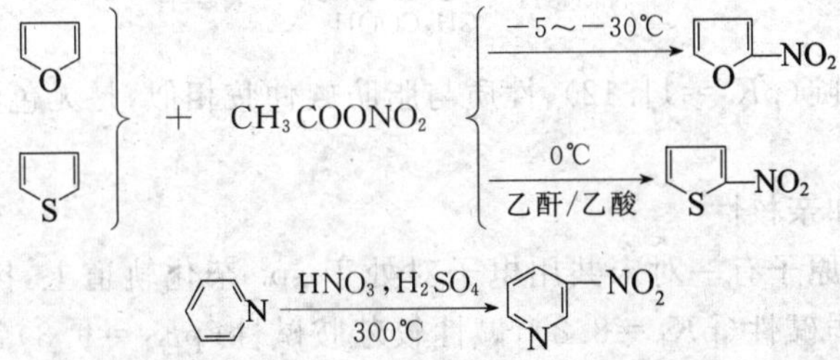

（c）磺化

呋喃和吡咯因对强酸敏感，需用缓和的磺化试剂——吡啶三氧化硫进行磺化。噻吩在室温下可与浓硫酸顺利发生磺化反应。此性质可将苯中的噻吩杂质除去。如在煤焦油中得到的含有少量噻吩的苯中加入浓硫酸一起振荡，噻吩发生磺化而溶解在浓硫酸中与苯分离。此方法可制得无噻吩苯。而吡啶的磺化则在高温下进行。

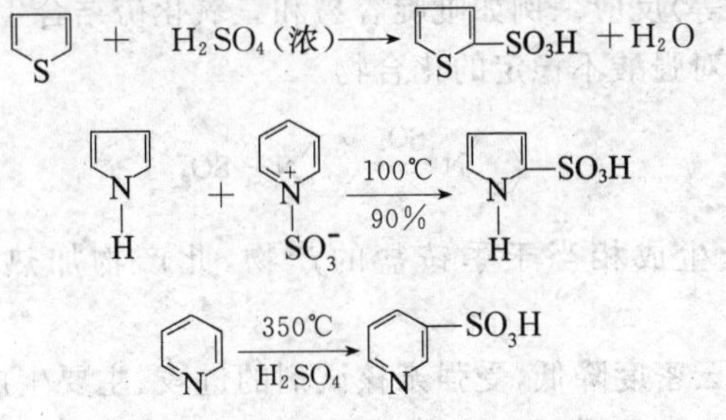

（d）酰基化

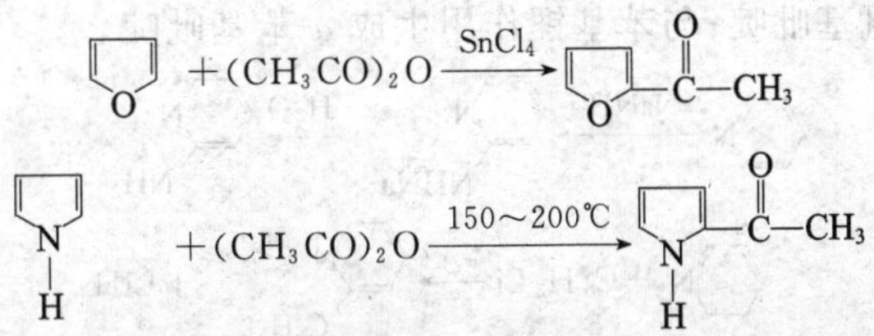

呋喃、噻吩、吡咯也能发生烷基化反应，但产率低，选择性差。

吡啶环上不发生付-克反应，这是因为环中氮原子的诱导效应使环上电子云密度大幅度降低。另外，当亲电试剂和吡啶成盐，则吡啶会转化为吡啶正离子，使环上的亲电取代反应

难于进行。如果用 Lewis 酸来催化反应，它们也会和吡啶成盐，同样使亲电取代反应较难发生。

（2）加氢

呋喃、噻吩、吡咯在催化剂存在下都能发生加氢反应，生成相应的四氢化物。

$$\underset{Z}{\bigcirc} + 2H_2 \xrightarrow{\text{Ni}} \underset{Z}{\bigcirc} \quad (Z=O,S,NH)$$

四氢呋喃（THF）是一种优良的溶剂，它既溶于水，又溶于一般的有机溶剂，它还是重要的有机合成原料。四氢吡咯为仲胺，在有机合成中有重要用途。四氢噻吩可氧化为环丁砜，是重要的有机溶剂。

吡啶经催化加氢或用乙醇与钠还原，可得六氢吡啶。

$$\underset{N}{\bigcirc} + 3H_2 \xrightarrow[\text{CH}_3\text{COOH}]{\text{Pt}} \underset{N-H}{\bigcirc}$$

六氢吡啶又称哌啶（$pK_a=11.12$），性质与脂肪族仲胺相似，是无色液体，易溶于水，常做溶剂及有机合成试剂。

（3）吡啶的碱性和亲核性

由于吡啶环上氮原子有一对未共用电子对处于 sp^2 杂化轨道上，因不参与环上共轭而能与质子结合，具有弱碱性（$pK_b=8.8$），碱性较苯胺碱性（$pK_b=9.3$）强，但比脂肪胺要弱，容易和无机酸反应生成盐。例如

$$\underset{N}{\bigcirc} + HCl \longrightarrow [\underset{N^+-H}{\bigcirc}]Cl^-$$

吡啶可用来吸收反应中生成的酸。

吡啶环上氮原子上一对未共享电子不但有碱性而且还有亲核性，它容易与亲电试剂（如三氧化硫、卤代烃、酰卤等）反应。例如吡啶容易和三氧化硫结合生成温和的磺化剂（N-磺酸吡啶），可用来磺化那些对强酸不稳定的化合物。

$$\underset{N}{\bigcirc} \xrightarrow{\text{SO}_3} \underset{N^+-SO_3^-}{\bigcirc}$$

吡啶与碘甲烷结合生成相当于季铵盐的产物，此产物加热后重排生成 α-甲基吡啶和 γ-甲基吡啶。

由于吡啶环上电子云密度降低，受强亲核试剂的进攻，主要生成 α- 和 γ-取代产物。吡啶环在亲电取代反应中失去的是质子，而在亲核取代反应中失去的是负氢离子。例如，吡啶可与氨基钠作用生成 α-氨基吡啶；与苯基锂作用生成 α-苯基吡啶。

$$\underset{N}{\bigcirc} \xrightarrow{\overset{+}{\text{Na}}\overset{-}{\text{NH}}_2} \underset{N}{\underset{\text{NHNa}^+}{\bigcirc}} \xrightarrow{\text{H}_2\text{O}} \underset{N}{\underset{\text{NH}_2}{\bigcirc}}$$

$$\underset{N}{\bigcirc} + C_6H_5Li \longrightarrow \underset{N}{\underset{C_6H_5}{\bigcirc}} + LiH$$

当 α-或 γ-位有易于离去的基团存在时，则亲核取代反应更易发生，这与形成的中间体负离子的稳定性有关。亲核试剂在 α-或 γ-位进攻时，可形成负电荷在电负性较大的氮原子上的共振极限结构，使共振结构因此而稳定。例如

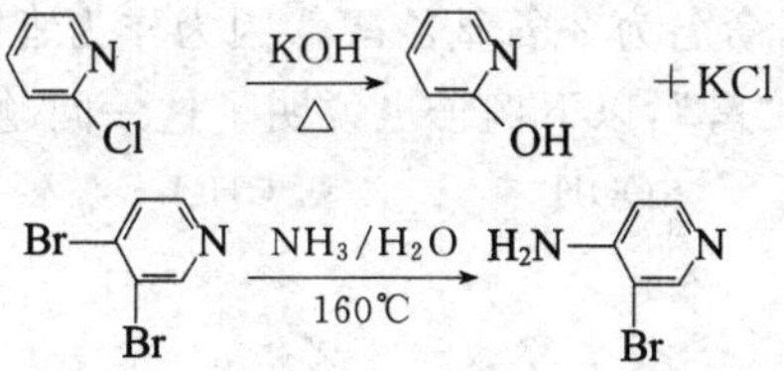

(4)氧化

吡啶较苯稳定，不易被氧化剂氧化，但甲基吡啶的侧链容易被氧化剂氧化成相应的吡啶甲酸。例如

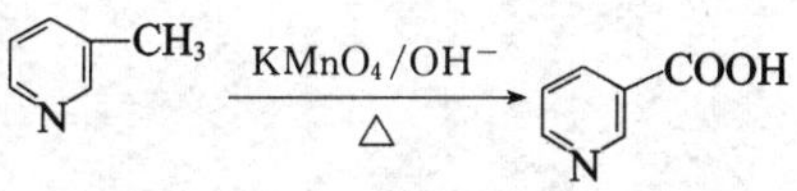
(β-吡啶甲酸——烟酸)

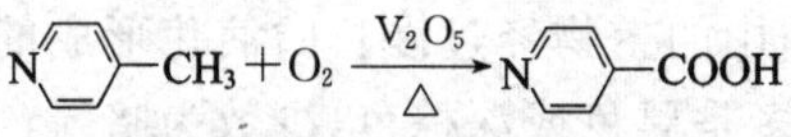
(γ-吡啶甲酸——异烟酸)

烟酸是维生素 B 族化合物之一，异烟酸是合成治疗结核病药物异烟肼[雷米封(rimifon)]的中间体。

5.8 多官能团化合物的命名

含有两个或两个以上不同官能团的化合物称为多官能团化合物。多官能团化合物的命名，究竟以哪个官能团为主，需要有个规定。表 5-6 列出了一些常见官能团的优先次序。在表 5-6 中，排在前面的官能团为较优官能团。

表 5-6 主要官能团的优先次序*(按优先递降排列)

类别	官能团	类别	官能团
羧酸	—COOH	硫醇	—SH
磺酸	$—SO_3H$	胺	$—NH_2$
羧酸酯	—COOR	炔烃	—C≡C—
酰氯	—COCl	烯烃	>C=C<
酰胺	$—CONH_2$	醚	—OR
腈	—CN	硫醚	—SR
醛	—CHO	烃	—R
酮	>C=O	卤代烃	—X
醇	—OH	硝基	$—NO_2$
酚	—OH		

* 重要官能团的优先次序各书略有差异。

多官能团化合物命名要点如下：

(1)按照表 5-6 中“官能团优先次序”，选择较优官能团为母体，根据母体官能团命名为某×(×为化合物的类别)。如“某酸”等。

(2)主官能团确定后，其余的官能团皆作为取代基，并按照“次序规则”(见 3.3.4 节)的规定，较优基团列在后面，最后将取代基的名称依次排在母体名称之前，并逐个标明取代基的位次。

例如：$H_2NCH_2CH_2OH$，命名为 2-氨基乙醇。因为作为官能团—OH 排在—NH_2 前面，所以以—OH 为母体，命名为"醇"，以下例子也说明了这一问题。

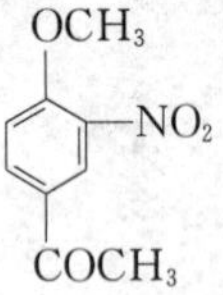

3-硝基-4-甲氧基苯乙酮 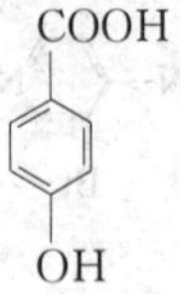　　　4-羟基苯甲酸 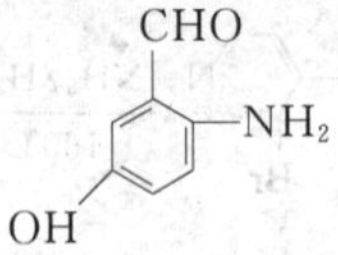　　　2-氨基-5-羟基苯甲醛　　　　3-戊烯-1-炔

阅读材料：烃与石油

石油又称原油，它是古代海洋或湖泊中的生物经过漫长的演化形成的混合物。在常温下，石油大都呈流体或半流体状态，颜色多是黑色或深棕色，少数为暗绿色、赤褐或黄色，并且有特殊的气味。经过勘探、开采，未经炼制前的石油叫做原油，它是石油加工和利用的主要对象。石油的主要成分是烃，是由各种烷烃、环烷烃、芳香烃组成的混合物，约占组成石油元素的 96%～99%。石油的成分很复杂，并且随产地不同成份各异。此外，石油中还含有硫、氮、氧等元素，其含量约占 1%～3%，它们与碳、氢形成的硫化物、氮化物、氧化物和胶质、沥青质等非烃化合物的含量常达 10%～20%。

石油中含硫化合物主要有硫醇（RSH）、硫醚（RSR）、二硫化物（RSSR）和噻吩等。在石油的某些加工产物中还含有硫化氢（H_2S）。石油中含氧化合物主要有环烷酸和酚类（以苯酚为主），此外还含有少量脂肪酸。环烷酸是指含有 11～30 个碳原子的羧酸，分子中含有一个或多个骈合脂环，羧基可以在脂环上或在侧链上。在炼油生产中常把环烷酸和酚叫做石油酸。石油中含氮化合物主要有吡啶、吡咯、喹啉和胺类（RNH_2）等。因吡咯在空气中易氧化，颜色逐渐变深，汽油久存颜色变深与此有关。这些非烃类化合物大都对原油加工和产品质量带来不利影响。在炼制过程中应尽可能将它们除去。此外，石油中还含有微量的氯、碘、砷、磷、钾、钠、铁、镍等元素，它们也是以化合物的形式存在。虽对石油产品的影响不大，但其中的砷会使铂重整的催化剂中毒（使催化剂丧失活性），铁、镍、钒会使催化裂化的催化剂中毒，故在这类加工时，对原料要有所选择或进行预处理。

原油中烷烃的碳原子个数为 15～42 左右时呈固态，称之为蜡。原油中含蜡的百分数称为含蜡量。胶质是原油中分子量较大的烃类，它溶解性较差，只能溶解于石油醚、苯、氯仿、乙醚和四氯化碳等有机溶剂中，能被硅胶吸附。密度较小的石油一般含胶质 4%～5%，而较重的石油胶质含量可达 20% 或更高。原油中所含胶质的百分数称为胶质含量。沥青质为暗褐色至黑色的脆性物质，是含有碳、氢、氧、氮、硫等多种元素的高分子多环有机化合物，其分子量比胶质大许多倍，不溶于石油醚或酒精，可溶于苯、三氯甲烷及二硫化碳，也可被硅胶吸附。原油中所含沥青质的百分数称为沥青质含量。

炼油一般指石油炼制。石油炼制（简称炼油）是石油工业的一个重要组成部分，是原油通过石油炼制加工为各种石油产品的工业。炼油以石油为基本原料，通过一系列炼制工艺，例如常减压蒸馏、催化裂化、加氢裂化、催化重整、延迟焦化、炼厂气加工及产品精制等，把原油加工成各种石油产品，如各种牌号的汽油、喷气燃料（即航空煤油）、柴油、润滑油、溶剂油、重油、蜡油、沥青和石油焦,以及生产各种石油化工的基本原料。

习惯上将石油炼制过程不很严格地分为一次加工、二次加工、三次加工三类过程。

一次加工过程:将原油蒸馏分成几个不同的沸点范围(即馏分)叫一次加工。一次加工装置有常压蒸馏或常减压蒸馏。是将原油用蒸馏的方法分离成轻重不同馏分的过程,常称为原油蒸馏,它包括原油预处理、常压蒸馏和减压蒸馏。一次加工产品可以粗略地分为:①轻质馏分油(见轻质油),指沸点在约 370℃ 以下的馏出油,如粗汽油、粗煤油、粗柴油等。②重质馏分油(见重质油),指沸点在 370～540℃ 的重质馏出油,如重柴油、各种润滑油馏分、裂化原料等。③渣油(又称残油)。习惯上将原油经常压蒸馏所得的塔底油称为重油(也称常压渣油、半残油、拔头油等)。

二次加工过程:将一次加工得到馏分(过程产物)再加工成商品油叫二次加工。二次加工装置有:催化、加氢裂化、延迟焦化、催化重整、烃基化、加氢精制等。主要是指重质馏分油和渣油经过各种裂化生产轻质油的过程,包括催化裂化、热裂化、石油焦化、加氢裂化等。其中石油焦化本质上也是热裂化,但它是一种完全转化的热裂化,产品除轻质油外还有石油焦。二次加工过程有时还包括催化重整和石油产品精制。前者是使汽油分子结构发生改变,用于提高汽油辛烷值或制取轻质芳烃(苯、甲苯、二甲苯);后者是对各种汽油、柴油等轻质油品进行精制,或从重质馏分油制取馏分润滑油,或从渣油制取残渣润滑油等。

裂化有热裂化、催化裂化和加氢裂化。热裂化是完全依靠加热进行裂化。主要原料是减压塔生产中得到的含蜡油。通过热裂化,又可取得汽油、煤油、柴油等轻质油。但是,热裂化所得到的产品,其质量不够好;催化裂化就是在裂化时不仅加热而且加入催化剂。由于催化剂就像人们蒸制馒头时加入酵母一样,能大大加快反应速度,所以,催化裂化比热裂化获得的轻质油多(汽油产率可达 60% 左右),而且产品的质量也比较好;加氢裂化就是在加入氢气的情况下进行催化裂化。这种方法的优点是使所得到的轻质油收率更高,质量更好,而且原料没有严格的要求,原油以至渣油都可以用。缺点是设备要求高,投资大,要用特种钢来制造。

重整是将直链烃类重新整顿成为带侧链的烃类或环状的烃类。经过重整的汽油,质量大大地提高。而且从重整油的芳香烃中还可获取苯、甲苯及二甲苯等重要化工原料。

精制是清除常减压所得产物中的有害东西,以提高产品质量,在炼厂就叫精制。如:直馏汽油、柴油等油品,由于含有硫化物,会产生腐蚀性,必须经过精制才能使用,另外,从减压塔得到的各种润滑油基础油,也只是半成品,同样必须通过精制才能成为合格产品。

三次加工过程:将二次加工得到的商品油制取基本有机化工原料的工艺叫三次加工。三次加工装置有:裂解工艺,主要制取乙烯、芳烃等化工原料。

裂解是石油化工生产过程中,在比裂化更高的温度下,使石油分馏产物中的长链烃断裂成乙烯、丙烯等短链烃的加工过程。可见,裂解是一种深度的裂化。石油裂解的化学过程比较复杂,生成的裂解气是成分复杂的混合气体,除主要产品乙烯外,还有丙烯、异丁烯及甲烷、乙烷、丁烷、炔烃、硫化氢和碳的氧化物等。裂解气经净化和分离,就可以得到所需纯度的乙烯、丙烯等基本有机化工原料。烃类裂解的主要目的是制取乙烯,同时可得丙烯。烃类裂解过程可提供大量的烯烃及部分芳烃,在石油化工中占有最重要的地位。

习　题

5-1 分子式为 $C_{10}H_{14}$ 的烷基苯有几个构造异构体? 哪个有旋光活性?

5-2 命名下列化合物。

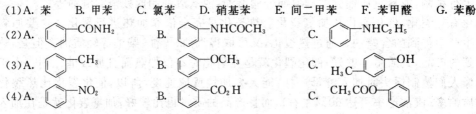

(1) O₂N—⟨Cl,CH₃⟩ (2) 蒽-Br (3) 萘-CH₃ (4) 萘-Cl

(5) 噻吩-OCH₃ (6) 吡啶-CON(C₂H₅)₂ (7) 吡咯-C₂H₅(N-CH₃) (8) α-呋喃甲醇

(9) ⟨CH(CH₃)₂⟩ (10) CH=CH (11) 萘 Cl COOH (12) C₁₂H₂₅ ⟨SO₃Na⟩

(13) OH CH₃ / COCH₃ (14) CHO / COCH₃

5-3 比较下列各组化合物进行亲电取代反应的活泼性。

(1) A. 苯　　B. 甲苯　　C. 氯苯　　D. 硝基苯　　E. 间二甲苯　　F. 苯甲醛　　G. 苯酚

(2) A. ⟨CONH₂⟩　　B. ⟨NHCOCH₃⟩　　C. ⟨NHC₂H₅⟩

(3) A. ⟨CH₃⟩　　B. ⟨OCH₃⟩　　C. H₃C—⟨OH⟩

(4) A. ⟨NO₂⟩　　B. ⟨CO₂H⟩　　C. CH₃COO⟨⟩

5-4 完成反应，写出主产物或反应物的构造式。

(1) ⟨⟩ + CH₃CH₂CHCH₂—Cl (CH₃) —AlCl₃→

(2) H₃C—⟨⟩—CH₃ + H₂SO₄ —→

(3) ⟨⟩—CH=CH₂ + HBr —ROOR→

(4) 2 ⟨⟩ + CH₂Cl₂ —AlCl₃→

(5) 萘—OCH₃ —HNO₃/H₂SO₄→

(6) ⟨⟩ + (CH₃)₂C=CH₂ —HF→

(7) ⟨环己基-苯, CH₂COCl⟩ —AlCl₃→

(8) O₂N—⟨⟩—C(=O)—⟨⟩—CH₃ —H₂SO₄·SO₃/△→

(9) (CH₃)₂CH—⟨⟩ —CH₂O,HCl/ZnCl₂→

(10) 菲 + Br₂ —FeBr₃→

(11) O₂N—⟨⟩—CH₃ —KMnO₄/H⁺→

(12) 萘 —H₂SO₄,165℃→ A —NaOH,300℃→ B —H₃⁺O→ C

(13) 吡咯-2-CHO (N-H) —Cl₂→

(14) 噻吩-COOH + Br₂ —→

(15) 吡啶-2-CH₃ —KMnO₄/H⁺→

(16) 吡啶-3-CH₃ —H₂/Ni, △→

(17) 呋喃 + $CH_3OOC-C\equiv C-COOCH_3 \xrightarrow{\triangle}$ (18) 苯 + $CH_3CH_2CH_2Cl \xrightarrow{AlCl_3}$? $\xrightarrow[H_2SO_4]{KMnO_4}$?

(19) 苯 + (丁二酸酐) $\xrightarrow{AlCl_3}$ (20) (甲苯) $\xrightarrow{?}$ (苄氯) $\xrightarrow[AlCl_3]{苯}$?

(21) (四氢萘) $\xrightarrow[\triangle]{KMnO_4}$ (22) (环己基对叔丁基苯) $\xrightarrow[H^+,\triangle]{KMnO_4}$

(23) (苯基-NHCOCH₃) $\xrightarrow[H_2SO_4]{HNO_3}$

5-5 写出下面反应的机理。

(1) $\langle\text{苯基}\rangle-CH_2CH_2CH_2\overset{\underset{\displaystyle CH_3}{|}}{\underset{\underset{\displaystyle CH_3}{|}}{C}}CH_2Cl \xrightarrow{无水\ AlCl_3}$ (产物：1-甲基-1-乙基四氢萘 $CH_3\ C_2H_5$)

(2) $C_6H_5-\overset{\underset{\displaystyle CH_3}{|}}{C}=CH_2 \xrightarrow{H_2SO_4}$ (产物：茚满衍生物 C_6H_5)

5-6 合成化合物(试剂任选)。

(1)由苯合成：(邻硝基溴苯 NO_2,Br) 和 $\langle\text{苯基}\rangle-CH_2CH_2CH_2CH_2OH$

(2)由甲苯合成：$Br-\langle\text{苯环}\rangle-CO_2H$ (3-硝基) 和 $\langle\text{苯基}\rangle-CH_2CH_2CHO$ 、 $\langle\text{苯基}\rangle-CH_2CH=CHCH_2-\langle\text{苯基}\rangle$ (E)

5-7 根据休克尔规则判断下列化合物或离子有无芳香性。

(1) (环庚三烯正离子 +)   (2) (环戊二烯负离子 ··)   (3) $\left(\langle\text{苯基}\rangle\right)_3CH$ (4) (环戊二烯正离子 +)

(5) (二苯基苯基环丙烯正离子 Ph Ph + Ph) (6) (H H) (7) (1-甲基萘 CH_3) (8) (环庚三烯负离子 −)

(9) $CH_3-\langle\text{哒嗪正离子}\rangle-CH_3$ (10) (噻唑 N S) (11) (茚)

5-8 化合物 A 分子式为 $C_{10}H_{10}$，A 与 $CuCl/NH_3$ 溶液反应，可生成红色沉淀。A 与 H_2O-$HgSO_4$/ H_2SO_4 作用得化合物 B，A 与 $(BH_3)_2$ 作用，经 H_2O_2/OH^- 处理得化合物 C，B 与 C 是构造异构体。A 与 $KMnO_4/H_3^+O$ 作用生成一个二元酸 D，D 的一硝化产物只有一种。将 A 彻底加氢后生成化合物 E，分子式 为 $C_{10}H_{20}$，E 有顺反异构而无旋光异构。试写出 A、B、C、D、E 的构造式。

5-9 某芳烃的分子式为 C_9H_{12}(A)，用重铬酸钾氧化后，可得一种二元酸 B。将原来的芳烃进行硝化， 所得一元硝基化合物有两种 C、D。写出 A、B、C、D 的结构式。

5-10 以苯或甲苯为原料合成下列化合物：

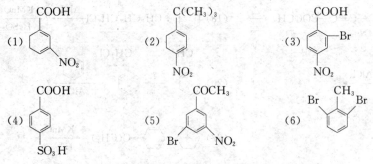

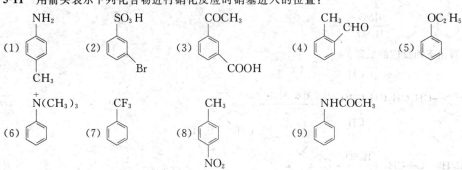

5-11 用箭头表示下列化合物进行硝化反应时硝基进入的位置：

第6章

卤代烃

烃分子中一个或若干个氢原子被卤原子取代后的化合物称为卤代烃(alkyl halides)。卤代烃因种类不同而用途各异,可以用做有机合成试剂、有机溶剂、阻燃剂、制冷剂、防腐剂、麻醉剂等。自然界中卤代烃的天然存储量极其微小,卤代烃一般由合成得到。

6.1 卤代烃的分类和命名

6.1.1 卤代烃的分类

根据卤原子种类的不同,卤代烃可分为氟代烃、氯代烃、溴代烃和碘代烃。根据烃基的性质,卤代烃又可分为卤代烷烃(饱和卤代烃)、卤代烯(炔)烃(不饱和卤代烃)和卤代芳烃。还可根据卤原子数目的多少将卤代烃分为一卤代烃(单卤代烃)和多卤代烃,在多卤代烃中,卤原子可以是不同的。

饱和卤代烃又分为脂肪族卤代烷烃和脂环族卤代烷烃。在卤代烷中,由于与卤原子相连的 α-碳原子的级别不同,又分为伯(1°)卤代烷、仲(2°)卤代烷、叔(3°)卤代烷等。例如

(1)卤代烷烃

$CH_3CH_2CH_2CH_2Br$ (伯卤代烷)　　$CH_3CH_2CH(Br)CH_3$ (仲卤代烷)　　$(CH_3)_3CBr$ (叔卤代烷)

(卤代环烷烃)

(卤代桥环烃)

(卤代螺环烃)

(2)卤代烯(炔)烃

$CH_2{=}CHCl$ (卤乙烯型)　　$CH_2{=}CHCH_2Cl$ (烯丙基卤型)　　$HC{\equiv}C(CH_2)_3Cl$ (卤代炔)

(3)卤代芳烃

(卤苯型)

(苄卤型)

(β-溴代萘)

(联苯型)

(γ-氟代丙苯)

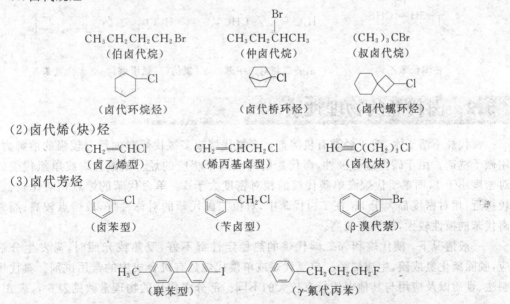

（4）多卤代烃

$$ClCH_2CH_2Cl \qquad Br_2CHCHBr_2 \qquad F_2C{=\!=}CF_2 \qquad HCl_3$$

（1,2-二氯乙烷）　　（1,1,2,2-四溴乙烷）　　（四氟乙烯）　　（三碘甲烷）

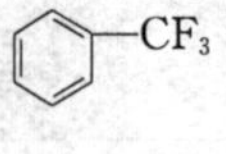

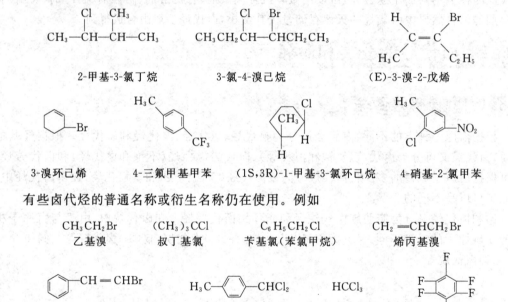

（三氟甲基苯） 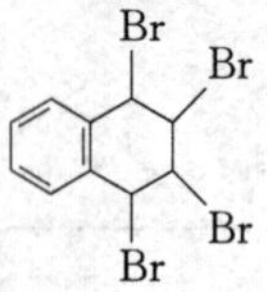　　（1,2,3,4-四溴四氢化萘）　　（二卤代苯）

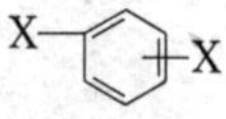

6.1.2　卤代烃的命名

在卤代烃的系统命名中，母体是烃，卤原子是取代基。母体的编号和取代基的位次及其列出次序仍然遵从选最长碳链和最低位次及次序规则。例如

2-甲基-3-氯丁烷　　　　3-氯-4-溴己烷　　　　（E)-3-溴-2-戊烯

3-溴环己烯　　4-三氟甲基甲苯　　（1S,3R)-1-甲基-3-氯环己烷　　4-硝基-2-氯甲苯

有些卤代烃的普通名称或衍生名称仍在使用。例如

$$CH_3CH_2Br \qquad (CH_3)_3CCl \qquad C_6H_5CH_2Cl \qquad CH_2{=\!=}CHCH_2Br$$

乙基溴　　　　叔丁基氯　　　　苯基氯（苯氯甲烷）　　　烯丙基溴

β-溴代苯乙烯　　　　α,α-二氯对二甲苯　　　$HCCl_3$　　　全氟苯

氯仿（三氯甲烷）

6.2　卤代烃的物理性质

卤代烃不溶于水，溶于烃类有机溶剂。多氯代烷或多氯代烯对油污有较强的溶解力，可用做干洗剂。由于碳卤键有极性，卤代烃的沸点高于相应的烃。单氟代烷或单氯代烷的相对密度小于1，而单溴代烷或单碘代烷的相对密度大于1。单卤代苯的熔点相对比较低，也较接近，相对密度都大于1。在二卤代苯中，对位二卤代苯的对称性好，故熔点较高；而邻二卤代苯的极性较大，故沸点较高。

一般情况下，碘代烷和邻二碘代烷的热稳定性都不好，受热或光照时，易发生分解反应，脱除碘化氢或碘，生成烯烃。单氯代烷或单溴代烷是有机合成中的常用试剂。氟代烃的制法、性质以及应用与其他卤代烃有较大的不同。部分卤代烃的物理常数见表6-1、表6-2。

表 6-1　　　　　　　　　部分常见卤代烷、卤代烯的沸点和相对密度

卤代烃	RCl		RBr		RI	
	沸点/℃	d_4^{20}	沸点/℃	d_4^{20}	沸点/℃	d_4^{20}
$CH_2{=}CHCH_2X$	45.0	0.937 6	70.0	1.398 0	102.0	1.849 4
CH_2XCH_2X	84.5	1.235 1	131.4	2.179 2	200.0	3.325
$CH_2{=}CHX$	−13.4	0.910 6	16.0	1.493 3	56.0	2.037
CX_4	76.5	1.594 0	189.0	3.273	（升华）	4.230
CHX_3	61.7	1.483 2	150.0	2.889 9	218.0	4.008
CH_2X_2	40.0	1.326 6	97.0	2.497 0	182.0	3.325 4
CH_3X	−24.2	0.915 9	3.6	1.675 5	42.4	2.279
CH_3CH_2X	12.3	0.897 8	38.4	1.460 4	72.4	1.935 8
$CH_3CH_2CH_2X$	46.6	0.890 9	71.0	1.353 7	102.5	1.748 9
$(CH_3)_2CHX$	35.7	0.861 7	59.4	1.314 0	89.5	1.703 3
$CH_3CH_2CH_2CH_2X$	78.4	0.886 2	101.6	1.275 8	130.5	1.613 4
$(CH_3)_2CHCH_2X$	68.9	0.875	91.4	1.264	120.4	1.605 0
$CH_3CH_2CHXCH_3$	68.2	0.873 2	91.2	1.258 5	120.0	1.592 0
$(CH_3)_3CX$	52.0	0.842 0	73.3	1.220 9	100(d)	1.544 5
⬡—X	143.0	1.000	116.2	1.335 9	180(d)	1.624 4

表 6-2　　　　　　　　　部分一卤代苯的物理常数

化合物	分子式	熔点/℃	沸点/℃	d_4^{20}	n_D^{20}
氟苯	C_6H_5F	−41.9	85.0	1.025	1.467 7
氯苯	C_6H_5Cl	−40	132.2	1.105 8	1.524 4
溴苯	C_6H_5Br	−30.5	156.0	1.495 0	1.559 7
碘苯	C_6H_5I	−31.5	188.6	1.830 8	1.620 0
氯苄	$C_6H_5CH_2Cl$	−39	179.3	1.100 2	1.539 1
邻氯甲苯	$o\text{-}CH_3C_6H_5Cl$	−35	159.4	1.082 5	1.526 8
间氯甲苯	$m\text{-}CH_3C_6H_5Cl$	−48	162	1.072 2	1.521 4(19℃)
对氯甲苯	$p\text{-}CH_3C_6H_5Cl$	7.5	162.4	1.069 7	1.515 0
邻硝基氯苯	$o\text{-}O_2NC_6H_4Cl$	34.0	246.0	1.305_a^{80}	—
间硝基氯苯	$m\text{-}O_2NC_6H_4Cl$	46.0	236.0	1.343_a^{50}	$1.537\ 4_a^{80}$
对硝基氯苯	$p\text{-}O_2NC_6H_4Cl$	83.6	239.0	$1.297\ 9_a^{90}$	$1.537\ 6_a^{100}$

6.3　卤代烷的化学性质

卤代烷（RX）中,极性碳卤键（$\overset{\delta^+}{C}\longrightarrow\overset{\delta^-}{X}$）是卤代烷的结构特征,并由此决定着卤代烷的重要化学性质。卤原子的电负性大于饱和碳原子（sp^3）的电负性,C—X 键所连缺电子的碳原子（α-C）易与亲核试剂作用发生卤代烷的亲核取代反应,不同的 C—X 键其键能、键长、分子的偶极矩也不同（表 6-3）。

表 6-3　　　　　　　　　　　一卤代烷 C—X 键及分子的极性

一卤代烷	C—X 键能/(kJ·mol^{-1})	C—X 键长/nm	偶极矩/(C·m)(气相)
H_3C—F	472	0.139	6.07×10^{-30}
H_3C—Cl	350	0.178	6.47×10^{-30}
H_3C—Br	293	0.193	5.97×10^{-30}
H_3C—I	239	0.214	5.47×10^{-30}

在不同的 C—X 键中,由于卤原子成键能力不同,以及卤原子的变形性不同,C—X 键的强度(键能)大小次序和 C—X 键的极化度大小次序不同。

C—X 键的强度:　　　　　　C—F > C—Cl > C—Br > C—I

C—X 键的极化度:　　　　　C—F < C—Cl < C—Br < C—I

在卤代烷中,卤原子的 $-I$ 效应还可通过 α-C 传递到 β-C 上,进而影响到 β-H,使其有较明显的缺电子特征。表现在化学性质上,则是在强碱的作用下,具有 β-H 的卤代烷可以发生消除 HX 生成烯烃的反应。掌握卤代烷的结构对学习其主要化学性质——亲核取代反应和消除反应是重要的。

$$(\alpha-、\beta-消除HX) \qquad\qquad (\alpha-C上的亲核取代)$$

6.3.1　亲核取代反应

在卤代烷中,电负性较大的卤原子使 C—X 键具有极性,卤原子带有较多的负电荷,中心碳原子(α-C)是缺电子中心,带有部分正电荷而有亲电性。因此,卤代烷可与一系列亲核试剂发生亲核取代反应(nucleophilic substitution reaction),简称 S_N 反应:

$$R—X + N\ddot{u}: \longrightarrow R—Nu + X^-$$

R—X 是反应物(反应底物);Nü:是亲核试剂;X^- 是被 Nü:取代的卤负离子,也称为离去基;R—Nu 是反应产物。

卤代烷与不同的亲核试剂反应可用来制备不同种类的有机化合物。亲核试剂主要可分为两大类:一类是带有孤对电子的中性分子(属路易斯碱),另一类是带有负电荷的负离子(属共轭碱)。例如

$$N\ddot{u} = H_2\ddot{O}, R\ddot{O}H, H_3\ddot{N}, R\ddot{N}H_2, R_3\ddot{N}, R_3\ddot{P}, R_2\ddot{S}, R\ddot{S}H$$

$$N\bar{u} = H\ddot{O}^-, R\ddot{O}^-, RC\equiv C^-, NC^-, NO_3^-, RCO_2^-, X^-, HS^-, RS^-$$

1.亲核取代反应类型

(1)水解反应

卤代烷与水作用发生水解反应,生成醇和卤化氢,反应是可逆的。例如

$$(CH_3)_3C—Cl + H_2\ddot{O} \Longleftrightarrow (CH_3)_3C—OH + HCl$$

由于反应是由弱酸(H_2O)生成强酸(HCl),故反应可逆。如果卤代烷与氢氧化钠的水溶液作用,则发生碱性条件下的水解,反应不可逆。例如

$$C_5H_{11}Cl + NaOH \xrightarrow{H_2O} C_5H_{11}OH + NaCl$$

此反应所用底物 $C_5H_{11}Cl$ 来源于戊烷混合物的氯代反应,碱性水解产物是戊醇的混合物(称杂油醇),可用做溶剂。在此反应中,是强碱 OH^- 取代了弱碱 Cl^-,故反应可进行到底。

一般情况下,都是由醇制备卤代烃,但是可以从容易得到的卤化物经水解制备相应的醇。例如

$$CH_2{=}C(CH_3)_2 \xrightarrow{NBS} CH_2{-}\underset{CH_3}{C}{-}CH_2{-}Br \xrightarrow[H_2O]{NaOH} CH_2{=}\underset{CH_3}{C}{-}CH_2{-}OH$$

(2)醇解反应

醇作为亲核试剂与卤代烷反应,也是可逆的。为了使反应顺利进行,用醇的碱金属盐(烷氧基负离子是亲核试剂)与卤代烷发生 S_N 反应,生成的产物是醚。此反应常用来合成不对称的醚类化合物,称为威廉姆森(Williamson)法合成醚。例如

$$C_2H_5CH_2{-}Br+NaOCH(CH_3)_2 \longrightarrow C_2H_5CH_2OCH(CH_3)_2+NaBr$$

硫醇钠或酚钠也可用于此类反应,合成硫醚或芳基醚:

$$R{-}CH_2{-}O{-}Ar \xleftarrow[(-NaCl)]{ArONa} R{-}CH_2{-}Cl \xrightarrow[(-NaCl)]{NaSR'} R{-}CH_2{-}S{-}R'$$

适当的卤代醇(如 β-氯醇),在碱性条件下可发生分子内的亲核取代反应,生成环状的醚。例如

$$\underset{Cl}{\overset{H\ddot{O}:}{CH_2{-}CH_2}} \xrightarrow[H_2O]{CaO} H_2C{-}CH_2 (环氧)$$

次氯酸与烯丙基氯加成的产物在 $Ca(OH)_2$ 作用下生成 3-氯-1,2-环氧丙烷,后者在生产环氧树脂中有大量的应用。

$$CH_2{=}CH{-}CH_2Cl \xrightarrow{HOCl} \underset{Cl\ OH\ Cl}{CH_2{-}CH{-}CH_2} \xrightarrow{Ca(OH)_2} CH_2{-}CH{-}CH_2Cl (环氧)$$

(3)氰解反应

在醇水混合溶剂中,伯卤代烷与氰化钠(或钾)作用,氰基($-CN$)取代了卤代烷中的卤原子,生成腈。例如

$$CH_3CH_2CH_2CH_2{-}Br+NaCN \xrightarrow[\triangle]{C_2H_5OH/H_2O} CH_3CH_2CH_2CH_2{-}CN+NaBr$$

$$BrCH_2CH_2CH_2Br+2NaCN \xrightarrow[\triangle]{C_2H_5OH/H_2O} NC{-}CH_2CH_2CH_2{-}CN+2NaBr$$

卤代烷的氰解反应,最终在反应物中引入了氰基,产物腈比反应底物(RX)的碳数多一个,在有机合成中,这是重要的增加碳原子的合成方法。

(4)卤代烷与含氧酸根的反应

乙酸根负离子有一定的亲核活性,与活泼的卤代烃反应可生成酯;亚硫酸根有较强的亲核活性,与卤代烷反应可生成烷基磺酸盐。例如

$$C_6H_5CH_2{-}Cl+CH_3COONa \longrightarrow CH_3COOCH_2C_6H_5+NaCl$$

$$n\text{-}C_8H_{17}Cl+NaHSO_3 \longrightarrow n\text{-}C_8H_{17}SO_3Na+HCl$$

硝酸根 NO_3^- 的亲核性很弱,$NaNO_3$ 一般不与卤代烷作用。由于 AgX 是极难电离的无

机物,当使用 $AgNO_3$ 与卤代烷作用时,会因 AgX 的生成而促使卤代烷与 NO_3^- 的亲核取代反应顺利完成。

$$RX + AgNO_3 \xrightarrow{乙醇} R-ONO_2 + AgX\downarrow \quad (X=Cl,Br,I)$$

在这个反应中,生成 AgX 沉淀的现象很明显,可由此鉴别卤代烷的存在。不同级别的卤代烷与 $AgNO_3$ 反应,其活性有很大差别,叔卤代烷会立即生成 AgX 沉淀,仲卤代烷生成 AgX 较慢,伯卤代烷需加热才会有 AgX 沉淀生成。即卤代烷与 $AgNO_3$ 反应活性为

$$3°RX > 2°RX > 1°RX$$

烷基相同,卤原子不同的卤代烷,其生成 AgX 沉淀的速率也不同,活性次序为

$$RI > RBr > RCl > RF$$

(5)氨解反应

氨与卤代烷作用,结果是氨基取代了卤原子,生成伯胺和卤化氢。伯胺是有机弱碱,它与卤化氢结合形成铵盐,当用碱中和时,则得游离伯胺。

$$R-X + NH_3 \longrightarrow R-NH_2 \cdot HX \xrightarrow{NaOH} R-NH_2 + NaX + H_2O$$

过量的氨起到碱的作用,如乙二胺的制取:

$$Cl-CH_2CH_2-Cl + 4NH_3 \xrightarrow[5\ h]{110\sim120℃} H_2N-CH_2CH_2-NH_2 + 2NH_4Cl$$

卤代烷与伯胺反应可生成仲胺,后者与卤代烷进一步反应可生成叔胺,叔胺再与卤代烷作用则生成季铵盐。例如

$$C_2H_5NH_2 + BrC_2H_5 \xrightarrow{-HBr} (C_2H_5)_2NH \xrightarrow[-HBr]{BrC_2H_5} (C_2H_5)_3N$$

$$(C_2H_5)_3N + BrC_2H_5 \longrightarrow (C_2H_5)_4\overset{+}{N}\overset{-}{Br}$$

(6)卤原子置换反应

在丙酮或丁酮溶剂中,溴代烷或氯代烷与溶于其中的碘化钠作用,生成碘代烷和溴化钠或氯化钠。反应中生成的盐(NaBr 或 NaCl)因不溶于丙酮或丁酮而析出,有利于反应进行。

$$\underset{\overset{|}{Br}}{CH_3CHCH_3} + NaI \xrightarrow{丙酮}_{25℃} \underset{\overset{|}{I}}{CH_3CHCH_3} + NaBr\downarrow$$

$$n\text{-}C_8H_{17}Cl + NaI \xrightarrow[\triangle]{丁酮} n\text{-}C_8H_{17}I + NaCl\downarrow$$

在这个反应体系中,卤代烷的反应活性是 $1° > 2° > 3°$。

2.亲核取代反应机理

卤代烷的亲核取代反应在有机合成中有着重要应用。在理论上,化学工作者对反应机理也做了较深入系统的研究,通过对卤代烷亲核取代反应动力学方程的建立和立体化学结果的考查,提出了亲核取代反应的两个典型反应机理:S_N1 机理和 S_N2 机理。

(1)双分子亲核取代反应机理——S_N2 机理

在 CH_3Br 的碱性水解反应中,CH_3Br 和 HO^- 两个反应物以同等速率消耗,反应速率与二者的浓度成正比,这说明决定反应速率这一步骤的过渡态与两个反应物的相互作用有关,CH_3Br 和 HO^- 都参与了反应速率的控制步骤。因此这一过程可描述如下:

$$\overset{H}{\underset{H}{HO^{\cdot}}} + \overset{H}{\underset{H}{C}} \overset{\delta^+}{\underset{(sp^3)}{\!}} \overset{\delta^-}{-} Br \xrightarrow{S_N2} \left[\overset{H}{\underset{H}{HO\text{---}C\text{---}Br}} \right]^{\neq} \longrightarrow HO\text{---}\overset{H}{\underset{H}{C}} \overset{H}{\underset{(sp^3)}{\!}} + Br^-$$

（过渡态）

该反应速率由反应底物和亲核试剂两种分子（两个物种）的浓度控制，故称为双分子亲核取代反应，用 S_N2 表示。

S_N2 反应有以下几个特点：

（a）二级反应。

实验研究发现：溴甲烷或溴乙烷在含 20％ 水的乙醇溶液中于 55℃ 时的水解反应进行得非常慢；在加入氢氧化钠后，水解反应速率很快；并且，卤代烷和氢氧化钠以相同的速率同时消耗。这表明，溴甲烷或溴乙烷的碱性水解反应速率与卤代烷和 HO^- 二者的浓度成正比。根据测得的实验数据，建立了下面反应动力学方程：

$$CH_3Br + {}^-OH \xrightarrow[55℃]{H_2O/C_2H_5OH} CH_3OH + Br^-$$

反应速率 $v=k[CH_3Br][HO^-]$

从动力学方程看，该反应为二级反应。

（b）反应形成平面过渡态，旧键的断裂和新键的生成同时进行，一步完成反应。

在离去基团溴原子逐渐离去的同时，亲核试剂 HO^- 与中心碳原子逐渐键合，即 C—Br 键的断裂与 C—OH 键的生成是同步进行的。当 CH_3Br 与 HO^- 发生活化碰撞，体系内能达到最高水平时，C—Br 键的异裂程度和 HO—C 键形成的程度达到了均衡态势，称为"过渡态"（能量曲线中的最高点处）；反应继续进行，当 C—Br 键完全断裂时，HO—C 键则完全形成；整个反应过程（Br^- 的离去和 HO^- 的进入）是一步完成的。

（c）亲核试剂从卤原子的背面进攻，产物与反应物比较，构型是完全转化的，称为瓦尔登（Paul Walden）转化。

在过渡态时，可以认为中心碳原子是 sp^2 杂化的，它与 5 个原子或基团相连，空间的拥挤及 5 个原子或基团之间相互作用使其内能最大；只有当进入的 $\overset{\delta^-}{OH}$ 和将要离去的 $\overset{\delta^-}{Br}$ 处于直线反方向时，才能最大限度地降低过渡态的内能。所以，亲核试剂（HO^-）应当从离去基（Br^-）离去的相反方向进攻中心碳原子才有利。反应中断裂 C—Br 键所需能量可由生成 HO—C 键放出的能量补偿。由于生成的产物能量水平低于反应底物的能量水平，整个反应是放热的，如图 6-1 所示。

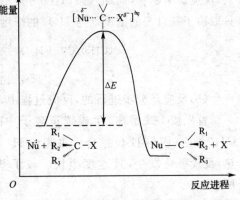

图 6-1 S_N2 反应能量变化曲线

卤代烷按 S_N2 机理反应时，由于亲核试剂从卤原子离去的相反方向进攻中心碳原子，在过渡态时，进入基团（如 OH^-）已把与中心碳原子相连的另外三个原子或基团的化学键（σ 键）排斥到同一平面内。当 X^- 完全离去时，这三个化学键则进一步被排斥到原来—X 所在的区域，结果是产物的中心碳原子的构型与反应底物的中心碳原子构型恰好相反，称为构型翻转或构型转化，也称为瓦尔登转化。当中心碳原子是手性碳时，这种立体化学变化可通过比旋光度的测定观察到。例如下面反应的立体

化学事实,有力地支持了 S_N2 反应机理:

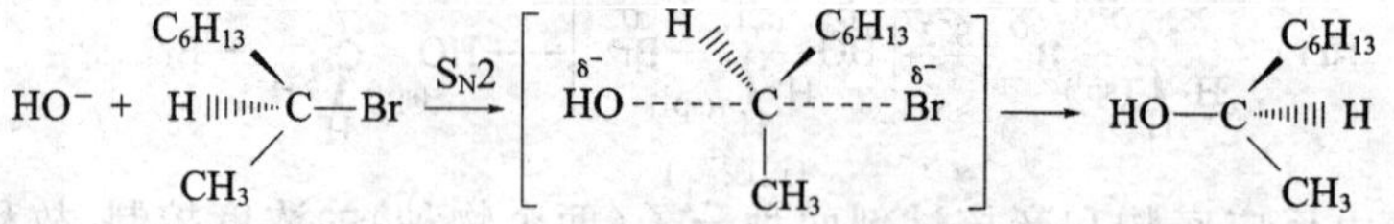

$$HO^- + H\text{⦀⦀⦀}\underset{\underset{CH_3}{|}}{\overset{\overset{C_6H_{13}}{|}}{C}}\text{—}Br \xrightarrow{S_N2} \left[HO\text{-----}\underset{\underset{CH_3}{|}}{\overset{\overset{C_6H_{13}}{|}}{\overset{\delta-}{C}}}\text{-----}\overset{\delta-}{Br} \right] \longrightarrow HO\text{—}\underset{\underset{CH_3}{|}}{\overset{\overset{C_6H_{13}}{|}}{C}}\text{⦀⦀⦀}H$$

经实验确定,(+)-2-溴辛烷与(−)-2-辛醇两者构型相反。大量的立体化学实验结果表明,构型转化是 S_N2 反应的特征。

(2)单分子亲核取代反应机理——S_N1 机理

叔丁基溴在稀碱溶液中水解,主要生成叔丁醇,反应速率只由反应底物的浓度变化所控制,与亲核试剂的浓度无关。即反应的控制步骤是由卤代烷本身的变化决定的,则 C—X 键的变化就决定了反应的进行。因此认为这个反应的机理不是单纯的一步反应过程,应是如下所示的多步反应过程:

① $(CH_3)_3C\text{—}Br \underset{慢}{\rightleftharpoons} [(CH_3)_3\overset{\delta+}{C}\text{—}\overset{\delta-}{Br}] \longrightarrow (CH_3)_3C^+ + Br^-$

② $(CH_3)_3C^+ + \overset{-}{O}H \xrightarrow{快} (CH_3)_3C\text{—}OH$

③ $(CH_3)_3C^+ + H_2O \xrightarrow{快} (CH_3)_3C\text{—}\overset{+}{O}H_2 \xrightarrow[-H^+]{快} (CH_3)_3C\text{—}OH$

叔丁基溴在溶剂(H_2O)的作用下按①式发生解离,C—Br 键异裂后生成了活性中间体碳正离子 $(CH_3)_3C^+$ 和 Br^-。这是化学键断裂的吸热反应,是整个反应的速率控制步骤。在这步反应中,C—Br 键的断裂与[OH^-]无关,是单分子行为,所以称为单分子的亲核取代反应,用 S_N1 表示。

与 S_N2 比较,S_N1 特点如下:

(a)一级反应。

在对叔丁基溴的水解反应研究中发现,其反应速率比溴乙烷快很多,反应底物浓度越大,反应速率越快,而加入碱(HO^-)并不加快水解反应。这表明叔丁基溴的水解反应速率只取决于其自身的浓度而与 HO^- 的浓度"无关"。测得的动力学方程为一级。

$$(CH_3)_3CBr + H_2O \xrightarrow[55℃]{H_2O/C_2H_5OH} (CH_3)_3C\text{—}OH + HBr$$

反应速率 $v = k[(CH_3)_3CBr]$

(b)反应是分步进行的,反应过程中,生成碳正离子中间体。

首先按①式解离,生成碳正离子中间体 $(CH_3)_3C^+$,随后 $(CH_3)_3C^+$ 与反应体系中的 OH^- 结合,或与 H_2O 结合后再脱出 H^+ 都生成叔丁醇。这两个反应都因生成化学键而放热,反应极易发生,且速度很快。叔丁基溴整个水解反应过程的能量变化曲线如图 6-2 所示。

(c)产物的构型常常是外消旋体。

由于在 S_N1 反应中生成的碳正离子是 sp^2 杂化的,属平面构型,当亲核试剂与之成键生成产物时,可从这个平面的两侧攻击碳正离子,在几率均等条件下,结果产生等量的空间构型相反的产物。如果卤代烷的中心碳原子是手性碳,则反应产物是外消旋体。这一立体化学特征与 S_N2 反应的立体化学特征构型翻转不同,S_N1 反应的立体化学特征是生成外消旋体。例如

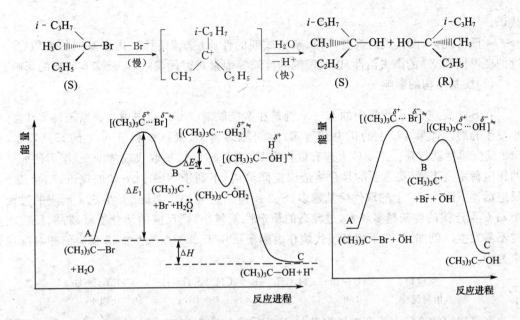

图 6-2　S_N1 反应能量变化曲线

应当注意的是,中心碳原子有手性的卤代烷按 S_N1 机理反应后的产物并不是 100% 的外消旋体。其主要原因是先行离去的卤负离子可以与生成的碳正离子以离子对的形态而留存于原来的空间方位,这就使亲核试剂从碳正离子的两侧进入的几率不均等,从而形成一定量的构型转化产物。例如,旋光性 α-氯代乙苯在 80% 丙酮-水溶液中水解时,反应速率与 $[OH^-]$ 大小无关,是 S_N1 反应,但反应产物的 98% 是外消旋化的,还有 2% 的旋光性醇。这说明当苄基碳正离子生成后,H_2O 对它的进攻由于离去基 (Cl^-) 尚未完全离开,而呈现出一定的方位选择性,构型翻转产物占了多数。即

在 S_N1 反应机理中,生成碳正离子中间体,而且会伴有重排反应产物生成。例如

3.影响亲核取代反应的因素

卤代烷的亲核取代反应大致可按 S_N2 或 S_N1 机理进行,但对一个具体的卤代烷在发生 S_N 反应时是按哪种机理进行的,反应的活性又怎样,在什么条件下才能完成反应,回答这些问题,就要在掌握反应机理的前提下对影响亲核取代反应的重要因素及其作用有明确的

认识。

一般情况下，卤代烷的烷基结构、亲核试剂的性质（亲核活性）、离去基团的性质（C—X键的变形性和 X^- 的离去活性）以及溶剂的性质等因素对卤代烷的 S_N 反应有明显的影响。

（1）烷基结构的影响

在 S_N2 反应中，卤代烷中的 $\overset{\delta^+}{C}—\overset{\delta^-}{X}$ 键是在亲核试剂（Nu：）攻击中心碳原子（α-C）时才逐步发生异裂。如果 α-C 上的正电荷越多，空间障碍越小，就越有利于 Nu：的亲核攻击，则 S_N2 反应活性就越高。当 α-C 上连有取代烷基（支链）时，这些取代烷基的 +I 作用使 α-C 上的正电荷密度下降，更重要的是它将造成空间障碍，不利于 Nu：对 α-C 的攻击，结果使 S_N2 反应活性下降。α-C 上的取代烷基越多，S_N2 反应活性越小。实际上，在 S_N2 反应的过渡态中，α-C 上连接的烷基越多越大，过渡态的稳定性就越小，则反应的活化能就越高，反应也就越不易发生。例如，I^- 与下面各溴代烷在丙酮溶液中于 25℃ 时发生 S_N2 反应的相对反应速率为

反应物	$CH_3—Br$	$CH_3CH_2—Br$	$(CH_3)_2CH—Br$	$(CH_3)_3C—Br$
相对速率	150	1.0	0.01	0.001

在卤代烷的 β-C 上连有支链烷基时，S_N2 反应的速率也有明显下降。例如，在乙醇溶液中，$NaOC_2H_5$ 与下列各溴代烷于 55℃ 下发生 S_N2 反应的相对反应速率为

反应物	CH_3CH_2Br	$CH_3CH_2CH_2Br$	$(CH_3)_2CHCH_2Br$	$(CH_3)_3CCH_2Br$
相对速率	100	28	3.0	$4.2×10^{-6}$

可见，在卤代烷的 S_N2 反应中，不同的烷基结构，卤代烷的反应活性次序为

$$CH_3X > CH_3CH_2X(1°) > (CH_3)_2CHX(2°) > (CH_3)_3CX(3°)$$

在 S_N1 反应机理中，卤代烷是在极性溶剂作用下先解离生成活性中间体碳正离子，此为整个反应的速率控制步骤。因此，生成的碳正离子的稳定性越好，相应的反应活化能就较低，则反应进行得较快，反应活性高。已知碳正离子有如下的稳定性次序：

$$(CH_3)_3\overset{+}{C} > (CH_3)_2\overset{+}{CH} > CH_3\overset{+}{CH_2} > \overset{+}{CH_3}$$

所以，卤代烷按 S_N1 机理反应的活性次序是

$$(CH_3)_3CX(3°) > (CH_3)_2CHX(2°) > CH_3CH_2X(1°) > CH_3X$$

例如，在强极性溶剂甲酸中，下列各溴代烷发生水解反应，生成相应的醇，测得按 S_N1 机理的相对反应速率为

反应物	CH_3Br	CH_3CH_2Br	$(CH_3)_2CHBr$	$(CH_3)_3CBr$
相对速率	1.0	1.7	45	$>10^6$

不同烷基的叔卤代烷，其 S_N1 反应的活性也不同。例如，下面所列各叔氯代烷在丙酮水溶液中，25℃ 时水解的相对反应速率为

反应物	$(CH_3)_3CCl$	$CH_3CH_2\overset{\displaystyle CH_3}{\underset{\displaystyle CH_3}{|\,|}}CCl$	$(CH_3)_2CHCCl$	$[(CH_3)_2CH]_3CCl$	$[(CH_3)_3C]_3CCl$
相对速率	1.0	2.0	2.4	6.9	600

一般情况下，伯卤代烷易发生 S_N2 反应，叔卤代烷易发生 S_N1 反应。但是也有例外情

况。例如,新戊基溴在乙醇中发生醇解反应时,虽然新戊基溴是伯卤代烷,但反应速率非常缓慢,而且得到的产物是碳架发生改变的醚和烯烃,即反应中发生了重排变化,这是 S_N1 反应的特征。

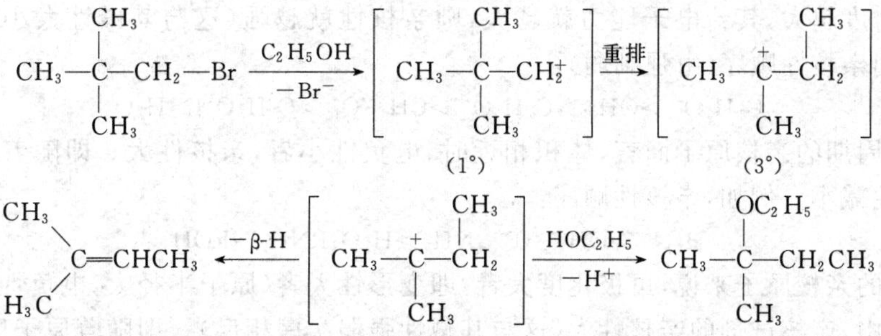

由于叔丁基的体积很大,它屏蔽了亲核试剂按 S_N2 机理对 α-C 的进攻,新戊基溴只能进行 S_N1 反应,但反应速率很小,而生成的中间体经过重排变为更加稳定的碳正离子,故主产物是由稳定性好的叔碳正离子进一步反应生成的。

(2)离去基的影响

在 S_N1 和 S_N2 反应中,C—X 键都发生异裂,X^- 从 C—X 键中解离的活性越大,则对 S_N 反应越有利。即:C—X 键的极化度越大及电离能越小,离去基(X^-)的变形性越大、碱性越小,卤代烷发生 S_N 反应的活性就越大。已知 C—X 键的极化度大小次序为

$$C—I > C—Br > C—Cl > C—F$$

C—X 键的键能及电离能大小次序为

$$C—I < C—Br < C—Cl < C—F$$

X^- 的变形性大小次序为

$$I^- > Br^- > Cl^- > F^-$$

X^- 的碱性大小次序为

$$I^- < Br^- < Cl^- < F^-$$

所以,相同烷基不同卤原子的卤代烷的 S_N 反应活性次序为

$$RI > RBr > RCl \gg RF$$

这个活性次序对卤代烷的 S_N1 反应的影响程度大于 S_N2 反应。因为 S_N2 反应中,X^- 的离去是在 Nu: 的协助下完成的,反应活性还与 Nu: 的亲核活性有关,而在 S_N1 反应中,X^- 离去生成碳正离子是反应的控速步骤。

相比之下,在卤负离子中,I^- 是活性最好的离去基团,而 F^- 的离去活性最小。所以,碘代烷是很好的烷基化试剂。从下面所列负离子作为离去基在亲核取代反应中相对离去速率可见,碱性越小的负离子,其离去活性越大。

离去基	—F	—Cl	—Br	—I	$C_6H_5SO_3^-$	$p\text{-}O_2NC_6H_4SO_3^-$
相对离去速率	10^{-2}	1	50	150	300	2 800

(3)亲核试剂的影响

在 S_N1 反应中,亲核试剂浓度的大小及亲核试剂亲核性(亲核能力)的强弱对反应速率的影响不重要,因为亲核试剂没有直接参与反应速率控制步骤(溶剂解反应除外),所以亲核试剂的浓度较低,亲核性较弱对 S_N1 反应是有利的。在 S_N2 反应中,亲核试剂参与了过渡态的形成,试剂的亲核性强弱对 S_N2 反应的影响很大。亲核试剂的浓度大,亲核性强,是有利

于 S_N2 反应的。亲核性在这里指试剂的给电子中心原子(带有未成键电子对,属 Lewis 碱)与卤代烷的缺电子中心碳原子的亲和能力。试剂的亲核性越强,它与卤代烷中心碳原子的成键能力就越大,S_N2 反应活性也就越高。对于相同亲核原子的亲核试剂,在其他条件相同时,电子云密度越大,其给电子能力就越大,则亲核性就越强(这与其碱性大小次序相同)。例如,有下列亲核性顺序(由强到弱):

$$C_2H_5O^- > OH^- > C_6H_5O^- > CH_3CO_2^- > C_2H_5OH > H_2O$$

对同一周期的亲核原子而言,体积相近时,电负性小者,亲核性大。即随着原子序数的增加,亲核性减小。例如,亲核性顺序:

$$H_2N^- > OH^- > F^-; NH_3 > H_2O; RNH_2 > ROH$$

对同族的亲核原子来说,可极化度大者,即变形性大者(原子半径大,电负性小),在质子型极性溶剂中,亲核试剂的亲核性大(这与其碱性强弱次序相反)。即随着原子序数的增加,亲核性增强。例如,亲核性顺序:

$$I^- > Br^- > Cl^- > F^-; HS^- > HO^-; H_2S > H_2O; RSH > ROH; RS^- > RO^-; R_3P > R_3N$$

同类型的亲核试剂,其体积越大,空间障碍就越大,不利于对卤代烷中心碳原子的亲核攻击,而且形成的过渡态稳定性也不好。所以,体积较大的亲核试剂,其亲核性较小。例如,亲核性顺序:

$$CH_3CH_2NH_2 > (CH_3CH_2)_2NH > (CH_3CH_2)_3N$$
$$CH_3ONa > C_2H_5ONa > (CH_3)_2CHONa > (CH_3)_3CONa$$

不同的亲核试剂与不同的卤代烷在进行 S_N2 反应时,反应条件不同,可表现出不同的亲核活性。一些常见的亲核试剂在质子型溶剂(CH_3OH)中与溴甲烷反应,有如下的亲核活性次序:

$$HS^- > NC^- > I^- > \overset{\cdot\cdot}{N}H_3 > HO^- > N_3^- > Br^- > Cl^- > CH_3CO_2^- > F^- > H_2O$$

(4)溶剂的影响

溶剂的类型和极性大小对卤代烷及亲核试剂的反应活性有不同程度的影响。

对 S_N1 反应,在速率控制步骤中,反应底物由中性分子变成碳正离子,过渡态的极性比底物极性大。

$$R-X \longrightarrow [\overset{\delta^+}{R} \cdots \overset{\delta^-}{X}] \longrightarrow R^+ + X^-$$

极性溶剂分子可以与高度极化的过渡态通过偶极-偶极相互作用,使过渡态因电荷形成而引起的内能升高有所缓解,这种偶极-偶极作用所释出的能量有助于过渡态的 C—X 键进一步彻底解离。对于生成的碳正离子和卤负离子,极性溶剂分子对它们的溶剂化作用使它们所带电荷因得到分散而趋于稳定。如果卤代烷是在极性溶剂分子的作用下完成 C—X 键异裂,此后,溶剂分子又以亲核试剂的身份与碳正离子反应生成产物,此为溶剂解反应。溶剂的极性越大,溶剂化能力就越强,过渡态的能量就越低,生成的碳正离子也就越稳定,卤代烷的溶剂解反应就越易进行,即 S_N1 反应活性越高。例如,叔丁基氯在 25℃ 时于不同极性溶剂中发生 S_N1 反应的相对速率为

溶剂	CH_3CO_2H	CH_3OH	HCO_2H	H_2O
介电常数/$(F \cdot m^{-1})$	6.15	32.7	58.5	78.5
相对速率	1	4	5000	150 000

可见溶剂的极性对 S_N1 反应的影响是相当大的。

对 S_N2 反应,溶剂极性的影响,因取代反应的类型不同而异。如果 S_N2 反应过渡态的电

荷存在形式比反应底物或亲核试剂的电荷更加分散,则溶剂极性增加,不利于过渡态的电荷分散状态形成,因此使反应速率减慢。

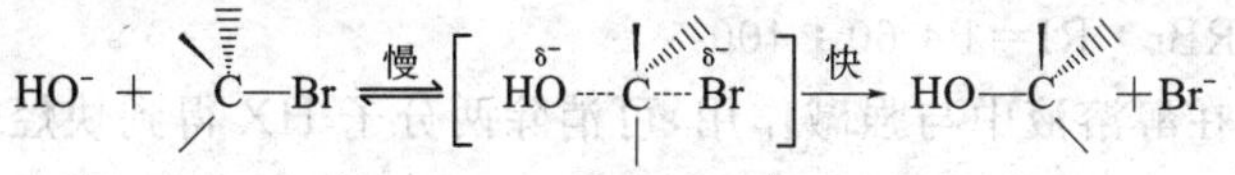

$$HO^- + \overset{|}{\underset{|}{C}}-Br \underset{慢}{\rightleftharpoons} \left[HO\cdots\overset{\delta-}{\underset{|}{C}}\cdots Br \right] \overset{快}{\longrightarrow} HO-\overset{|}{\underset{|}{C}} + Br^-$$

电荷集中　　　　　　　　　电荷分散的过渡态

另外,溶剂的极性大,对亲核试剂的溶剂化作用程度大,则亲核试剂的亲核活性将下降,对 S_N2 反应不利。在质子型极性溶剂中(如 H_2O、C_2H_5OH 等),卤离子与溶剂可形成氢键,因此 X^- 被溶剂分子包围而降低亲核活性。卤负离子的体积越小,负电荷越集中,它与质子型溶剂分子的溶剂化作用程度越大。因此,有卤负离子亲核活性次序:

$$I^- > Br^- > Cl^- > F^-$$

由于 I^- 的体积大,变形性大,负电荷较分散,溶剂化作用对它的亲核性抑制作用较小,故 I^- 的亲核性最好。但是在非质子型的极性溶剂中,由于 X^- 与溶剂分子不发生溶剂化作用,X^- 的负电荷是完全裸露的,负电荷越集中,亲核活性越大,有 X^- 的亲核活性次序:

$$F^- > Cl^- > Br^- > I^-$$

一般而言,在极性不太弱的溶剂(如含水乙醇)中,叔卤代烷是按 S_N1 机理反应的;在极性不太强的溶剂(如乙醇)中,伯卤代烷是按 S_N2 机理反应的。仲卤代烷可按两种机理进行反应,通常是以 S_N2 机理为主。如果改变溶剂的极性,可改变卤代烷亲核取代反应的机理。

综上所述,卤代烷进行 S_N 反应时所遵循的一般规律的特点是:

在 S_N1 反应中,卤代烷的反应活性次序为:$3° > 2° > 1° > CH_3X$;反应产物可有外消旋化现象并可出现重排产物。在 S_N2 反应中,卤代烷的反应活性次序为:$CH_3X > 1° > 2° > 3°$;反应中心碳原子发生立体构型转化,但无重排产物生成。卤代烷离去基的离去活性越大对 S_N 反应越有利;亲核试剂的亲核性越强,对 S_N2 反应越有利;溶剂的极性越大,对 S_N1 反应越有利,亲核试剂的浓度增大对 S_N2 反应有利。当然,提高反应温度可加快 S_N 反应的速率。

6.3.2　消除反应

1.消除反应

卤代烷在醇溶液中与强碱作用,在加热条件下,不仅得到亲核取代产物,还得到脱除 HX 的主产物——烯烃。例如

$$(CH_3)_2CHCH_2Br \xrightarrow[C_2H_5OH,55℃]{C_2H_5ONa} (CH_3)_2CHCH_2OC_2H_5 + (CH_3)_2C=CH_2$$
　　　　　　　　　　　　　　　　(38%)　　　　　　(62%)

$$(CH_3)_2CHBr \xrightarrow[C_2H_5OH,55℃]{C_2H_5ONa} (CH_3)_2CHOC_2H_5 + CH_3CH=CH_2$$
　　　　　　　　　　　　　　　(20%)　　　　　(80%)

$$(CH_3)_3CBr \xrightarrow[C_2H_5OH,55℃]{C_2H_5ONa} (CH_3)_3COC_2H_5 + (CH_3)_2C=CH_2$$
　　　　　　　　　　　　　　(2%)　　　　　(98%)

卤代烷在反应中自身脱去一个小分子(HX),生成烯烃,称为消除反应(elimination reaction),简记为 E 反应。由于是脱除 α-C 上的卤原子和 β-C 上的氢原子,又称 α,β-消除卤化氢,简称为 β-消除反应。这是制备烯烃的重要方法之一。从上面所列举的反应看,不同级别的卤代烷在相同条件下发生 β-消除反应的活泼性不同。卤代烷进行消除反应活性次序一般为 $3° > 2° > 1°$。

实验证明,不同卤原子的卤代烷消除 HX 的反应活性次序为 RI＞RBr＞RCl＞RF,例如,2-甲基-2-卤丁烷与 KOC(CH₃)₃/HOC(CH₃)₃ 作用,在 25℃时,发生消除反应的相对反应速率约为 RCl：RBr：RI＝1：60：400。

同碳二卤代烷在醇溶液中与强碱作用,可消除两分子 HX 得到炔烃(中间经过卤代烯):

$$R-\overset{\underset{|}{X}}{\underset{\underset{|}{X}}{C}}-\overset{\underset{|}{H}}{\underset{\underset{|}{H}}{C}}-R' + 2KOH \xrightarrow[\triangle]{醇} R-C\equiv C-R' + 2KX + 2H_2O$$

在卤代烷的 β-消除反应中,β-H 因卤原子的 −I 作用而呈现一定的活性(即"酸性"),在强碱的作用下脱除 β-H 和 X⁻ 离子,生成烯烃。如果卤代烷中有不止一种 β-H,则消除 HX 反应生成的烯烃就不止一种。实验结果表明,当卤代烷能够消除的 β-H 不止一种时,消除反应的主产物一般是双键上含有较多烷基的烯烃。即:主要消除含氢较少的 β-C 上的氢原子。这个实验规律称为查依采夫(Saytzeff)规则,此为卤代烷消除 HX 的区域选择性(regioselectivity)。如

$$CH_3CH_2\overset{\underset{|}{}}{\underset{\underset{|}{Br}}{C}}HCH_3 \xrightarrow[HOC_2H_5,70℃]{KOH} CH_3CH=CHCH_3 + CH_3CH_2CH=CH_2$$
$$(81\%) \quad\quad\quad (19\%)$$

$$CH_3CH_2\overset{\underset{|}{}}{\underset{\underset{|}{Br}}{C}}(CH_3)_2 \xrightarrow[HOC_2H_5,70℃]{KOC_2H_5} CH_3CH=C(CH_3)_2 + CH_3CH_2\overset{\underset{|}{}}{\underset{\underset{|}{CH_3}}{C}}=CH_2$$
$$(71\%) \quad\quad\quad (29\%)$$

由于消除反应产物——烯烃的内能高于反应物的内能(卤代烷在反应中断两个 σ 键,生成一个 π 键),反应是吸热的,又由于 β-H 的"酸性"非常弱,因此,一般需要高浓度的强碱与 RX 作用并加热,才能生成烯烃。

叔卤代烷很容易发生消除反应,即便是使用碱性很小的 NaCN 与之作用,也将得到主产物——烯烃。

$$(CH_3)_2C=CH_2 \xleftarrow[C_2H_5OH]{NaOC_2H_5} (CH_3)_3C-Br \xrightarrow[C_2H_5COCH_3]{NaCN} (CH_3)_2C=CH_2$$

2.卤代烷 β-消除 HX 的机理

实验研究结果表明,一般情况下卤代烷的 β-消除反应机理有双分子消除(E2)和单分子消除(E1)两种。

(1)双分子消除反应机理——E2 反应机理

伯卤代烷或仲卤代烷在醇溶液中与强碱作用,消除 HX,生成烯烃,反应速率与卤代烷和碱的浓度成正比,反应动力学方程为

$$v=k[RX][碱]$$

与 S_N2 反应类似,决定反应速率的过渡状态是由两个物种参与形成的,故为双分子消除反应,用 E2 表示。

在 E2 反应中,碱进攻卤代烷的 β-H,β-C—H 键逐步发生异裂,同时 α-C—X 键也随之逐渐发生异裂,在达到过渡态时,β-C—H 键和 α-C—X 键都处于高度的活化状态,α-C 和 β-C 分别带有部分正电荷和部分负电荷,这两个碳原子已具有 sp² 杂化的特征;即在 C_β−C_α 之间已有了部分双键的性质,这时反应体系处于最高能量水平(图 6-3)。随着反应的进行,β-C—H键完全异裂,β-H 与碱结合,原有的 β-C—H σ 键的一对电子在 C_β−C_α 之间形成 π

键，X^- 从 $\alpha\text{-}C\!-\!X$ 键中彻底离去。这个 E2 反应机理可描述如下：

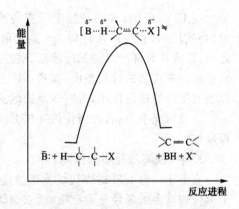

E2 反应是一步反应过程，其过渡态中，化学键的变化涉及 5 个原子，电荷分散的程度比 S_N2 的过渡态还要大，所以强极性溶剂对 E2 反应不利，E2 反应一般是在醇溶液中完成。由于 β-H 的"酸性"很小，反应中使用的碱应为高浓度的强碱（NaOH、KOH、NaOR、KOR）。

由于在 E2 反应中，强碱($B\ddot{:}$)是与 β-H 相结合，卤代烷的 α-C 上支链越多，β-H 数目越多，$B\ddot{:}$ 攻击 β-H 的几率就越大，对 E2 反应就越有利。更重要的是，在过渡态时，多个支链烷基的存在，对部分双键的形成有推动作用，不仅可以降低过渡态的内能，还会使生成的烯烃尽可能的稳定。卤代烷 E2 反应的活泼性次序为

图 6-3　E2 反应能量变化曲线

$$叔卤代烷＞仲卤代烷＞伯卤代烷$$

（2）单分子消除反应机理——E1 反应机理

动力学研究结果表明，叔卤代烷发生消除反应，在没有碱存在时，反应速率只与卤代烷浓度有关，动力学方程为

$$v=k[R_3CX]$$

叔卤代烷进行溶剂解反应(S_N1)时，会有一部分烯烃生成：

$$(CH_3)_3C\!-\!Br+C_2H_5OH \xrightarrow{25℃} (CH_3)_3C\!-\!OC_2H_5+(CH_3)_2C\!=\!CH_2$$
$$\text{（81\%，S_N1产物）}\quad\text{（19\%，E1产物）}$$

这说明生成的活性中间体——碳正离子可脱除一个 $\beta\text{-}H^+$，生成烯烃：

$$(CH_3)_2\overset{+}{C}\!-\!CH_2 + H\ddot{O}C_2H_5 \longrightarrow (CH_3)_2C\!=\!CH_2+H_2\overset{+}{O}C_2H_5$$

由于醇（溶剂分子）的碱性很小，在其作用下 β-H 的解离速率很慢，所以 S_N1 反应产物是主要的。如果在反应体系中加入较强的碱($B\ddot{:}$)，则生成的碳正离子在 $B\ddot{:}$ 的作用下会很快解离出 $\beta\text{-}H^+$，生成烯烃。由于反应速率控制步骤是生成碳正离子，只涉及一种反应物，故为单分子消除反应，用 E1 表示。其反应能量变化如图 6-4 所示。

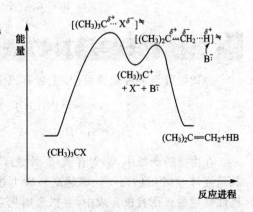

图 6-4　E1 反应能量变化曲线

① $(CH_3)_3C-Br \xrightarrow{慢} \left[(CH_3)_3 \overset{\delta+}{C} \cdots \overset{\delta-}{Br} \right] \longrightarrow (CH_3)_3C^+ + Br^-$

② $(CH_3)_2 \overset{+}{C} -CH_2 + :\bar{B} \xrightarrow{快} \left[(CH_3)_2 \overset{\delta+}{C} = \overset{}{C}H_2 \begin{smallmatrix} H \cdots \overset{\delta+}{} \cdots \overset{\delta-}{B} \end{smallmatrix} \right]^{\neq} \longrightarrow (CH_3)_2C=CH_2 + HB$

在 E1 反应中,式①是整个反应的速率控制步骤;式②中,当碱攻击 β-H 时,β-C—H 键发生异裂,β-C 由 sp^3 杂化向 sp^2 杂化演变,原来 β-C—H 键中 σ 键电子部分转移到 C_α—C_β 之间,形成具有部分双键的过渡态。进一步的变化是 β-H 完全解离,生成"C_α=C_β"双键,完成反应。在式②的过渡态中,如果 β-C 上仍连有烷基,则因烷基的 +I 和 +C(σ-p)效应,对过渡态有更好的稳定作用,有利于反应的完成。

一般情况下,只有叔卤代烷才按 E1 机理发生消除反应,仲卤代烷和伯卤代烷则按 E2 机理反应。

3.卤代烷消除反应的取向

有不止一种 β-H 的卤代烷发生消除反应,其主产物一般是查依采夫取向烯烃,即双键碳上取代烷基多的烯烃是主产物,而双键碳上取代烷基少的烯烃称为霍夫曼取向烯烃,这就是卤代烷消除反应的取向。

在 E2 反应的过渡态以及在 E1 机理的第二步反应过渡态中,在 C_α=C_β 之间已有部分双键的特征,从过渡态和产物两者的稳定性看,生成双键碳原子上取代烷基较多的烯烃有利,相应的活化能较低,反应速率较快,即查依采夫取向的烯烃是主产物。但是,当脱去的 β-H 有明显的空间位阻或碱的体积较大,不利于中间位置的 β-H 脱去时,霍夫曼取向的烯烃将成为主产物。例如

$CH_3CH_2\underset{\underset{Br}{|}}{C}HCH_3 \xrightarrow[HOC(CH_3)_3,\triangle]{KOC(CH_3)_3} CH_3CH=CHCH_3 + CH_3CH_2CH=CH_2$
(47%)   (53%)

$(CH_3)_3CCH_2\underset{\underset{Br}{|}}{C}(CH_3)_2$

$\xrightarrow[HOC_2H_5,\triangle]{KOC_2H_5} (CH_3)_3CCH=C(CH_3)_2 + (CH_3)_3CCH_2\underset{\underset{CH_3}{|}}{C}=CH_2$
(14%)   (86%)

$\xrightarrow[HOC(CH_3)_3,\triangle]{KOC(CH_3)_3} (CH_3)_3CCH=C(CH_3)_2 + (CH_3)_3CCH_2\underset{\underset{CH_3}{|}}{C}=CH_2$
(2%)   (98%)

6.3.3 卤代烃与金属的反应

卤代烃可与多种金属反应,生成有机金属化合物(organometallic compound)。例如

$$CH_3CH_2I + Mg \xrightarrow{乙醚} CH_3CH_2MgI$$

$$3CH_3CH_2Cl + 2Al \xrightarrow{[I_2]} (C_2H_5)_2AlCl + (C_2H_5)AlCl_2$$

在生成的产物中,都含有碳-金属键:$\overset{\delta-}{C} \longleftarrow \overset{\delta+}{M}$,金属元素越活泼,生成的 C—M 键的极性就越强(C—M 键的离子化率越高),碳上带有负电荷就越多,作为试剂,则烃基的碱性和亲核性就越强。在有机合成中,有机金属化合物常用于形成 C—C 键,这一点非常重要。

在干燥的醚中,卤代烃与镁反应,生成溶于醚的产物——烃基卤化镁,称为格利雅试剂,通常称为格氏试剂。

$$R-X + Mg \xrightarrow{\text{醚}} RMgX$$

$$PhX + Mg \xrightarrow{\text{醚}} PhMgX$$

卤代烃的反应活性是

$$RI > RBr > RCl \gg RF, \quad RX > PhX$$

烃基卤化镁是法国有机化学家格利雅（Victor Grignard）于 1901 年在里昂大学他的博士论文研究工作中首次发现的有机镁化合物,作为亲核试剂,在有机合成中用于形成碳-碳键。烃基卤化镁的发现及其重要应用对有机合成化学的发展起到了推动作用。现在有机化学工作者把它称为格氏试剂。芳卤和烯卤也可以与镁反应,生成相应的格氏试剂,在四氢呋喃（THF）中进行反应,效果较好。例如

$$CH_3CH_2CH_2Cl + Mg \xrightarrow{\text{乙醚}} CH_3CH_2CH_2MgCl$$

$$CH_3CH\!=\!CHBr + Mg \xrightarrow{\text{THF}} CH_3CH\!=\!CHMgBr$$

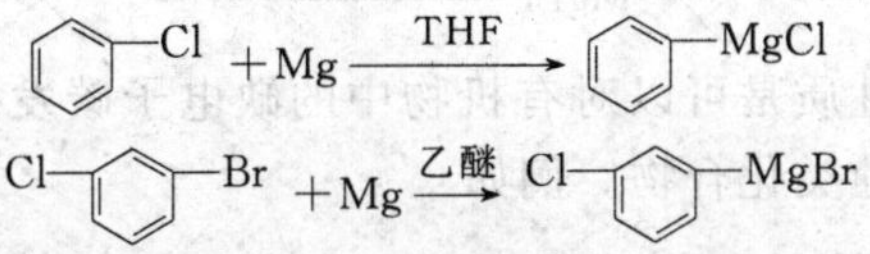

格氏试剂非常活泼,但在醚溶液中可稳定存在,其原因是醚可与格氏试剂的 Lewis 酸中心形成络合物,进而溶于醚中,并且存在一系列平衡。

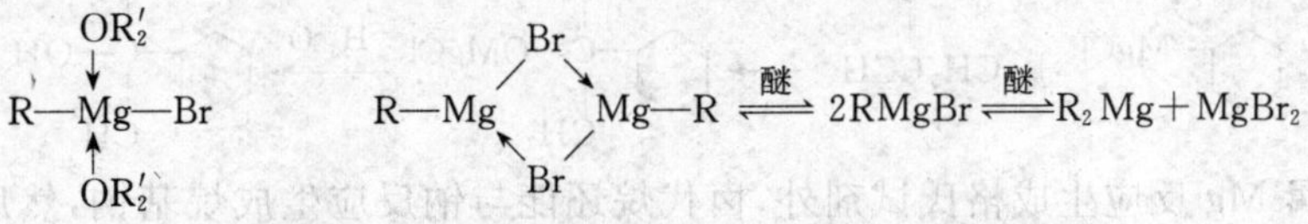

$$2RMgBr \rightleftharpoons R_2Mg + MgBr_2$$

RMgBr 和 RMgI 在很稀的醚溶液中主要是以单体形式存在。

RX 与 Mg 反应生成 RMgX 后,可不经过分离,直接用于后续反应中。由于 RMgX 的烃基是负性的,$R^{\delta-}-MgX^{\delta+}$ 有强碱性,极容易和有活泼氢的物质反应,使 RMgX 分解,因此,在制备 RMgX 的反应中,反应体系应干燥。

$$RMgX + H-B \longrightarrow R-H + BMgX$$

$$(H-B: H-OH, H-NH_2, H-OR, H-X, H-C\equiv CH, H-\overset{\displaystyle O}{\overset{\|}{C}}R, \cdots)$$

RMgX 也易被氧化:

$$2RMgX + O_2 \longrightarrow 2ROMgX \xrightarrow{H_2O} 2ROH + Mg(OH)X$$

CO_2 也可与 RMgX 作用,结果生成羧酸:

$$O\!=\!\overset{\delta+}{C}\!=\!O + \overset{\delta-}{R}MgX \longrightarrow R-\overset{\displaystyle O}{\overset{\|}{C}}-OMgX \xrightarrow{H_2O} RCOOH + Mg(OH)X$$

所以,制备 RMgX 的反应最好用氮气进行保护,防止 H_2O、O_2、CO_2 等进入反应体系中引起相应的副反应。但这些反应也有制备意义。例如

同位素引入:

$$R-MgX + D_2O \longrightarrow RD + Mg(OD)X$$

炔基格氏试剂的制备:

$$CH_3MgI + HC\equiv CCH_3 \longrightarrow CH_3C\equiv CMgI + CH_4\uparrow$$

炔基格氏试剂可用于合成较高级炔烃：

$$R-C\equiv CMgX + R'-X \longrightarrow R-C\equiv C-R' + MgX_2$$

合成特殊结构的羧酸：

$$(CH_3)_3CMgCl + CO_2 \longrightarrow (CH_3)_3C-COOMgCl \xrightarrow{H_3^+O} (CH_3)_3C-CO_2H$$

烯丙基卤化镁应在较低温度下制备，否则生成的格氏试剂与没有反应的烯丙基卤发生 S_N 反应，生成高级二烯烃：

$$CH_2=CH-CH_2Br + Mg \xrightarrow[10℃]{乙醚} CH_2=CH-CH_2MgBr$$

$$CH_2=CHCH_2MgBr + BrCH_2CH=CH_2 \longrightarrow CH_2=CHCH_2-CH_2CH=CH_2$$

可由 RMgX 与 $>C=C-CH_2-X$ 作用，制备高级单烯烃：

格氏试剂的另一重要性质是可以对有机物中的缺电子碳发生亲核性加成反应，用于合成增长碳链的各种醇和其他类化合物。例如

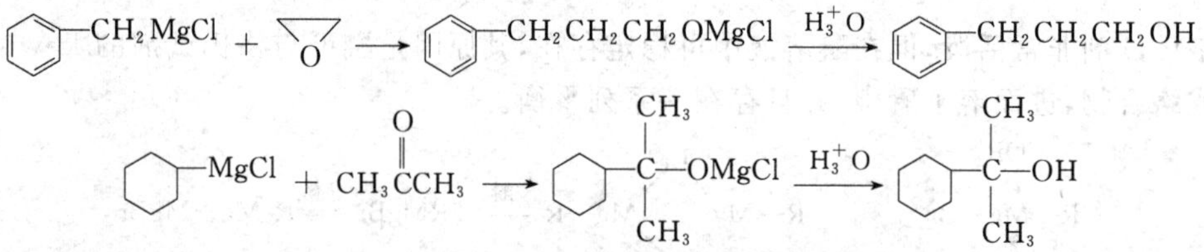

除与金属 Mg 反应生成格氏试剂外，卤代烷还能与钠反应生成烷基钠，然后立即与另一分子卤代烷反应生成高级烷烃。此为伍兹(Wurtz)反应：

$$2RX + 2Na \longrightarrow R-R + 2NaX$$

例如

$$2(CH_3)_2CHCH_2CH_2Br + 2Na \xrightarrow[-2NaBr]{乙醚} (CH_3)_2CH(CH_2)_4CH(CH_3)_2$$

$$2C_6H_5CH_2Cl + 2Na \xrightarrow[-2NaCl]{乙醚} C_6H_5CH_2-CH_2C_6H_5$$

如果把伯卤代烷和卤苯混合于干醚中，在金属钠作用下，可生成较好收率的烷基苯，此为伍兹-维蒂希(Wurtz-Fittig)反应，有制备意义。例如

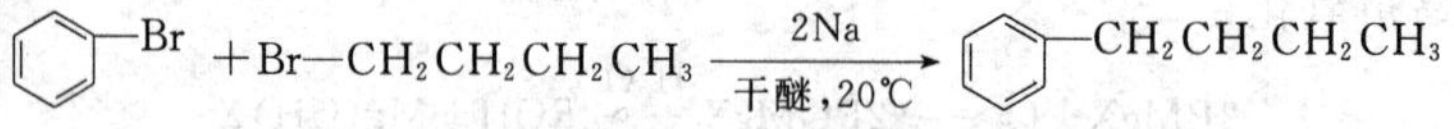

$$(62\%\sim72\%)$$

6.4 卤代烯烃和卤代芳烃

根据卤原子所在位置不同，卤代烯烃可分为如下三类：

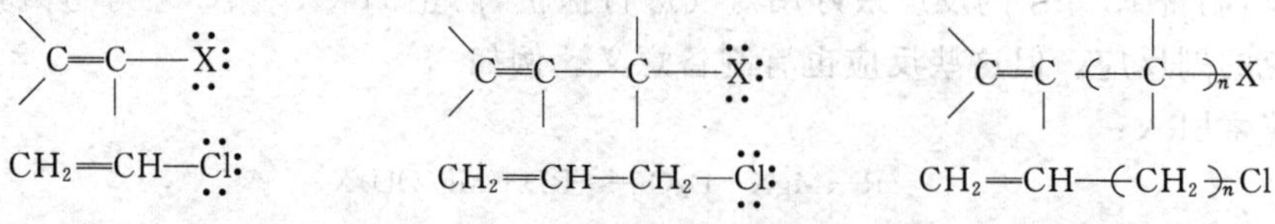

氯代乙烯（乙烯型卤代烯）　　3-氯丙烯（烯丙型卤代烯）　　$(n\geq2)$（隔离型卤代烯）

从结构特征上看,卤代芳烃与卤代烯烃是相似的,也有三种类型。如

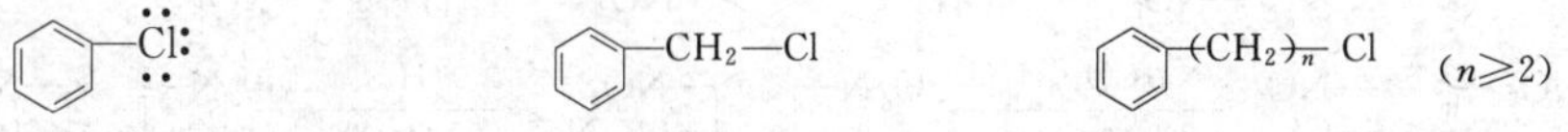

氯苯(苯基型卤代芳烃)　　　苄氯(苄基型卤代芳烃)　　　隔离型(隔离型卤代芳烃)

6.4.1　乙烯型和苯基型卤代烃

氯乙烯和氯苯在结构上很相似,卤原子与双键或苯环碳直接相连,氯原子对双键或苯环碳有$-I$效应,结果使双键或苯环上的电子云密度降低;氯原子p轨道中的孤对电子与相邻的π键有p-π共轭作用,对C=C和苯环而言,$-\ddot{C}\ddot{l}$:有$+C$效应,C—Cl键能增加,键长变短,有部分双键的特征。如图6-5、图6-6所示。

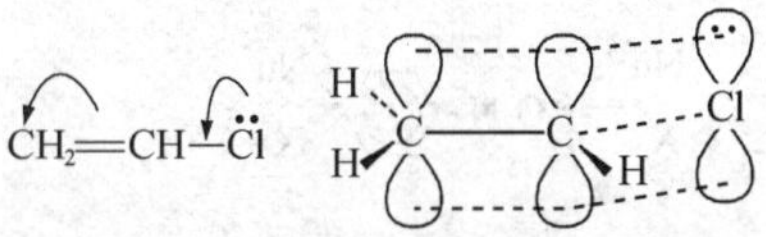

图 6-5　氯乙烯的p-π共轭体系 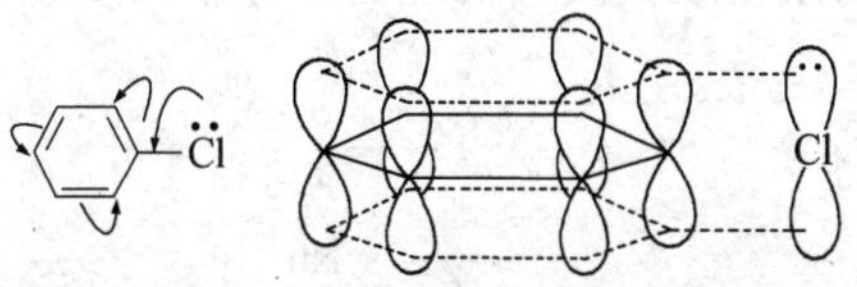　　　图 6-6　氯苯分子的p-π共轭体系

	C—Cl键长/nm	C—Cl键解离能/(kJ·mol^{-1})	C=C键长/nm	偶极矩/(C·m)
CH_3CH_2—Cl	0.178	334		6.6×10^{-30}
CH_2=CH—Cl	0.172	368	0.138	4.8×10^{-30}
C_6H_5—Cl	0.169	406	0.142	5.67×10^{-30}

表现在化学性质上,它们的活性较低。例如,氯乙烯双键碳上的氯原子很不活泼,不易发生亲核取代反应。在加热时,也难与$AgNO_3$反应生成AgCl沉淀。在较强的条件下烯卤可消除HX,生成炔烃,此为炔烃的制法。例如

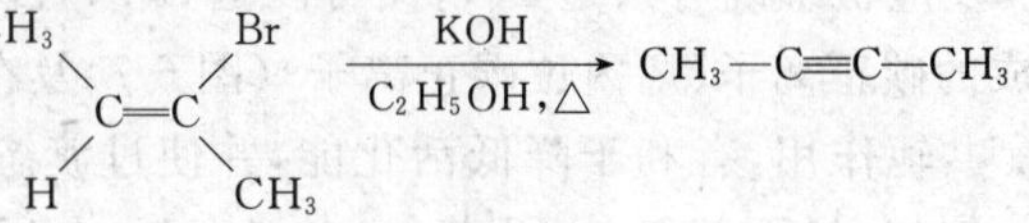

$$CH_2=CH CH=CHBr \xrightarrow[液\ NH_3]{NaNH_2} CH_3CH_2C\equiv CNa \xrightarrow{H_3^+O} CH_3CH_2C\equiv CH$$

同样,卤苯中的卤原子也表现出较低的反应活性。在一般条件下,卤原子不易被OH^-、RO^-、CN^-、NH_3等亲核试剂取代,与$AgNO_3$溶液也不起反应。要使氯苯发生碱性水解或氨解,需在较高的反应温度和压力下方可进行:

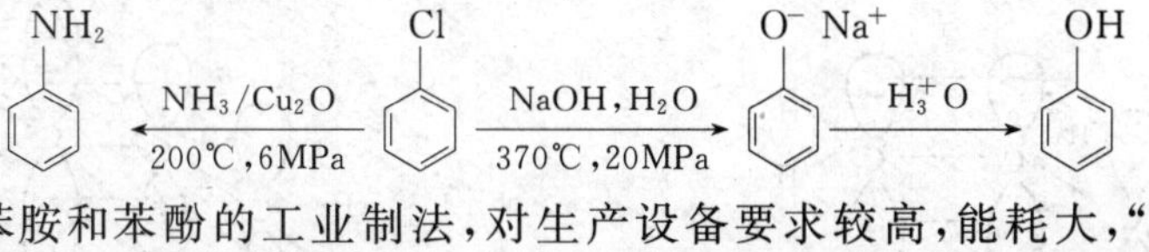

这是早期的苯胺和苯酚的工业制法,对生产设备要求较高,能耗大,"三废"排污严重。现在,工业上主要是由硝基苯加氢还原生产苯胺,异丙苯氧化分解生产苯酚(联产丙酮)。

不同卤苯的反应活性次序是:

$$PhF>PhCl\approx PhBr>PhI$$

卤苯的邻、对位有强吸电子基团存在时,卤原子被取代的反应活性增加。如

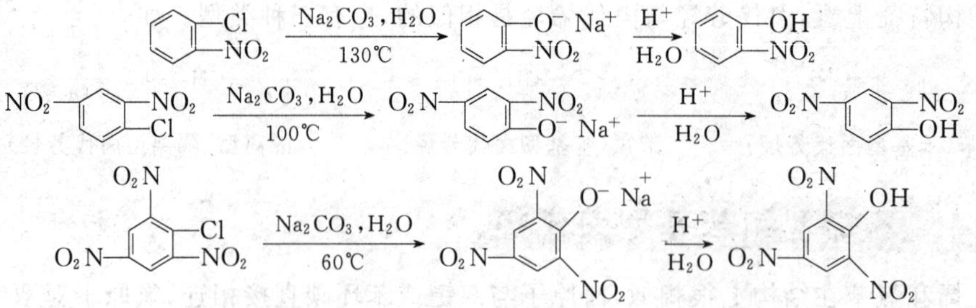

NC$^-$、RO$^-$、PhO$^-$、RS$^-$、NH$_3$、NH$_2$R、NH$_2$NH$_2$ 等也可取代硝基氯苯中的氯原子。

氯苯的环上有硝基、羰基、腈基等强吸电子基时，C—Cl 键的极性增强，有利于亲核试剂的进攻，而且中间体——碳负离子的稳定性增加，从而降低反应活化能，使反应顺利进行。芳卤的亲核取代反应机理是双分子的亲核加成-消除机理。即

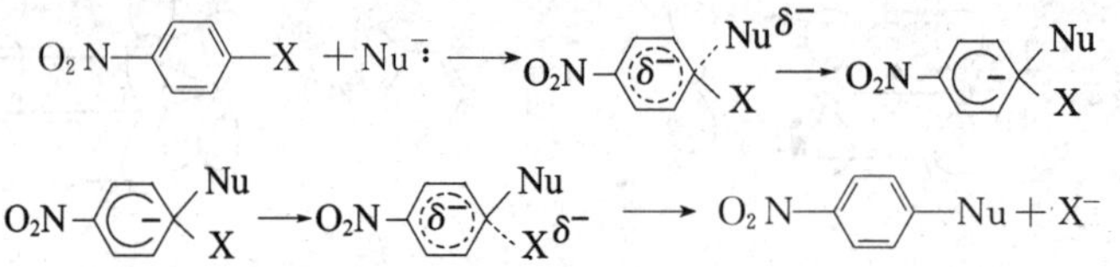

芳卤与酚氧负离子的 S$_N$ 反应生成二芳基醚类化合物。例如

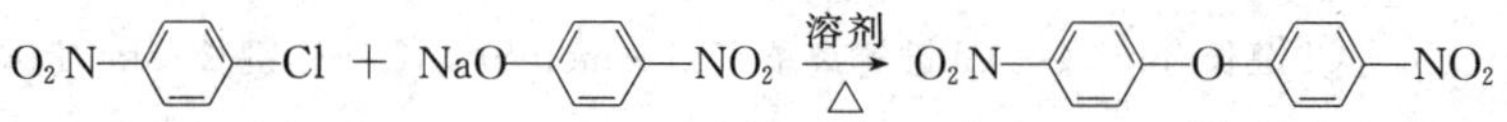

生成的 4,4'-二硝基二苯醚经过硝基还原可得到 4,4'-二氨基二苯醚。后者是制备聚芳醚酰胺的一种单体。

6.4.2 烯丙型和苄基型卤代烃

在烯烃的 α-C 上连有卤原子，属于烯丙型卤代烃。此类化合物中，α-C—X 键很活泼，卤原子易被亲核试剂取代，反应机理既可以是 S$_N$1，又可以是 S$_N$2，且两种机理都易发生。其原因是，在 S$_N$1 反应中生成的碳正离子(烯丙位碳正离子)(图 6-7)及在 S$_N$2 反应中形成的过渡态(图 6-8)都存在着 p-π 共轭作用，有利于降低活化能，并使过渡态或活性中间体的稳定性增加，使反应迅速完成。例如，烯丙基氯(以及苄氯)与 AgNO$_3$/C$_2$H$_5$OH 作用，可立即生成 AgCl 沉淀。

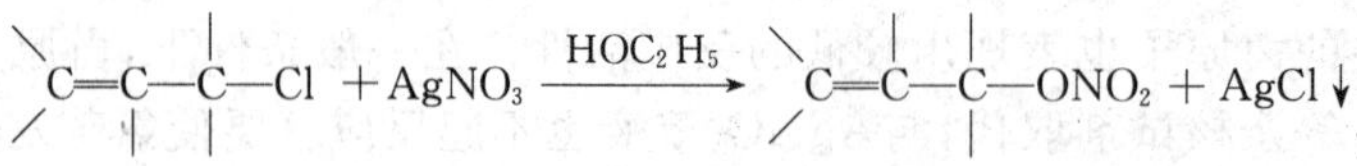

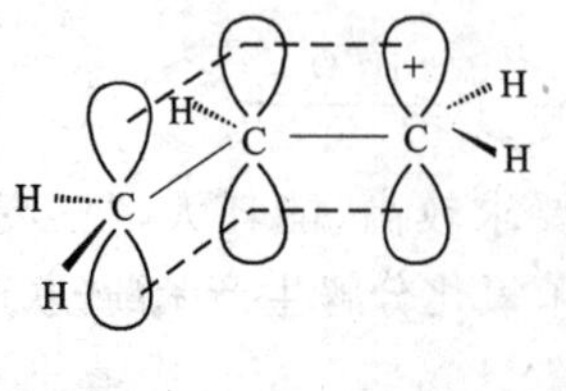

图 6-7　烯丙基碳正离子的 p-π 共轭体系 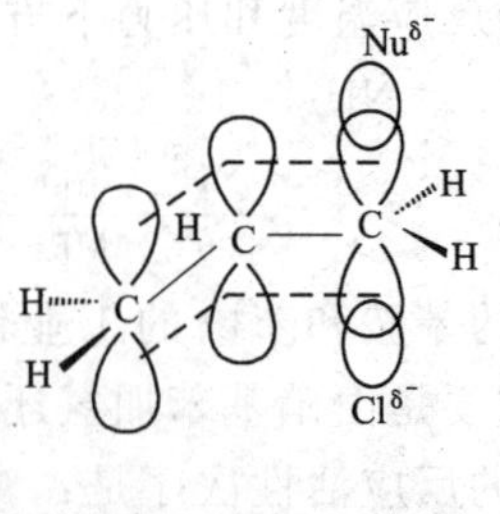　　　图 6-8　烯丙基氯 S$_N$2 反应的过渡态

苄卤有与烯丙基卤相似的反应活性(图 6-9，图 6-10)，例如

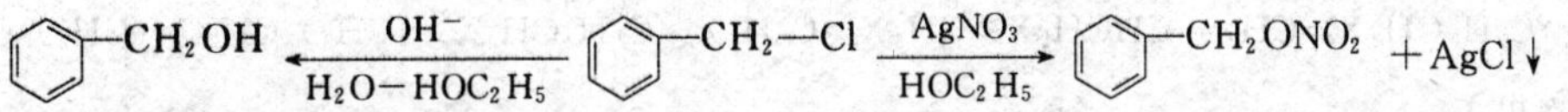

$$\text{C}_6\text{H}_5\text{—CH}_2\text{OH} \xleftarrow[\text{H}_2\text{O—HOC}_2\text{H}_5]{\text{OH}^-} \text{C}_6\text{H}_5\text{—CH}_2\text{—Cl} \xrightarrow[\text{HOC}_2\text{H}_5]{\text{AgNO}_3} \text{C}_6\text{H}_5\text{—CH}_2\text{ONO}_2 + \text{AgCl}\downarrow$$

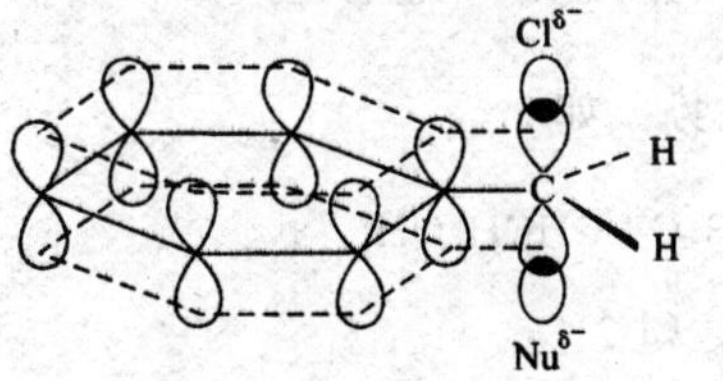

图 6-9　氯化苄的 S_N2 反应的过渡态 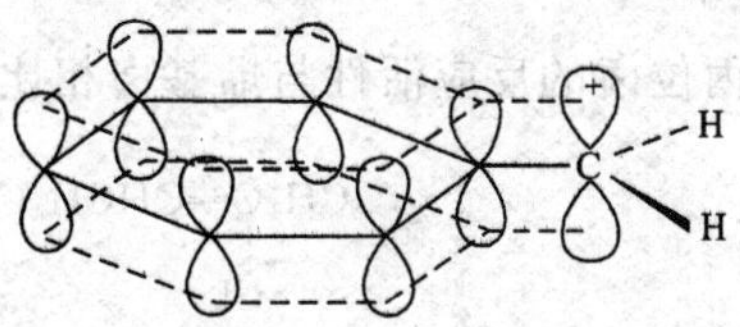　　　　图 6-10　苄基正离子的 p-π 共轭体系

同碳二卤代烷水解可得到醛或酮。例如

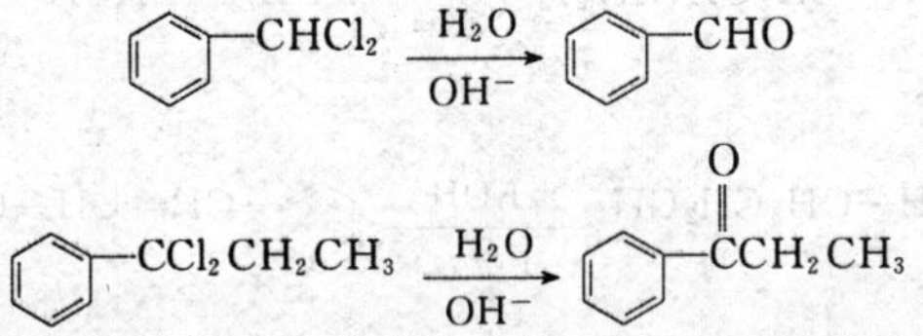

$$\text{C}_6\text{H}_5\text{—CHCl}_2 \xrightarrow[\text{OH}^-]{\text{H}_2\text{O}} \text{C}_6\text{H}_5\text{—CHO}$$

$$\text{C}_6\text{H}_5\text{—CCl}_2\text{CH}_2\text{CH}_3 \xrightarrow[\text{OH}^-]{\text{H}_2\text{O}} \text{C}_6\text{H}_5\text{—C(O)CH}_2\text{CH}_3$$

应当注意,在烯丙型卤代烃的 S_N1 反应中,通常可生成烯丙位重排产物。如

$$\text{CH}_3\text{CH}=\text{CHCH}_2\text{Cl} \xrightarrow[S_N]{\text{H}_2\text{O}} [\text{CH}_3\text{CH}=\text{CH}\overset{+}{\text{CH}}_2 \longrightarrow \text{CH}_3\overset{+}{\text{CH}}\text{CH}=\text{CH}_2]$$

$$\text{H}_2\text{O} \downarrow -\text{H}^+ \qquad\qquad \text{H}_2\text{O} \downarrow -\text{H}^+$$

$$\text{CH}_3\text{CH}=\text{CHCH}_2\text{OH} \qquad \underset{\overset{|}{\text{OH}}}{\text{CH}_3\text{CHCH}}=\text{CH}_2$$

把 3-甲基-3-氯-1-丁烯 和 3-甲基-1-氯-2-丁烯 分别在相同的条件下水解,则得到相同组成的产物。即

$$\underset{\overset{|}{\text{Cl}}}{(\text{CH}_3)_2\text{CCH}}=\text{CH}_2 \xrightarrow[\text{Na}_2\text{CO}_3]{\text{H}_2\text{O}} \underset{\overset{|}{\text{OH}}}{(\text{CH}_3)_2\text{CCH}}=\text{CH}_2 + \underset{\overset{|}{\text{OH}}}{(\text{CH}_3)_2\text{C}}=\text{CHCH}_2 \xleftarrow[\text{Na}_2\text{CO}_3]{\text{H}_2\text{O}} (\text{CH}_3)_2\text{C}=\text{CHCH}_2\text{Cl}$$

3-甲基-3-氯-1-丁烯　　　　2-甲基-3-丁烯-2-醇　　　3-甲基-2-丁烯-1-醇　　　3-甲基-1-氯-2-丁烯
　　　　　　　　　　　　　　　(25%)　　　　　　　　(75%)

其原因是两个反应物在各自的 S_N1 水解反应中,生成了同类型的烯丙位碳正离子:

$$(\text{CH}_3)_2\overset{+}{\text{C}}\text{—CH}=\text{CH}_2 \longleftrightarrow (\text{CH}_3)_2\text{C}=\text{CH}\text{—}\overset{+}{\text{CH}}_2$$

但是,这两种烯丙型氯代烯由于 C—X 键的级别不同,在 50% 的乙醇水溶液中溶剂解的相对速率是有差别的。如

$$\text{RCl} + \text{C}_2\text{H}_5\text{OH} + \text{H}_2\text{O} \xrightarrow{45℃} \text{R—OC}_2\text{H}_5 + \text{R—OH} + \text{HCl}$$

RCl	$(\text{CH}_3)_2\text{ClCCH}=\text{CH}_2$	$(\text{CH}_3)_2\text{C}=\text{CHCH}_2\text{Cl}$	$\text{C}_2\text{H}_5\text{CCl}(\text{CH}_3)_2$
溶剂解相对速率	162	38	1

通过实验,测得不同类型的卤代烃在 S_N2 反应中的平均相对速率大小次序为

$$C_6H_5CH_2X > CH_2=CHCH_2X > CH_3X > C_2H_5X > C_2H_5CH_2X > (CH_3)_2CHX > (CH_3)_3CCH_2X$$

平均相对速率	4.0	1.3	1.0	3.3×10^{-2}	1.3×10^{-3}	8.4×10^{-4}	3.3×10^{-7}

烯丙位卤的反应活性与烯基卤相比,有绝对的优势。如

$$CH_3C=CHCH_2Cl \xrightarrow[Na_2CO_3]{H_2O} CH_3C=CHCH_2OH$$
$$\qquad\ |\ \qquad\qquad\qquad\qquad\qquad |$$
$$\quad Cl \qquad\qquad\qquad\qquad\qquad\quad Cl$$

烯丙位卤和苄卤也容易发生消除反应,生成较稳定的共轭烯烃:

$$CH_2=CH-CH-CH_2CH(CH_3)_2 \xrightarrow[\text{乙醇},\triangle]{KOH} CH_2=CHCH=CHCH(CH_3)_2$$
$$\qquad\qquad\quad |$$
$$\qquad\qquad\ Br$$

$$C_6H_5-CH-CH_2CH_2CH_3 \xrightarrow[\text{丁醇},\triangle]{KOH} C_6H_5-CH=CH-CH_2CH_3$$
$$\qquad\quad |$$
$$\qquad\quad Cl$$

阅读材料:多卤代烃和氟代烃

含有多个卤原子的烃类化合物称多卤代烃。多卤代烃中,卤原子可相同或不同,它们可连在相同或不同的碳原子上。以氯代甲烷为例,在 4 种氯代甲烷中,从 CH_3Cl 到 CCl_4,分子的极性从最高降为零,C—Cl 键由长变短,而 C—H 键的极性则由小变大,相对密度和沸点也由小变大、由低变高。

CH_3Cl 具有可燃性,向可燃有机物中加入 CH_2Cl_2 可降低着火点,而 $CHCl_3$ 不可燃,CCl_4 曾用于灭火。$CHCl_3$ 和 CCl_4 在光照或加热时与空气中的氧作用可分解生成光气。$CHCl_3$ 是常用的有机溶剂,它对大多数有机化合物有良好的溶解性,但它有麻醉性,而且与CCl_4 一样对人体的肝脏有毒害作用。CH_2Cl_2 是极性较强的有机溶剂,由于它在水中溶解度较小(2.5%),因此与 $CHCl_3$ 一样,都是非常好的有机萃取剂。

多卤代芳烃中,二氯代苯有三个异构体,邻二氯苯极性最大,对二氯苯没有极性,常用于高沸点溶剂。

多氯联苯和多氯萘可用于机械润滑油、电器绝缘油及橡胶或塑料的添加剂等。由于它们对水土、海洋都有很强的毒性污染作用,对动植物和人类的生存已经产生了明显的负效应,一些国家现已禁止其生产和使用。

多溴代苯系化合物一般都有良好的阻燃性,多用做有机合成材料的阻燃剂。如六溴苯、十溴二苯醚、四溴苯酐等。氟代苯则主要用于合成医药和农药的中间体。如 2,4-二氯氟苯、2,6-二氟苯甲腈,以及二氟苯酮等。

多碘代苯不稳定,易于分解。如果在环上有吸电子基存在,多碘代苯可以有较好的稳定性。下面反应的产物是用于合成甲状腺素的中间体:

$$O_2N-\text{(benzene ring with I, I, I)} + HO-\text{(benzene ring)}-OCH_3 \xrightarrow{KOH} O_2N-\text{(benzene ring with I, I)}-O-\text{(benzene ring)}-OCH_3$$

近年来发现,称为二噁英(Dioxin)的一类多氯代芳醚对人畜具有极强的毒害作用。这类化合物属于多氯代苯并二噁烷,可由在高温下焚烧含有多氯芳烃的塑料生成。下面两个化合物是二噁英类化合物中毒性最强的。

在氟代烃中,以氟利昂和四氟乙烯为代表。

氟利昂(freon)一般指分子内含有氟和氯的低碳多卤代烃。常见的有氟氯甲烷和氟氯乙烷。

氟氯甲烷包括 CCl_3F,CCl_2F_2,$CHClF_2$,$CClF_3$,它们是商品名为氟利昂的各种化合物的一部分,其代号分别是 F-11,F-12,F-22,F-13。CF_2Cl_2 是以 CCl_4 为原料制得的:

$$CCl_4 + 2HF \xrightarrow{SbCl_5} CCl_2F_2 + 2HCl$$

$$3CCl_4 + 2SbF_3 \xrightarrow{SbCl_5} 3CCl_2F_2 + 2SbCl_3$$

含两个碳的氟氯烷可由 Cl_3CCCl_3 为原料制得:

$$Cl_3CCCl_3 \xrightarrow[SbF_5]{HF} Cl_3CCCl_2F + Cl_2FCCFCl_2 + ClF_2CCFCl_2 + ClF_2CCF_2Cl$$

$$\quad\quad\quad\quad\text{F-111}\quad\quad\quad\text{F-112}\quad\quad\quad\text{F-113}\quad\quad\quad\text{F-114}$$

氟利昂一般为无色气体或易挥发液体,略有香味,无毒,对金属无腐蚀性,除了主要用于制冷剂,还用于气雾剂(或气溶胶)。当它们进入到高空时,受紫外线作用分解,放出的氯原子可破坏高空臭氧层,因此使紫外线过多地透过大气层辐射到地球表面,导致全球性气候恶化,给人类的生存及动植物的生长带来严重的灾难。这已引起环境科学工作者的极大关注。一些国家已开展了行之有效的绿色环保工作,开发不含氯的氟利昂代用品。

四氟乙烯($F_2C=CF_2$)是无色气体,沸点为 $-76.3\ ℃$,不溶于水而溶于有机溶剂,是聚四氟乙烯的单体。

四氟乙烯可由氯仿经下面两个反应制得:

$$CHCl_3 + 2HF \xrightarrow[20\sim30\ ℃]{SbF_5} HCClF_2 + 2HCl$$

$$2HCClF_2 \xrightarrow{600\sim800\ ℃} F_2C=CF_2 + 2HCl$$

四氟乙烯在一定条件下可聚合成聚四氟乙烯:

$$nCF_2=CF_2 \xrightarrow[50\ ℃,490\ kPa]{(NH_4)_2S_2O_8/H_2O,HCl} \text{[}CF_2-CF_2\text{]}_n$$

聚四氟乙烯特别稳定,不溶于有机溶剂,也不燃烧,耐腐蚀性和耐磨性极佳,并有良好的电绝缘性,不与强酸、强碱作用,甚至不与王水反应,可在 $-250\sim250\ ℃$ 使用,有"塑料王"之称。聚四氟乙烯属于全氟烃,与全氟芳烃(如全氟苯、全氟萘)一样,在材料和高新技术领域中有重要的应用。

习 题

6-1 写出异丁基苯的各一氯代产物构造式并命名之。这些一氯代物包括哪些异构现象?

6-2 写出1-溴丁烷、β-氯代丙苯分别与下列试剂反应的主产物。

(1)$NaOH-H_2O$　　　　(2)$KOH-HOC_2H_5$,△　　　(3)$NaI-$丙酮

(4)$Mg/$乙醚　　　　　(5)$AgNO_3-$乙醇　　　　(6)NH_3

(7)$NaCN$　　　　　　(8)CH_3CO_2Ag　　　　　(9)C_2H_5SNa

6-3 完成下列反应,写出主产物。

(1) $Cl-\!\!\bigcirc\!\!-CH_2Cl + H_2O \xrightarrow{NaHCO_3}$

(2)$ClCH\!\!=\!\!CHCH_2Cl + NaCN \longrightarrow$

(3) $Cl-\!\!\bigcirc\!\!-Br \xrightarrow[\text{乙醚}]{Mg} \xrightarrow{\triangle O} \xrightarrow{D_2O}$

(4) $CH_3CH_2\overset{\displaystyle Cl}{\underset{|}{CH}}CH_3 \xrightarrow[\text{乙醇,}\triangle]{NaOH} \xrightarrow[CCl_4]{Br_2} \xrightarrow[\text{乙醇,}\triangle]{KOH} \xrightarrow[CCl_4]{2\ mol\ Br_2}$

(5) $Cl-\!\!\overset{\displaystyle NO_2}{\bigcirc}\!\!-Cl + NaOC_2H_5 \longrightarrow$

(6) $Cl-\!\!\bigcirc\!\!-CH_3 \xrightarrow[h\nu]{Cl_2} \xrightarrow{CH\equiv CNa} \xrightarrow[HgSO_4]{H_2O,H_2SO_4}$

(7) $\bigcirc\!\!=\!\!CH_2I + CH_3CO_2Na \longrightarrow$

(8) $Cl-\!\!\bigcirc\!\!-CH_2CH_3 \xrightarrow[h\nu]{Br_2} \xrightarrow[\text{乙醇,}\triangle]{KOH} \xrightarrow{HBr}_{ROOR} \xrightarrow[CH_3COCH_3]{NaI}$

(9) $\overset{\displaystyle CH_3}{\bigcirc} + Br_2 \longrightarrow \xrightarrow[\triangle]{NaOH/\text{乙醇}} \longrightarrow$

(10) $CH_3-\!\!\bigcirc\!\!-Br \xrightarrow[\text{无水乙醚}]{Mg} \xrightarrow{C_2H_5OH}$ (两种产物)

6-4 合成化合物(试剂任选)。

(1)由甲苯合成 $\overset{\displaystyle Cl}{\bigcirc}\!\!-CH_2-CN$ 和 $\bigcirc\!\!-\overset{\displaystyle D}{\underset{|}{CH}}\!\!-\bigcirc$;

(2)由乙烯、丙烯合成 $CH_3CH\!\!=\!\!CHCH\!\!=\!\!CH_2$ 和1,1,2,2-四溴丙烷;

(3)由乙苯合成 $\bigcirc\!\!-CH_2CH_2I$;

$$CH_3 \overset{Br}{\underset{Br}{\overset{|}{\underset{|}{C}}}} CH_3$$

$$ClCH_2 \overset{}{\underset{OH}{\overset{|}{C}H}} CH_2Cl$$

(4)由 $CH_3CH_2CH_2\text{-}Br$ 合成 →

$$CH_2 \overset{}{\underset{Br}{\overset{|}{C}H}} \overset{}{\underset{Br}{\overset{|}{C}H}} CH_2OH$$

$$CH_2=CHCH_2I$$

$$CH_3 \overset{}{\underset{D}{\overset{|}{C}H}} CH_3$$

6-5 在下列各对反应中,哪个反应速率较快?

(1) $\begin{cases} (CH_3)_2CHCH_2Br + NaCN \longrightarrow \\ CH_3CH_2CH_2Br + NaCN \longrightarrow \end{cases}$
(2) $\begin{cases} (CH_3)_3CCl + H_2O \longrightarrow \\ (CH_3)_2CHCl + H_2O \longrightarrow \end{cases}$

(3) $\begin{cases} CH_3CH_2CH_2I + HO^- \longrightarrow \\ CH_3CH_2CH_2I + HS^- \longrightarrow \end{cases}$
(4) $\begin{cases} (CH_3)_2CHCH_2Cl + N_3^- \xrightarrow{CH_3OH} \\ (CH_3)_2CHCH_2I + N_3^- \xrightarrow{CH_3OH} \end{cases}$

(5) $\begin{cases} CH_3CH_2CH_2Br + I^- \xrightarrow{H_2O} \\ CH_3CH_2CH_2Br + I^- \xrightarrow{(CH_3)_2SO} \end{cases}$
(6) $\begin{cases} CH_3CH_2CH_2CH_2Cl \xrightarrow{AgNO_3} \\ CH_3CH_2CH_2CH_2I \xrightarrow{AgNO_3} \end{cases}$

6-6 回答下列问题:

(1)排列与 2% 的 $AgNO_3$ 乙醇溶液反应的活性次序:

A. 1-溴丁烷   B. 1-氯丁烷   C. 1-碘丁烷

(2)排列与 NaI-丙酮溶液反应的活性次序:

A. $CH_2=CHCH_2Br$ B. $CH_3CH_2CH_2Br$ C. $CH_2CH=CHBr$

(3)排列在 KOH/HOC_2H_5 溶液中消除 HBr 反应的活性次序:

A. $(CH_3)_2\overset{Br}{\overset{|}{C}}CH_2CH_3$ B. $(CH_3)_2CH\overset{Br}{\overset{|}{C}}HCH_3$ C. $(CH_3)_2CHCH_2CH_2Br$

(4)分别按 S_N1、S_N2 反应机理排列下列化合物的反应活性次序:

A. 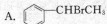   B. 环己基—CH_2Br C. Br—环己基—CH_3

(5)分别按 S_N1、S_N2 反应机理排列下列化合物的反应活性次序:

A. 苯基—$CHBrCH_3$ B. O_2N—苯基—$CHBrCH_3$

C. H_3CO—苯基—$CHBrCH_3$ D. H_3C—苯基—$CHBrCH_3$

(6)按试剂的亲核性大小,排列成序:

A. $C_2H_5O^-$ B. HO^- C. $CH_3CO_2^-$ D. $C_6H_5O^-$

(7)排列按 E2 机理消除 HX 的反应活性次序：

$CH_3CH_2CH_2CH_2Cl$，　$CH_2=CHCH_2CH_2Cl$，　　$CH_2=CHCHClCH_3$

(8)排列芳卤化合物进行碱性水解反应的活性：

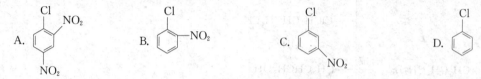

(9)为什么用以下方法合成甲基叔丁基醚没成功？应该怎样合成？

$$CH_3ONa+(CH_3)_3CBr \longrightarrow$$

(10)将下列离子与 CH_3Br 进行 S_N2 反应的活性按由大到小排列成序：

$C_2H_5O^-$，　　$C_6H_5O^-$，　　OH^-，　　CH_3COO^-

6-7 用化学方法区别下列各组化合物：

A. $CH_3CH_2CH_2CH_2Br$，$CH_3CHBrCH=CH_2$，$CH_3CH_2C\equiv CH$

B. $CH_3CH_2CH_2CH_2Cl$，$CH_3CH_2CHClCH_3$，$CH_3CH_2CH=CHCl$

C. ⬡—$CH=CH_2$，⬡—$CHBrCH_3$，Br—⬡—CH_2CH_3

6-8 化合物 C_4H_8(A)在高温下与氯作用生成化合物 C_4H_7Cl(B)，两分子 B 在金属钠作用下生成化合物 C_8H_{14}(C)，C 与两分子 HCl 作用，生成产物 $C_8H_{16}Cl_2$(D)，D 中无手性碳，D 与 NaOH-醇溶液作用能生成产物 E。E 与 C 是同分异构体，E 经 $KMnO_4/H_3^+O$ 作用后生成了两分子丙酮和一分子乙二酸(HOOC—COOH)。试写出化合物 A、B、C、D、E 的结构式。

6-9 卤代烷与 NaOH 在 H_2O-HOC_2H_5 溶液中反应，试判断下列情况属于卤代烷的哪种亲核取代反应机理。

(1)产物发生瓦尔登转化；　　　　　　(2)有重排产物生成；

(3)反应速率与离去基的活性有关；　　(4)增加混合溶剂中水的含量,反应明显加快；

(5)增加 NaOH 的浓度对反应有利；　　(6)叔卤代烷的反应活性高于仲卤代烷；

(7)伯卤代烷的反应活性大于仲卤代烷；　(8)反应速率与亲核试剂的性质有直接关系

6-10 分子式为 C_4H_8 的化合物 A，加溴后的产物用 NaOH/醇处理，生成 C_4H_6(B)，B 能使溴水褪色，并能与 $AgNO_3$ 的氨溶液产生沉淀，试推出 A、B 的结构式并写出相应的反应式。

6-11 某烃 C_3H_6(A)在低温时与氯作用生成 $C_3H_6Cl_2$(B)，在高温时则生成 C_3H_5Cl(C)。使 C 与碘化乙基镁作用得 C_5H_{10}(D)，后者与 NBS 作用生成 C_5H_9Br(E)。使 E 与氢氧化钾的酒精溶液共热，主要生成 C_5H_8(F)，后者又可与顺丁烯二酸酐发生双烯合成得 G，写出各步反应式，以及由 A 至 G 的构造式。

6-12 某卤代烃 A，分子式为 $C_6H_{11}Br$，用 NaOH 乙醇溶液处理得 C_6H_{10}(B)，B 与溴反应的生成物再用 KOH-乙醇处理得 C，C 可与 $CH_2=CH-\overset{O}{\overset{\|}{C}}H$ 进行 Diels-Alder 双烯合成反应生成 D，将 C 臭氧化及还原水解可得 $H-\overset{O}{\overset{\|}{C}}-CH_2CH_2-\overset{O}{\overset{\|}{C}}-H$ 和 $HC\overset{O}{\overset{\|}{}}-\overset{O}{\overset{\|}{C}}H$，试推出 A、B、C、D 的结构式，并写出所有反应式。

6-13 某烃为链式卤代烯烃 A，分子式为 $C_6H_{11}Cl$，有旋光性，构型为 S 型。A 水解后得 B，分子式为 $C_6H_{11}OH$，构型不变。但 A 催化加氢后得 C，分子式为 $C_6H_{13}Cl$，旋光性消失，试推测 A、B、C 的结构。

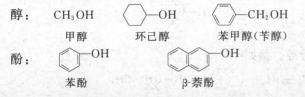

第7章

醇、酚和醌

醇和酚分子中都含有羟基（—OH），羟基是其官能团。通常，羟基与饱和碳原子直接相连者称为醇，而与芳环的碳原子直接相连者则称为酚，例如

醇： CH_3OH 　甲醇 　　环己醇 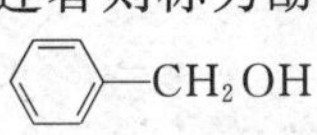 　　苯甲醇（苄醇）

酚： 　苯酚 　　β-萘酚

7.1　醇和酚的分类和命名

7.1.1　醇和酚的分类

1. 按羟基数目

醇和酚可以按分子中含有羟基的数目分为一元、二元、三元、四元醇和酚……通常把二元和二元以上的醇和酚统称为多元醇和多元酚。多元醇分子中的羟基一般都连接在不同的碳原子上，例如

CH_3CH_2OH 　　　$HOCH_2CH_2OH$ 　　　$HOCH_2CHOHCH_2OH$
乙醇（一元醇）　　乙二醇（二元醇）　　　　丙三醇（三元醇）

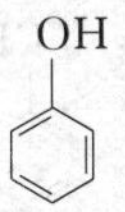

苯酚（一元酚） 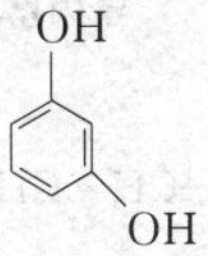　　　间苯二酚（二元酚）

2. 按相连碳原子

一般按与羟基直接相连的碳原子是伯、仲、叔碳原子，对应的醇分别称为伯醇（1°醇）、仲醇（2°醇）、叔醇（3°醇）。

RCH_2OH 　　　R—CHOH 　　　R—C—OH
　　　　　　　　　　|　　　　　　|
　　　　　　　　　R'　　　　　R'
伯醇　　　　　仲醇 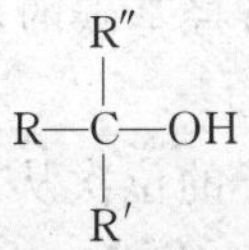　　　　　叔醇

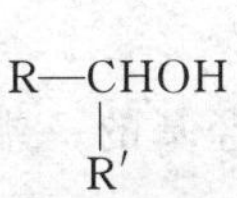

3. 按烃基类型

醇也可按与羟基相连的烃基的不同，分为饱和醇、不饱和醇和芳香醇。

(1)饱和醇

羟基与饱和烃基相连的醇称做饱和醇。例如

$$CH_3CHCH_3 \qquad \qquad \bigcirc\!\!-OH \qquad \qquad CH_3-CH-CH_2-OH$$
$$\qquad |_{OH} \qquad\qquad\qquad\qquad\qquad\qquad\qquad\qquad |_{CH_3}$$

脂肪族饱和一元醇的通式为 $C_nH_{2n+1}OH(n=1,2,3,\cdots)$。

(2)不饱和醇

羟基与不饱和烃基相连的醇称做不饱和醇。例如

$$RCH\!=\!CH\!\!-\!\!(CH_2)_n\!-\!OH \quad (n\geqslant 1) \qquad RC\!\equiv\!C\!\!-\!\!(CH_2)_n\!-\!OH \quad (n\geqslant 1)$$

当 $n=1$ 时又称为烯丙醇或炔丙醇。当羟基与C═C键直接相连时($n=0$)则形成烯醇。烯醇在绝大多数条件下都是不稳定的,能以酮式—烯醇式互变异构的方式,转变成更稳定的酮式结构:

$$\underset{|}{\overset{|}{C}}\!=\!\underset{|}{\overset{OH}{C}} \quad\Longrightarrow\quad \underset{|}{\overset{|}{C}}H\!-\!\overset{O}{\overset{\|}{C}}\!\!-\!$$

(3)芳香醇

羟基与芳环侧链相连的醇叫做芳醇。例如

$$\bigcirc\!\!-CH_2-CH_2-OH \qquad\qquad \bigcirc\!\!-CH-CH_3$$
$$\qquad\qquad\qquad\qquad\qquad\qquad\qquad\qquad\qquad |_{OH}$$

(4)酚根据羟基所连芳环不同,可分为苯酚、萘酚等。

7.1.2　醇和酚的命名

构造比较简单的醇和酚,一般是在"醇"字和"酚"字之前加上烃基名称来命名。有些醇和酚存在于自然界,由于存在和来源等不同,有些醇和酚有俗名,且有一些特殊香气,可用于配制香精。例如

$$CH_3OH \qquad CH_3CH_2OH \qquad (CH_3)_2CHOH \qquad (CH_3)_3COH \qquad CH_3CHCH_2CH_3$$
$$\qquad\qquad\qquad\qquad\qquad\qquad\qquad\qquad\qquad\qquad\qquad\qquad\qquad\qquad |_{OH}$$

甲醇(木精) 　　乙醇(酒精) 　　异丙醇 　　　叔丁醇 　　　仲丁醇

$$CH_3CHCH_2OH \qquad \bigcirc\!\!-CH\!=\!CHCH_2OH$$
$$\qquad |_{CH_3}$$

异丁醇 　　　肉桂醇(可配制香精) 　　香芹酚

构造比较复杂的醇通常采用系统命名法,命名要点如下:

(a)选主链。选择连有羟基碳的最长碳链为主链,根据主链所含碳数称为"某醇",支链作为取代基;

(b)编号。主链碳原子的位次从靠近羟基的一端开始编号,使羟基的位次为最小,并将羟基的位次写在"醇"名称之前。

(c)取代基的命名。按"次序规则"中规定的顺序将取代基的位次、数目和名称写在醇的名称和位次之前。例如

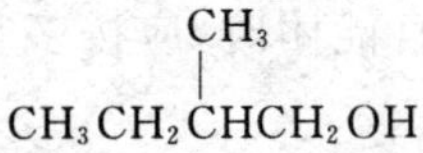

$$CH_3CH_2CHCH_2OH$$

$$CH_3-CH-CHCH_3$$

$$CH_3-C-CH_2-CH_3$$

2-甲基-1-丁醇 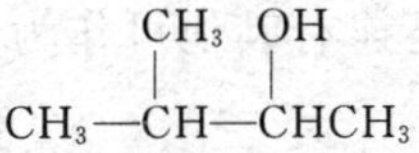　　　　　3-甲基-2-丁醇 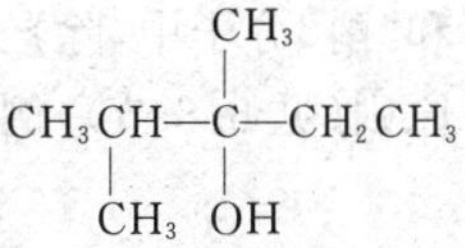　　　　　　2,3-二甲基-3-戊醇

不饱和醇的命名,应选择同时连有羟基和不饱和键的最长碳链作为主链,根据主链碳原子数命名为"某烯(或炔)醇",其余原则与饱和醇命名相同。

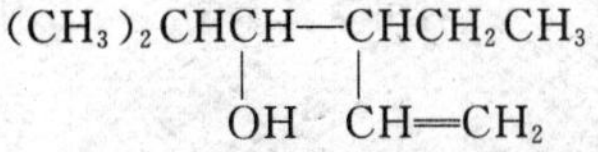

$$(CH_3)_2CHCH-CHCH_2CH_3 \qquad CH_3C\equiv CCH_2OH$$

2-甲基-4-乙基-5-己烯-3-醇　　　　　2-丁炔-1-醇

当羟基与环上碳原子直接相连时为脂环醇。脂环醇的命名是以环为母体,从羟基所连接的碳原子开始编号,其他原则与饱和醇相同。例如

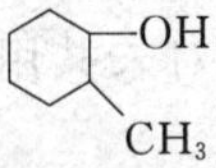

2-甲基环己醇

芳香醇的命名,可把芳基作为取代基。例如

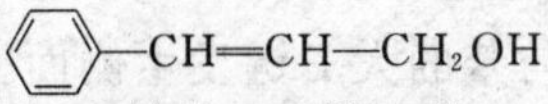

$$-CH=CH-CH_2OH \qquad CH_3--CH_2CH_2OH$$

3-苯基-2-丙烯-1-醇 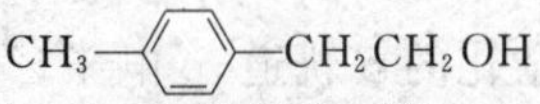　　　　　2-对甲苯基乙醇

多元醇的命名,结构简单的常用俗名;结构比较复杂的,应尽可能选择包含多个羟基在内的碳链作为主链,并把羟基的数目(以二、三、四、…表示)和位次(以 1、2、3、…表示)放在醇名称之前表示出来。例如

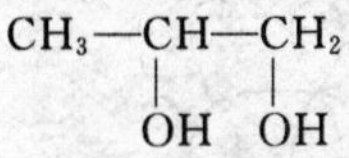

$$CH_3-CH-CH_2 \qquad CH_2-CH_2-CH_2 \qquad HOCH_2CH_2CH_2OH$$

1,2-丙二醇 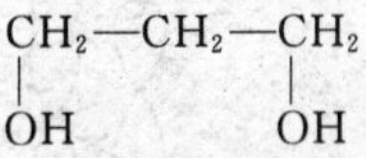　　　　　1,3-丙二醇　　　　　1,4-丁二醇　　　　　顺-1,2-环戊二醇

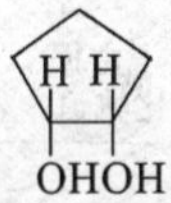

酚的命名是根据芳烃的不同结构称为"某酚",若有位次差异应予注明。

当苯环上有不止一种取代基时,需按主官能团的优先顺序选择母体。当羟基优先时,母体为酚;否则,将把羟基看做取代基。例如

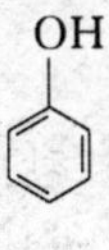

苯酚 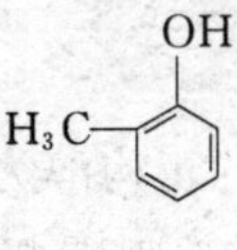　　　邻甲基苯酚 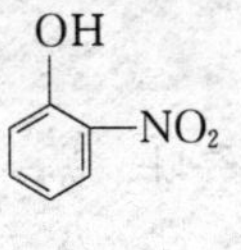　　　邻硝基苯酚 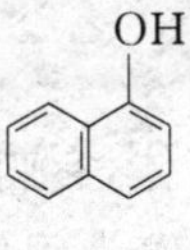　　　1-萘酚　　　间氨基苯酚 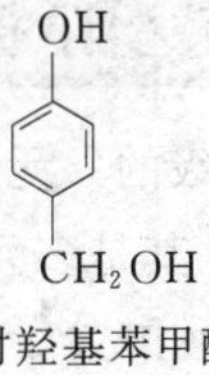　　　对羟基苯甲醇
　　　　　　　　　　　　　　　　　　　(α萘酚)

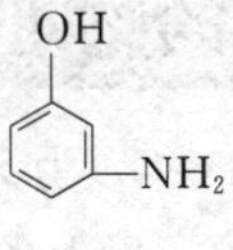

含有两个或多个羟基与芳环直接相连的芳香化合物称为二元或多元酚,其位次编号与多取代烷基苯命名相似。例如

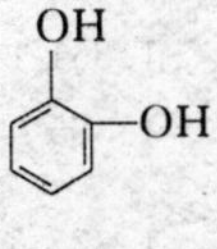

邻苯二酚 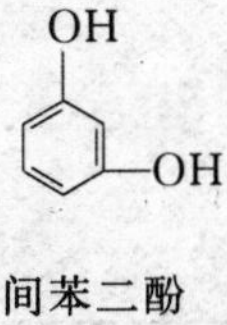　　　间苯二酚 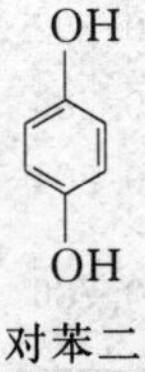　　　对苯二酚 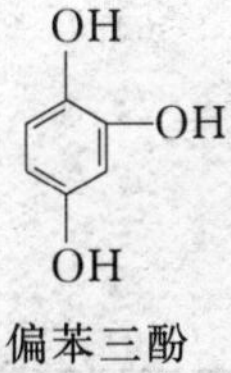　　偏苯三酚 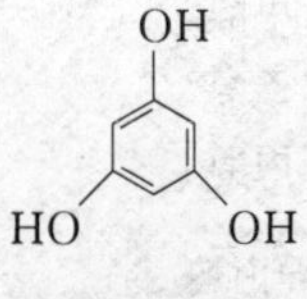　　　均苯三酚 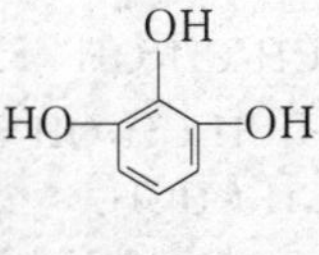　　　连苯三酚

135

在"醇"和"酚"分子中,除羟基外,还连有其他可作为母体的官能团时,应按多官能团化合物的命名原则(见 5.8 节),例如

$$CH_2CH_2OH \qquad CH_3CHCH_2CHO$$
$$| \qquad\qquad\qquad\qquad |$$
$$NH_2 \qquad\qquad\qquad\quad OH$$

(对甲氧基苯酚、对羟基苯甲酸结构图)

2-氨基乙醇　　　　3-羟基丁醛　　　对甲氧基苯酚　　对羟基苯甲酸

7.2　醇和酚的结构

在醇分子中,C—O 键是碳原子以一个 sp³ 杂化轨道与氧原子的一个 sp³ 杂化轨道相互重叠形成的;O—H 键是氧原子以一个 sp³ 杂化轨道与氢原子的 1s 轨道相互重叠形成的;二者均为极性共价键。此外,氧原子还有两对未共用电子对分别占据其另外两个 sp³ 杂化轨道。甲醇分子的成键情况如图 7-1 所示。

醇为极性分子,醇羟基和醇本身的极性对其物理性质和化学性质有较大的影响。

苯酚分子中,氧原子以 sp² 杂化轨道参与成键,氧的两对孤对电子,一对占据 sp² 杂化轨道,另一对占据未杂化的 p 轨道,p 电子云刚好能与苯的大 π 键发生侧面交盖,形成 p-π 共轭体系,使苯酚中的 C—O 键相对醇分子要强,难于断裂。图 7-2 为苯酚的 p-π 共轭体系示意图。

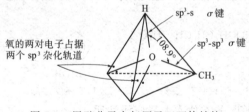

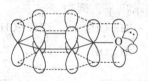

图 7-1　甲醇分子中氧原子四面体结构　　　　图 7-2　苯酚的 p-π 共轭体系

7.3　醇和酚的物理性质

低级的一元醇($C_1 \sim C_3$)为无色液体,有刺激性气味;$C_4 \sim C_{11}$ 的正构醇为液体,其黏度也很大(尤其是多元醇);C_{12} 以上的正构醇为固体。由于醇分子中的羟基是极性很强的基团,一般低碳醇分子极性较强,常作为质子型极性溶剂。常见醇的物理常数见表7-1。

表 7-1　　　　　　　　　　　　　　常见醇的物理常数

结构式	名称	熔点/℃	沸点/℃	相对密度 d_4^{20}	在水中溶解度 g/100gH₂O	折射率 n_D^{20}
CH_3OH	甲醇	−97	64.7	0.792	∞	1.328 8
CH_3CH_2OH	乙醇	−114	78.3	0.789	∞	1.361 1
$CH_3CH_2CH_2OH$	丙醇	−126	97.2	0.804	∞	1.385 0
CH_3CHCH_3 OH	异丙醇	−88	82.3	0.786	∞	1.377 6

（续表）

结构式	名称	熔点/℃	沸点/℃	相对密度 d_4^{20}	在水中溶解度 $g/100gH_2O$	折射率 n_D^{20}
$CH_3CH_2CH_2CH_2OH$	丁醇	−90	117.7	0.810	7.9	1.399 3
$CH_3CH(CH_3)CH_2OH$	异丁醇	−108	108.0	0.802	10.0	1.395 9
$CH_3CH_2CH(OH)CH_3$	仲丁醇	−114	99.5	0.808	12.5	1.397 8
$(CH_3)_3COH$	叔丁醇	25	82.5	0.789	∞	1.387 8
$CH_3(CH_2)_3CH_2OH$	正戊醇	−78.5	138.0	0.817	2.4	1.410 1
$CH_3(CH_2)_4CH_2OH$	正己醇	−52	156.5	0.819	0.6	1.416 5 (n_D^{25})
$CH_3(CH_2)_5CH_2OH$	正庚醇	−34	176	0.822	0.2	1.422 5～1.425 0
$CH_3(CH_2)_6CH_2OH$	正辛醇	−15	195	0.825	0.05	1.430
$CH_3(CH_2)_7CH_2OH$	正壬醇		212	0.827	—	1.431～1.435
$CH_3(CH_2)_8CH_2OH$	正癸醇	6	228	0.829		1.437 2
$CH_3(CH_2)_{10}CH_2OH$	正十二醇	24	259	0.831 (在熔点时)		1.444
$CH_2{=}CH{-}CH_2OH$	烯丙醇	−129	97	0.855	∞	1.413 5
◯—OH	环己醇	24	161.5	0.962	3.6	1.465 (n_D^{22})
◯—CH₂OH	苯甲醇	−15	205	1.046	4	1.539 6
CH_2OHCH_2OH	1,2-乙二醇	−16	197	1.113	∞	1.430 (n_D^{25})
$CH_3CHOHCH_2OH$	1,2-丙二醇		187	1.040	∞	1.4293 (n_D^{27})
$CH_2OHCH_2CH_2OH$	1,3-丙二醇		215	1.060	∞	
$CH_2OHCHOHCH_2OH$	丙三醇	18	290	1.261	∞	
$C(CH_2OH)_4$	季戊四醇	260	276 (4 kPa)	1.050 (15℃)		

从表 7-1 中可以看出正构伯醇沸点随着碳原子数的增加而增高,少于 10 个碳的醇一般相差 18～20℃/CH_2。在相对分子质量相同时,正构醇的沸点高于有支链的醇。多元醇由于羟基数目的增加,沸点更高。

醇具有高沸点的原因是分子之间可以通过氢键形成缔合分子,当醇分子由液相转入气相时,不但要克服分子间的范德华力,还必须克服较强的氢键(16～33 kJ/mol)。

醇分子间的氢键

醇分子间的氢键不但影响沸点,而且对醇在水中的溶解度也有很大的影响。含三个碳原子以下的一元醇可以与水混溶,随着碳原子数的增加,醇的溶解度大幅度地减小。其原因是一元醇分子中的烃基增大,对羟基与水分子形成氢键的阻碍作用增大,其溶解度下降。多元醇分子由于在水中能形成较多的氢键,故具有很好的水溶性。

　　酚也可以形成分子间氢键,酚类化合物的熔点和沸点及在水中的溶解度比相对分子质量相近的芳烃、卤代芳烃高,酚的相对密度都大于 1。纯净的酚一般为无色结晶状。长期放置的酚类由于被空气氧化,往往带有暗红色或更深的色泽。低级酚有特殊的刺激性气味,尤其是对眼睛、呼吸道黏膜、皮肤有刺激和腐蚀作用。部分常见酚的物理常数见表 7-2。

表 7-2　　　　　　　　　　　部分常见酚的物理常数

名称	分子式	熔点/℃	沸点/℃	溶解度 g/100gH$_2$O	K_a
苯酚	C_6H_5OH	43	181	9.3	1.28×10^{-10}
邻甲苯酚	$o\text{-}CH_3\text{-}C_6H_4OH$	30	191	2.5	6.5×10^{-11}
间甲苯酚	$m\text{-}CH_3\text{-}C_6H_4OH$	11	201	2.5	9.8×10^{-11}
对甲苯酚	$p\text{-}CH_3\text{-}C_6H_4OH$	35.5	201	2.3	6.7×10^{-11}
邻氯苯酚	$o\text{-}Cl\text{-}C_6H_4OH$	8	176	2.8	7.7×10^{-9}
间氯苯酚	$m\text{-}Cl\text{-}C_6H_4OH$	29	214	2.6	1.7×10^{-9}
对氯苯酚	$p\text{-}Cl\text{-}C_6H_4OH$	37	217	2.8	6.5×10^{-10}
对氟苯酚	$p\text{-}F\text{-}C_6H_4OH$	48	185		1.1×10^{-10}
对溴苯酚	$p\text{-}Br\text{-}C_6H_4OH$	64	236	1.4	5.6×10^{-10}
对碘苯酚	$p\text{-}I\text{-}C_6H_4OH$	94			6.3×10^{-10}
邻硝基苯酚	$o\text{-}NO_2\text{-}C_6H_4OH$	44.5	214	0.2	6.0×10^{-8}
间硝基苯酚	$m\text{-}NO_2\text{-}C_6H_4OH$	96	分解	1.4	5.0×10^{-9}
对硝基苯酚	$p\text{-}NO_2\text{-}C_6H_4OH$	114	279(分解)	1.7	6.8×10^{-8}
2,4-二硝基苯酚	$2,4\text{-}(NO_2)_2\text{-}C_6H_3OH$	113	分解	0.56	1.0×10^{-5}
2,4,6-三硝基苯酚	$2,4,6\text{-}(NO_2)_3\text{-}C_6H_2OH$	122	分解(300℃爆炸)	1.4	6.0×10^{-1}
邻苯二酚	$1,2\text{-}(OH)_2\text{-}C_6H_4$	105	245	45	4×10^{-10}
间苯二酚	$1,3\text{-}(OH)_2\text{-}C_6H_4$	110	281	123	4×10^{-10}
对苯二酚	$1,4\text{-}(OH)_2\text{-}C_6H_4$	170	286	8	1×10^{-10}
α-萘酚	$\alpha\text{-}C_{10}H_7OH$	94	279	难溶	4.9×10^{-10}
β-萘酚	$\beta\text{-}C_{10}H_7OH$	123	286	0.1	2.8×10^{-10}

7.4　醇和酚的化学性质

　　醇和酚分子中都含有羟基(—OH),它们有较多相似的化学性质,但毕竟醇和酚的结构不同,导致它们的化学性质又有明显的差异。

7.4.1　醇和酚的共同反应

1. 弱酸性

　　醇分子中存在 O—H 极性键,其电离平衡中可以产生质子和烷氧负离子:

$$ROH + H_2O \underset{}{\overset{K_a}{\rightleftharpoons}} RO^- + H_3O^+$$

几种常见醇的 pK_a 值为

$$CH_3OH \quad CH_3CH_2OH \quad (CH_3)_2CHOH \quad (CH_3)_3COH$$

pK_a 　　　~15.5　　　~16.9　　　~18.0　　　~19.2

从 pK_a 可以看出它们都是较弱的酸,除甲醇外,其他醇的酸性均小于水(pK_a=15.7)。醇与水相似,也可以和活泼金属(如 Li、Na、K、Mg 等)发生反应,放出氢气。例如

$$2C_2H_5OH + 2Na \longrightarrow 2NaOC_2H_5 + H_2 \uparrow$$

由于醇的酸性比水弱,所以醇与金属钠的反应较缓和,在实验室中常用乙醇处理剩余的少量金属钠。醇钠的碱性比氢氧化钠强,遇水几乎完全水解:

$$C_2H_5ONa + H_2O \rightleftharpoons C_2H_5OH + NaOH$$

酚的酸性比水和醇强,但比羧酸、碳酸弱,从下面的 pK_a 值可以看出:

	ROH	H_2O	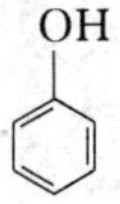 OH⌬	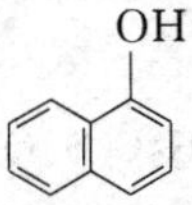 OH⌬⌬	H_2CO_3	RCOOH
pK_a	16~19	15.7	10	9.65	~6.35	~5

因此酚可溶于氢氧化钠溶液中,却不溶于碳酸氢钠溶液。例如,向苯酚和水形成的混浊液中,滴入 5% 氢氧化钠溶液,浊液变成澄清透明溶液。这是因为苯酚和氢氧化钠发生了中和反应,生成溶于水的苯酚钠盐。如果向溶液中通入二氧化碳或加入醋酸,苯酚被析离出来,体系又变成混浊,说明苯酚的酸性比碳酸和醋酸酸性弱。可用该性质分离提纯酚。

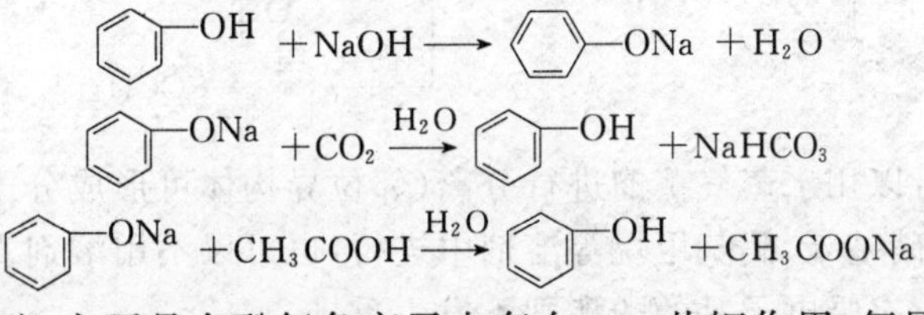

苯酚的酸性大于醇,主要是在酚氧负离子中存在 p-π 共轭作用,氧原子上的负电荷通过 p-π 共轭向苯环离域,因此氧上的电子云密度得到分散而使负离子的稳定性增加。虽然苯酚有较弱的酸性,但是苯酚的水溶液不能使石蕊试纸变色。

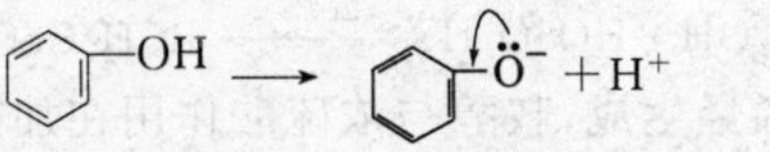

取代苯酚的酸性大小与取代基的性质有关。具有吸电子作用($-I$,$-C$)的取代基一般使取代酚的酸性大于苯酚,因吸电基有利于酚氧负离子上负电荷的分散。当取代基有供电子作用($+I$,$+C$)时,则使取代酚的酸性下降,且酸性小于苯酚,因供电基使酚氧负离子的负电荷密度增高,稳定性下降。取代基的电子效应对酚的酸性的影响是明显的,表 7-3 给出了部分取代酚的 pK_a 值,其中邻硝基苯酚的酸性小于对硝基苯酚的酸性,是因邻硝基苯酚中存在着邻位效应(场效应)。

表 7-3   一些取代酚的 pK_a

取代基	电子效应	pK_a(水中,25℃)
对硝基	$-I$ $-C$	7.15
邻硝基	$-I$ $-C$	7.22
对氰基	$-I$ $-C$	7.95
间硝基	$-I$	8.39
间氯	$-I$	9.02
对氯	$-I$ $+C$	9.38
间甲氧基	$-I$	9.65
氢		9.94
对甲氧基	$-I$ $+C$	10.21
2,4-二硝基	$-I$ $-C$	4.09
2,4,6-三硝基	$-I$ $-C$	0.45

2.酯的生成

醇与酚能与酸及其衍生物(如酰氯或酸酐等)反应生成酯。如在浓硫酸、苯磺酸等强酸作用下,醇可与酸直接反应生成酯。反应的通式如下:

$$RCOOH + R'OH \underset{}{\overset{H^+}{\rightleftharpoons}} RCOOR' + H_2O$$

酚与醇不同,酚的酯化一般要在碱(碳酸钾、吡啶)存在下与酰卤或酸酐反应完成。

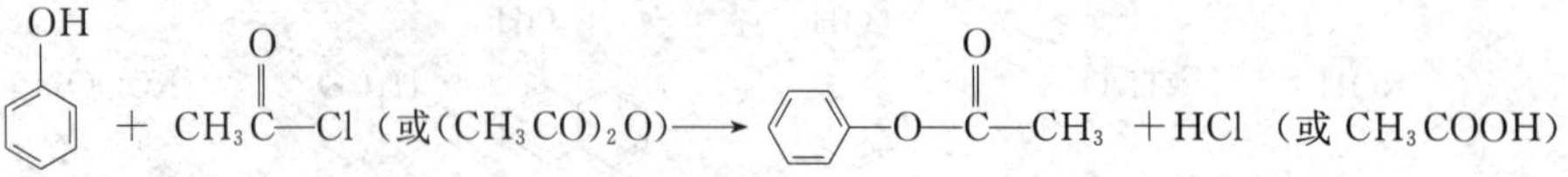

生成的酚酯与 Lewis 酸(如 AlCl$_3$)作用,酰基可以重排到羟基的邻位或对位,此反应称为弗里斯(Fries)重排。

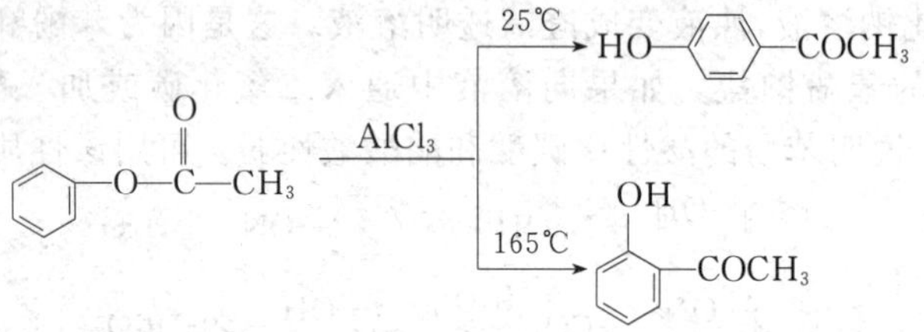

两个重排产物可以用水蒸气蒸馏进行分离(邻位异构体可形成分子内氢键,随水蒸气蒸出)。重排反应可在硝基苯、硝基甲烷等溶剂中进行,也可以不用溶剂直接加热,但用硝基苯能加速反应。芳环上有吸电子基的酚酯则不发生重排。

另外,醇还可以和无机酸反应生成相应的酯。

醇与硫酸反应可以生成酸性硫酸酯(硫酸氢酯)和中性硫酸酯(硫酸二酯):

$$RCH_2OH + HOSO_3H \xrightarrow{温热} RCH_2OSO_3H + H_2O$$

温度过高将会有醚或烯烃生成,叔醇与浓硫酸作用在加热的条件下主要得到烯烃。

利用该反应可制备十二烷基硫酸钠(是一种性能优良的阴离子表面活性剂,常用于乳化剂的配制):

$$C_{12}H_{25}OH + H_2SO_4 \xrightarrow{40\sim55℃} C_{12}H_{25}OSO_3H + H_2O$$

$$C_{12}H_{25}OSO_3H + NaOH \longrightarrow C_{12}H_{25}OSO_3Na + H_2O$$

硫酸二甲酯、二乙酯是有机合成中常用的烷基化试剂,它们可由相应的硫酸氢酯在减压下蒸馏得到:

$$2ROSO_3H \rightleftharpoons R\overset{+}{\underset{H}{-O}}-SO_3H + ROSO_3^- \rightleftharpoons ROSO_2OR + H_2SO_4 \qquad (R=CH_3,C_2H_5)$$

硫酸二甲酯、硫酸二乙酯是剧毒物质,对呼吸器官和皮肤都有强烈的刺激作用。在制备和使用它们时要仔细、小心,应当在通风良好的环境下进行操作。

醇也可以与硝酸反应生成酯:

$$RCH_2OH + HNO_3 \longrightarrow RCH_2ONO_2 + H_2O$$

$$HOCH_2\underset{OH}{CHCH_2OH} + 3HNO_3 \longrightarrow O_2NOCH_2\underset{ONO_2}{CHCH_2ONO_2} + 3H_2O$$

硝酸酯不稳定,受热易分解,甚至引起爆炸。多元醇的硝酸酯是烈性炸药。丙三醇三硝酸酯(硝化甘油)具有舒张血管、缓解心绞痛的药理作用。亚硝酸异戊酯是冠心病患者突发病时的急救药物之一。

醇与磷酸反应可以生成磷酸酯：

$$ROH + H_3PO_4 \Longrightarrow ROPO_3H_2 \xrightarrow{ROH} (RO)_2PO_2H$$

$$3n\text{-}C_4H_9OH + POCl_3 \longrightarrow (n\text{-}C_4H_9O)_3PO + 3HCl$$

磷酸三酯是一类很有用的化合物，它常用于制取农药和增塑剂及萃取剂等。

甘油与磷酸反应可得磷酸甘油酯，它在人体脂肪代谢过程中有着重要的作用。葡萄糖磷酸氢酯在人体的糖代谢和转化中是重要的中间物，在核糖核酸中存在磷酯键。

3.醚的生成

醇钠和酚钠与卤代烃、硫酸二甲（或乙）酯等作用，可生成相应的醚。例如

$$(CH_3)_2CHONa + \text{⟨苯⟩-}CH_2Cl \xrightarrow{84\%} \text{⟨苯⟩-}CH_2\text{—}O\text{—}CH(CH_3)_2$$

异丙基苄基醚

$$\text{⟨苯⟩-}Cl + NaO\text{-⟨苯⟩} \xrightarrow[180℃]{Cu} \text{⟨苯⟩-}O\text{-⟨苯⟩} + NaCl$$

在碱性条件下，酚与伯卤代烷反应生成混合醚：

$$\text{⟨苯⟩-}OH \xrightarrow{NaOH} \text{⟨苯⟩-}ONa \xrightarrow{RCH_2X} \text{⟨苯⟩-}O\text{—}CH_2R$$

制备苯甲醚或苯乙醚时，常用 $(CH_3O)_2SO_2$ 或 $(C_2H_5O)_2SO_2$ 作为烷基化试剂，在氢氧化钠水溶液中进行反应。实验室和工业上都可使用这个方法，因硫酸二甲酯毒性较大，操作时应注意防护。

$$\text{⟨苯⟩-}OH + (CH_3O)_2SO_2 \xrightarrow[H_2O]{NaOH} \text{⟨苯⟩-}OCH_3 + CH_3OSO_3^- Na^+$$

苯甲醚（茴香醚）

4.氧化和脱氢

（1）醇和酚的氧化

伯醇和仲醇被氧化，生成相应的醛或酮，醛很容易被继续氧化成羧酸。叔醇不含 α-H，通常情况下不易被氧化。如

$$CH_3(CH_2)_3CH_2OH \xrightarrow[CH_3COOH,100℃]{Na_2Cr_2O_7} CH_3(CH_2)_3CHO \xrightarrow{[O]} CH_3(CH_2)_3COOH$$

要使反应停留在生成醛的阶段，一般可采用两种方法：一是把生成的醛尽快从反应体系中移出，以避免进一步氧化；二是选择合适的氧化剂，使生成的醛不被进一步氧化。

一种称为 PCC 的氧化剂（吡啶和 CrO_3 在盐酸溶液中的络合盐），也称为沙瑞特（Sarrett）试剂，可以将伯醇氧化为醛而不发生进一步的氧化作用，同时不对分子中存在的 C≡C、C≡O、C≡N 等不饱和键产生破坏作用。

$$CH_3(CH_2)_6CH_2OH \xrightarrow{CrO_3,吡啶} CH_3(CH_2)_6CHO$$

新制的 MnO_2 对烯丙位醇和苄醇有较好的选择性氧化。

$$\text{⟨苯⟩-}CH_2OH \xrightarrow{MnO_2}{CH_2Cl_2} \text{⟨苯⟩-}CHO$$

仲醇氧化生成酮，可用的氧化剂有 $K_2Cr_2O_7/H_2SO_4$、$KMnO_4$、$CrO_3/$稀 H_2SO_4（Jones 试剂）、$(i\text{-}C_3H_7O)_3Al$—CH_3COCH_3（Oppenauer 氧化法）、NaOX 等，因为生成的酮难以被继续氧化，所以仲醇对氧化剂的选择要求不高，但不饱和仲醇不易使用强氧化剂。

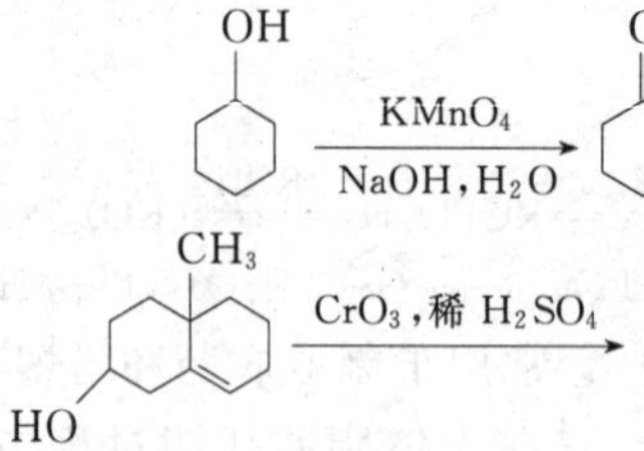

$$\underset{OH}{\bigcirc} \xrightarrow[\text{NaOH,H}_2\text{O}]{\text{KMnO}_4} \underset{O}{\bigcirc}$$

多元醇容易被氧化,但产物比较复杂。

高碘酸(HIO$_4$)水溶液或四醋酸铅[Pb(OAc)$_4$]在醋酸或苯溶液中都与邻位二醇发生定量的专属性氧化反应,使含有羟基的两个相连碳原子之间的 C—C 键断裂并生成两个相应的羰基化合物,可用于邻位二醇的结构鉴定和定量分析。

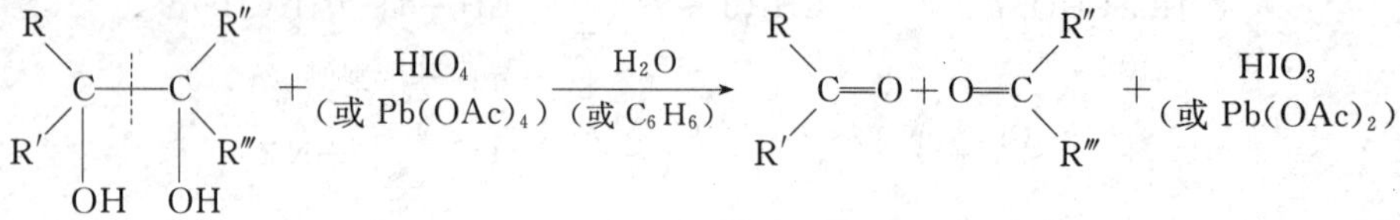

生成的 HIO$_3$ 可以与 AgNO$_3$ 作用生成 AgIO$_3$ 沉淀,有助于判断氧化反应的发生。相邻多元醇也可发生此种反应,例如

$$\underset{\underset{OH}{|}\ \underset{OH}{|}\ \underset{OH}{|}}{CH_3CH-CH-\overset{CH_3}{\overset{|}{C}}CH_2CH_3} \xrightarrow{2HIO_4} CH_3CHO + HCOOH + CH_3\underset{O}{\overset{\|}{C}}CH_2CH_3$$

酚非常容易被氧化,而且随着氧化剂及反应条件的不同,氧化产物也不同。例如

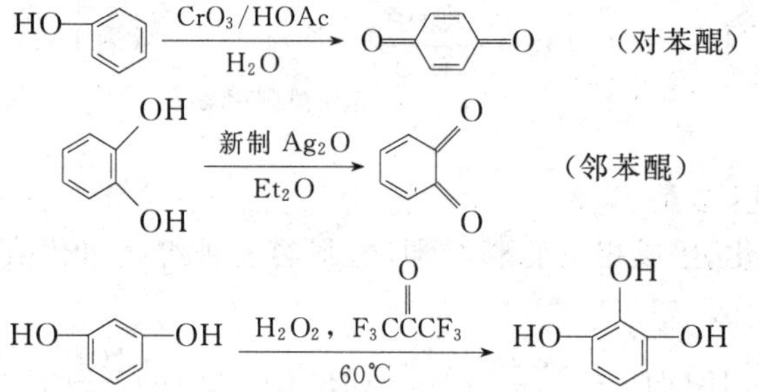

（对苯醌）

（邻苯醌）

(2)醇的脱氢

醇的脱氢反应是指在催化剂作用下,伯、仲醇羟基上的氢原子和 α-C 上的氢原子的脱除反应,得到相应的醛或酮。工业生产上,常用铜或铜铬氧化物、氧化锌、钯等做脱氢催化剂。

$$RCH_2OH \xrightarrow{\text{Cu},325℃} RCHO + H_2$$

$$\underset{\underset{OH}{|}}{RCHR'} \xrightarrow{\text{Cu},200\sim300℃} RCR' + H_2$$

7.4.2　醇的反应

1.弱碱性

醇羟基氧原子上有未共用的电子对,它可以与强酸或 Lewis 酸结合形成镁盐。例如

$$C_2H_5\overset{..}{\underset{..}{O}}H + H_2SO_4 \rightleftharpoons C_2H_5\overset{+}{\underset{..}{O}}H_2\overset{-}{SO_4}H$$

$$C_2H_5\overset{\cdot\cdot}{\underset{\cdot\cdot}{O}}H + ZnCl_2 \rightleftharpoons C_2H_5\overset{\delta+}{\underset{\underset{H}{|}}{\overset{\cdot\cdot}{O}}}\rightarrow\overset{\delta-}{ZnCl_2}$$

低级醇分子可以与 $MgCl_2$、$CaCl_2$ 等无机盐形成络合物($MgCl_2 \cdot 6C_2H_5OH$、$CaCl_2 \cdot 4C_2H_5OH$)。因此不能使用这类盐作为醇的干燥剂。

2.生成 RX

醇与氢卤酸反应,可生成相应的 3°、2°、1°卤代烃:

$$ROH + HX \rightleftharpoons R\overset{+}{O}H_2 + X^- \longrightarrow R{-}X + H_2O$$

卤化氢反应活性为

$$HI > HBr > HCl \gg HF$$

醇的反应活性为

$$R_3COH > R_2CHOH > RCH_2OH$$

例如

$$(CH_3)_3C{-}OH \xrightarrow{\text{浓 HCl}} (CH_3)_3C{-}Cl$$

$$n\text{-}C_6H_{13}{-}OH \xrightarrow[ZnCl_2]{\text{浓 HCl}} n\text{-}C_6H_{13}{-}Cl$$

浓盐酸与无水氯化锌配制成的试剂称为卢卡斯(Lucas)试剂。在室温下,对于不多于六个碳的醇,可以用卢卡斯试剂来鉴别伯、仲、叔醇。

$$\left.\begin{array}{l} RCH_2OH \\ R_2CHOH \\ R_3COH \end{array}\right\} \xrightarrow[\text{室温}]{\text{浓 HCl,无水 } ZnCl_2} \left\{\begin{array}{l} \text{不反应(加热后可反应)} \\ \text{反应缓慢(几分钟后逐渐混浊)} \\ \text{反应迅速(立刻混浊或分层)} \end{array}\right.$$

低级醇能溶解于卢卡斯试剂中,而卤代烷不溶。故一旦反应生成卤代烃,反应液就会出现混浊或分层。

醇与氢卤酸反应主要有两种反应机理,即:S_N1 和 S_N2 机理。大多数伯醇与氢卤酸的反应按 S_N2 机理进行;仲醇和叔醇与氢卤酸的反应一般按照 S_N1 机理进行,可能会有重排产物生成。

S_N2 机理:

$$RCH_2OH + H^+ \rightleftharpoons RCH_2\overset{+}{O}H_2 \quad (\text{锌盐})$$

$$X^- + RCH_2\overset{+}{-}\overset{+}{O}H_2 \longrightarrow \left[\overset{\delta-}{X}\cdots\underset{\underset{R}{|}}{\overset{\delta+}{CH_2}}\cdots\overset{\delta+}{O}H_2\right]^{\neq} \longrightarrow RCH_2{-}X + H_2O$$

$$(\text{过渡态})$$

S_N1 机理:

$$R_3COH + H^+ \rightleftharpoons R_3C\overset{+}{O}H_2$$

$$R_3C{-}\overset{+}{O}H_2 \xrightarrow{\text{慢}} R_3C^+ + H_2O$$

$$R_3C^+ + X^- \xrightarrow{\text{快}} R_3C{-}X$$

在 S_N1 机理的反应中,往往有碳正离子重排的产物生成。例如

$$(CH_3)_2CHCHCH_3 \xrightarrow[\text{回流}]{\text{浓 HBr}} (CH_3)_2CH{-}\underset{\underset{Br}{|}}{CH}{-}CH_3 + (CH_3)_2\underset{\underset{Br}{|}}{C}{-}CH_2CH_3 \quad (\text{重排产物})$$
$$\underset{OH}{|}$$

新戊醇虽然是伯醇，但因叔丁基的空间障碍较大，一般按 S_N1 机理与盐酸反应。

$$(CH_3)_3C-CH_2OH \xrightarrow{H^+} (CH_3)_3CCH_2\overset{+}{O}H_2 \xrightarrow{-H_2O} (CH_3)_3\overset{+}{C}CH_2 \xrightarrow[(-CH_3 \text{ 邻位迁移})]{\text{重排}}$$

$$(CH_3)_2\overset{+}{C}CH_2CH_3 \xrightarrow{Cl^-} (CH_3)_2C-CH_2CH_3$$
$$\underset{\qquad\qquad Cl}{}$$

由醇转变成卤代烃还可以采用其他试剂，如氯化亚砜（$SOCl_2$）、卤化磷等，反应几乎没有重排产物。

$$CH_3(CH_2)_5CHCH_3 + SOCl_2 \xrightarrow{\triangle} CH_3(CH_2)_5CHCH_3 + SO_2\uparrow + HCl\uparrow$$
$$\underset{OH}{} \qquad\qquad\qquad\qquad \underset{Cl}{}$$

$$6n\text{-}C_4H_9OH + 2PBr_3 \longrightarrow 6n\text{-}C_4H_9Br + 2P(OH)_3$$

3.脱水反应

醇在不同的反应条件下，可以进行分子间脱水生成醚，也可以发生分子内脱水生成烯烃。

（1）分子间脱水

在酸催化下，伯醇在一定的反应温度下，可以发生分子间脱水反应生成醚。反应按 S_N2 机理进行。例如

$$2C_2H_5OH \xrightarrow[140℃]{\text{浓 } H_2SO_4} CH_3CH_2OCH_2CH_3 + H_2O$$

机理：
$$C_2H_5OH + H^+ \longrightarrow CH_3CH_2\overset{+}{O}H_2$$

$$CH_3CH_2\overset{\bullet\bullet}{\underset{\bullet\bullet}{O}}H + H_2\overset{+}{O}CH_2CH_3 \longrightarrow (CH_3CH_2)_2\overset{+}{\underset{\bullet\bullet}{O}}H + H_2O$$

$$(CH_3CH_2)_2\overset{+}{\underset{\bullet\bullet}{O}}H \xrightarrow{-H^+} (CH_3CH_2)_2\overset{\bullet\bullet}{\underset{\bullet\bullet}{O}}:$$

（2）分子内脱水

醇在硫酸或磷酸存在下于较高反应温度时发生分子内脱水生成烯烃的反应，属于消除反应。一般来说仲醇和叔醇按 E1 机理进行脱水反应，可能有重排产物生成。例如

$$(CH_3)_3C-CH-CH_3 \rightleftharpoons (CH_3)_3C-CH-CH_3 \xrightarrow{-H_2O} (CH_3)_3C-\overset{+}{C}H-CH_3 \xrightarrow{1,2\text{-甲基迁移}}$$
$$\underset{\quad OH}{} \qquad\qquad \underset{\quad \overset{+}{O}H_2}{}$$

$$(CH_3)_2\overset{+}{C}-CH-CH_3 \xrightarrow{-H^+} (CH_3)_2C=C(CH_3)_2$$
$$\underset{\qquad CH_3}{}$$

不同结构的醇，分子内脱水生成烯烃的反应活性是叔醇＞仲醇＞伯醇。例如

$$CH_3CH_2CH_2CH_2OH \xrightarrow[150℃]{75\% H_2SO_4} CH_3CH_2CH=CH_2 + CH_3CH=CHCH_3$$

$$CH_3CH_2CHCH_3 \xrightarrow[95℃]{60\% H_2SO_4} CH_3CH_2CH=CH_2 + CH_3CH=CHCH_3$$
$$\underset{OH}{}$$

$$(CH_3)_3COH \xrightarrow[80℃]{20\% H_2SO_4} (CH_3)_2C=CH_2$$

醇在酸催化下脱水反应以生成支链较多的烯烃为主，即脱水取向符合查依采夫规则。

Al_2O_3 常作为醇分子内脱水的催化剂，反应温度一般高于 $300℃$，Al_2O_3 的再生性能好，反应过程中的三废少，产率较高，用碱处理 Al_2O_3 后重排产物极少，可用于制备端烯烃和共轭二烯烃。

（3）嚬哪醇脱水

通常把两个羟基都连在叔碳原子上的邻二醇，即 α-二醇称为嚬哪醇（pinacol）。在 Al_2O_3 存在下，嚬哪醇发生分子内脱水生成二烯烃。例如

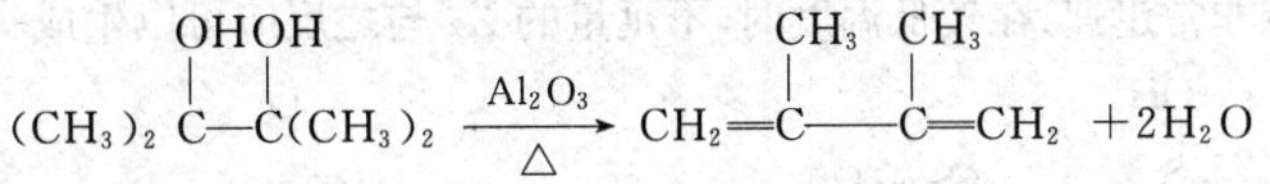

$$(CH_3)_2 \overset{OH}{\underset{}{C}} - \overset{OH}{\underset{}{C}}(CH_3)_2 \xrightarrow[\triangle]{Al_2O_3} CH_2=\overset{CH_3}{\underset{}{C}}-\overset{CH_3}{\underset{}{C}}=CH_2 + 2H_2O$$

在质子酸催化下嚬哪醇脱一分子水生成的产物是酮——嚬哪酮，而不是烯烃。这是由于发生了如下的嚬哪醇重排反应的结果。

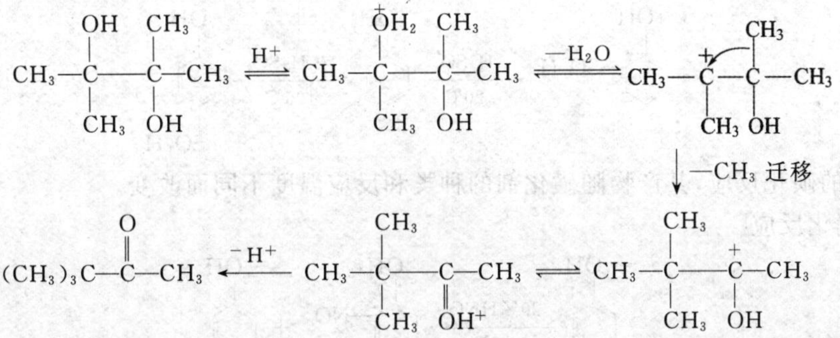

又如

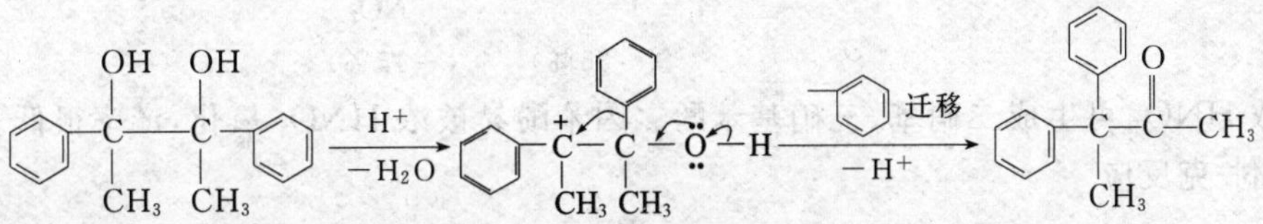

7.4.3　酚的反应

1. 与 $FeCl_3$ 的显色反应

具有烯醇型结构的分子可与 $FeCl_3$ 溶液发生显色反应。酚中的羟基与芳环直接相连，属烯醇型化合物，因此不同的酚与 $FeCl_3$ 作用呈现不同的颜色，可用来鉴别酚的存在。颜色是由酚氧负离子和三价铁离子形成的络合盐显现出来的。

$$6ArOH + FeCl_3 \rightleftharpoons [Fe(OAr)_6]^{3-} + 6H^+ + 3Cl^-$$

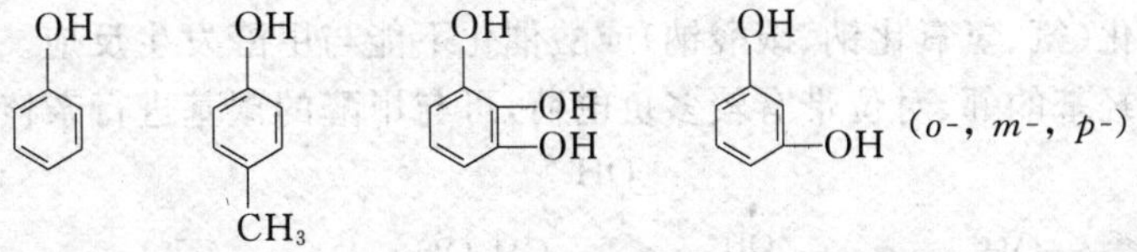

2.酚环上的反应

（1）亲电取代

酚羟基是很强的第一类定位基，使芳环上电子云密度增大，容易发生亲电取代反应。

(a)卤代反应

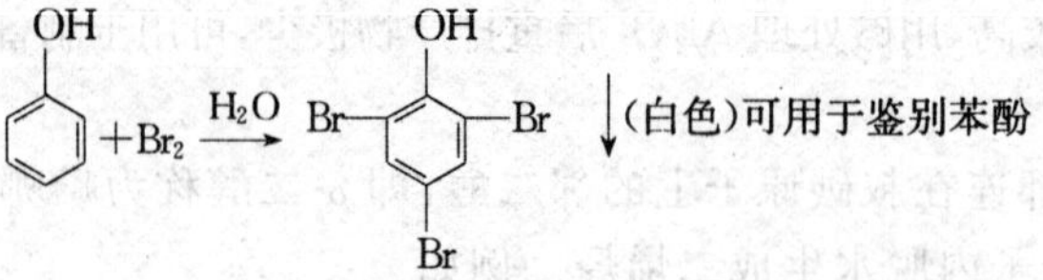

$$\text{苯酚} + Br_2 \xrightarrow{H_2O} \text{2,4,6-三溴苯酚} \downarrow \text{(白色)可用于鉴别苯酚}$$

酚与 X_2 的反应非常迅速,在较低温度时,不足量的 X_2 与之反应可以生成一卤代苯酚。

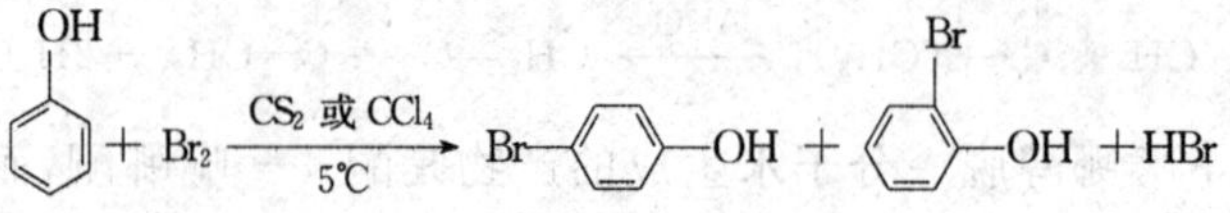

$$\text{苯酚} + Br_2 \xrightarrow[5℃]{CS_2 \text{ 或 } CCl_4} Br—\bigcirc—OH + \text{邻溴苯酚} + HBr$$

(b)磺化反应

$$\text{邻羟基苯磺酸} \xleftarrow[20℃]{H_2SO_4} \text{苯酚} \xrightarrow[100℃]{\text{浓 } H_2SO_4} \text{对羟基苯磺酸}$$

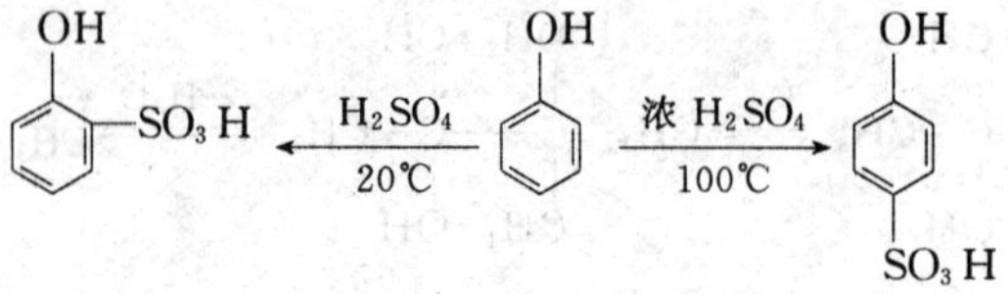

萘酚的磺化反应,其产物随磺化剂的种类和反应温度不同而改变。

(c)硝化反应

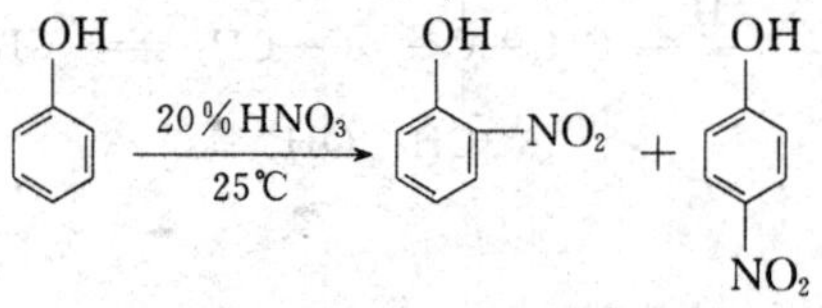

$$\text{苯酚} \xrightarrow[25℃]{20\% HNO_3} \text{邻硝基苯酚} + \text{对硝基苯酚}$$

(~35%) (~15%)

用浓 HNO_3 可生成二硝基、三硝基苯酚。因苯酚易被浓 HNO_3 氧化,产率很低。

(d)付-克反应

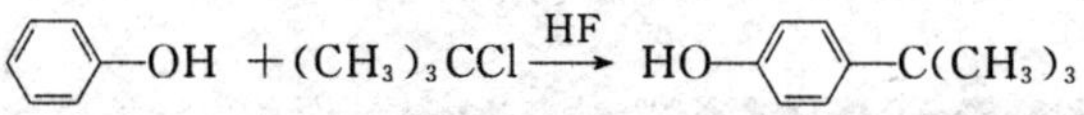

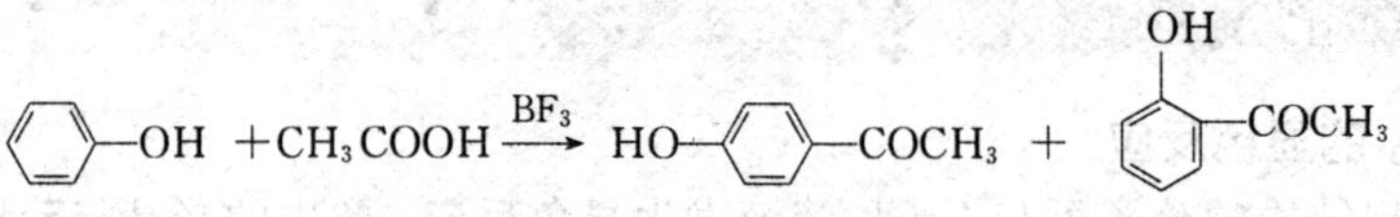

$$\bigcirc—OH + (CH_3)_3CCl \xrightarrow{HF} HO—\bigcirc—C(CH_3)_3$$

$$\bigcirc—OH + CH_3COOH \xrightarrow{BF_3} HO—\bigcirc—COCH_3 + \text{邻羟基苯乙酮}$$

(95%) (少量)

反应还可在硝基苯或二硫化碳溶剂中进行;也可用 $AlCl_3$ 做催化剂,用酰氯或酸酐为酰化剂,因酚可与 $AlCl_3$ 形成酚盐,故催化剂用量较多。

(2)与甲醛、丙酮的反应

苯酚在碱催化(氨、氢氧化钠、碳酸钠)或酸催化下能与甲醛发生反应。酚氧负离子的电子离域使苯环上羟基的邻、对位带有较多负电荷,可与甲醛的羰基进行亲核加成。

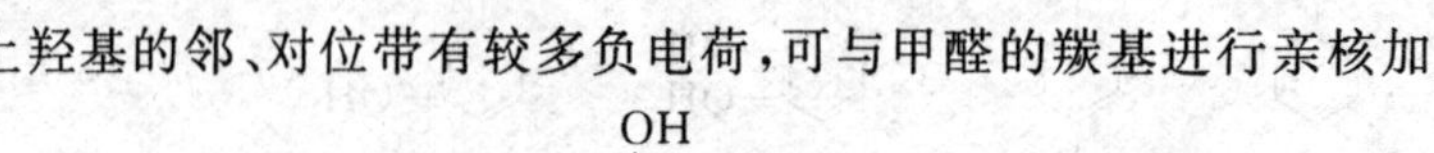

$$\bigcirc—OH + HCHO \xrightarrow{OH^-} \text{邻羟甲基苯酚} + HO—\bigcirc—CH_2OH$$

苯酚与甲醛可以连续缩合生成高相对分子质量、耐高温、耐老化、耐化学腐蚀、具有良好绝缘性能的缩聚产物——酚醛树脂。酚醛树脂常用来制作绝缘材料,广泛用于电子、电气、塑料等工业。

苯酚在酸性条件下与丙酮发生缩合反应生成双酚A:

$$2HO-\!\!\!\bigcirc\!\!\!-H + CH_3\overset{O}{\overset{\|}{C}}CH_3 \xrightarrow[<45℃]{浓\ H_2SO_4} HO-\!\!\!\bigcirc\!\!\!-\overset{CH_3}{\underset{CH_3}{\overset{|}{\underset{|}{C}}}}-\!\!\!\bigcirc\!\!\!-OH + H_2O$$

双酚 A

双酚 A 的主要用途之一是与环氧氯丙烷反应得到不同聚合度的环氧树脂,这种树脂与固化剂(多元胺或多元酸酐)作用便形成交联结构的高分子树脂,具有极强的黏合力,可以牢固地黏合多种材料,俗称"万能胶"。

(3)酚酸的生成

干燥的酚钠或酚钾与二氧化碳在加热加压作用下生成羟基苯甲酸的反应称为柯尔伯-施密特(Kolbe-Schimitt)反应,主要用于制酚酸。如

$$\bigcirc\!\!-ONa + CO_2 \xrightarrow[0.4～0.7\ MPa]{125℃} \overset{OH}{\bigcirc}\!\!-CO_2Na \xrightarrow{H_3^+O} \overset{OH}{\bigcirc}\!\!-CO_2H$$

水杨酸,pK_a = 2.98
熔点 159℃

$$\bigcirc\!\!-OK + CO_2 \xrightarrow{280℃} HO-\!\!\!\bigcirc\!\!\!-CO_2K \xrightarrow{H_3^+O} HO-\!\!\!\bigcirc\!\!\!-CO_2H$$

工业上利用这一反应制取水杨酸。水杨酸有多种用途,是合成药物、染料、香料的重要原料,可用做食物防腐剂。

7.5 醌

醌(quinone)是指分子中含有六元环状共轭不饱和二酮结构的化合物。下述结构称为醌型结构。

对苯醌　　　　邻苯醌

醌是被作为相应的芳烃衍生物来命名的。例如

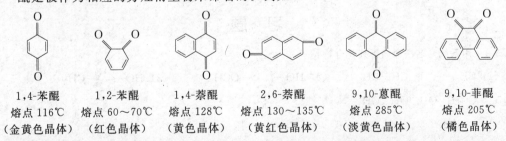

1,4-苯醌　　1,2-苯醌　　1,4-萘醌　　2,6-萘醌　　9,10-蒽醌　　9,10-菲醌
熔点 116℃　熔点 60～70℃　熔点 128℃　熔点 130～135℃　熔点 285℃　熔点 205℃
(金黄色晶体)　(红色晶体)　(黄色晶体)　(黄红色晶体)　(淡黄色晶体)　(橘色晶体)

在醌型结构中存在着共轭体系,但并不是闭合的共轭体系,所以醌型结构中的环不是芳香环,没有芳香性。醌类化合物都有明显的颜色。对位大多是黄色,邻位大多是红色或橘红色。

醌含有双键和羰基,兼具烯烃和羰基化合物的性质,其中有重要意义的是羰基被还原为

羟基这一反应。醌类可以被还原成酚类(由此对苯二酚又称作氢醌),而酚类则可被氧化生成醌类。醌与酚之间的氧化还原关系可表示如下:

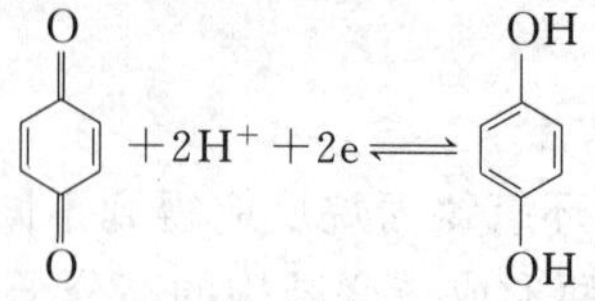

醌与二元酚构成一个氧化-还原体系,例如,对苯二酚与对苯醌可形成分子电荷转移络合物,称为醌氢醌(quinhydrone):

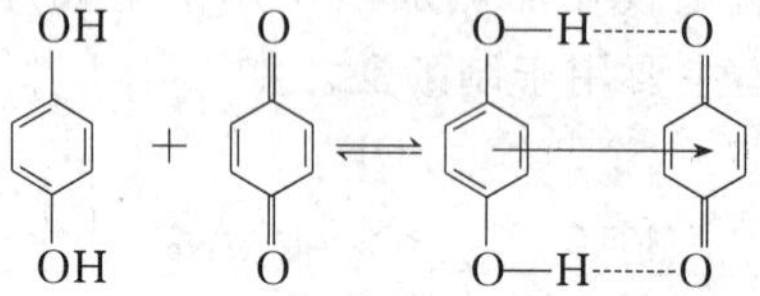

醌氢醌为墨绿色晶体,熔点 191℃。在醌氢醌分子中,氢键的形成使其结构稳定。醌氢醌可用于测定半电池的电势,测定溶液的 pH,属于氧化还原电极。

醌酚间的氧化还原反应是可逆的,可以迅速而定量地进行,并且受环境中 pH 的制约。这种醌酚氧化还原体系在生理生化过程中有重要意义。生物氧化还原作用常以脱氢或加氢的方式进行。在这个过程中,常有某些物质在酶的控制下进行氢的传递工作,其中之一便是通过醌酚氧化还原体系来实现的。醌类对皮肤、黏膜有刺激作用,有抑菌、杀菌作用,可用做防腐剂、有机合成试剂,可制作医药和染料。自然界的花色素、某些染料及辅酶等含有醌型结构。维生素 K1 和 K2 都是萘醌的衍生物,它们都具有凝血作用。人或动物缺乏维生素 K 受伤后常会出血。

一些醌类化合物具有一定的生物活性或药物活性。

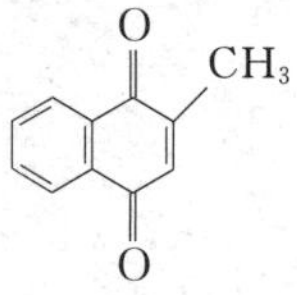

（VK₃）　　　　（VK₂ n=1~13）　　　　　　　　　（VK₁）

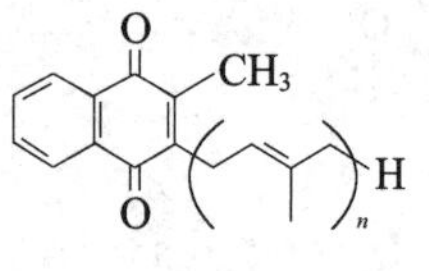

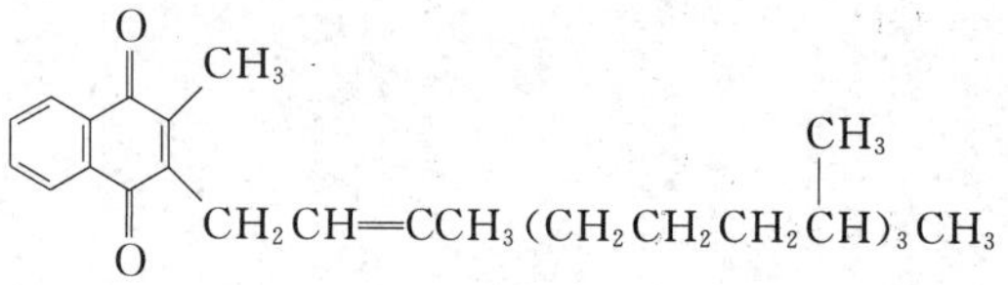

习　题

7-1　用系统命名法命名下列化合物:

(1) 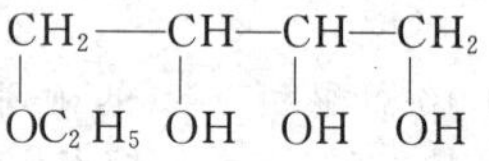 CH₂—CH—CH—CH₂
　　 |　　|　　|　　|
　　OC₂H₅ OH OH OH

(2)

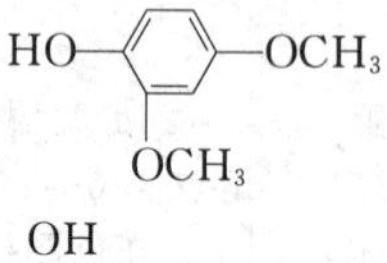

(3)

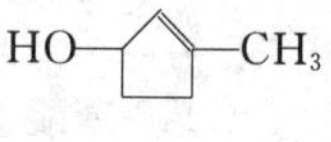

(4) (CH₃)₃CCH₂CH₂OH

(5)

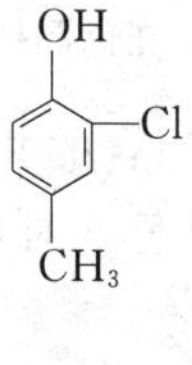

(6)

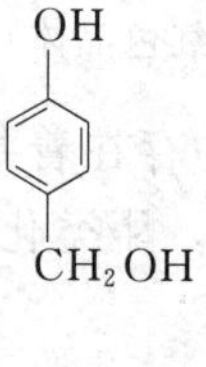

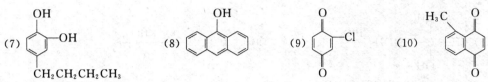

(7) ... CH₂CH₂CH₂CH₃
(8) ...
(9) ...
(10) ...

7-2 写出下列化合物的结构：

(1) 3-羟甲基-1,7-庚二醇

(2) 3-戊烯-1-醇

(3) 4-甲氧基-1-萘酚

(4) 3,4,5-三甲氧基苯酚

7-3 完成下列各题：

(1) 给出下列化合物沸点的高低顺序。

$$CH_2-CH-CH_2 , \quad CH_2-CH-CH_2 , \quad CH_3CH_2CH_2OH , \quad CH_3CH_2CH_2OCH_3$$
$$\ \ |\quad\ \ |\quad\ \ | \qquad\qquad |\quad\ \ |\quad\ \ |$$
$$\ \ OH\ \ OH\ \ OH \qquad\quad OH\ \ OH\ \ OCH_3$$

(2) 给出下列化合物在水中溶解度大小顺序。

$$CH_2CH_2CH_2CH_2 , \quad CH_2CH_2CH_2CH_2 , \quad CH_2CHCHCH_2OH , \quad CH_2CH_2CH_2CH_2$$
$$\ \ |\qquad\qquad |\qquad\quad |\qquad\qquad |\qquad\quad |\quad |\ |\qquad\qquad\ \ |\qquad\qquad\quad |$$
$$\ \ OH\qquad\quad OCH_3\qquad OCH_3\qquad OCH_3\qquad OH\ OHOH\qquad\qquad OH\qquad\qquad\quad OH$$

(3) 区别下列各组中的化合物。

A. ⬡—OH , ⬡—CH₂OH

B. CH₃CH₂CHOHCH₃ , CH₃CH₂CH₂CH₂OH , (CH₃)₃COH

C. 1,4-丁二醇, 2,3-丁二醇

(4) 给出下列化合物与 HBr 水溶液反应的活性顺序：

A. ⬡—CH₂OH , CH₃—⬡—CH₂OH , O₂N—⬡—CH₂OH

B. ⬡—CH₂OH , ⬡—CHOHCH₃ , ⬡—CH₂CH₂OH

(5) 写出下列化合物酸性强弱顺序：

⬡—OH , OH⬡CH₃ , OH⬡Cl , OH⬡NO₂ , OH⬡OCH₃

7-4 完成下列反应式：

(1) ⬡(OH)(CH₂CH₂CH₂CH₂OH) $\xrightarrow{HBr}$

(2) ⬡—CH₂OH $\xrightarrow{PBr_3}$ $\xrightarrow[\text{醚}]{Mg}$ $\xrightarrow[②H_3^+O]{①CH_2\overset{O}{\frown}CH_2}$

(3) ⬡—OH $\xrightarrow{NaOH}$ $\xrightarrow{CH_3CH=CHCH_2Cl}$

(4) ⬡(OH) $\xrightarrow[\text{稀 }H_2SO_4]{K_2Cr_2O_7}$

(5) ⬡(OH)(CH₃) $\xrightarrow{SOCl_2}$

(6) ⬡⬡(OH)(OH) $\xrightarrow{H^+}$

(7) OH⬡(CH₃)(CH₃) + CH₃COCl $\xrightarrow{\text{吡啶}}$

(8) $CH_3-\underset{\underset{OH}{|}}{\overset{\overset{CH_3}{|}}{C}}-CH_2OH \xrightarrow{HIO_4}$

(9) $\xrightarrow[\triangle,p]{CO_2,KHCO_3}$

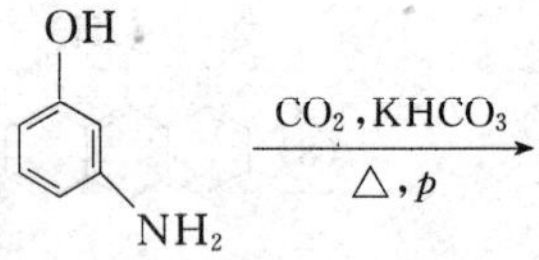

(10) $(CH_3)_3CCl + CH_3CH_2CH_2ONa \longrightarrow$

7-5 写出下列反应的反应机理：

(1) $CH_3CH_2\underset{\underset{CH_3}{|}}{C}HCH_2OH \xrightarrow[ZnCl_2]{HCl} CH_3CH_2\underset{\underset{CH_3}{|}}{\overset{\overset{Cl}{|}}{C}}CH_3 + CH_3CH=\underset{\underset{CH_3}{|}}{C}CH_3$

(2) $\xrightarrow{H^+}$

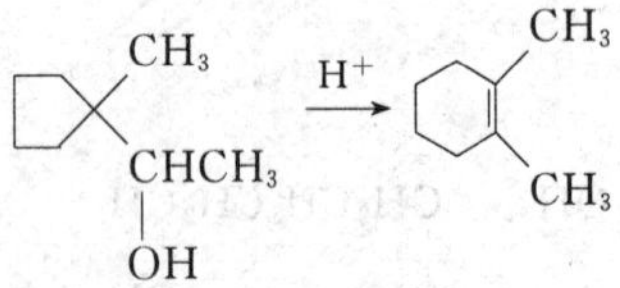

(3) $(CH_3)_2\underset{\underset{I}{|}}{C}-\underset{\underset{OH}{|}}{C}(CH_3)_2 \xrightarrow{Ag^+} (CH_3)_3C-\overset{\overset{O}{||}}{C}CH_3$

7-6 用适当原料合成下列化合物：

(1) $CH_3CH_2CH_2OCH(CH_3)_2$　　(2) $O_2N-$$-OH$

(3) $C_2H_5O-$$-CH_2CH_2OH$　　(4) $(CH_3)_3C-$$-OCH_3$

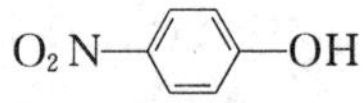

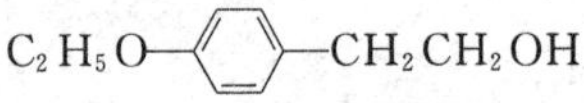

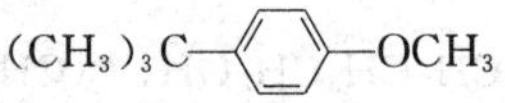

7-7 化合物 A 的分子式为 C_3H_8O，A 氧化相继得到醛和酸。A 与 KBr 和 H_2SO_4 作用生成 B（C_3H_7Br），B 与 NaOH 的乙醇溶液生成 C，C 与 HBr 作用生成 D，D 与 B 是同分异构体，D 水解后生成 E，而 E 与 A 是同分异构体。试写出 A～E 的结构式及各步反应式。

7-8 中性化合物 A（$C_8H_{16}O_2$），有顺反异构而无旋光异构。A 与 Na 作用放出 H_2，A 与 PBr_3 作用生成相应的化合物 $C_8H_{14}Br_2$；A 可被 PCC（沙瑞特）氧化生成 $C_8H_{12}O_2$，但 A 不被 HIO_4 氧化；A 与浓 H_2SO_4 一起共热脱水生成 B（C_8H_{12}）。B 可使溴水和 $KMnO_4$ 溶液褪色，B 在室温下与 H_2SO_4 作用再水解可生成 A 的同分异构体 C；C 与浓 H_2SO_4 一起共热可生成 D，但 C 不能被 $KMnO_4$ 氧化；D 氧化生成 2,5-己二酮和乙二酸。试写出 A、B、C、D 的构造式。

7-9 化合物 A 的分子式为 $C_9H_{12}O$，不溶于水、稀盐酸和饱和 Na_2CO_3 溶液，但溶于稀 NaOH 溶液，A 不使溴水褪色，试写出 A 的构造式。

7-10 请参见其他有机化学教材，自学一下关于硫醇和硫酚这两种化合物的基本性质，回答下面的问题：

(1)为什么硫醇的酸性大于醇的酸性？

(2)硫醇和硫酚的制备方法有哪些？

第8章

醚和环氧化合物

醚(ether)可看成是水分子中的两个氢原子被烃基取代后所形成的化合物,烃基可以是烷基、烯基、芳基等,C—O—C 键叫醚键。氧所连的两个烃基形成一个环的,称为环醚,其中三元的环醚称为环氧化合物。

8.1　醚和环氧化合物的命名

结构简单的醚可按烃基来命名。两个烃基相同的为单醚,不同的为混醚。命名时,单醚在烃基前加"二"(通常可省略),后面加上"醚"字。混醚则按次序规则由小到大将两个烃基依次列出,然后加上"醚"字。若烃基中有一个是芳基时,芳基放在前面。例如

$CH_3OC_2H_5$　　$C_2H_5OC_2H_5$

甲乙醚　　　　(二)乙醚　　　　　二苯醚 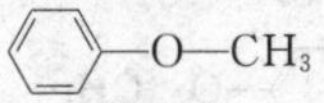　　　　　　苯甲醚　　　　　乙基乙烯基醚

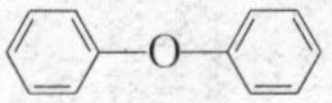

$C_2H_5OCH{=\!\!=}CH_2$

结构比较复杂的醚可作为烃的衍生物来命名。选择最长碳链作主链,剩下的—OR 部分作为取代基,称为烷氧基。例如

$CH_3CH_2CHCH_2CH_3$
　　　　$|$
　　　OCH_2CH_3

$CH_3CH_2OCH_2CH_2OCH_2CH_3$

$C_2H_5OCH{=\!\!=}CCH_2CH_2CH_3$
　　　　　　　　$|$
　　　　　　　CH_3

3-乙氧基戊烷　　　　　　1,2-二乙氧基乙烷　　　　　2-甲基-1-乙氧基-1-戊烯

环醚一般称为环氧某烃或按杂环化合物命名。例如

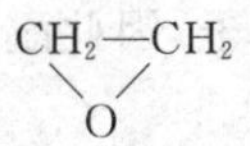

CH_2—CH_2
　　$\diagdown$　$\diagup$
　　　O

CH_3—CH—CH_2
　　　　$\diagdown$　$\diagup$
　　　　　O

CH_2
$\diagup$　$\diagdown$
CH_2　　CH_2
$\diagdown$　　$\diagup$
　　O

环氧乙烷　　　　　　1,2-环氧丙烷 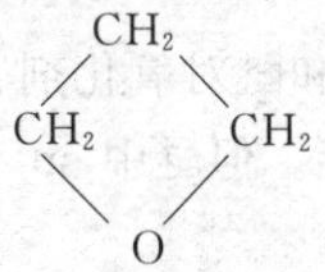　　　　　　1,3-环氧丙烷

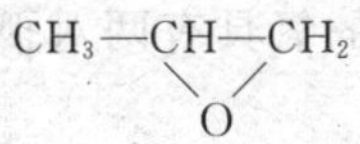

(氧杂环丙烷)　　　　　　　　　　　　　　　　(氧杂环丁烷)

8.2　醚的物理性质

由于醚的极性较小,分子之间又不能形成氢键,因此沸点与相对分子质量相近的烷烃相似,比相应的醇低。如正丁醇的沸点为 117.7℃,乙醚的沸点为 34.5℃,戊烷的沸点为 36.1℃。一般的低级醚为易挥发、易燃的液体。常见醚的物理常数见表 8-1。

多数醚不溶于水,常用来提取有机物,或作为有机反应的溶剂。乙醚有麻醉性,极易挥发和着火,并可以和空气形成爆炸性混合气,使用时要特别注意。

表 8-1   **常见醚的物理常数**

名称	结构	熔点/℃	沸点/℃	相对密度 d_4^{20}
甲醚	$CH_3—O—CH_3$	−140	−24.9	0.661
甲乙醚	$CH_3—O—C_2H_5$		7.9	0.725
乙醚	$C_2H_5—O—C_2H_5$	−116	34.5	0.714
正丙醚	$(CH_3CH_2CH_2)_2O$	−122	90.5	0.736
异丙醚	$[(CH_3)_2CH]_2O$	−60	68	0.735
正丁醚	$(CH_3CH_2CH_2CH_2)_2O$	−95	141	0.768
乙基乙烯基醚	$CH_3CH_2—O—CH=CH_2$		36	0.763
二乙烯基醚	$CH_2=CH—O—CH=CH_2$		39	0.773
二烯丙基醚	$(CH_2=CH—CH_2)_2O$		94	0.826
环氧乙烷	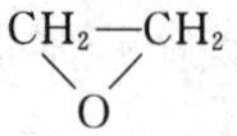 $\begin{smallmatrix}CH_2—CH_2\\ \diagdown\ O\ \diagup\end{smallmatrix}$	−111.3	10.7	$0.8969(d_4^9)$
四氢呋喃	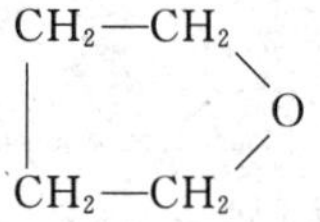	−108	65.4	0.888
1,4-二氧六环(二噁烷)	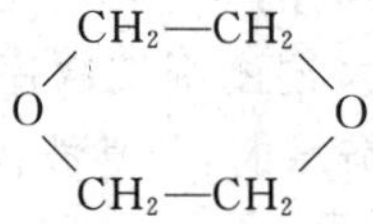	11	101	1.034
苯甲醚	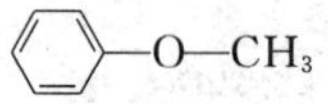 $\phenyl—O—CH_3$	−37.3	154	0.994
苯乙醚	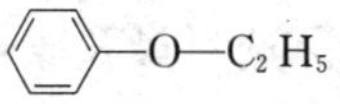 $\phenyl—O—C_2H_5$	−33	172	0.970
二苯醚	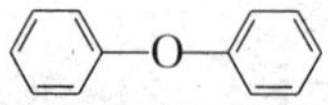 $\phenyl—O—\phenyl$	27	259	1.072

8.3   醚的化学性质

一般情况下,饱和醚对氧化剂、还原剂、碱等都很稳定,常温下也不与金属钠作用,所以可以用金属钠干燥醚。但醚中 sp^3 杂化的氧具有两对孤对电子,因此醚具有一定的碱性,可以与强酸发生作用。

8.3.1   醚的碱性

醚($R—\ddot{O}—R$)中氧原子上有孤对电子,是 Lewis 碱,能与冷的浓强酸作用形成锌盐:

$$R—\underset{\cdot\cdot}{\ddot{O}}—R'+H_2SO_4 \Longleftrightarrow R—\overset{\overset{H}{|}}{\underset{+}{O}}—R'+HSO_4^-$$

$$R—\underset{\cdot\cdot}{\ddot{O}}—R'+HCl \Longleftrightarrow R—\overset{\overset{H}{|}}{\underset{+}{O}}—R'+Cl^-$$

$$R - \overset{..}{\underset{..}{O}} - R' + BF_3 \longrightarrow R - \overset{..}{\underset{\underset{R'}{|}}{O}} \rightarrow BF_3$$

（锌盐）

锌盐是弱碱和强酸所生成的盐,不稳定,置于冰水中,便很快分解放出原来的醚。利用该性质,可将醚从烷烃或卤代烃的混合物中分离出来。

8.3.2　醚键断裂

醚与氢碘酸共热,发生 C—O 键断裂,生成碘代烃和醇,过量的氢碘酸可将生成的醇转变成碘代烃。

$$R - O - R' + HI \xrightarrow{\triangle} ROH + R'I$$
$$\xrightarrow[\triangle]{HI} RI + H_2O$$

$$CH_3OCH_3 + HI \xrightarrow{\triangle} CH_3OH + CH_3I$$

氢溴酸和氢氯酸也可进行上述反应,因两者都不如氢碘酸活泼,需要浓酸和较高的反应温度才能进行。氢氟酸不能发生此种反应。

对于混醚,当 R 和 R' 为甲基及伯、仲烷基时,与氢碘酸作用,通常生成较小烃基的卤代烃和较大烃基的醇。

$$CH_3CH_2CH_2CH_2OCH_3 + HI \xrightarrow{\triangle} CH_3CH_2CH_2CH_2OH + CH_3I$$

对于芳基烷基混醚来说,与氢碘酸共热生成酚和碘代烷(叔丁基除外),二芳醚一般不易被氢碘酸分解。例如

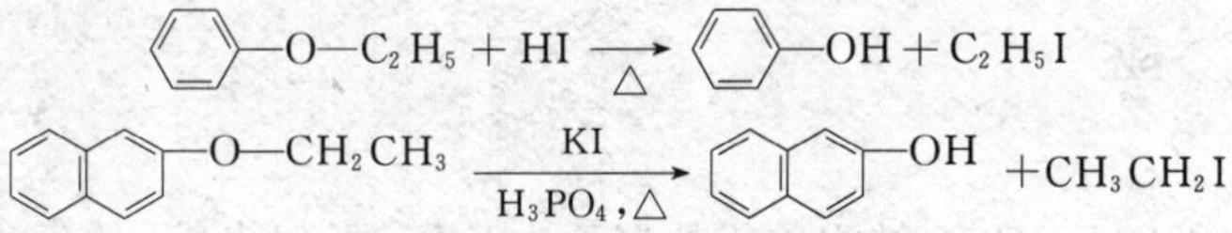

$$\text{Ph}\!-\!O\!-\!C_2H_5 + HI \xrightarrow{\triangle} \text{Ph}\!-\!OH + C_2H_5I$$

$$\text{萘}\!-\!O\!-\!CH_2CH_3 \xrightarrow[H_3PO_4,\triangle]{KI} \text{萘}\!-\!OH + CH_3CH_2I$$

$$Ar - O - Ar' \xrightarrow[\triangle]{HI} 不反应$$

甲基醚或乙基醚与氢碘酸的反应几乎定量地生成碘甲烷或碘乙烷,生成的碘代烷可用硝酸银的乙醇溶液吸收,根据生成碘化银沉淀的量,可计算出原来分子中烷氧基的含量。

8.3.3　过氧化物的生成

醚虽然是惰性化合物,但经常与空气接触,经光照会发生缓慢的氧化,生成醚的过氧化物。例如

$$CH_3CH_2OCH_2CH_3 \xrightarrow{O_2} CH_3CH_2OCHCH_3$$
$$\underset{\overset{|}{\underset{氢过氧化乙醚}{OOH}}}{}$$

过氧化物不易挥发,但极不稳定,受热(如蒸馏)时迅速分解并可引起爆炸。因此,醚需避光、密封存放于阴凉处。蒸馏前应先用酸性碘化钾淀粉试纸进行检验,如有过氧化物存在,会游离出碘,使淀粉试纸变成紫色或蓝色。这种情况下可加入还原剂(如硫酸亚铁的稀硫酸溶液)并激烈振荡,破坏过氧化物。

8.3.4　环氧化合物的开环

环氧化合物因其分子中存在张力,极易与各种试剂发生加成反应,使其开环生成多种不同的产物,且反应条件温和,速度快,在有机合成中非常有用。

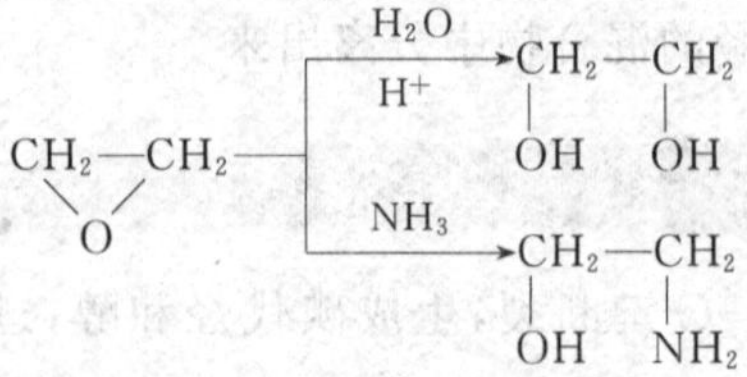

$$CH_2—CH_2 \quad \begin{array}{l} \xrightarrow[H^+]{H_2O} CH_2—CH_2 \\ OH OH \\ \xrightarrow{NH_3} CH_2—CH_2 \\ OH NH_2 \end{array}$$

不对称的环氧化合物,在不同条件下开环方向不同。酸催化下属 S_N1 反应,氧原子首先质子化形成锌盐,使 C—O 键极性加大,容易断裂,生成稳定的碳正离子,再与亲核试剂结合。

碱性条件下的开环属 S_N2 反应,亲核试剂主要进攻环上含取代基较少、空间位阻较小的碳原子。例如

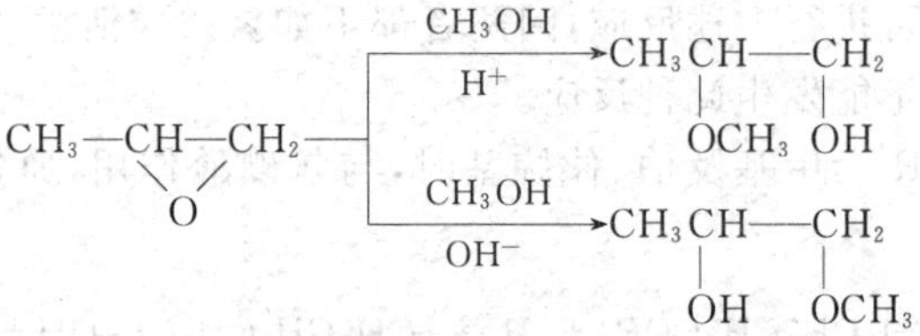

$$CH_3—CH—CH_2 \quad \begin{array}{l} \xrightarrow[H^+]{CH_3OH} CH_3CH—CH_2 \\ OCH_3 OH \\ \xrightarrow[OH^-]{CH_3OH} CH_3CH—CH_2 \\ OH OCH_3 \end{array}$$

可见,碱性条件下的开环方向正好与酸性条件下的开环方向相反。

阅读材料:冠　醚

冠醚是具有 $—OCH_2CH_2—$ 结构单元的多氧大环醚,形似皇冠,故而得名,命名时为"总原子数-冠-氧原子数"。例如

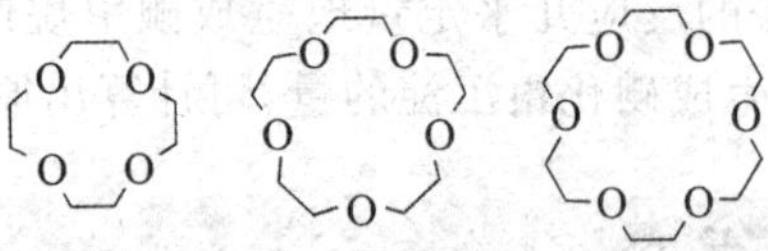

12-冠-4　　15-冠-5　　18-冠-6

冠醚的合成通常是由威廉姆森反应来完成。例如

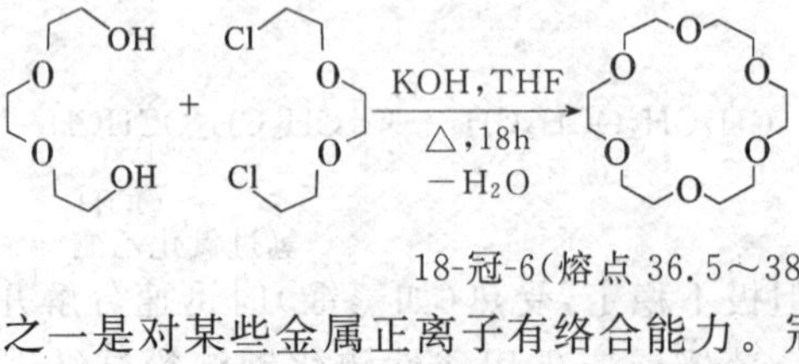

18-冠-6(熔点 36.5~38℃)

冠醚的重要化学特性之一是对某些金属正离子有络合能力。冠醚分子的大环结构中可形成空穴,其大小随 $—OCH_2CH_2—$ 单元的多少而变化,氧原子上的未共用电子对可与金属正离子络合,使和空穴大小相当的金属离子进入空穴。

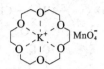 

　　冠醚的这种性质不仅在金属离子分离上有应用,在有机合成上也有用途。在有机反应中常用到无机试剂,而有机物与无机物常常找不到一个共同适合的溶剂,从而影响反应的顺利进行。由于冠醚内层是亲水性的氧原子,外层是亲油性的碳原子,可作为相转移催化剂用于水-油两相反应体系并起到非常重要的相转移催化作用。例如,环己烯用高锰酸钾氧化,烯烃在水中溶解度很低,而高锰酸钾与水在烯烃中溶解度也很小,在体系中加入一些18-冠-6,反应便可顺利进行,条件温和,收率很高;此时冠醚与K^+络合,使$KMnO_4$能以络合盐的形式溶于环己烯中,氧化剂与环己烯很好地接触,既加快了反应,又提高了产率。冠醚携带氧化剂由水相转移到有机相,是相转移催化剂。

$$\text{环己烯} + KMnO_4 \xrightarrow[\text{苯,水}]{18\text{-}冠\text{-}6} \begin{array}{l} CH_2CH_2COOH \\ | \\ CH_2CH_2COOH \end{array}$$

习　题

8-1 用系统命名法命名下列化合物:

(1) $CH_3OCH(CH_3)_2$

(2) CH_3O—〈苯环〉

(3) $CH_3CH_2OCH=CHCH_3$

(4) $\begin{array}{c} CH_3 \quad\quad CH_3 \\ \backslash \quad\quad\quad / \\ CH-O-CH \\ / \quad\quad\quad \backslash \\ CH_3 \quad\quad CH_3 \end{array}$

(5) 〈苯环〉—OCH_3,带CH_3

(6) $CH_3CHCH_2CH-CH_3$,CH_3,OC_2H_5

(7) $CH_3CH_2CHCH_2CH_2CH_3$,OC_2H_5

(8) $C_2H_5OCH_2CH_2OC_2H_5$

(9) $CH_3CH_2O-C=CHCH_3$,CH_3

(10) $\begin{array}{c} CH_2-CH-CH_2CH_3 \\ \backslash\;/ \\ O \end{array}$

(11) $CH_3-CH-CH-CH_3$,上方O

(12) $\begin{array}{c} CH_2-CH-CH_2 \\ \backslash\;/ \quad\quad | \\ O \quad\quad Cl \end{array}$

8-2 写出下列化合物的结构:

(1)正丙醚
(2)二苯醚
(3)甲基烯丙基醚
(4)乙基叔丁基醚
(5)2,4-二硝基苯甲醚
(6)对氯苯乙醚
(7)3-甲氧基庚烷
(8)4-异丙氧基-1-丁烯
(9)1,3-环氧丙烷
(10)氧杂环戊烷

8-3 完成下列反应式:

(1) $CH_3CH_2CH_2OCH_3 + HI \longrightarrow$

(2) 〈苯环〉—$OCH_3 + HI \longrightarrow$

(3) $\begin{array}{c} CH_2-CH_2 \\ \backslash\;/ \\ O \end{array} + HCN \longrightarrow$

(4) $\begin{array}{c} CH_2-CH_2 \\ \backslash\;/ \\ O \end{array} + CH_3NH_2 \longrightarrow$

(5) $CH_3CH_2CHCH_2CH_3 + HBr \xrightarrow{\triangle}$,$OCH_3$

(6) $\begin{array}{c} CH_3CH-CH_2 \\ \backslash\;/ \\ O \end{array} + CH_3OH \xrightarrow{H^+}$

(7) 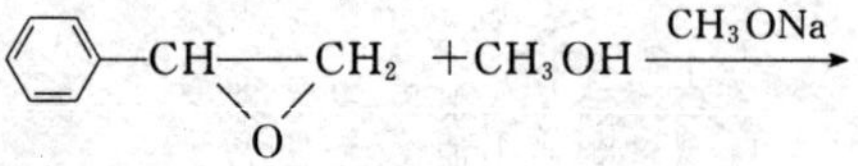 —CH——CH$_2$ +CH$_3$OH $\xrightarrow{\text{CH}_3\text{ONa}}$ (8) 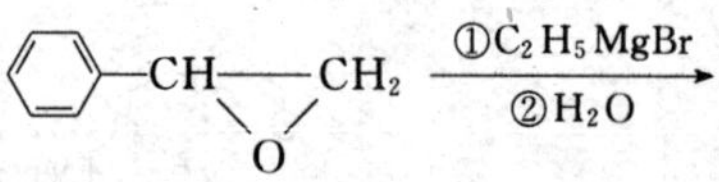 —CH——CH$_2$ $\xrightarrow[\text{②H}_2\text{O}]{\text{①C}_2\text{H}_5\text{MgBr}}$

(9) 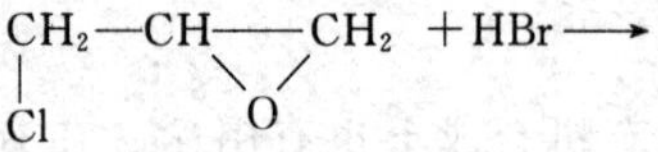 CH$_2$—CH——CH$_2$ +HBr $\longrightarrow$ (10) 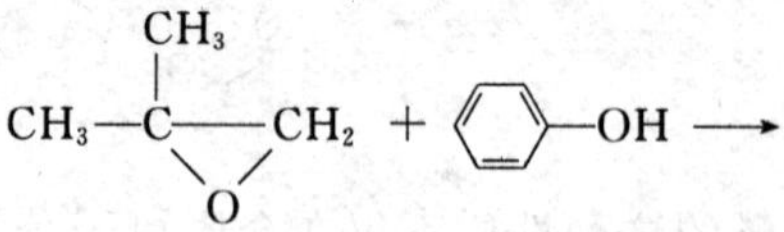 CH$_3$—C——CH$_2$ + —OH $\longrightarrow$

(11) 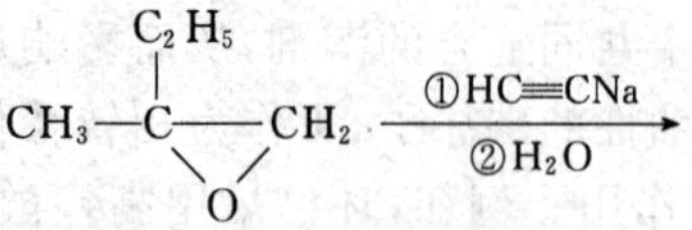 CH$_3$—C——CH$_2$ $\xrightarrow[\text{②H}_2\text{O}]{\text{①HC}\equiv\text{CNa}}$

8-4 由丙烯合成正丙醚。

8-5 由丙烯合成丙基异丙基醚。

8-6 某芳香族化合物 A,分子式为 C$_7$H$_8$O,A 与钠不发生反应,与浓 HI 共热生成两个化合物 B 和 C,B 能与 FeCl$_3$ 发生显色反应,C 与 AgNO$_3$ 的乙醇溶液作用生成黄色碘化银沉淀。试推测 A、B、C 的结构,并写出各步反应式。

第9章

醛和酮

醛(aldehydes)和酮(ketones)是羰基化合物。分子中的碳氧双键($\diagup$C=O)称为羰基。羰基碳原子连接一个氢原子和一个烃基的化合物叫做醛(HCHO是甲醛),—CHO叫做醛基,醛基总是位于碳链的一端;羰基碳原子连接两个烃基的化合物叫做酮。

9.1 醛和酮的分类和命名

9.1.1 醛和酮的分类

酮分子中与羰基相连的两个烃基相同的叫单酮(RCOR),不同的叫混酮(RCOR′)。根据与羰基相连的烃基不同可将醛、酮分为脂肪族醛、酮,脂环族醛、酮,芳香族醛、酮等;根据烃基是否饱和又可分为饱和醛、酮及不饱和醛、酮;根据分子中所含羰基的数目还可分为一元醛、酮和多元醛、酮。

9.1.2 醛和酮的命名

结构简单的醛、酮,用普通命名法;复杂的醛、酮采用系统命名法。

1. 普通命名法

醛的普通命名法与醇相似,将相应的"醇"改成"醛"字,碳链从与醛基相邻碳原子开始,用 α、β、γ···编号。例如

$$CH_3CH{-}CH_2CHO \qquad \qquad \qquad \qquad \qquad Br{-}\overset{\gamma}{C}H_2{-}\overset{\beta}{C}H_2{-}\overset{\alpha}{C}H_2CHO$$
$$\underset{CH_3}{|}$$

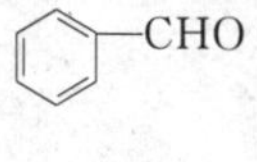

异戊醛 苯甲醛 γ-溴丁醛

酮按羰基所连的两个烃基的名称来命名,简单的烃基名在前,复杂的烃基名在后,然后加"甲酮"二字。下面括号中的"基"字或"甲"字可以省略,但比较复杂基团的"基"字不能省略。

$$CH_3COCH_2CH_3 \qquad CH_3COCH{=}CH_2$$

甲(基)乙(基)(甲)酮 甲基乙烯基(甲)酮 二苯(基)甲酮 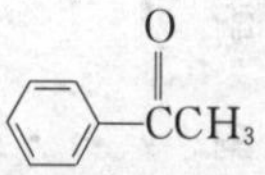 甲基苯基(甲)酮

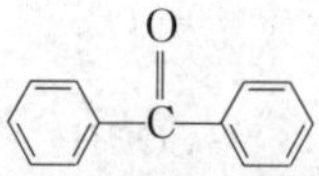

2. 系统命名法

选择含有羰基碳原子的最长碳链做主链,主链编号从靠近羰基的一端开始。醛基总是

处在碳链的一端,不用标明位次;而酮的羰基须标明其位次。把羰基的位次写在名称的前面;如果主链上有取代基或支链,则将它们的位次和名称写在前面。例如

CH₃CH₂CHCHCHO CH₂＝CHCH₂CHO CH₃CH₂COCHCH₃ CH₂＝CHCH₂COCH₂CH₃
    | | |
  H₃C CH₂CH₃   CH₃

3-甲基-2-乙基戊醛   3-丁烯醛   2-甲基-3-戊酮   5-己烯-3-酮

含有两个羰基的化合物,可以用二醛、二酮来命名。脂环酮的羰基在环内,称环某酮,如羰基在环外,则将环作为取代基,将含羰基的链作母体链。例如

OHCC≡CCHO   CH₃COCHCOCH₃
                  |
               CH₂CH＝CH₂

丁炔二醛   3-烯丙基-2,4-戊二酮   环己酮   1-环己基-2-丁酮

9.2 醛和酮的物理性质

由于醛、酮分子的极性较强,分子间的作用力较大,其沸点比相对分子质量相近的烷烃、烯烃、醚要高。因醛、酮分子间不能形成氢键,其沸点又比相应的醇要低。醛、酮的氧原子可与水形成氢键,低级醛、酮可以与水混溶,随着相对分子质量的增加,在水中的溶解度逐渐变小。脂肪族醛、酮相对密度小于1,芳香族醛、酮大于1。常见醛、酮的物理常数见表9-1。

表 9-1   常见醛、酮的物理常数

名称	结构	熔点/℃	沸点/℃	相对密度 d_4^{20}
甲醛	HCHO	−92	−21	0.815
乙醛	CH₃CHO	−123	21	0.781
丙醛	CH₃CH₂CHO	−81	49	0.807
丁醛	CH₃CH₂CH₂CHO	−97	75	0.817
2-甲基丙醛	(CH₃)₂CHCHO	−66	61	0.794
戊醛	CH₃(CH₂)₃CHO	−91	103	0.819
3-甲基丁醛	(CH₃)₂CHCH₂CHO	−51	93	0.803
己醛	CH₃(CH₂)₄CHO		129	0.834
丙烯醛	CH₂＝CH—CHO	−88	53	0.841
2-丁烯醛	CH₃CH＝CHCHO	−77	104	0.859
苯甲醛	C₆H₅—CHO	−56	179	1.046
丙酮	CH₃COCH₃	−95	56	0.792
2-丁酮	CH₃COCH₂CH₃	−86	80	0.805
2-戊酮	CH₃COCH₂CH₂CH₃	−78	102	
3-戊酮	CH₃CH₂COCH₂CH₃	−41	101	0.814
2-己酮	CH₃COCH₂CH₂CH₂CH₃	−57	127	0.830
3-己酮	CH₃CH₂COCH₂CH₂CH₃		124	0.818
环戊酮	(结构图) ＝O	−51.3	130	
环己酮	(结构图) ＝O	−45	−157	0.948
苯乙酮	(结构图)—COCH₃	21	202	1.024
二苯甲酮	(结构图)—CO—(结构图)	48	305	1.083

常温下,除甲醛呈气态外,其他 C_{12} 以下的醛、酮都呈液态,更高碳数的醛、酮为固态。甲醛的 40% 水溶液(也称福尔马林溶液)是防腐剂,可用于生物标本的保存。

9.3　醛和酮的化学性质

羰基是醛和酮的官能团,羰基的结构决定着醛和酮的主要性质。

在醛、酮分子中羰基的碳氧双键由一个 σ 键和一个 π 键构成,羰基碳原子以 sp^2 杂化轨道与氧及其他两个原子形成三个 σ 键,这三个 σ 键处在同一个平面内,键角约 120°;羰基中碳原子的一个 p 轨道与氧原子的一个 p 轨道相互平行重叠,形成一个 π 键,并与三个 σ 键所在的平面垂直。

由于氧的电负性较强,羰基中双键的电子偏向氧原子一方,使碳原子带有部分正电荷,是缺电子中心,易于和亲核试剂作用,因此醛、酮的典型反应是亲核加成反应。羰基的 π 键还可以在催化剂存在时加氢,或在一些特殊催化剂作用下还原成亚甲基。由于羰基吸电子作用的影响,与其相连的 α-C 上的氢被活化,有一定的酸性,可发生羟醛缩合、卤代反应等。另外,醛基氢具有活性,很容易被氧化。

9.3.1　亲核加成

醛、酮的羰基是极性不饱和基团,羰基的碳原子高度缺电子。当亲核试剂与羰基作用发生亲核加成反应时,羰基的 π 键逐步异裂,同时羰基碳原子和亲核试剂之间的 σ 键逐步形成。在反应前后羰基的碳原子由 sp^2 转变为 sp^3 杂化态。即

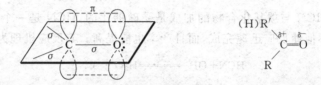

醛、酮分子中的电子效应和空间效应对这一反应有直接影响。由于烷基对羰基有 +I 效应,使羰基碳原子的缺电子性下降,不利于亲核试剂的进攻;烷基的体积增大,会产生明显的空间位阻,使亲核试剂的进攻受阻。从电子效应和空间效应两方面因素综合考虑,羰基化合物发生亲核加成反应的活性次序如下:

甲醛＞脂肪醛＞芳香醛＞脂肪酮＞芳香酮

如果芳环上有吸电子基团,将增加羰基的缺电子性,有如下亲核加成反应活性次序:

O_2N—⬡—CHO　＞　⬡—CHO　＞　H_3CO—⬡—CHO

1.与氢氰酸的加成

醛、酮与氢氰酸加成生成 α-氰醇,也称 α-羟基腈:

$$\underset{(R')H}{\overset{R}{C}}=O + HCN \rightleftharpoons \underset{(R')H}{\overset{R}{\underset{CN}{C}}}OH$$

由于 HCN 有剧毒,且易挥发,在实际操作中是用 KCN 或 NaCN 的溶液与醛或酮混合,然后逐渐加入无机强酸,并控制 pH≈8,使反应平缓进行。

$$\underset{CH_3}{\overset{CH_3}{C}}=O + NaCN \xrightarrow[H_2O]{H_2SO_4} \underset{CH_3}{\overset{CH_3}{\underset{CN}{C}}}OH$$

实验中发现,HCN 与羰基化合物的加成是受碱催化的,HCN 是一个弱酸,加入碱可促进 HCN 的解离,不但使反应迅速完成,而且产率也能提高。其反应机理为

$$HCN + OH^- \underset{快}{\rightleftharpoons} H_2O + {}^-CN$$

$$^-CN + R_2C=O \underset{慢}{\rightleftharpoons} R_2\underset{CN}{\overset{O^-}{C}}$$

$$R_2\underset{CN}{\overset{O^-}{C}} + HCN \underset{快}{\rightleftharpoons} R_2\underset{CN}{\overset{OH}{C}} + {}^-CN$$

醛、酮与 HCN 的加成是一个经典的亲核加成反应,是最早的有关反应机理和反应动力学研究(1903 年,Lapworth)的成果之一。这个反应也是有机合成中制取增加一个碳原子的羟基腈、羟基酸、α,β-不饱和酸及其酯以及胺类化合物的重要反应。

2.与亚硫酸氢钠的加成

醛或酮与饱和的亚硫酸氢钠溶液作用,产物 α-羟基磺酸钠,能溶于水,但不溶于饱和亚硫酸氢钠溶液,从反应体系中以晶体析出。该反应是可逆的。

$$\underset{(CH_3)H}{\overset{R}{C}}=O + :\overset{O}{\underset{OH}{\overset{\|}{S}}}-O^-{}^+Na \rightleftharpoons \underset{(CH_3)H}{\overset{R}{\underset{SO_3H}{C}}}O^-{}^+Na \rightleftharpoons \underset{(CH_3)H}{\overset{R}{\underset{SO_3Na}{C}}}OH \downarrow$$

NaHSO₃ 是一个较弱的酸性化合物,当向产物的水溶液中加入较强的酸或碱时,都会使加成产物分解而游离出羰基化合物,利用此性质可分离、提纯醛、酮。

$$Na^+ + SO_3^{2-} + \underset{(CH_3)H}{\overset{R}{C}}=O \xleftarrow[H_2O]{OH^-} \underset{(CH_3)H}{\overset{R}{\underset{SO_3Na}{C}}}OH \xrightarrow[H_2O]{HCl} \underset{(CH_3)H}{\overset{R}{C}}=O + SO_2 + H_2O + NaCl$$

虽然 NaHSO₃ 的亲核性比较强,但是由于一般的酮类化合物的两个烃基体积较大,空间上不利于 HSO₃⁻ 对羰基加成;而且,即使是生成了加成产物,由于烃基的增多和体积的增大,对—SO₃Na 的排斥力也增大,使产物不稳定而易于分解。所以 NaHSO₃ 被限于与醛、脂肪族甲基酮及少于 8 个碳的环酮反应,而且加成产物均为无色结晶,因此可利用此性质鉴别醛、脂肪族甲基酮及少于 8 个碳的环酮。

3.与醇加成

在无水酸催化下，一分子醇与醛加成的产物是半缩醛，半缩醛不稳定，在酸性条件下与另一分子醇发生分子间脱水，生成稳定的醚型产物——缩醛：

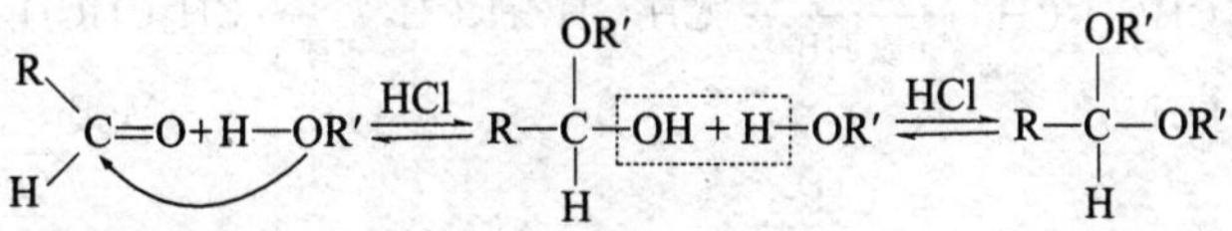

$$\underset{H}{\overset{R}{C}}=O+H-OR' \overset{HCl}{\rightleftharpoons} R-\underset{H}{\overset{OH}{C}}-OH+H-OR' \overset{HCl}{\rightleftharpoons} R-\underset{H}{\overset{OR'}{C}}-OR'$$

半缩醛 缩醛

酮较难与醇生成缩酮，特殊条件下才反应。例如丙酮与乙醇反应时只有不断地移出生成的水，才能使反应平衡右移：

$$CH_3-\overset{O}{C}-CH_3 + 2HOC_2H_5 \overset{H^+}{\underset{\triangle}{\rightleftharpoons}} CH_3-\overset{CH_3}{C}(OC_2H_5)_2 + H_2O$$

或者使用乙二醇与酮作用得到一个五元环状的缩酮，比较稳定。例如

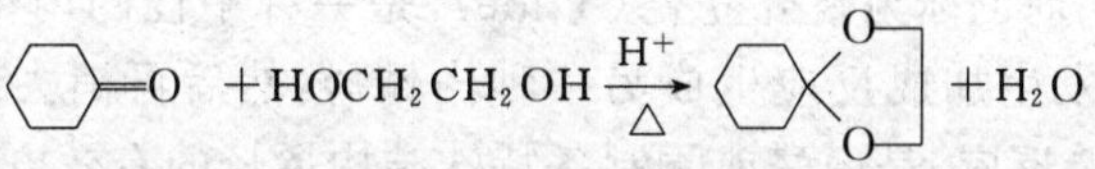

缩醛或缩酮都可在酸性条件下水解成原来的醛和酮。在有机合成中可用于保护羰基。例如,5-羟基戊醛的合成：

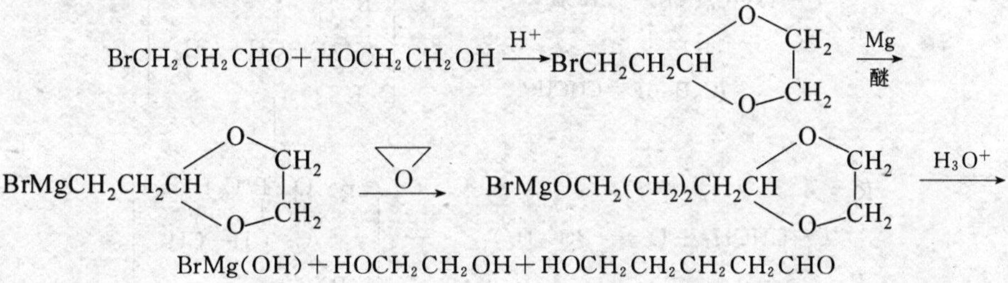

$$BrCH_2CH_2CHO+HOCH_2CH_2OH \overset{H^+}{\rightarrow} BrCH_2CH_2CH \cdots \overset{Mg}{\underset{醚}{\rightarrow}}$$

$$BrMgCH_2CH_2CH \cdots \overset{O}{\rightarrow} BrMgOCH_2(CH_2)_2CH \cdots \overset{H_3O^+}{\rightarrow}$$

$$BrMg(OH)+HOCH_2CH_2OH+HOCH_2CH_2CH_2CHO$$

在合成纤维"维尼纶"的制造中，就应用了生成缩醛的反应，使聚乙烯醇部分缩醛化，以提高产品的耐水性。

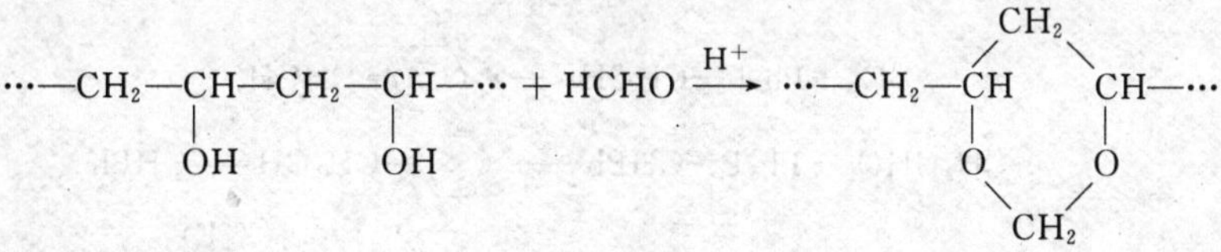

$$\cdots-CH_2-\underset{OH}{CH}-CH_2-\underset{OH}{CH}-\cdots + HCHO \overset{H^+}{\rightarrow} \cdots-CH_2-CH \quad CH\cdots$$

4.与格氏试剂的加成

格氏试剂的亲核性很强，与醛、酮发生的亲核加成反应是不可逆的，加成产物不经分离直接进行水解可得到相应的醇。这是有机合成中增加碳链的重要方法之一。

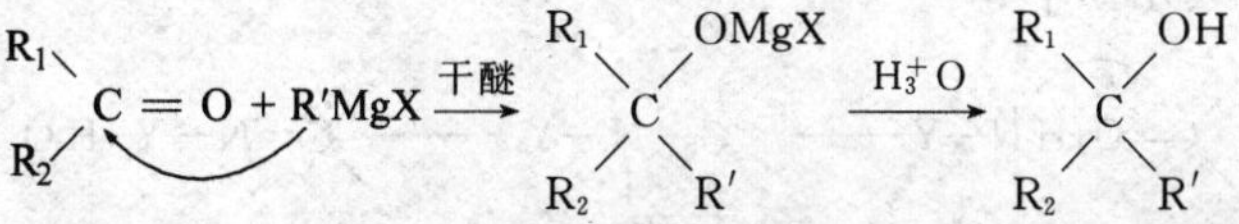

$$\underset{R_2}{\overset{R_1}{C}}=O+R'MgX \overset{干醚}{\rightarrow} \underset{R_2}{\overset{R_1}{C}}\underset{R'}{OMgX} \overset{H_3^+O}{\rightarrow} \underset{R_2}{\overset{R_1}{C}}\underset{R'}{OH}$$

在有机合成中可以不止一次地运用这一反应。例如由不多于三个碳的有机物合成 2,3-二甲基-2-戊醇：

$$CH_3CH_2MgBr+CH_3CHO \xrightarrow{\text{醚}} CH_3\underset{OMgBr}{CH}CH_2CH_3 \xrightarrow{H_3^+O} CH_3\underset{OH}{CH}CH_2CH_3$$

$$CH_3\underset{OH}{CH}CH_2CH_3 \xrightarrow[\text{(或 HBr)}]{PBr_3} CH_3\underset{Br}{CH}CH_2CH_3 \xrightarrow[\text{醚}]{Mg} CH_3\underset{MgBr}{CH}CH_2CH_3$$

$$CH_3\underset{MgBr}{CH}CH_2CH_3 + \underset{CH_3}{\overset{CH_3}{C}}=O \xrightarrow{\text{醚}} \xrightarrow{H_3^+O} CH_3CH_2\underset{CH_3}{\overset{OH}{\underset{|}{C}}}CH_3$$

若甲醛与格氏试剂作用,可得到增长一个碳原子的伯醇;若反应物为除甲醛以外的其他醛,最终产物为仲醇;若反应物为酮,则可得到叔醇。在有机合成中,可根据要求,选择合适的醛、酮与格氏试剂反应,合成不同结构的伯、仲、叔醇。

5.与维蒂希试剂的反应

维蒂希(Wittig)试剂也称为磷叶立德(Ylide),是一种中性的内鏻盐。维蒂希试剂是强亲核试剂,它与醛、酮发生加成反应生成另一种内鏻盐,然后再消去氧化三苯基膦,生成烯烃。此反应叫做维蒂希反应,是由醛或酮制备特殊结构烯烃的有效方法。

$$\underset{R}{\overset{R'}{C}}=O+(C_6H_5)_3\overset{+}{P}-\overset{-}{CH}CH_3 \longrightarrow \left[\underset{R}{\overset{R'}{\underset{|}{C}}}\underset{CH-CH_3}{\overset{O^-\ \overset{+}{P}(C_6H_5)_3}{}}\right]$$

$$(C_6H_5)_3P=CHCH_3$$

$$\underset{R}{\overset{R'}{C}}=CHCH_3 + O=P(C_6H_5)_3 \longleftarrow \left[\underset{R}{\overset{R'}{\underset{|}{C}}}\underset{CH-CH_3}{\overset{O-P(C_6H_5)_3}{}}\right]$$

通过维蒂希反应制备的烯烃,碳碳双键的位置是确定的,但所得烯烃可有顺反异构体。如

$$\text{环己酮} \quad +Ph_3\overset{+}{P}-\overset{-}{CH}CH_3 \longrightarrow \text{环己烯} =CHCH_3$$

$$\text{苯基} CH_2CHO +Ph_3\overset{+}{P}-\overset{-}{CH}Ph \longrightarrow \text{苯基} CH_2CH=CHPh$$
$$(Z/E)$$

6.与氨衍生物的反应

在酸性条件下,醛、酮与氨衍生物(H_2N-Y)加成,再脱去一分子水,可生成含C=N的缩合产物,反应通式可表示如下:

$$C=O+H_2\ddot{N}-Y \longrightarrow \underset{\boxed{OH\ H}}{C-N-Y} \longrightarrow C=N-Y+H_2O$$

醛、酮与常见的氨衍生物反应如下:

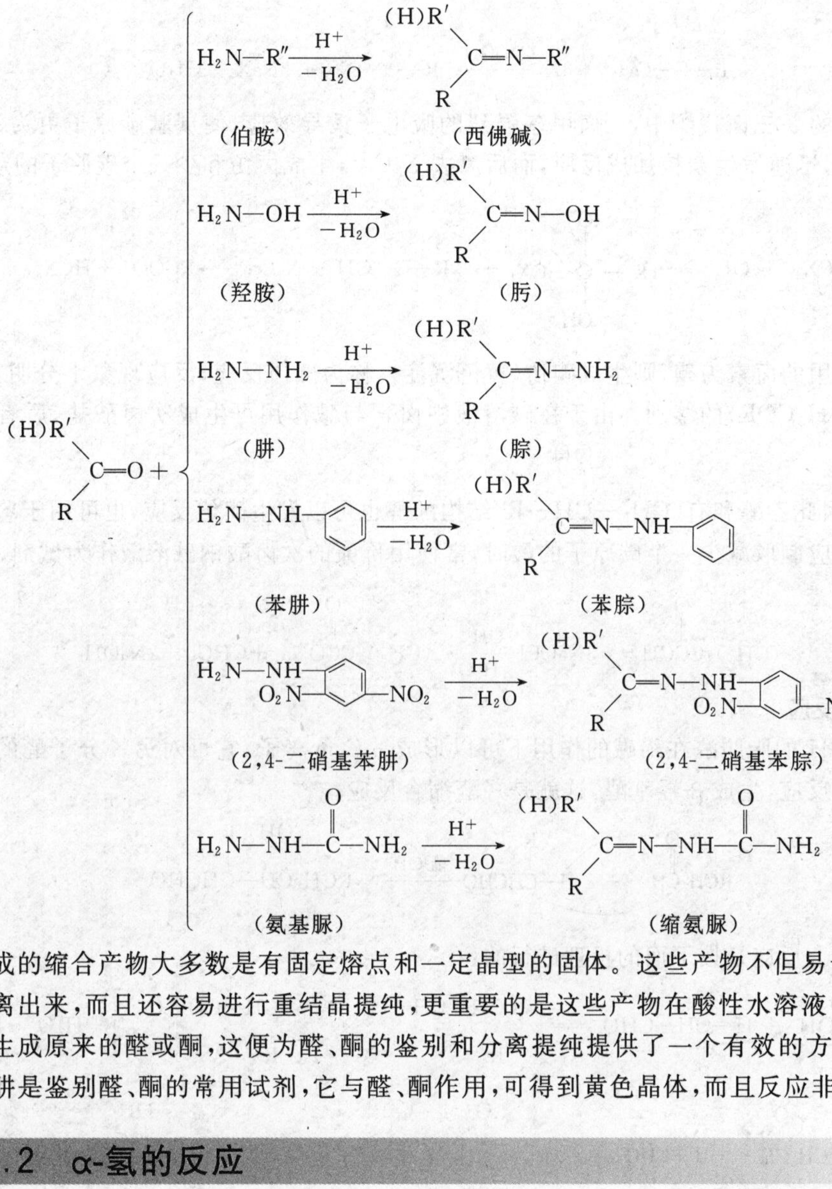

$$\underset{R}{\overset{(H)R'}{>}}C=O +
\begin{cases}
H_2N-R'' \xrightarrow[-H_2O]{H^+} \underset{R}{\overset{(H)R'}{>}}C=N-R'' \\
\text{(伯胺)} \qquad\qquad \text{(西佛碱)} \\[2ex]
H_2N-OH \xrightarrow[-H_2O]{H^+} \underset{R}{\overset{(H)R'}{>}}C=N-OH \\
\text{(羟胺)} \qquad\qquad \text{(肟)} \\[2ex]
H_2N-NH_2 \xrightarrow[-H_2O]{H^+} \underset{R}{\overset{(H)R'}{>}}C=N-NH_2 \\
\text{(肼)} \qquad\qquad \text{(腙)} \\[2ex]
H_2N-NH-C_6H_5 \xrightarrow[-H_2O]{H^+} \underset{R}{\overset{(H)R'}{>}}C=N-NH-C_6H_5 \\
\text{(苯肼)} \qquad\qquad \text{(苯腙)} \\[2ex]
H_2N-NH-C_6H_3(NO_2)_2 \xrightarrow[-H_2O]{H^+} \underset{R}{\overset{(H)R'}{>}}C=N-NH-C_6H_3(NO_2)_2 \\
\text{(2,4-二硝基苯肼)} \qquad \text{(2,4-二硝基苯腙)} \\[2ex]
H_2N-NH-\overset{O}{\overset{\|}{C}}-NH_2 \xrightarrow[-H_2O]{H^+} \underset{R}{\overset{(H)R'}{>}}C=N-NH-\overset{O}{\overset{\|}{C}}-NH_2 \\
\text{(氨基脲)} \qquad\qquad \text{(缩氨脲)}
\end{cases}$$

生成的缩合产物大多数是有固定熔点和一定晶型的固体。这些产物不但易于从反应体系中分离出来，而且还容易进行重结晶提纯，更重要的是这些产物在酸性水溶液中加热还可以水解生成原来的醛或酮，这便为醛、酮的鉴别和分离提纯提供了一个有效的方法。2,4-二硝基苯肼是鉴别醛、酮的常用试剂，它与醛、酮作用，可得到黄色晶体，而且反应非常灵敏。

9.3.2 α-氢的反应

醛、酮中的 α-H 在羰基的影响下，显示出一定的弱酸性，性质比较活泼，可发生如下反应。

1.卤代反应

在酸或碱的催化下，醛、酮与卤素作用，发生 α-H 的卤代反应，生成 α-卤代醛、酮，这是制备 α-卤代羰基化合物的重要方法。

酸催化易控制发生一元卤代。例如

$$CH_3COCH_3+Br_2 \xrightarrow[65℃]{CH_3COOH} CH_3COCH_2Br+HBr$$

在碱性条件下醛、酮容易发生多卤代反应，而且反应不易控制。例如，甲基酮中甲基上的 3 个 α-H 可迅速地发生卤代：

$$R-\overset{\displaystyle O}{\overset{\|}{C}}-CH_3 \ +3X_2 \ \xrightarrow{NaOH} \ R-\overset{\displaystyle O}{\overset{\|}{C}}-CX_3 \ +3NaX+3H_2O$$

在生成的 α-三卤代酮中,三卤甲基强烈的吸电子诱导效应,使羰基碳原子更为活泼,在碱的作用下,迅速发生亲核加成反应,而后离去 $X_3C^{\bar{\cdot}}$,生成卤仿和少一个碳原子的羧酸:

$$R-\overset{\displaystyle O}{\overset{\|}{C}}\rightarrow CX_3 \ +OH^- \ \longrightarrow \ R-\overset{\displaystyle O^-}{\overset{|}{\underset{OH}{C}}}\rightarrow CX_3 \ \longrightarrow \ R-\overset{\displaystyle O}{\overset{\|}{C}}-OH \ +X_3C^{\bar{\cdot}} \ \longrightarrow RCOO^-+HCX_3$$

如果所用的卤素为碘,则生成碘仿(黄色沉淀),称为碘仿反应,反应现象十分明显,可用于甲基酮(CH_3COR)的鉴别。由于在碱溶液中卤素与碱作用可生成次卤酸盐,后者可氧化仲醇为酮,因此乙醇和有 $CH_3-\overset{\displaystyle OH}{\overset{|}{C}H}-R$ 结构的醇也可以发生碘仿反应,也可用于鉴别。在应用卤仿反应制取减少一个碳原子的酸时,常使用价廉的次卤酸钠碱溶液作为试剂。例如

$$(CH_3)_3C\overset{\displaystyle O}{\overset{\|}{C}}CH_3 \ +3NaOCl \ \xrightarrow[H_2O]{OH^-} \ (CH_3)_3C\overset{\displaystyle O}{\overset{\|}{C}}ONa \ +CHCl_3+2NaOH$$

2.缩合反应

含有 α-H 的脂肪醛在稀碱的作用下可以形成 α-C 负离子,它可对另一分子醛的羰基进行亲核加成反应,生成 β-羟基醛,这就是羟醛缩合反应。

$$RCH_2\overset{\displaystyle O}{\overset{\|}{C}H} \ + \ H-\overset{\displaystyle R}{\overset{|}{C}H}CHO \ \xrightarrow{\text{稀}OH^-} \ RCH_2\overset{\displaystyle OH}{\overset{|}{C}H}-\overset{\displaystyle R}{\overset{|}{C}H}CHO$$

羟醛缩合反应是按下面的机理进行的:

$$OH^-+H-\overset{\displaystyle }{\underset{R}{\overset{|}{C}H}}-CHO \ \rightleftharpoons \ \left[\ :\overset{\displaystyle }{\underset{R}{\overset{|}{C}H}}-CH=O \ \longleftrightarrow \ \overset{\displaystyle }{\underset{R}{\overset{|}{C}H}}=CH-O^- \ \right]+H_2O$$

$$RCH_2\overset{\displaystyle O}{\overset{\|}{C}H}+:\overset{\displaystyle }{\underset{R}{\overset{|}{C}H}}-CHO \ \rightleftharpoons \ RCH_2\overset{\displaystyle O^-}{\overset{|}{C}H}-\overset{\displaystyle }{\underset{R}{\overset{|}{C}H}}-CHO \ \xrightarrow[-OH^-]{H_2O} \ RCH_2\overset{\displaystyle OH}{\overset{|}{C}H}-\overset{\displaystyle }{\underset{R}{\overset{|}{C}H}}-CHO$$

β-羟基醛在加热条件下分子内脱水生成 α,β-不饱和醛:

$$RCH_2\overset{\displaystyle \boxed{OH}}{\overset{|}{C}H}-\overset{\displaystyle \boxed{H}}{\underset{R}{\overset{|}{C}}}CHO \ \xrightarrow[\triangle]{-H_2O} \ RCH_2CH=\overset{\displaystyle }{\underset{R}{\overset{|}{C}}}CHO$$

羟醛缩合在有机合成上是很重要的反应,可由此制得碳链增长的羟基醛、不饱和醛或醇,还可通过进一步的反应制得饱和醇。例如

$$2RCH_2CHO \xrightarrow[H_2O]{OH^-} RCH_2\overset{\overset{\displaystyle OH}{|}}{CH}\underset{\underset{\displaystyle R}{|}}{CH}CHO \xrightarrow{NaBH_4} RCH_2\overset{\overset{\displaystyle OH}{|}}{CH}\underset{\underset{\displaystyle R}{|}}{CH}CH_2OH$$

$$\downarrow \triangle \ -H_2O$$

$$RCH_2CH_2\underset{\underset{\displaystyle R}{|}}{CH}CH_2OH \xleftarrow[Ni]{H_2} RCH_2CH=\underset{\underset{\displaystyle R}{|}}{C}CHO \xrightarrow{LiAlH_4} RCH_2CH=\underset{\underset{\displaystyle R}{|}}{C}CH_2OH$$

如果不同的含有 α-H 的醛分子之间进行羟醛缩合反应,将会出现交叉的羟醛缩合,产物可有 4 种 β-羟基醛,这在有机合成中一般是没有意义的。如果一个醛分子中无 α-H,而另一个醛分子中有 α-H,则它们之间发生的交叉的羟醛缩合反应就有制备意义。例如

$$CH_3CHO + HCHO \xrightarrow{稀 OH^-} \xrightarrow[\triangle]{-H_2O} CH_2=CH-CHO$$

$$C_6H_5-CHO + CH_3CHO \xrightarrow[50℃]{稀 NaOH} \xrightarrow{-H_2O} C_6H_5CH=CHCHO$$

含有 α-H 的酮在碱的作用下也可发生缩合反应,生成 β-羟基酮,再经脱水,得到 α,β-不饱和酮。但是这种羟酮缩合反应的平衡很大程度地偏向反应物一边,只有设法不断移出生成的缩合产物才能够使反应不断进行。

$$(CH_3)_2\overset{\overset{\displaystyle O}{||}}{C} + CH_3COCH_3 \xrightarrow[Ba(OH)_2]{OH^-} (CH_3)_2\overset{\overset{\displaystyle OH}{|}}{C}CH_2COCH_3 \xrightarrow[\triangle]{H_3PO_4} (CH_3)_2C=CHCOCH_3 + H_2O$$

（双丙酮醇）

芳醛与含有 α-H 的醛酮之间的交叉缩合生成 α,β-不饱和酮的反应为克莱森-施密特(Claisen-Schmidt)反应。例如

$$C_6H_5CHO + CH_3COCH_3 \xrightarrow[25\sim30℃]{OH^-} \xrightarrow[100℃]{-H_2O} C_6H_5CH=CHCOCH_3$$

$$C_6H_5CHO + CH_3COC_6H_5 \xrightarrow[15\sim30℃]{OH^-} \xrightarrow[100℃]{-H_2O} C_6H_5CH=CHCOC_6H_5$$

在适当结构的二羰基化合物中,可利用交叉缩合反应制得环烯基 α,β-不饱和羰基化合物或环烯酮。例如

芳醛与含有 α-H 的酸酐作用生成 α,β-不饱和羧酸,称为珀金(Perkin)反应。反应所用的碱(缩合催化剂)是与所用的酸酐相应的羧酸盐。例如,苯甲醛与乙酸酐及乙酸钾混合共热,发生缩合,最后经酸化生成 β-苯基丙烯酸(肉桂酸):

$$C_6H_5CHO + (CH_3CO)_2O \xrightarrow[170\sim180℃]{CH_3COOK} C_6H_5CH=CHCOOK + CH_3COOH$$

$$\downarrow H^+$$

$$C_6H_5CH=CHCOOH$$

9.3.3 氧化和还原反应

1.氧化反应

醛可被多种氧化剂氧化成羧酸,如硝酸,高锰酸钾及活性氧化银等,芳醛较脂肪醛难于氧化。但是,苯甲醛曝露于空气中会迅速被氧化成苯甲酸。因此,醛类化合物的存放应避光和隔氧,久置的醛在使用时应重新蒸馏。

氢氧化银的氨溶液(托伦(Tollens)试剂)可将芳醛或脂肪醛氧化成相应的羧酸,析出的银可附在清洁的器壁上呈现光亮的银镜,常称"银镜反应",可用这个反应来鉴别醛,工业上用此反应原理制镜。

$$RCHO + 2Ag(NH_3)_2OH \longrightarrow RCOONH_4 + 2Ag\downarrow + H_2O + 3NH_3$$

斐林(Fehling)试剂是硫酸铜与酒石酸钾钠的碱性混合液,二价的铜离子具有较弱的氧化性,它可氧化脂肪醛为脂肪酸,而芳醛一般不被氧化,在反应中析出砖红色的氧化亚铜沉淀,现象明显,可用于脂肪醛的鉴别:

$$RCHO + 2Cu^{2+} + NaOH + H_2O \xrightarrow{\triangle} RCOONa + Cu_2O\downarrow + 4H^+$$

托伦试剂和斐林试剂对碳碳双键不发生氧化作用,可用于对 α,β-不饱和醛的选择性氧化,生成产物是 α,β-不饱和羧酸。新生成的二氧化锰或氧化银也有这种作用。

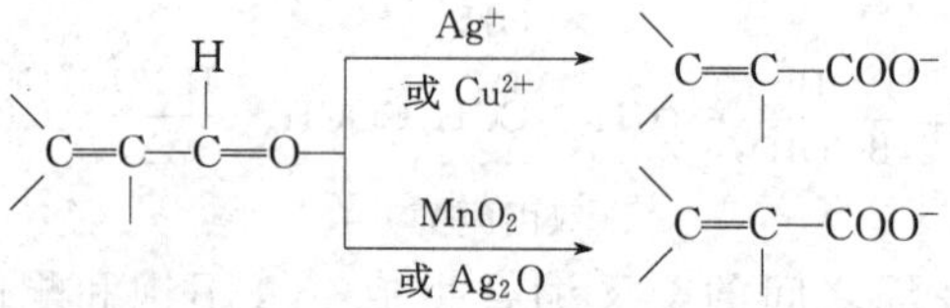

与醛相比,酮不易被氧化,在强氧化条件下,酮被氧化分解成小分子的羧酸,这没有制备意义。环酮氧化可生成二元酸,有应用价值。

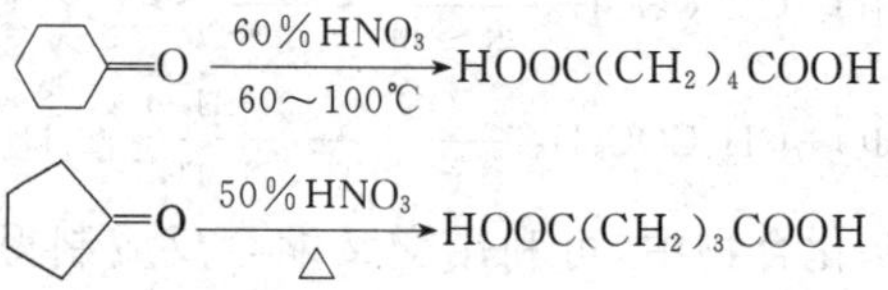

2.还原反应

醛、酮的羰基都能被还原成醇羟基,也可以被还原成亚甲基(—CH₂—)。反应条件不同,还原产物也不同。

(1)催化加氢还原法

醛、酮在过渡金属催化剂存在下加氢,分别生成伯醇和仲醇:

$$RCHO + H_2 \xrightarrow[\triangle,\text{压力}]{\text{催化剂}} RCH_2OH$$

$$R_2CO + H_2 \xrightarrow[\triangle,\text{压力}]{\text{催化剂}} R_2CHOH$$

(2)LiAlH₄ 和 NaBH₄ 还原法

氢化铝锂(LiAlH₄)和硼氢化钠(NaBH₄)可使醛、酮还原成醇,一般不影响碳碳双键。例如

$$CH_3CH=CHCH_2CHO \xrightarrow{LiAlH_4} CH_3CH=CHCH_2CH_2OH$$

$$\text{（环己烯酮）} \xrightarrow{\text{NaBH}_4} \text{（环己烯醇）}$$

氢化铝锂的还原性比硼氢化钠强,不仅能将醛、酮还原成相应的醇,而且还能还原羧酸、酯、酰胺、腈等,反应产率很高。

(3)羰基的彻底还原

将羰基彻底还原就是把羰基还原成亚甲基:

$$\backslash\text{C}=\text{O} \xrightarrow{[\text{H}]} \backslash\text{CH}_2$$

酮或醛与锌汞齐及盐酸在苯或乙醇溶液中加热,羰基被还原为亚甲基,称为克莱门森(Clemmensen)还原法。

$$\text{R}-\overset{\text{O}}{\overset{\|}{\text{C}}}-\text{R}' + 4[\text{H}] \xrightarrow[\text{苯},\triangle]{\text{Zn-Hg/HCl}} \text{RCH}_2\text{R}' + \text{H}_2\text{O}$$

这一反应首先由英国化学家克莱门森(Clemmensen E)于 1913 年发现并用于制备烷烃、烷基芳烃和烷基酚类化合物,这个还原方法还可用于羰基酸的还原。克莱门森还原对羰基具有很好的选择性,除 α,β-不饱和键外,一般对于双键无影响,而且反应操作也很简便。但是,由于是在酸性介质中进行的反应,此方法不适用于对酸性介质敏感的羰基化合物的还原(如呋喃醛、酮,吡咯醛、酮)。例如

$$\text{C}_6\text{H}_5\text{COCH}_2\text{CH}_2\text{COOH} \xrightarrow[\text{甲苯},\triangle]{\text{Zn-Hg/HCl}} \text{C}_6\text{H}_5\text{CH}_2\text{CH}_2\text{CH}_2\text{COOH}$$

上述反应对合成长碳链正构烷基芳烃有实际意义。

醛、酮与肼反应生成腙,腙在碱性条件下受热发生分解,放出 N_2,并生成烃,称为沃尔夫-吉斯尼尔-黄鸣龙(Wolff-kishner-黄鸣龙)还原法。

$$\backslash\text{C}=\text{O} + \text{NH}_2-\text{NH}_2 \xrightarrow{\triangle} \backslash\text{C}=\text{NNH}_2 \xrightarrow[\triangle,\text{压力}]{\text{KOH 或 NaOR/HOR}} \backslash\text{CH}_2 + \text{N}_2$$

早在 1911 年,俄国化学家吉斯尼尔(Kishner N)首先发现羰基化合物的腙类衍生物和无水粉状 KOH 在封管中加热至 160～180℃时,发生分解,得到还原产物烃;1912 年德国化学家沃尔夫(Wolff L)也发现,采用浓度为 7% 的醇钠-无水醇,在封管中进行腙的分解反应,产物也是烃,分解温度可降低到 150～160℃。这就是沃尔夫-吉斯尼尔还原反应。

我国有机化学家黄鸣龙于 1946 年对这个反应进行改进。他把酮(或醛)与 50%～85% 的水合肼及 KOH(或 NaOH)共混,在水溶性高沸点溶剂(如二甘醇或三甘醇)中,于常压下加热回流,当腙生成后,蒸出水和过量的肼,然后继续加热至 190～200℃,保持回流 1～2 h,使腙完全分解而得到烃。这种改进方法,使反应的应用范围进一步扩大,特别是对甾酮的还原效果良好。采用含水的肼和高沸点的溶剂,使反应在常压下进行,避免了昂贵的无水肼及使用高压设备,更适合工业生产,而且副反应少,收率也高。例如

$$\text{（苯基）}-\overset{\text{O}}{\overset{\|}{\text{C}}}-\text{CH}_2\text{CH}_2\text{CH}_3 \xrightarrow[(\text{HOCH}_2\text{CH}_2)_2\text{O},\triangle]{\text{NH}_2\text{NH}_2 \cdot \text{H}_2\text{O}, \text{NaOH}} \text{（苯基）}-\text{CH}_2\text{CH}_2\text{CH}_2\text{CH}_3$$

$$\text{Phenyl}-O-\text{Phenyl}-\overset{O}{\underset{\|}{C}}-CH_2CH_2COOH \xrightarrow[\text{三甘醇,195℃}]{NH_2NH_2,H_2O,KOH} \text{Phenyl}-O-\text{Phenyl}-CH_2(CH_2)_2COOH$$

(4)坎尼扎罗反应

无 α-H 的醛在浓碱的作用下,发生歧化反应,一分子醛被氧化为酸,另一分子醛被还原成醇,此为坎尼扎罗(Cannizzaro)反应。例如

$$2HCHO+NaOH \longrightarrow HCOONa+CH_3OH$$

$$2 \text{ Phenyl}-CHO \xrightarrow{40\%KOH} \xrightarrow{H_3^+O} \text{Phenyl}-COOH + \text{Phenyl}-CH_2OH$$

甲醛和另一种无 α-H 的醛在浓碱作用下可发生交叉的坎尼扎罗反应。反应时通常是甲醛被氧化。例如

$$CH_3O-\text{Phenyl}-CHO + HCHO \xrightarrow[H_2O,CH_3OH,\triangle]{30\%NaOH} \xrightarrow{H_3^+O} CH_3O-\text{Phenyl}-CH_2OH + HCOOH$$

工业上生产季戊四醇是由甲醛与乙醛经羟醛缩合得到三羟甲基乙醛后,再与一分子甲醛发生坎尼扎罗反应制得的:

$$3HCHO+CH_3CHO \xrightarrow[H_2O]{Ca(OH)_2} (HOCH_2)_3CCHO$$

$$(HOCH_2)_3C-CHO+HCHO \xrightarrow[H_2O]{Ca(OH)_2} (HOCH_2)_4C+HCOO^-$$

季戊四醇大量用于油漆的醇酸树脂的生产,也可用于工程塑料聚醚的生产;它的四硝酸酯具有扩张血管的作用,可用于冠心病患者的治疗。

习　题

9-1 写出下列化合物的系统命名:

(1) $(CH_3)_2CHCH_2CHO$

(2) 环丁基—CHO

(3) $CH\begin{cases} CH_2CHO \\ CH_2CHO \end{cases}$

(4) $\text{Phenyl}-CH=\overset{CH_3}{\underset{}{C}}-CHO$

(5) $CH_3OCH_2CHCH_2CHO$ (带Br)

(6) HO—苯环(CH₃, CHO, NO₂)—

(7) $CH_3\overset{O}{\underset{\|}{C}}CH_2\overset{CH_3}{\underset{}{CH}}-CH_3$

(8) 环己酮(带Br)

(9) $CH_3-\overset{O}{\underset{\|}{C}}-CH_2-CH_2-\overset{O}{\underset{\|}{C}}CH_3$

(10) $\text{Phenyl}-\overset{Br}{\underset{\underset{\|}{O}}{\overset{CH_3}{\underset{|}{C}}}}-CC_2H_5$

(11) $CH_3\overset{CH_3}{\underset{}{CH}}CH_2\overset{O}{\underset{\|}{C}}-\text{环己基}$

(12) $CH_2=CH-CH_2-\overset{O}{\underset{\|}{C}}CH_3$

9-2 写出下列化合物的构造式:

(1)2-溴丙醛　　　　(2)对甲氧基苯甲醛　　　(3)顺-2-丁烯醛

(4)二氯乙醛　　　　(5)2-甲基-3-羟基己醛　　(6)乙二醛

(7)苯乙酮　　　　　　　　(8)1,3-二苯基-2-丙酮　　　　(9)2,3-二甲基环戊酮
(10)1,3-环己二酮　　　　　(11)二苯酮　　　　　　　　　(12)3-己烯-2-酮

9-3　完成下列反应：

(1)$CH_3CHO + NaHSO_3 \longrightarrow$

(2)$CH_3CH_2CHO + \begin{matrix} CH_2-OH \\ | \\ CH_2-OH \end{matrix} \xrightarrow{\text{干 HCl}}$

(3)$PhCHO + PhMgBr \xrightarrow[②H^+]{①乙醚}$

(4) 环己基$CH_2CHO + HCN \longrightarrow \xrightarrow[H_2O]{H^+}$

(5) 环己酮$=O + NH_2OH \longrightarrow$

(6) $CH_3\overset{O}{\underset{\|}{C}}CH_3 + H_2NNH-\overset{O}{\underset{\|}{C}}-NH_2 \longrightarrow$

(7) $\text{苯环}-CHO + O_2N-\text{苯环}-NHNH_2 \longrightarrow$（苯环上带 NO_2）

(8) $Ph-CH=CH-\overset{O}{\underset{\|}{C}}CH_3 \xrightarrow{LiAlH_4}$

(9) $CH_3CH=CHCHO \xrightarrow{NaBH_4} \xrightarrow{H_2/Ni}$

(10) $CH_3-\text{苯环}-CHO \xrightarrow[H^+,\triangle]{KMnO_4}$

(11) 苯 $+ CH_3-\overset{O}{\underset{\|}{C}}-Cl \xrightarrow{AlCl_3} \xrightarrow[\text{浓 HCl}]{Zn-Hg}$

(12) 环己酮$=O \xrightarrow[\text{二甘醇},\triangle]{NH_2NH_2 \cdot H_2O,NaOH}$

(13) $(CH_3)_3CCHO \xrightarrow{\text{浓 NaOH}}$

(14) $CH_3-\text{苯环}-CHO + HCHO \xrightarrow{\text{浓 NaOH}}$

(15) $CH_3CH_2CH_2-\overset{O}{\underset{\|}{C}}-CH_3 \xrightarrow[NaOH]{I_2}$

(16) 苯环$-CHO + CH_3CH_2CHO \xrightarrow[\triangle]{\text{稀 OH}^-}$

(17) $CH_3CH_2CH_2CHO \xrightarrow{\text{稀 OH}^-} \xrightarrow{\triangle}$

(18) $HCHO + $ 环己酮 $\xrightarrow[\triangle]{\text{稀 OH}^-}$

(19) $\begin{matrix} CH_2CH_2CHO \\ | \\ CH_2CH_2CHO \end{matrix} \xrightarrow{\text{稀 OH}^-} \xrightarrow{\triangle}$

(20) $CH_3-\overset{O}{\underset{\|}{C}}CH_2CH_2CH_2-\overset{O}{\underset{\|}{C}}-CH_3 \xrightarrow[\triangle]{\text{稀 OH}^-}$

(21) 四氢萘 $\xrightarrow[②Zn/H_2O]{①O_3} \xrightarrow[\triangle]{\text{稀 NaOH}} \xrightarrow{NaBH_4}$

(22) $BrCH_2CH_2COCH_3 \xrightarrow[H^+]{(CH_2OH)_2} \xrightarrow[\text{醚}]{Mg} \xrightarrow{CH_3CHO} \xrightarrow{H_3^+O}$

9-4　用化学方法鉴别下列各组化合物：

(1)苯酚，苯乙酮，苯甲醛，乙醚　　　　　(2)戊醛，2-戊酮，环戊酮，1-戊醇
(3)苯乙醛，苯甲醇，苯乙酮，苯甲醛　　　(4)甲醛，乙醛，丙烯醛，烯丙醇

9-5　给出下列化合物发生亲核加成的活性顺序：

(1)A. $CH_3COCH_2CH_3$　　　　B. $HCHO$　　　　　　　C. CH_3CH_2CHO

(2)A. CH_3CHO　　　　　B. 苯环$-CHO$　　　　C. 苯环$-\overset{O}{\underset{\|}{C}}CH_3$

(3)A. 苯环$-CHO$　　　B. CH_3-苯环$-CHO$　　　C. O_2N-苯环$-CHO$

9-6 下列化合物能发生碘仿反应的有（　　），能与饱和 $NaHSO_3$ 加成析出晶体的有（　　），能与 2,4-二硝基苯肼生成黄色结晶的有（　　），能发生自身的羟醛缩合反应的有（　　），能发生坎尼扎罗反应的有（　　），能发生银镜反应的有（　　），能与斐林试剂作用的有（　　）。

(1) CH_3CHO　　　　　　(2) CH_3CH_2CHO　　　　　(3) $CH_3CHCH_2CH_2CH_3$
$\qquad\qquad\qquad\qquad\qquad\qquad\qquad\qquad\qquad\qquad\qquad\qquad\ |$
$\qquad\qquad\qquad\qquad\qquad\qquad\qquad\qquad\qquad\qquad\qquad\quad OH$

(4) $CH_3CH_2CH_2OH$　　　(5) $CH_3CH_2COCH_3$　　　(6) $C_6H_5COCH_3$

(7) $\bigcirc\!\!=\!\!O$　　　　　　(8) C_6H_5CHO　　　　　　(9) $C_6H_5CHCH_3$
$\qquad\qquad\qquad\qquad\qquad\qquad\qquad\qquad\qquad\qquad\qquad\qquad\ |$
$\qquad\qquad\qquad\qquad\qquad\qquad\qquad\qquad\qquad\qquad\qquad\quad OH$

(10) $CH_3CH_2COCH_2CH_2CH_3$　　(11) CH_3COCH_3　　(12) $HCHO$

9-7 完成下列转化：

(1) $C_2H_5OH \longrightarrow CH_3CHCOOH$
$\qquad\qquad\qquad\qquad\qquad\ |$
$\qquad\qquad\qquad\qquad\quad OH$
　　(2) $CH_3CHO \longrightarrow CH_3CH\!=\!CHCOOH$

(3) $O\!\!=\!\!\bigcirc \longrightarrow$ (溴代环戊烷)

(4) $CH_3\!-\!\overset{O}{\overset{\|}{C}}\!-\!CH_3,\ CH_2\!=\!CH_2 \longrightarrow CH_3\!-\!\overset{CH_3}{\underset{OH}{\overset{|}{\underset{|}{C}}}}\!-\!CH_2CH_3$

(5) $CH_3CHO \longrightarrow CH_3CHCH_2CH_3$
$\qquad\qquad\qquad\qquad\qquad\quad\ |$
$\qquad\qquad\qquad\qquad\qquad OH$
　　(6) $CH_3CHO,\ BrCH_2CH_2CHO \longrightarrow CH_3\!-\!\underset{OH}{\overset{|}{C}H}CH_2CH_2CHO$

(7) $HO\!-\!\bigcirc\!-\!CHO \longrightarrow O\!=\!\bigcirc\!-\!CHO$

(8) $CH_3CH_2Cl \longrightarrow CH_3CH_2\underset{OH}{\overset{|}{C}H}\!-\!\underset{CH_3}{\overset{|}{C}H}CH_2OH$

(9) $\bigcirc\!\!=\!\!CH_2 \longrightarrow \bigcirc$

(10) (二甲基环戊烯) $\longrightarrow$ (甲基环己烯酮)

9-8 化合物 A 的分子式为 C_7H_{14}，A 可使溴水很快褪色，也能使 $KMnO_4$ 溶液褪色。A 氧化后生成一分子丙酮和另一化合物 B，B 可与 $I_2/NaOH$ 溶液作用，生成一分子碘仿和另一化合物 C。写出 A、B、C 的构造式。

9-9 有一化合物 A 的分子式为 C_3H_8O，A 可发生碘仿反应，生成一分子碘仿和化合物 B。A 经氧化后的产物 C 也能发生碘仿反应，C 还可与 2,4-二硝基苯肼生成黄色晶体 D，试写出 A~D 的构造式。

9-10 某化合物 A 的分子式为 $C_6H_{12}O$，能与 2,4-二硝基苯肼作用生成黄色晶体，但不起银镜反应，A 催化加氢得到醇 B，B 经脱水、臭氧解后得到 C 和 D。C 能发生银镜反应，但不发生碘仿反应，D 能发生碘仿反应，但不发生银镜反应。写出 A~D 的构造式。

9-11 分子式为 $C_5H_{12}O$ 的 A，氧化后得分子式为 $C_5H_{10}O$ 的 B，B 能与羟胺作用生成肟，并能发生碘仿反应。A 与浓 H_2SO_4 共热可得到 C_5H_{10} 的 C，C 经 $KMnO_4$ 氧化后得到丙酮和乙酸。试写出 A~C 的结构式。

第10章

羧酸及其衍生物

分子中含有羧基（ $-\overset{O}{\underset{||}{C}}-OH$ ）的化合物称为羧酸（carboxylic acids），羧酸通式可表示为 RCOOH 或 ArCOOH。

羧酸分子中羧基上的羟基被—X、—OR、—OCOR 和—NH$_2$（或—NHR、—NR$_2$）取代后所生成的化合物，分别称为酰卤（acyl halides）、酸酐（acid anhydrides）、酯（esters）和酰胺（amides），统称为羧酸衍生物（carboxylic acid derivatives）。

10.1 羧酸及其衍生物的命名

10.1.1 羧酸的命名

羧酸常用俗名和系统命名法命名。羧酸的俗名通常根据其天然来源而得名。例如，甲酸最初由干馏蚂蚁得到，称为蚁酸；乙酸是食醋的主要成分，称为醋酸。高级一元羧酸由脂肪水解得到，称为脂肪酸，如硬脂酸、软脂酸、油酸、亚油酸和亚麻酸等都属此类。

羧酸的系统命名法与醛相似，即选择含羧基的最长碳链为主链，并从羧基碳原子开始，用阿拉伯数字标明主链碳原子的位次。根据所含碳原子数目称为某酸，取代基的位次及名称写在某酸之前。例如

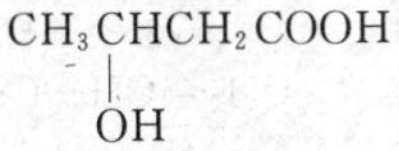

$$CH_3CHCH_2COOH \qquad CH_3C\!=\!CHCOOH \qquad HOOC(CH_2)_4COOH$$

（OH 在第一式；CH$_3$ 在第二式下方）

3-羟基丁酸 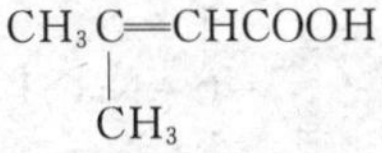   3-甲基-2-丁烯酸   己二酸

含脂环或芳环的羧酸，则以脂环或芳环做取代基来命名。例如

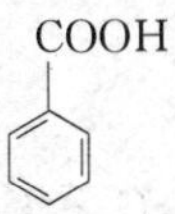

苯甲酸 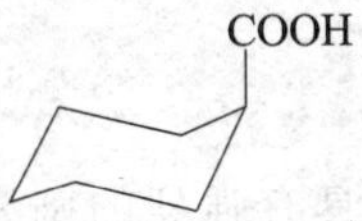   环己基甲酸 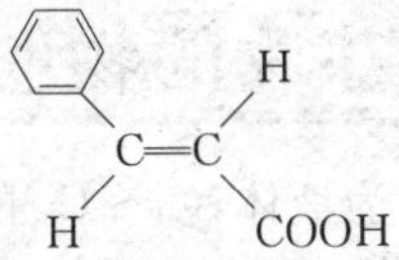   (E)-3-苯基丙烯酸 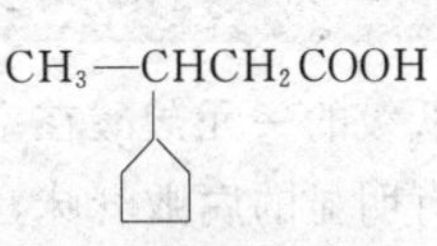   3-环戊基丁酸

$$CH_3-CHCH_2COOH$$

10.1.2 羧酸衍生物的命名

去掉羧基中的羟基后剩余的部分称为酰基。

酰基的名称是将相应的羧酸名称中的"酸"变成"酰基"。例如

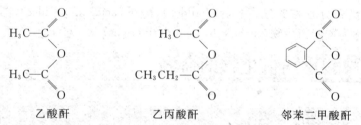

酰卤的命名是在酰基的后面加上卤素的名称(基字可省略)。例如

酰基的名称是将相应的羧酸名称中的"酸"变成"酰基"。例如

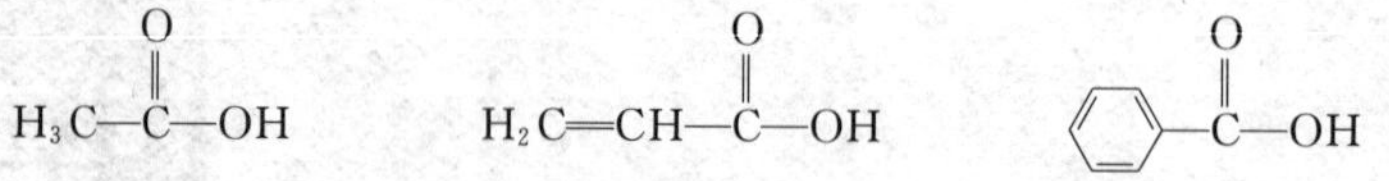

乙酸 丙烯酸 苯甲酸

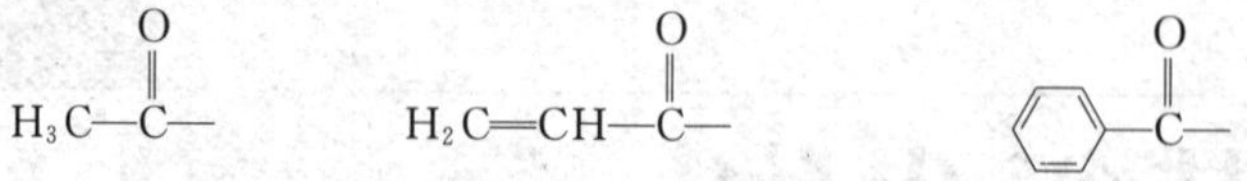

乙酰基 丙烯酰基 苯甲酰基

酰卤的命名是在酰基的后面加上卤素的名称(基字可省略)。例如

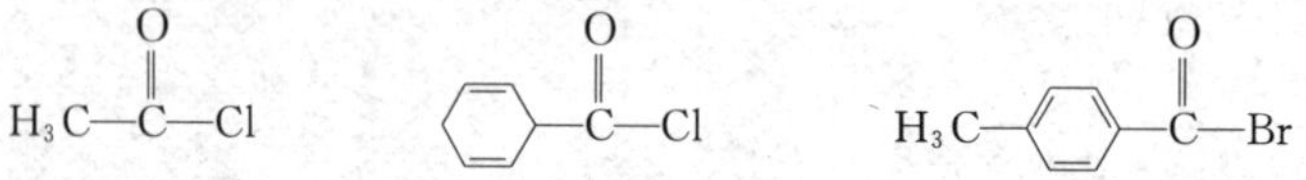

乙酰氯 2,5-环己二烯基甲酰氯 4-甲基苯甲酰溴

酸酐的命名是由两个羧酸的名称加上"酐"字。相同羧酸形成的酸酐称为单酐;不同羧酸形成的酸酐称为混酐。混酐命名时,通常简单的羧酸写在前面,复杂的羧酸写在后面。例如

乙酸酐 乙丙酸酐 邻苯二甲酸酐

酯的命名是由相应的羧酸和醇中的烃基名称组合后加"酯"字。例如

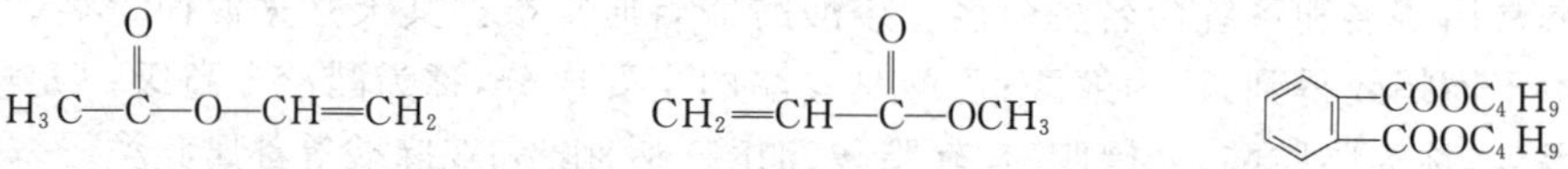

乙酸乙烯酯 丙烯酸甲酯 邻苯二甲酸二丁酯

酰胺的名称由酰基和胺或某胺组成。若氮原子上连有取代基,在取代基名称前加"N"标记,表示该取代基连在氮原子上。例如

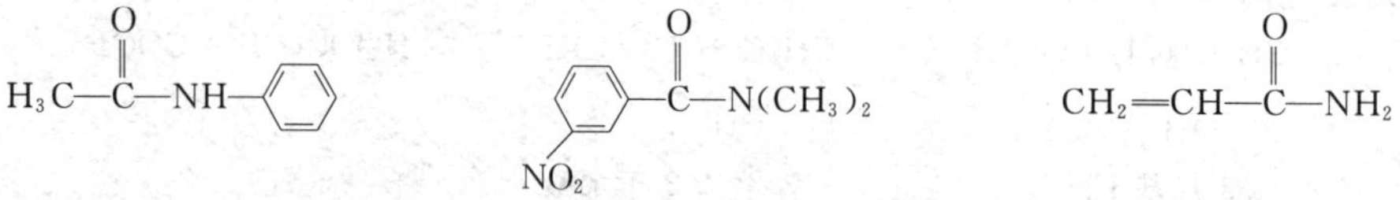

乙酰苯胺 N,N-二甲基-3-硝基苯甲酰胺 丙烯酰胺

10.2　羧酸及其衍生物的物理性质

低级的一元羧酸在室温下为液体,$C_1 \sim C_3$ 的羧酸具有强烈的刺激性酸味,$C_4 \sim C_9$ 的羧酸具有明显的腐败气味,C_{10} 以上的一元羧酸为蜡状固体,挥发性低,气味很小。二元羧酸和芳香酸都是结晶固体。

低级的酰卤和酸酐是具有刺激性气味的无色液体;低级的酯则是具有芳香气味的易挥发性无色液体;在酰胺中,除甲酰胺和某些 N-取代酰胺是液体外,其余均为固体。

羧酸的沸点通常随相对分子质量的增大而升高,而且比相对分子质量相近的醇要高,这

是由于羧基的强极性和羧酸分子间氢键缔合所致。

$$R-C\underset{O-H\cdots O}{\overset{O\cdots H-O}{}}C-R$$

酰卤、酸酐和酯分子间不能形成氢键,但酰胺分子间可以形成较强氢键。因此,酰卤和酯的沸点较相应的羧酸低;酸酐的沸点较相对分子质量相近的羧酸低;酰胺的沸点比相应的羧酸高。常见羧酸及其衍生物的物理常数见表 10-1,10-2。

表 10-1　　　　　　　　　　　常见羧酸的物理常数

化合物	熔点/℃	沸点/℃	相对密度(d_4^{20})	溶解度/(g/100 gH_2O)
甲酸	8.4	100.5	1.220	∞
乙酸	16.6	118	1.049	∞
丙酸	−22	141	0.992	∞
丁酸	−4.5	165.5	0.959	∞
戊酸	−34	187	0.939	3.7
己酸	−3	205	0.875	0.968
辛酸	16.5	240	0.862	0.068
癸酸	31.1	269	0.853	0.015
月桂酸(C_{12})	43.6	298.9	0.848	0.005 5
豆蔻酸(C_{14})	54.4	202.4	0.844	0.002 0
软脂酸(C_{16})	62.9	221.5	0.841	0.000 7
硬脂酸(C_{18})	69.9	240.0	0.840	0.000 29
丙烯酸	13	141.6		∞
丁二酸	185	235(脱水)		5.8
苯甲酸	122.4	249		0.34

表 10-2　　　　　　　　　　　部分羧酸衍生物的物理常数

类别	化合物	构造式	熔点/℃	沸点/℃	相对密度 d_4^{20}
酰卤	乙酰氯	CH_3COCl	−112	52	1.104
	乙酰溴	CH_3COBr	−96	76.7	1.52
	苯甲酰氯	C_6H_5COCl	−1	197.2	1.212
酸酐	乙酸酐	$(CH_3CO)_2O$	−73	139.6	1.082
	苯甲酸酐	$(C_6H_5CO)_2O$	42	360	1.199
	邻苯二甲酸酐		132	284.5	1.527
酯	甲酸乙酯	$HCOOCH_2CH_3$	−80	54	0.969
	乙酸乙酯	$CH_3COOCH_2CH_3$	−84	77.1	0.901
	苯甲酸乙酯	$C_6H_5COOCH_2CH_3$	−35	213	1.051^{15}
酰胺	乙酰胺	CH_3CONH_2	82	222	1.159
	苯甲酰胺	$C_6H_5CONH_2$	130	290	1.341
	N,N-二甲基甲酰胺	$HCON(CH_3)_2$	−	153	$0.948^{22.4}$
	乙酰苯胺	$CH_3CONHC_6H_5$	114	305	1.21^4

在饱和一元羧酸中,甲酸～丁酸由于分子的极性大,能与水分子很好地形成氢键,可与水互溶。其他羧酸随碳链增长,水溶性迅速降低。低级二元羧酸或多元酸易溶于水,而芳香酸水溶性很小。

所有羧酸衍生物均能溶于乙醚、氯仿、丙酮、苯等有机溶剂。低级的酰胺(如 N,N-二甲基甲酰胺)能与水混溶,是优良的非质子极性溶剂。

10.3　羧酸的化学性质

羧酸的结构表明,羧基是由羰基和羟基直接相连而成。但羧基的性质并不是两个基团的简单加合,而是两个基团相互影响所表现出的特征。

在羧基中,碳原子为 sp^2 杂化,三个 sp^2 杂化轨道分别与烃基碳原子(或氢原子)、羰基氧原子及羟基氧原子形成同在一个平面上的三个 σ 键,键角约为120°。碳原子未参与杂化的 p 轨道与氧原子 p 轨道重叠形成 π 键,羟基氧原子上孤对电子与 π 键构成 p-π 共轭体系。羟基氧原子上的电子云向羰基离域,降低了羟基氧原子上的电子云密度,增强了 O—H 键的极性,使羧酸具有明显的酸性。

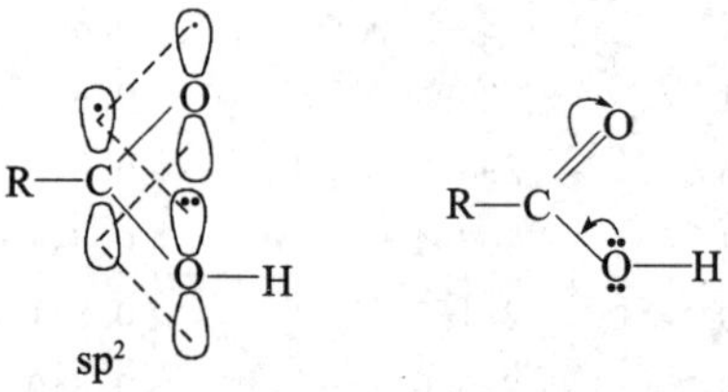

由于 p-π 共轭的影响,使羧基中虽然有C=O,但不具有醛、酮中C=O的一般特性。因此,只有在某些试剂作用下,羧酸才可被还原成醇;羟基才可被取代生成羧酸衍生物;另外,因羧基的影响,α-H 具有一定活性,羧酸还可发生脱羧反应。

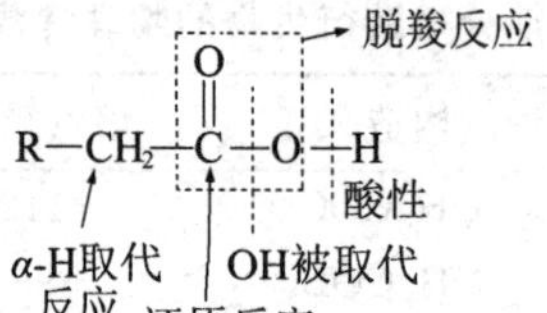

10.3.1　酸　性

羧酸具有明显的酸性,pK_a 值一般为 4～5,比碳酸、酚和醇等含活泼氢化合物的酸性强。

羧酸能与 $NaHCO_3$、Na_2CO_3 和 NaOH 等碱反应生成盐和水。利用羧酸与碱的中和反应可以鉴别羧酸、测定有机化合物分子中羧基的数目或羧酸类化合物的含量。

$$RCOOH + NaHCO_3 \longrightarrow RCOONa + CO_2 + H_2O$$

$$RCOOH + NaOH \longrightarrow RCOONa + H_2O$$

羧酸的碱金属盐易溶于水,遇强酸则游离出羧酸。利用这一性质可以分离、精制羧酸。对羧酸和酚的混合物,利用羧酸能与 $NaHCO_3$ 作用生成易溶于水的钠盐,而酚不能与 $NaHCO_3$ 作用的性质,可很容易地将羧酸与酚分离开。

羧酸之所以较醇和酚的酸性强,是因为羧基中的 p-π 共轭效应,同时,形成的羧酸根负离子中的电荷均匀分散,体系的能量低,稳定性强。

$$R-C{\overset{O}{\underset{O^-}{}}} \longleftrightarrow R-C{\overset{O^-}{\underset{O}{}}} \quad 或 \quad R-C{\overset{O^{\frac{1}{2}-}}{\underset{O^{\frac{1}{2}-}}{}}}$$

脂肪族羧酸中,取代基的诱导效应对酸性影响比较大,若烃基连有吸电子取代基,可以分散负电荷,有利于羧酸根负离子的稳定,酸性增强。吸电子能力越大酸性越强,反之,供电子取代基使酸性减弱。例如

	HCOOH	CH_3COOH	$(CH_3)_2CHCOOH$	$(CH_3)_3CCOOH$
pK_a	3.75	4.76	4.86	5.05
	ICH_2COOH	$BrCH_2COOH$	$ClCH_2COOH$	FCH_2COOH
pK_a	3.18	2.94	2.86	2.59

诱导反应在饱和碳链上的传递随距离的增加而迅速减弱。例如

$CH_3CH_2\underset{Cl}{C}HCOOH$	$CH_3\underset{Cl}{C}HCH_2COOH$	$\underset{Cl}{C}H_2CH_2CH_2COOH$	$CH_3CH_2CH_2COOH$
pK_a 　2.86	4.06	4.52	4.82

诱导效应还具有加和性,相同性质的基团越多对酸性的影响越大。例如

CH_3COOH	$ClCH_2COOH$	$Cl_2CHCOOH$	Cl_3CCOOH
pK_a 　4.76	2.86	1.36	0.63

取代基的共轭效应对芳香酸的影响比较大。苯甲酸比一般脂肪酸(除甲酸外)的酸性强,这是由于苯甲酸电离后所形成的羧基负离子可与苯环发生共轭,负电荷离域到苯环上使羧酸根负离子稳定性增强的缘故。取代苯甲酸的酸性与取代基的种类及在苯环上的位置有关,一般来说,邻对位有吸电基团使酸性增强,供电基团使酸性减弱。例如

COOH(对NO_2)	COOH(对Cl)	COOH	COOH(对C_2H_5)	COOH(对OCH_3)
pK_a 　3.42	3.97	4.20	4.35	4.47

10.3.2　羧酸衍生物的生成

羧基中的羟基可以被卤原子、酰氧基、烷氧基、氨基(或取代氨基)取代,形成酰卤、酸酐、酯、酰胺等羧酸衍生物。

1. 酰卤的生成

除甲酸外,羧酸与 PX_3、PX_5($X=Cl,Br$)或 $SOCl_2$ 作用,羧基中的羟基可被卤原子取代,生成酰卤。

$$R-\overset{O}{\underset{}{C}}-OH + \begin{cases} PCl_3 \\ PCl_5 \\ SOCl_2 \end{cases} \longrightarrow R-\overset{O}{\underset{}{C}}-Cl + \begin{cases} H_3PO_3 \\ POCl_3 \\ SO_2+HCl \end{cases} \quad (R\neq H)$$

酰卤易水解,通常采用蒸馏法分离精制产物。在实验室中,常用 $SOCl_2$ 制备酰卤,因为副产物氯化氢和二氧化硫容易从反应体系中移出,过量的低沸点 $SOCl_2$ 可通过蒸馏除去,可

以得到较高收率和相对较纯的产物。

2. 酸酐的生成

饱和一元羧酸(甲酸除外)在脱水剂五氧化二磷或乙酸酐存在下加热,发生分子间脱水生成酸酐。

$$
\begin{array}{c}
R-\overset{\displaystyle O}{\underset{\displaystyle \|}{C}}-OH \\
R-\overset{\displaystyle O}{\underset{\displaystyle \|}{C}}-O-H
\end{array}
\xrightarrow[\triangle]{P_2O_5}
\begin{array}{c}
R-\overset{\displaystyle O}{\underset{\displaystyle \|}{C}} \\
\quad\quad O \\
R-\overset{\displaystyle O}{\underset{\displaystyle \|}{C}}
\end{array}
+H_2O
$$

$$2RCOOH+(CH_3CO)_2O \rightleftharpoons (RCO)_2O+2CH_3COOH$$

混合酸酐一般用酰卤与羧酸盐反应来制备。

$$
R-\overset{\displaystyle O}{\underset{\displaystyle \|}{C}}-ONa \ + \ Cl-\overset{\displaystyle O}{\underset{\displaystyle \|}{C}}-R' \longrightarrow R-\overset{\displaystyle O}{\underset{\displaystyle \|}{C}}-O-\overset{\displaystyle O}{\underset{\displaystyle \|}{C}}-R' \ +NaCl
$$

有的二元羧酸发生分子内脱水能生成稳定的五元或六元环状酸酐,通常只需加热条件而不需要脱水剂。

$$
\begin{array}{c}
\overset{\displaystyle O}{\underset{\displaystyle \|}{C}}-OH \\
\overset{\displaystyle O}{\underset{\displaystyle \|}{C}}-O-H
\end{array}
\xrightarrow{200\ ℃}
\quad + \ H_2O
$$

$$
\xrightarrow{200\ ℃}
\quad + \ H_2O
$$

3. 酯的生成

羧酸与醇在酸催化下作用生成酯和水的反应称为酯化反应。

$$
R-\overset{\displaystyle O}{\underset{\displaystyle \|}{C}}-OH \ +HO-R' \xrightleftharpoons{H^+} R-\overset{\displaystyle O}{\underset{\displaystyle \|}{C}}-OR' \ +H_2O
$$

酯化反应的特点:

(1)可逆反应。酯化反应的逆反应为酯的水解反应。应用平衡移动原理,常采用加入过量的廉价原料,或在反应中不断蒸馏出水和酯,来提高酯的收率。

(2)反应机理与醇的类型有关。酸催化下羧酸与醇的酯化反应,同位素标记法实验表明,羧酸与不同类型的醇(伯醇、叔醇)反应生成酯的反应机理不同。

羧酸与伯醇或绝大多数仲醇进行酯化反应时,发生酰氧断键,羧基中的羟基与醇羟基的氢原子结合生成水。

$$
R-\overset{\displaystyle O}{\underset{\displaystyle \|}{C}}-OH \ + \ H-\overset{18}{O}-R' \xrightleftharpoons{H^+} R-\overset{\displaystyle O}{\underset{\displaystyle \|}{C}}-{}^{18}OR' \ +H_2O
$$

反应机理为

$$R-C{HO}=O \xrightarrow{H^+} R-C{HO}=\overset{+}{O}H \xrightarrow{H\ddot{O}-R'} R-\overset{OH}{\underset{OH}{\overset{|}{\underset{|}{C}}}}-\overset{H}{O}-R' \rightleftharpoons$$

$$R-\overset{OH}{\underset{OH_2}{\overset{|}{\underset{|}{C}}}}-OR' \rightleftharpoons R-\overset{+}{\underset{}{\overset{OH}{\overset{|}{C}}}}-OR' + H_2O \rightleftharpoons R-\overset{O}{\overset{\|}{C}}-OR' + H_3\overset{+}{O}$$

酸催化反应的作用是 H^+ 首先将羧酸的羰基质子化,增强羰基碳的正电性,以利于亲核试剂醇的进攻,醇的进攻是酯化反应的控制步骤。形成的中间体通过质子转移,然后失去一分子水,再脱去氢质子等一系列可逆平衡反应步骤生成酯。

羧酸与叔醇的酯化反应则发生醇的碳氧键断裂。

$$R-\overset{O}{\overset{\|}{C}}-OH + H^{18}O \ \vdots\ CR'_3 \rightleftharpoons R-\overset{O}{\overset{\|}{C}}-OCR'_3 + H_2^{18}O$$

反应机理为

$$R'_3C-OH + H^+ \rightleftharpoons R'_3C-\overset{+}{O}H_2 \rightleftharpoons R'_3C^+ + H_2O$$

$$R'_3C^+ + HO-\overset{O}{\overset{\|}{C}}-R \rightleftharpoons R'_3C-\overset{+}{\underset{H}{O}}-\overset{O}{\overset{\|}{C}}-R \xrightarrow{H_2O} R'_3C-O-\overset{O}{\overset{\|}{C}}-R + H_3\overset{+}{O}$$

酸催化条件下叔醇易脱水形成碳正离子中间体,碳正离子中间体与羧酸作用,再脱去质子生成酯。

(3)酸和醇的结构对酯化反应活性的影响

酸催化下羧酸与伯醇、仲醇的酯化反应经历了亲核加成-消除的反应过程。

$$R-\overset{O}{\overset{\|}{C}}-OH + HO-R' \xrightarrow{H^+} \left[R-\overset{OH}{\underset{OR'}{\overset{|}{\underset{|}{C}}}}-OH \right] \rightleftharpoons R-\overset{O}{\overset{\|}{C}}-OR' + H_2O$$

酯化反应的活性取决于中间体的稳定性。由于反应中间体是一个四面体结构,若羧酸和醇的烃基体积增大,则中间体结构中空间拥挤程度相应增大,体系能量升高而稳定性下降,因而导致酯化反应活性降低。一般情况下,不同的羧酸和醇进行酯化反应的活性顺序为

RCOOH:　　HCOOH > CH$_3$COOH > RCH$_2$COOH > R$_2$CHCOOH > R$_3$CCOOH

ROH:　　　　　CH$_3$OH > RCH$_2$OH > R$_2$CHOH > R$_3$COH

4. 酰胺的生成

羧酸与氨或胺(1°胺、2°胺)作用,首先生成铵盐,铵盐加热脱水生成酰胺。

$$R-\overset{O}{\overset{\|}{C}}-OH + \begin{cases} NH_3 \\ R'NH_2 \\ R'_2NH \end{cases} \rightarrow \begin{cases} RCOO\overset{-}{}\overset{+}{N}H_4 \\ RCOO\overset{-}{}\overset{+}{N}H_3R' \\ RCOO\overset{-}{}\overset{+}{N}H_2R'_2 \end{cases} \xrightarrow{\triangle} \begin{cases} RCONH_2 \\ RCONHR' \\ RCONR'_2 \end{cases} + H_2O$$

10.3.3　还原反应

羧酸不易被还原,但在强还原剂(如 LiAlH$_4$)作用下,羧酸可被直接还原为伯醇,分子中

所含碳碳双键一般不受影响。

$$(CH_3)_3C-COOH \xrightarrow[Et_2O]{LiAlH_4} \xrightarrow{H_3^+O} (CH_3)_3CCH_2OH$$

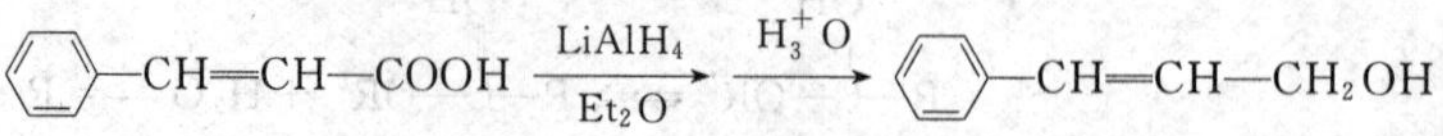

$$\text{Ph}-CH=CH-COOH \xrightarrow[Et_2O]{LiAlH_4} \xrightarrow{H_3^+O} \text{Ph}-CH=CH-CH_2OH$$

在实验室中可以利用这一反应制备特殊结构的伯醇。

10.3.4 脱羧反应

无水羧酸钠与碱石灰共热,则羧酸盐失去 CO_2 生成烃。例如

$$R-\overset{\overset{\displaystyle O}{\|}}{C}-ONa + NaOH \xrightarrow[\triangle]{CaO} R-H + Na_2CO_3$$

此反应副反应多,仅限于低级脂肪酸盐及芳香族羧酸盐。

若羧酸的 α-碳原子上连有强吸电子基团,加热即可顺利地脱羧。例如

$$CH_3-\overset{\overset{\displaystyle O}{\|}}{C}-CH_2-\overset{\overset{\displaystyle O}{\|}}{C}-OH \xrightarrow{\triangle} CH_3-\overset{\overset{\displaystyle O}{\|}}{C}-CH_3 + CO_2$$

二元羧酸受热后,由于两个羧基的位置不同而发生不同的反应。

$$HOOC-COOH \xrightarrow{200℃} H-COOH + CO_2$$

$$HOOCCH_2COOH \xrightarrow{150℃} H-CH_2COOH + CO_2$$

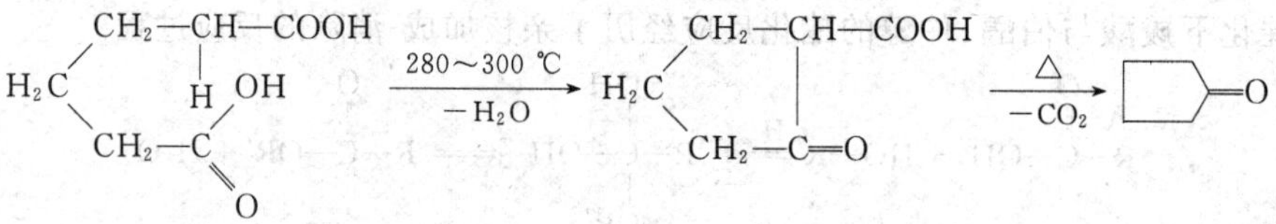

$$\begin{matrix} CH_2-CH-COOH \\ H_2C \qquad\quad H \ OH \\ CH_2-C \\ \qquad\quad \| \\ \qquad\quad O \end{matrix} \xrightarrow[-H_2O]{280\sim300℃} \begin{matrix} CH_2-CH-COOH \\ H_2C \\ CH_2-C=O \end{matrix} \xrightarrow[-CO_2]{\triangle} \begin{matrix} \text{环己酮} =O \end{matrix}$$

乙二酸、丙二酸受热脱酸生成一元羧酸。丁二酸、戊二酸受热发生分子内脱水生成酸酐。己二酸、庚二酸受热脱水脱羧形成环酮。庚二酸以上的二元羧酸,在高温时发生分子间脱水形成高分子的聚酐。

10.3.5 α-H 的取代反应

具有 α-H 的羧酸在少量红磷或硫的存在下,与卤素(Cl_2、Br_2)作用得到 α-卤代酸。在卤素过量的情况下,羧酸中的多个 α-H 可以被逐步卤代,生成多卤代酸。

$$CH_3COOH \xrightarrow{Cl_2}{P} CH_2ClCOOH \xrightarrow{Cl_2}{P} CHCl_2COOH \xrightarrow{Cl_2}{P} CCl_3COOH$$

α-卤代酸可转变为其他的 α-取代酸。例如

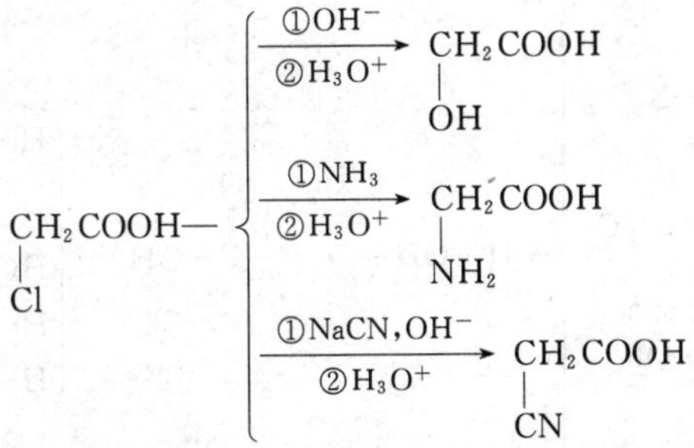

$$CH_2COOH \left\{ \begin{array}{l} \xrightarrow[②H_3O^+]{①OH^-} \begin{array}{l} CH_2COOH \\ | \\ OH \end{array} \\ \\ \xrightarrow[②H_3O^+]{①NH_3} \begin{array}{l} CH_2COOH \\ | \\ NH_2 \end{array} \\ \\ \xrightarrow[②H_3O^+]{①NaCN,OH^-} \begin{array}{l} CH_2COOH \\ | \\ CN \end{array} \end{array} \right.$$

注: 左侧为 $\begin{array}{l} CH_2COOH \\ | \\ Cl \end{array}$

10.4　羧酸衍生物的化学性质

羧酸衍生物常用通式 $R{-}\overset{\displaystyle O}{\overset{\|}{C}}{-}L$ 表示，因分子中均含有 $-\overset{\displaystyle O}{\overset{\|}{C}}{-}$，易被亲核试剂进攻，又因与 $-\overset{\displaystyle O}{\overset{\|}{C}}{-}$ 相连的 L 基团具有一定的离去能力，所以羧酸衍生物最典型的性质就是亲核加成消除反应，另外，还能发生还原反应及与有机金属化合物的加成反应，而且酰基上的 α-氢原子受羰基的影响，也表现出活泼性。

10.4.1　水解、醇解和氨解

羧酸衍生物可以由一种衍生物转变为另一种衍生物，也可以通过水解转变为原来的羧酸。

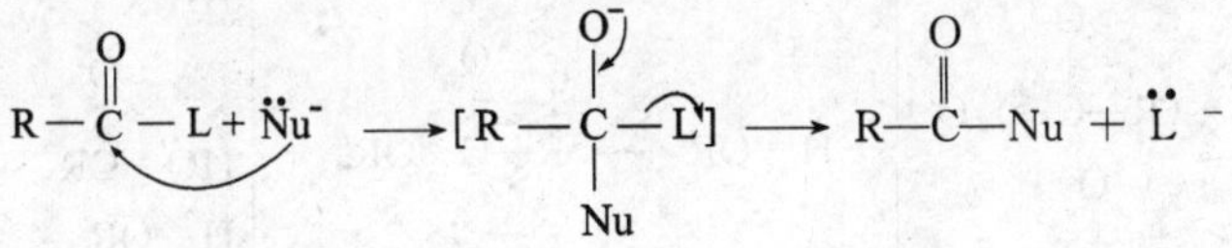

$$R{-}\overset{O}{\overset{\|}{C}}{-}L + \overset{..}{N}u^- \longrightarrow \left[R{-}\overset{\overset{\displaystyle O^-}{|}}{\underset{\underset{\displaystyle Nu}{|}}{C}}{-}L \right] \longrightarrow R{-}\overset{O}{\overset{\|}{C}}{-}Nu + \overset{..}{L}{}^-$$

亲核试剂首先加成到羧酸衍生物的羰基碳原子上，形成一个氧负离子四面体中间体；然后该中间体消除一个负性基团（L^-），形成另一种羧酸衍生物，此为亲核加成-消除反应，最终的结果是亲核取代。

由反应过程不难理解，R 或 L 的吸电子效应越强，羰基碳原子正电荷密度越大，亲核试剂（Nu^-）就越容易加成，反应活性越大。另一方面，离去基团（L^-）碱性越弱就越稳定，在反应过程中就越容易离去，越有利于反应进行。

离去基团的吸电子效应：

$$-X > -OCOR > -OR > -NH_2$$

离去基团的碱性：

$$X^- < RCO_2^- < RO^- < H_2N^-$$

因此羧酸衍生物的反应活性：

$$RCOX > R(CO)_2O > RCOOR' > RCONH_2$$

1.水解反应

羧酸衍生物水解生成相应的羧酸。

$$
\left.\begin{array}{c}
\underset{\displaystyle R-\overset{\textstyle O}{\overset{\|}{C}}-X}{} \\[4pt]
(R-\overset{\textstyle O}{\overset{\|}{C}})_2O \\[4pt]
R-\overset{\textstyle O}{\overset{\|}{C}}-OR' \\[4pt]
R-\overset{\textstyle O}{\overset{\|}{C}}-NH_2
\end{array}\right\}
+\ H-OH \longrightarrow R-\overset{\textstyle O}{\overset{\|}{C}}-OH\ +
\left\{\begin{array}{c}
H-X \\[4pt]
HO-\overset{\textstyle O}{\overset{\|}{C}}R \\[4pt]
H-OR' \\[4pt]
H-NH_2
\end{array}\right.
$$

低级的酰卤在常温下与水剧烈反应;酸酐在热水中易水解;酯和酰胺的水解一般要用酸或碱催化,并在加热条件下进行。

酸催化下酯的水解是可逆反应,它是酯化反应的逆反应。碱催化酯的水解则是不可逆反应,也称为酯的皂化反应。

$$RCOOR' + NaOH \xrightarrow{H_2O} RCOONa + R'OH$$

酰胺在酸性条件下水解生成羧酸和铵盐,在碱性条件下水解则生成羧酸盐和氨或胺。

$$CH_3O-\!\!\!\underset{}{\bigcirc}^{NO_2}\!\!\!-NH-\overset{\textstyle O}{\overset{\|}{C}}-CH_3 + KOH \xrightarrow[100℃]{H_2O} CH_3O-\!\!\!\underset{}{\bigcirc}^{NO_2}\!\!\!-NH_2 + CH_3COOK$$

2. 醇解反应

羧酸衍生物与醇反应生成酯,称为醇解反应。

$$
\left.\begin{array}{c}
R-\overset{\textstyle O}{\overset{\|}{C}}-X \\[4pt]
(R-\overset{\textstyle O}{\overset{\|}{C}})_2O \\[4pt]
R-\overset{\textstyle O}{\overset{\|}{C}}-OR'' \\[4pt]
R-\overset{\textstyle O}{\overset{\|}{C}}-NH_2
\end{array}\right\}
+\ H-OR' \longrightarrow R-\overset{\textstyle O}{\overset{\|}{C}}-OR'\ +
\left\{\begin{array}{c}
H-X \\[4pt]
HO-\overset{\textstyle O}{\overset{\|}{C}}R \\[4pt]
H-OR'' \\[4pt]
H-NH_2
\end{array}\right.
$$

酰卤和酸酐的醇解反应比较容易,是合成酯的常用方法。特别是酸酐,它比酰卤易于制备和保存,应用更广泛。例如乙酸酐与水杨酸作用生成乙酰水杨酸,俗名"阿司匹林",是具有解热、镇痛作用的药物,还有降低风湿性心脏病发病率和预防肠癌发生的作用。

$$(CH_3CO)_2O + \underset{}{\bigcirc}\!\!\!\!\begin{array}{c}COOH\\OH\end{array} \longrightarrow \underset{}{\bigcirc}\!\!\!\!\begin{array}{c}COOH\\O-\overset{}{\underset{\underset{\textstyle O}{\|}}{C}}-CH_3\end{array} + CH_3COOH$$

阿司匹林

酯的醇解反应生成新的醇和新的酯,又称为酯交换反应。酯交换反应需在酸或碱催化下,采用加入过量的醇或将生成的醇除去的方法,使平衡向所需的方向移动。

工业上,在合成纤维"涤纶"的生产中就利用了酯交换反应。

$$CH_3O-\overset{O}{\underset{\parallel}{C}}-\underset{}{\text{⟨benzene⟩}}-\overset{O}{\underset{\parallel}{C}}-OCH_3 \xrightarrow[Sb_2S_3,\triangle]{HOCH_2CH_2OH} \left[-\overset{O}{\underset{\parallel}{C}}-\text{⟨benzene⟩}-\overset{O}{\underset{\parallel}{C}}-OCH_2CH_2O-\right]_n + CH_3OH$$
涤纶

3. 氨解反应

羧酸衍生物与氨（或胺）反应生成酰胺。

$$\left.\begin{array}{c} R-\overset{O}{\underset{\parallel}{C}}-X \\[4pt] (R-\overset{O}{\underset{\parallel}{C}})_2O \\[4pt] R-\overset{O}{\underset{\parallel}{C}}-OR' \end{array}\right\} +H-NH_2 \longrightarrow R-\overset{O}{\underset{\parallel}{C}}-NH_2 + \left\{\begin{array}{c} H-X \\[4pt] HO-\overset{O}{\underset{\parallel}{C}}-R \\[4pt] H-OR' \end{array}\right.$$

酰卤和酸酐的氨（胺）解反应活性高，得到酰胺和铵盐。

$$CH_3COCl + 2\,HN\text{⟨pyrrolidine⟩} \longrightarrow CH_3-\overset{O}{\underset{\parallel}{C}}-N\text{⟨pyrrolidine⟩} + H_2^+N\text{⟨pyrrolidine⟩}\,Cl^-$$

$$\text{⟨phthalic anhydride⟩} \xrightarrow[H_2O]{NH_3} \text{⟨}\overset{C-NH_2}{\underset{C-ONH_4}{}}\text{⟩} \xrightarrow{H_3^+O} \text{⟨}\overset{C-NH_2}{\underset{C-OH}{}}\text{⟩} \xrightarrow{150\sim160℃} \text{⟨phthalimide⟩}$$

10.4.2　与格氏试剂反应

羧酸衍生物与格氏试剂作用的实质是碳负离子对羰基的亲核加成反应。

$$R-\overset{O}{\underset{\parallel}{C}}-L \xrightarrow[Et_2O]{R'MgX} \left[R-\overset{OMgX}{\underset{R'}{\overset{\mid}{\underset{\mid}{C}}}}-L\right] \xrightarrow{-MgXL} R-\overset{O}{\underset{\parallel}{C}}-R' \xrightarrow{R'MgX} R-\overset{OMgX}{\underset{R'}{\overset{\mid}{\underset{\mid}{C}}}}-R' \xrightarrow{H_3^+O} R-\overset{OH}{\underset{R'}{\overset{\mid}{\underset{\mid}{C}}}}-R'$$

反应过程中经历一个生成酮的中间阶段。由于酰卤与格氏试剂反应的活性比酮高，反应可以停止在生成酮的阶段。

$$\text{⟨cyclopentane with CH}_3\text{ and C-Cl⟩} +CH_3MgI \xrightarrow[-15℃]{Et_2O} \text{⟨cyclopentane with CH}_3\text{ and C-CH}_3\text{, O⟩} +MgICl$$

酸酐和酯与格氏试剂反应也先生成酮。由于酮分子中的羰基比酸酐和酯分子中的羰基活性高，生成的酮会与格氏试剂继续反应生成叔醇。

$$\text{⟨benzoic anhydride⟩} +2CH_3MgI \xrightarrow{Et_2O} \xrightarrow{H_3^+O} \text{⟨}C_6H_5-\overset{OH}{\underset{}{C}}(CH_3)_2\text{⟩}$$

$$\text{⟨δ-valerolactone⟩} +2CH_3CH_2MgCl \xrightarrow{Et_2O} \xrightarrow{H_3^+O} (CH_3CH_2)_2\overset{OH}{\underset{}{C}}-CH_2CH_2CH_2CH_2OH$$

10.4.3 还原反应

在羧酸衍生物中，酰氯最容易被还原，酰胺最难被还原。

1. 氢化铝锂还原

羧酸及其衍生物都可以被 $LiAlH_4$ 还原。酰卤、酸酐和酯的还原产物是醇。酰胺的还原需要过量的 $LiAlH_4$，还原产物可以是不同类型的胺，有制备意义。

$$R-\overset{\overset{\displaystyle O}{\|}}{C}-L \xrightarrow[\text{②}H_3^+O]{\text{①}LiAlH_4} RCH_2OH$$

$$R-\overset{\overset{\displaystyle O}{\|}}{C}-NR'R'' + LiAlH_4 \xrightarrow{Et_2O} \xrightarrow{H_3^+O} RCH_2NR'R''$$

2. 加氢还原

酰卤选择性加氢的催化体系是 $Pd/BaSO_4$-硫-喹啉（或硫脲），可使酰卤的加氢反应停止在生成醛的阶段，称为罗森门德（Rosenmund）反应，这是一种制备醛的方法。

$$(Ar)R-\overset{\overset{\displaystyle O}{\|}}{C}-Cl + H_2 \xrightarrow[\text{硫-喹啉}]{Pd/BaSO_4} (Ar)R-\overset{\overset{\displaystyle O}{\|}}{C}-H + HCl$$

$$CH_3O-\overset{\overset{\displaystyle O}{\|}}{C}CH_2CH_2\overset{\overset{\displaystyle O}{\|}}{C}-Cl + H_2 \xrightarrow[\text{硫-喹啉}]{Pd/BaSO_4} CH_3O-\overset{\overset{\displaystyle O}{\|}}{C}CH_2CH_2\overset{\overset{\displaystyle O}{\|}}{C}-H + HCl$$

3. 金属钠还原

酯可在金属钠-乙醇还原体系中还原为醇，分子中碳碳双键或三键不受影响，可用于不饱和脂肪酸酯的选择性还原。

$$\diagdown\diagup\diagdown\diagup COOC_2H_5 + Na \xrightarrow{C_2H_5OH} \diagdown\diagup\diagdown\diagup CH_2OH + HOC_2H_5$$

10.4.4 酯缩合反应

酯的 α-氢原子具有弱酸性，在醇钠作用下发生分子间缩合反应，结果是一分子酯的 α-氢被另一分子酯的酰基取代，生成 β-酮酸酯，称为克莱森（Claisen）酯缩合反应。

$$RCH_2\overset{\overset{\displaystyle O}{\|}}{C}-OC_2H_5 + H-\overset{\overset{\displaystyle R}{|}}{C}H\overset{\overset{\displaystyle O}{\|}}{C}-OC_2H_5 \xrightarrow[\text{②}H_3^+O]{\text{①}C_2H_5ONa} RCH_2\overset{\overset{\displaystyle O}{\|}}{C}-\overset{\overset{\displaystyle R}{|}}{C}H\overset{\overset{\displaystyle O}{\|}}{C}-OC_2H_5 + C_2H_5OH$$

克莱森酯缩合反应机理按下列步骤进行：

$$C_2H_5O^- + H-CH_2\overset{\overset{\displaystyle O}{\|}}{C}-OC_2H_5 \rightleftharpoons C_2H_5OH + [{}^-CH_2\overset{\overset{\displaystyle O}{\|}}{C}-OC_2H_5 \leftrightarrow CH_2{=}\overset{\overset{\displaystyle O^-}{|}}{C}-OC_2H_5]$$

$$\qquad\qquad\quad (pK_a = 25) \qquad\qquad (pK_a \approx 17)$$

$$CH_3-\overset{O}{\underset{}{C}}-OC_2H_5 + {}^-CH_2-\overset{O}{\underset{}{C}}-OC_2H_5 \Longrightarrow CH_3-\overset{O^-}{\underset{OC_2H_5}{C}}-CH_2-\overset{O}{\underset{}{C}}-OC_2H_5$$

$$C_2H_5OH + CH_3-\overset{O}{\underset{}{C}}-HC^--\overset{O}{\underset{}{C}}-OC_2H_5 \Longrightarrow CH_3-\overset{O}{\underset{}{C}}-CH_2-\overset{O}{\underset{}{C}}-OC_2H_5 + C_2H_5O^-$$
$$(pK_a=11)$$

$$CH_3-\overset{O^-}{\underset{}{C}}=CH-\overset{O}{\underset{}{C}}-OC_2H_5 \xrightarrow{CH_3COOH} CH_3-\overset{O}{\underset{}{C}}-CH_2-\overset{O}{\underset{}{C}}-OC_2H_5$$

若两个含有 α-氢原子的不同的酯进行交叉酯缩合反应,理论上可得到 4 种不同的产物,在制备上价值不大。若两个不同的酯只有一个具有 α-氢原子,交叉酯缩合反应有制备意义。

$$H-\overset{O}{\underset{}{C}}-OC_2H_5 + CH_3-\overset{O}{\underset{}{C}}-OC_2H_5 \xrightarrow[\text{②}H_3^+O]{\text{①}C_2H_5ONa} H-\overset{O}{\underset{}{C}}-CH_2-\overset{O}{\underset{}{C}}-OC_2H_5 + C_2H_5OH$$

芳香酸酯的羰基虽然不活泼,但在强碱的作用下,反应也能顺利进行。

$$C_6H_5-\overset{O}{\underset{}{C}}-OC_2H_5 + H-\overset{O}{\underset{CH_3}{C}}HC-OC_2H_5 \xrightarrow[\text{②}H_3^+O]{\text{①}C_2H_5ONa} C_6H_5-\overset{O}{\underset{}{C}}-\overset{}{\underset{CH_3}{C}}HC-OC_2H_5 + C_2H_5OH$$

酮的 α-氢比酯的 α-氢活泼,酮与酯进行缩合反应时,是酯羰基受到进攻,生成 β-羰基酮。

$$C_6H_5-\overset{O}{\underset{}{C}}-OC_2H_5 + CH_3-\overset{O}{\underset{}{C}}-C_6H_5 \xrightarrow[\text{②}H_3^+O]{\text{①}C_2H_5ONa} C_6H_5-\overset{O}{\underset{}{C}}-CH_2-\overset{O}{\underset{}{C}}-C_6H_5$$

二元酸酯可以发生分子内的酯缩合反应。已二酸酯和庚二酸酯在醇钠的作用下,形成五元或六元环 β-酮酸酯,这种分子内的酯缩合反应称为狄克曼(Dieckmann)缩合反应。

$$\xrightarrow{C_2H_5ONa} \xrightarrow{H_3^+O} \quad +C_2H_5OH$$

10.4.5 酰胺的特性反应

1. 酸碱性

酰胺分子中氮原子上的未共用电子对与羰基形成共轭体系,氮原子上的未共用电子对向羰基离域,使氮原子上的电子云密度降低,氨基的碱性减弱,所以酰胺是中性化合物。

酰亚胺分子中氮原子上连有两个酰基,氮上的电子云密度显著下降,使其所连氢原子表现出明显的酸性,可与氢氧化钾水溶液作用生成稳定的钾盐。丁二酰亚胺钾盐在较低温度下与溴作用可制备 N-溴代丁二酰亚胺(NBS)。

$$\overset{O}{\underset{O}{\bigcirc}}NH + KOH \xrightarrow[-H_2O]{C_6H_6,\triangle} \overset{O}{\underset{O}{\bigcirc}}NK \xrightarrow[0\,℃]{Br_2} \overset{O}{\underset{O}{\bigcirc}}N-Br$$

NBS 是制备烯丙型溴代烃的溴化剂。

2. 脱水反应

酰胺与强脱水剂(P_2O_5、$POCl_3$、$SOCl_2$ 等)共热，发生分子内脱水反应，生成腈，这是制备腈的方法之一。

$$R-\overset{O}{\overset{\|}{C}}-NH_2 + P_2O_5 \xrightarrow{\triangle} R-C\equiv N + H_3PO_4$$

3. 霍夫曼降级反应

氮原子上连有两个氢原子的酰胺在碱溶液中与卤素作用，脱去羰基生成伯胺。

$$R-\overset{O}{\overset{\|}{C}}-NH_2 + X_2 + 4OH^- \longrightarrow R-NH_2 + CO_3^{2-} + 2X^- + 2H_2O \quad (X=Cl,Br)$$

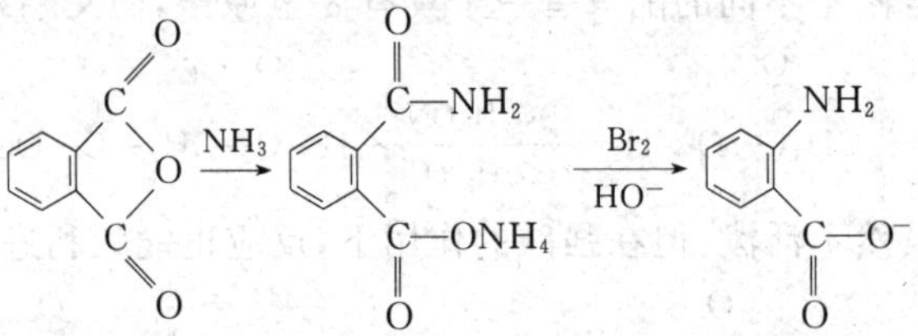

在反应过程中碳链减少了一个碳原子，此为霍夫曼降级反应，这是以较高收率制备伯胺或氨基酸的重要方法。

10.5 β-二羰基化合物

分子中含有两个羰基官能团的化合物统称为二羰基化合物，其中两个羰基被一个饱和碳相间隔的化合物称为 β-二羰基化合物，一般有下列三种类型：

$$R-\overset{O}{\overset{\|}{C}}-CH_2-\overset{O}{\overset{\|}{C}}-R' \qquad R-\overset{O}{\overset{\|}{C}}-CH_2-\overset{O}{\overset{\|}{C}}-OR' \qquad RO-\overset{O}{\overset{\|}{C}}-CH_2-\overset{O}{\overset{\|}{C}}-OR$$

β-二酮 β-酮酸酯 丙二酸酯

β-二羰基化合物是重要的有机合成中间体，典型的代表物为乙酰乙酸乙酯和丙二酸二乙酯，它们具有一些特殊的性质，在有机合成上占有重要地位。

10.5.1 乙酰乙酸乙酯的合成及应用

乙酸乙酯通过克莱森酯缩合反应可合成乙酰乙酸乙酯。

$$2CH_3COOC_2H_5 \xrightarrow[\text{②}H^+]{\text{①}C_2H_5ONa} CH_3-\overset{O}{\overset{\|}{C}}-CH_2COOC_2H_5$$

1. 亚甲基上的取代反应

乙酰乙酸乙酯具有活泼亚甲基，在强碱作用下产生碳负离子，可与活泼卤代烃或酰卤发生反应，生成亚甲基碳原子上烃基化或酰基化的产物。

$$CH_3-\overset{O}{\overset{\|}{C}}-CH_2-\overset{O}{\overset{\|}{C}}-OC_2H_5 \xrightarrow{NaOC_2H_5} \overset{+}{Na}[\,CH_3-\overset{O}{\overset{\|}{C}}-\overset{-}{C}H-\overset{O}{\overset{\|}{C}}-OC_2H_5\,]$$

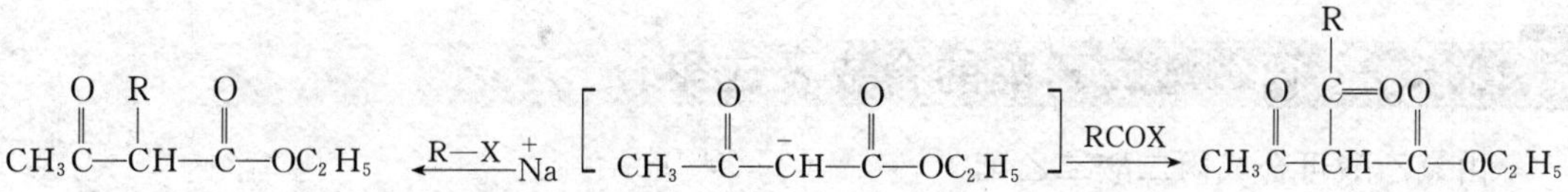

$$CH_3\underset{O}{\overset{}{C}}-\underset{R}{\overset{}{CH}}-\underset{O}{\overset{}{C}}-OC_2H_5 \xleftarrow[R-X]{+Na} \left[CH_3\overset{O}{C}-\overset{-}{C}-\overset{O}{C}-OC_2H_5\right] \xrightarrow{RCOX} CH_3\overset{O}{C}-\underset{C=O}{\overset{R}{C}}-\overset{O}{C}-OC_2H_5$$

一烃基取代的 β-酮酸酯继续与醇钠、卤代烃作用,生成二烃基取代物。烃基化反应时宜使用伯卤代烷,因为叔卤代烷在强碱条件下易发生消除反应,仲卤代烷也伴有一定的消除反应导致收率较低,乙烯型卤代烃的卤原子不活泼,不能使用。在连接不同的烃基时,第二次所使用的卤代烃应比第一次的活性高,体积小,这样有利于反应。

2. 分解反应

β-酮酸酯在碱作用下可发生酮式分解和酸式分解反应。

β-酮酸酯在稀碱(5% NaOH)溶液中水解,酸化后生成 β-羰基酸,受热分解脱羧得到取代丙酮,称为酮式分解。

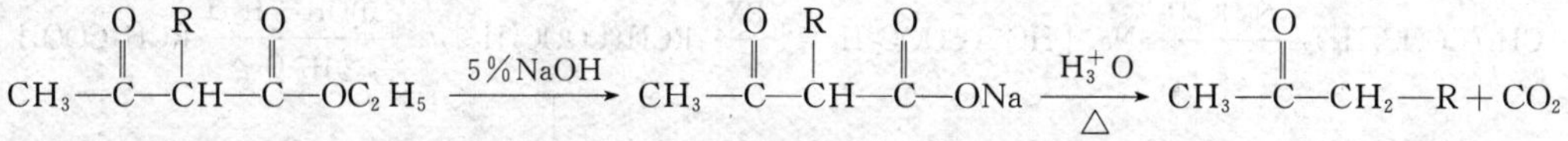

$$CH_3\overset{O}{C}-\underset{R}{CH}-\overset{O}{C}-OC_2H_5 \xrightarrow{5\%NaOH} CH_3\overset{O}{C}-\underset{R}{CH}-\overset{O}{C}-ONa \xrightarrow[\triangle]{H_3^+O} CH_3\overset{O}{C}-CH_2-R+CO_2$$

β-酮酸酯在浓碱(40% NaOH)中加热,酮羰基上碳原子受亲核试剂 OH⁻ 进攻,发生亲核加成反应,引起 C—C 键断裂,最后生成取代乙酸,称为酸式分解。

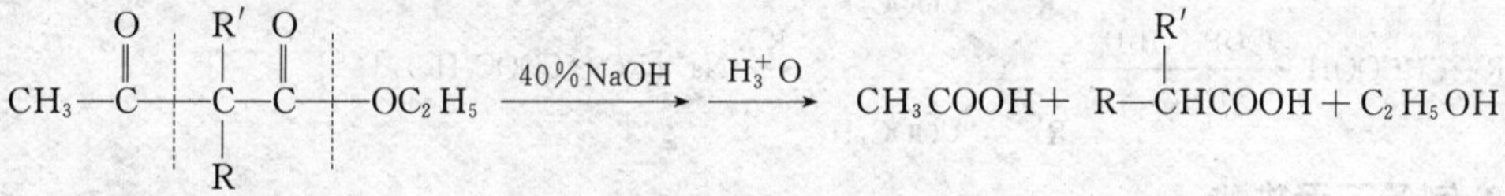

$$CH_3\overset{O}{C}-\underset{R}{\overset{R'}{C}}-\overset{O}{C}-OC_2H_5 \xrightarrow{40\%NaOH} \xrightarrow{H_3^+O} CH_3COOH+ R-\underset{R'}{CH}COOH+C_2H_5OH$$

3. 在合成上的应用

由于乙酰乙酸乙酯具有上述特性,在有机合成中首先与乙醇钠或氢化钠反应产生碳负离子,再与活泼卤代烷或酰卤作用,生成烃基化或酰基化的乙酰乙酸乙酯,然后经过酮式分解或酸式分解,可以制备不同的取代丙酮或乙酸,称为乙酰乙酸乙酯合成法。

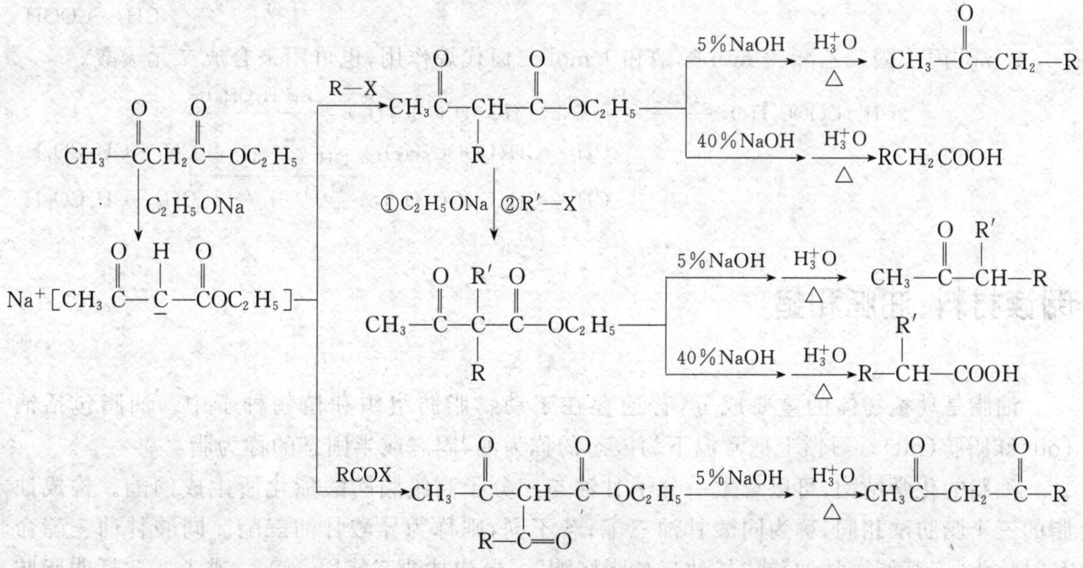

10.5.2　丙二酸二乙酯的合成及应用

由氯乙酸可合成丙二酸二乙酯

$$ClCH_2COOH \xrightarrow{NaOH} ClCH_2COONa \xrightarrow{NaCN} CNCH_2COONa \xrightarrow[H^+]{C_2H_5OH} CH(COOC_2H_5)_2$$

丙二酸二乙酯分子中亚甲基上的氢原子具有酸性（$pK_a=13$），在乙醇钠等强碱性试剂存在下也可产生碳负离子中间体，可与卤代烃等发生亲核取代反应，生成烃基化的丙二酸二乙酯，经水解和脱羧反应后得到取代乙酸，称为丙二酸二乙酯合成法。

1. 制备取代乙酸

丙二酸二乙酯亚甲基上的两个活泼氢原子可被逐步取代，生成一取代乙酸和二取代乙酸。

$$CH_2(COOC_2H_5)_2 \xrightarrow{NaOC_2H_5} Na^+[HC^-(COOC_2H_5)_2] \xrightarrow{RX} RCH(COOC_2H_5)_2 \xrightarrow[②H_3O^+,\triangle]{①OH^-/H_2O} RCH_2COOH$$

$$\downarrow C_2H_5ONa$$

$$R-\underset{R'}{\underset{|}{C}}HCOOH \xleftarrow[②H_3O^+,\triangle]{①OH^-,H_2O} \underset{R'}{\overset{R}{C}}\underset{COOC_2H_5}{\overset{COOC_2H_5}{C}} \xleftarrow{R'X} Na^+[RC^-(COOC_2H_5)_2]$$

2. 制备二元羧酸

可以用 α-卤代酸酯代替卤代烃制备二元羧酸。

$$CH_2(COOC_2H_5)_2 \xrightarrow{NaOC_2H_5} Na^+[HC^-(COOC_2H_5)_2] \xrightarrow{ClCH_2COOC_2H_5} \underset{CH_2COOC_2H_5}{\overset{CH(COOC_2H_5)_2}{|}}$$

$$\xrightarrow[H_2O]{OH^-} \xrightarrow[\triangle]{H_3^+O} \underset{CH_2-COOH}{\overset{CH_2-COOH}{|}}$$

2 mol 丙二酸二乙酯、2 mol 醇钠和 1 mol 二卤代烷作用，也可用来合成二元羧酸。

$$2CH_2(COOC_2H_5)_2 \xrightarrow{2NaOC_2H_5} 2Na^+[HC^-(COOC_2H_5)_2] \xrightarrow{BrCH_2CH_2Br}$$

$$\underset{CH_2-CH(COOC_2H_5)_2}{\overset{CH_2-CH(COOC_2H_5)_2}{|}} \xrightarrow[H_2O]{OH^-} \xrightarrow[\triangle]{H_3^+O} \underset{CH_2-CH_2CO_2H}{\overset{CH_2-CH_2CO_2H}{|}}$$

阅读材料：油脂和蜡

　　油脂是动植物体的重要成分，普遍存在于动物脂肪组织和植物种子中。油脂包括油（oil）和脂肪（fat）。习惯上把常温下为液态的称为油，固态或半固态的称为脂。

　　油脂的化学结构，可以看做一分子甘油与三分子高级脂肪酸酯化所生成的酯。构成油脂的三个脂肪酸相同，称为同酸甘油三酯；若不同，则称为异酸甘油三酯。同酸甘油三酯命名时称为"三某脂酰甘油"或"甘油三某脂酸酯"。异酸甘油三酯用 α、β、α′ 或 1、2、3 标明脂肪酸占据的位置。例如

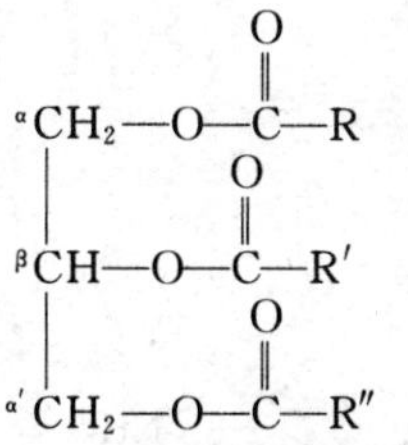

油脂的通式
（R、R′、R″可相同，也可不同）

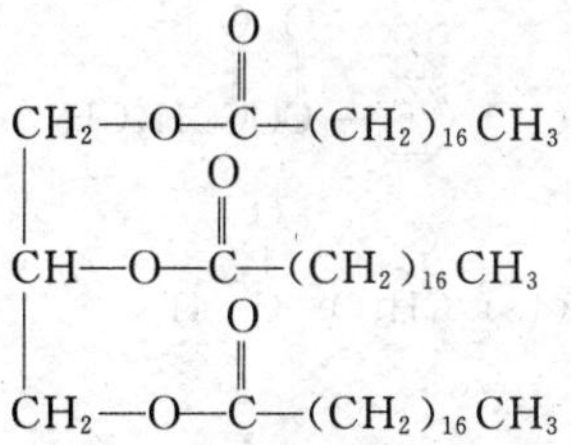

三硬脂酰甘油
（甘油三硬脂酸酯）

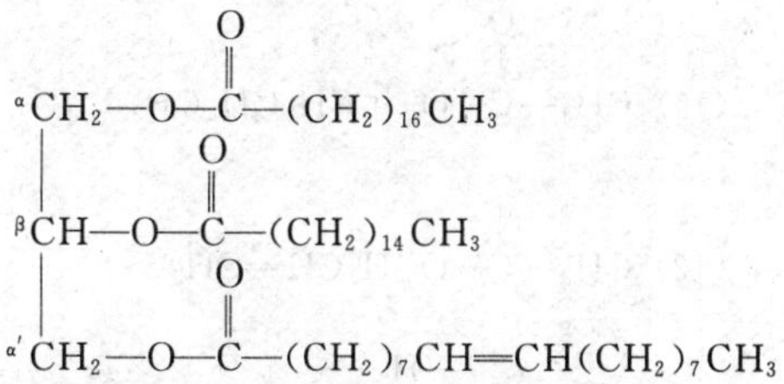

α-硬脂酰-β-棕榈酰-α′-油酰甘油
（甘油-α-硬脂酸-β-棕榈酸-α′-油酸酯）

天然油脂中脂肪酸的组成和含量不同，对油脂理化性质的影响也不同。含有不饱和酸较多的油脂，由于不饱和脂肪酸的碳碳双键一般为顺式构型，使脂肪酸碳链弯曲，分子间排列不紧密，熔点降低。油的主要成分就是高级不饱和脂肪酸的甘油酯。若油脂中的不饱和酸少，在室温下则为固体或半固体，脂肪的主要成分是高级饱和脂肪酸的甘油酯。

含有不饱和脂肪酸甘油酯的液态油，碳碳双键经催化加氢，转化为饱和脂肪酸甘油酯含量较多的半固态或固态脂肪的过程，称为油脂的氢化。氢化后的半固态或固态油脂称为“氢化油”或“硬化油”。

硬化油在工业上有广泛用途。熔点 56℃左右的工业硬化油用于制造肥皂，以取代资源有限的动物脂肪。完全硬化的油脂用于制造饱和脂肪酸，部分氢化的硬化油可配制酥油、人造奶油和黄油等。

油脂经长期储存，发生变质，产生难闻的气味，通常称为油脂的酸败。油脂酸败的主要原因是，在空气中的氧、水分以及微生物的作用下，油脂中不饱和酸的碳碳双键被氧化分解成过氧化物和低级的醛、酮、羧酸等具有特殊气味的化合物。光、热、潮气和微生物可加速油脂的酸败过程。

蜡（wax）的主要成分是由 C_{16} 以上的高级脂肪酸和高级脂肪一元醇形成的酯。天然的蜡中还含有一定量的游离高级脂肪酸、醇和烃类。蜡在常温呈固态，能溶于乙醚、苯和氯仿等有机溶剂，不被脂肪酶水解，也不易发生皂化。蜡水解得到相应的高级醇和羧酸。

蜡根据来源可分为植物蜡和动物蜡两大类。在植物茎叶和果实表面的蜡膜，具有防止外界水分内浸和内部水分蒸发的作用。在昆虫的外壳和动物的皮毛以及鸟类的羽毛中，都存在具有保护作用的动物蜡。

植物蜡和虫蜡是重要的工业原料，用于生产高级脂肪酸、脂肪醇以及造纸助剂、防水剂、光泽剂和水果保鲜剂等。

习　题

10-1　按系统命名法命名下列化合物：

（1）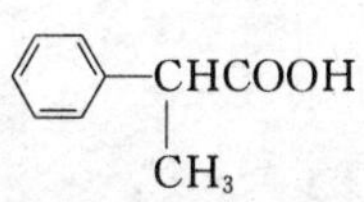　（2）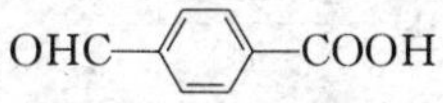　（3）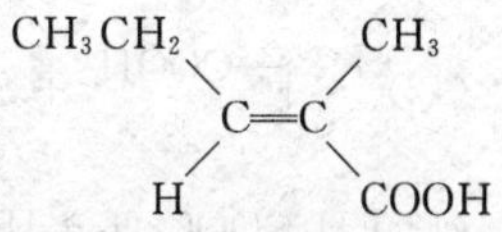

（4）HOOCCOOH　（5）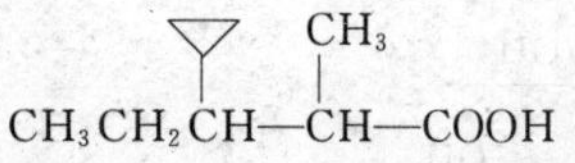　（6）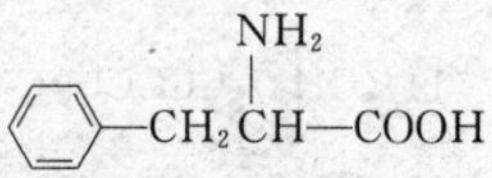

（7）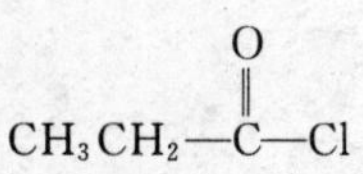　（8）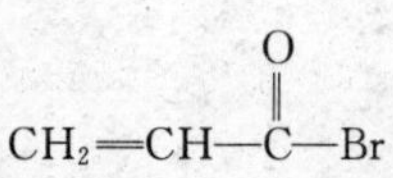　（9）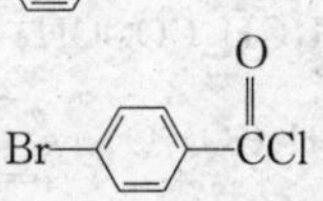

(10) $CH_3-\overset{O}{\underset{}{C}}-O-\overset{O}{\underset{}{C}}CH_2CH_2CH_3$

(11) $C_6H_5-\overset{O}{\underset{}{C}}-O-\overset{O}{\underset{}{C}}CH_2CH_3$

(12) $CH_3-\overset{O}{\underset{}{C}}-OCH_2CH=CH_2$

(13) $CH_3O-\overset{O}{\underset{}{C}}-H$

(14)

(15) $H-\overset{O}{\underset{}{C}}-NH_2$

(16)

10-2 写出下列化合物的结构：

(1)环戊基甲酸   (2)甲基丁二酸   (3)3-苯基-4-戊烯酸

(4)间甲氧基苯甲酸   (5)苯甲酰氯   (6)丁酰溴

(7)苯甲酸苄酯   (8)丙酸叔丁酯   (9)邻苯二甲酸酐

(10)顺丁烯二酸酐   (11)对硝基苯甲酰胺   (12)N-乙基乙酰胺

10-3 完成下列反应，写出主要产物：

(1) $\text{环己基}-COOH \xrightarrow{PBr_3}$ (2) $(CH_3)_2CHCOOH+Br_2 \xrightarrow{P}$

(3) $\xrightarrow[-H_2O]{\triangle}$ (4) $\xrightarrow{\triangle}$

(5) $CH_3CH_2COOH+SOCl_2 \longrightarrow \xrightarrow{LiAlH_4}$

(6) $CH_3O-\text{苯}-COCl+H_2 \xrightarrow{Pd/BaSO_4} \xrightarrow{\text{浓 }OH^-}$

(7) $\text{环己基}-OH \xrightarrow[\triangle]{\text{浓 }H_2SO_4} \xrightarrow[H^+]{K_2Cr_2O_7} \xrightarrow{\triangle}$

(8) $\xrightarrow[-CO_2,-H_2O]{\triangle}$

(9) $\xrightarrow{SOCl_2} \xrightarrow{AlCl_3} \xrightarrow[HCl]{Zn-Hg}$

(10) $CH_3COOH \xrightarrow{Cl_2}{P} \xrightarrow[H_2O]{Na_2CO_3} \xrightarrow{NaCN} \xrightarrow{H_3^+O}$

(11) $CH_2=CHCH_2CH_2COOH \xrightarrow[②H_3^+O]{①LiAlH_4,\text{干醚}}$

(12) $\text{苯}-COOH + (CH_3)_2CH-OH \xrightarrow[\triangle]{\text{浓 }H_2SO_4}$

(13) $CH_3COOC_2H_5+H_2O \xrightarrow{OH^-}$

(14) $(CH_3)_3CCOCl+C_2H_5OH \xrightarrow{OH^-}$

(15) $CH_3CH_2COOCH_3+C_4H_9OH \xrightarrow{OH^-}$

(16) $(CH_3CO)_2O + \text{苯}-NH_2 \xrightarrow{\triangle}$

(17) $CH_3COCl +$ HN⬠ $\longrightarrow$

(18) $CH_3CON(CH_2CH_3)_2 + LiAlH_4$ $\xrightarrow[\text{②}H_3^+O]{\text{①}Et_2O}$

(19) $CH_3CH_2COOCH_2CH_3$ $\xrightarrow[\text{②}H_3^+O]{\text{①}CH_3MgI(2\ mol)}$

(20) $HCOOC_2H_5 + 2CH_3CH_2CH_2CH_2MgBr$ $\xrightarrow[\text{②}H_3^+O]{\text{①}Et_2O}$

(21) $CH_3CH_2-\overset{\overset{O}{\|}}{C}-Cl$ $\xrightarrow{NH_3}$

(22) ⬡$-COOH$ $\xrightarrow{PCl_5}$ $\xrightarrow{NH_3}$ $\xrightarrow{Br_2,NaOH}$

(23) $CH_3CH_2CH_2COOC_2H_5$ $\xrightarrow[\text{②}H_3^+O]{\text{①}NaOC_2H_5}$

(24) ⬡$-COOC_2H_5 + CH_3COOC_2H_5$ $\xrightarrow[\text{②}H_3^+O]{\text{①}NaOC_2H_5}$

(25) ⬡=O $+ HCOOC_2H_5$ $\xrightarrow[\text{②}H_3^+O]{\text{①}NaOC_2H_5}$

(26) ⬡$\begin{array}{l}-CH_2COOC_2H_5\\-CH_2COOC_2H_5\end{array}$ $\xrightarrow[\text{②}H_3^+O]{\text{①}NaOC_2H_5}$

(27) $CH_3-\overset{\overset{O}{\|}}{C}-CH_2-\overset{\overset{O}{\|}}{C}-OC_2H_5$ $\xrightarrow[\text{②}CH_3CH_2Br]{\text{①}NaOC_2H_5}$ $\xrightarrow[\text{②}H_3^+O]{\text{①稀 }NaOH,\triangle}$

(28) $CH_2(COOC_2H_5)_2$ $\xrightarrow[\text{②}BrCH_2CH_2CH_3]{\text{①}NaOC_2H_5}$ $\xrightarrow[\text{②}H_3^+O,\triangle]{\text{①}OH^-,H_2O}$

10-4 预测下列各组化合物的指定性质。

(1)下列取代羧酸酸性强弱的相对顺序：

A. $CH_3\overset{\overset{Cl}{|}}{C}HCOOH$　　B. $\overset{\overset{Cl}{|}}{C}H_2CH_2COOH$　　C. $CH_3-\overset{\overset{Cl}{|}}{\underset{\underset{Cl}{|}}{C}}-COOH$　　D. CH_3COOH

(2)下列脂肪族羧酸酸性强弱的相对顺序：

A. CH_3CH_2COOH　　B. $(CH_3)_2CHCOOH$　　C. $HCOOH$

(3)下列芳香族羧酸酸性强弱的相对顺序：

A. ⬡$-COOH$（对位 Cl）　　B. ⬡$-COOH$（对位 NO_2）　　C. ⬡$-COOH$（对位 CH_3）

(4)下列化合物碱性强弱的相对顺序：

A. CH_3CH_2ONa　　B. CH_3COONa　　C. O_2NCH_2COONa

(5)下列羧酸与甲醇酸催化酯化反应的相对活性顺序：

A. $HCOOH$　　B. $(CH_3)_3CCOOH$　　C. CH_3CH_2COOH

(6)下列醇与苯甲酸酯化反应的相对活性顺序：

A. CH_3OH　　B. $(CH_3)_3COH$　　C. $CH_3CH_2CH_2OH$

(7)下列羧酸衍生物发生水解反应的相对活性顺序：

A. CH_3CH_2COBr B. $CH_3CH_2COOCH_2CH_3$ C. $(CH_3CH_2CO)_2O$ D. $CH_3CH_2CONH_2$

10-5 合成化合物（无机试剂任取）：

(1) ⬡ ⟶ ⬡—CH_2COOH

(2) CH_3CH_2OH ⟶ （环状酸酐）

(3) 环己酮 ⟶ 环戊酮

(4) $CH_3CH_2CH_2OH$ ⟶ $CH_3CH_2CHCOOH$ （带 OH）

(5) $CH_3CH_2CH_2COOH$ ⟶ $CH_3CH_2CH_2NH_2$

(6) $CH_3CH_2CH_2CH_2OH$ ⟶ $CH_3CH_2\overset{O}{\underset{}{C}}$—O—$\overset{O}{\underset{}{C}}$—$CH_2CH_2CH_3$

(7) ⬡—CH_3 ⟶ （带 NO_2 的苯环）—$CONH_2$

10-6 下列可以发生自身酯缩合反应的有（   ）。

A. 甲酸乙酯   B. 丙酸乙酯   C. 乙酸甲酯   D. 苯甲酸乙酯

E. 丁酸乙酯   F. 2,2-二甲基丙酸乙酯   G. 4-苯基丁酸乙酯

10-7 下列化合物能否经过丙二酸二乙酯或乙酰乙酸乙酯合成？如果能，写出原料的结构。

(1) CH_3CH_2—$\overset{O}{\underset{}{C}}$—$CH_2CH_3$ (2) CH_3—$\overset{O}{\underset{}{C}}$—$CH_2CH_3$ (3) $CH_3CH_2CH_2COOH$

(4) $CH_3CH_2CHCOOH$ （带 CH_2CH_3）   (5) CH_2COOH （带 CH_2COOH）   (6) CH_3—CH$\overset{O}{\underset{}{C}}$—$\overset{O}{\underset{}{C}}$—$CH_3$

(7) ⬡—CH_2CH_2COOH (8) ⬡—$\overset{O}{\underset{}{C}}CH_3$ (9) ⬡—CH_2CH_2—$\overset{O}{\underset{}{C}}CH_3$

(10) ⬡—$COOH$

10-8 以甲醇、乙醇及无机试剂为原料，经乙酰乙酸乙酯合成下列化合物：

(1)3-乙基-2-戊酮   (2)2-甲基丙酸   (3)2,4-戊二酮   (4)戊酸

10-9 以甲醇、乙醇及无机试剂为原料，经丙二酸二乙酯合成下列化合物：

(1)丁酸   (2)2-甲基丁酸   (3)己酸   (4)己二酸

10-10 化合物 A、B、C 的分子式均为 $C_3H_6O_2$。A 可与 Na_2CO_3 作用放出 CO_2，B 和 C 则不能。但 B 和 C 可与 NaOH 共热发生水解反应，B 的水解产物之一能发生碘仿反应，C 则不能。试写出 A～C 的构造式。

10-11 化合物 A、B 的分子式都是 $C_4H_6O_2$，它们都不溶于 NaOH 溶液，也不与 Na_2CO_3 作用，但可使溴水褪色，有类似乙酸乙酯的香味。它们与 NaOH 共热后，A 生成 CH_3COONa 和 CH_3CHO，B 生成一个甲醇和一个羧酸钠盐，该钠盐用 H_2SO_4 中和后蒸馏出的有机物可使溴水褪色。试写出 A、B 的构造式。

10-12 化合物 A 的分子式为 $C_5H_6O_3$，它能与 1 mol C_2H_5OH 作用得到两个互为异构体的化合物 B 和 C，将 B 和 C 分别与亚硫酰氯作用后再加入乙醇得到相同的化合物 D。试写出 A～D 的构造式。

10-13 化合物 A($C_{10}H_{12}O_3$)不溶于水、稀酸和碳酸氢钠溶液，可溶于稀氢氧化钠溶液，A 与稀氢氧化钠溶液加热后可得到 B(C_3H_8O)和 C($C_7H_6O_3$)，B 可发生碘仿反应，C 能与碳酸氢钠溶液作用放出二氧化碳，与三氯化铁溶液显颜色，C 的一元硝化产物只有一种，试推测 A、B、C 的构造式。

第11章

有机含氮化合物

有机含氮化合物是指分子中含有碳氮键的化合物。这类化合物种类很多,本章仅介绍芳香族硝基化合物、胺类、重氮和偶氮化合物、腈类等有机含氮化合物。

Ⅰ 芳香族硝基化合物

芳环上的氢原子被硝基取代后的衍生物,称为芳香族硝基化合物。芳香族硝基化合物的命名一般将硝基看成取代基,芳烃看成母体。例如

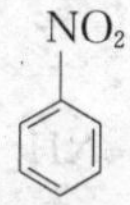

硝基苯 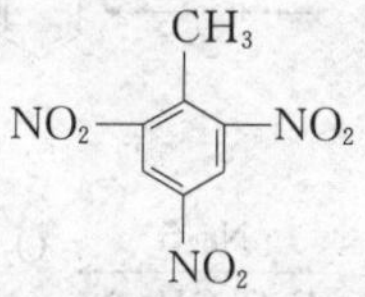　　　　2,4,6-三硝基甲苯 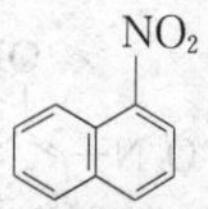　　　　α-硝基萘

11.1　芳香族硝基化合物的物理性质

芳香族硝基化合物是无色或淡黄色液体或固体,有苦杏仁味;芳香族多硝基化合物是黄色晶体,受热时易分解而发生爆炸,可用做炸药,如 2,4,6-三硝基甲苯;有的多硝基化合物有香味,可用做香料,如 2,6-二甲基-4-叔丁基-3,5-二硝基苯乙酮(麝香酮)。常见芳香族硝基化合物的物理常数见表 11-1。芳香族化合物一般都有毒性,如硝基苯的蒸气能透过皮肤被肌体吸收而引起中毒。因此,含硝基的香料如麝香酮已被限制使用。

表 11-1　　　　　　　　　常见芳香族硝基化合物的物理常数

名称	构造式	熔点/℃	沸点/℃
硝基苯	$C_6H_5NO_2$	5.7	210.8
间二硝基苯	$1,3\text{-}C_6H_4(NO_2)_2$	89.8	303(102 658 Pa)
1,3,5-三硝基苯	$1,3,5\text{-}C_6H_3(NO_2)_3$	122	315
邻硝基甲苯	$1,2\text{-}CH_3C_6H_4NO_2$	−4	222.3
对硝基甲苯	$1,4\text{-}CH_3C_6H_4NO_2$	54.5	238.3
2,4-二硝基甲苯	$1,2,4\text{-}CH_3C_6H_3(NO_2)_2$	71	300
2,4,6-三硝基甲苯	$1,2,4,6\text{-}CH_3C_6H_2(NO_2)_3$	82	分解

11.2 芳香族硝基化合物的化学性质

1.还原反应

硝基容易发生还原反应,反应条件对还原反应影响很大,用强还原剂还原的最终产物为伯胺。例如硝基苯在 Fe、Zn、Sn 等金属和盐酸的存在下可被还原为苯胺。

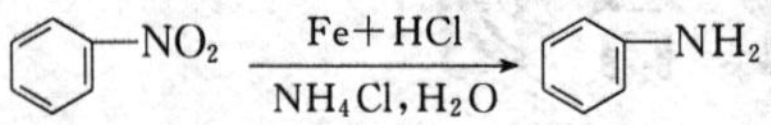

虽然上述还原方法工艺简单,但污染严重,所以工业生产上可采用催化加氢(如镍、钯、铂等为催化剂)还原硝基化合物。例如

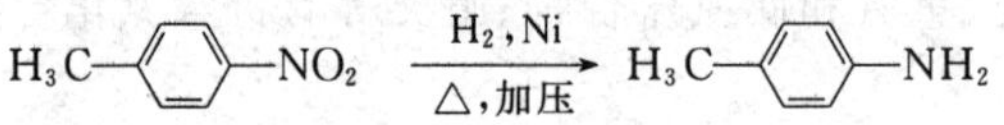

多硝基芳烃在 Na_2S_x、NH_4HS、$(NH_4)_2S$、$(NH_4)_2S_x$ 等硫化物为还原剂作用下,可以进行部分还原,即可还原一个硝基为氨基。例如

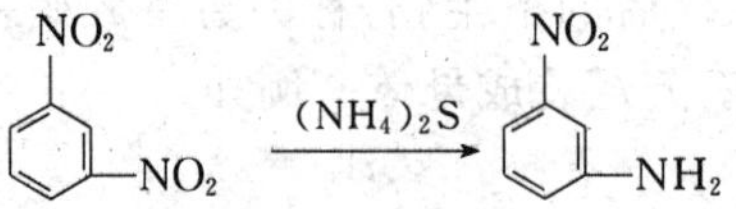

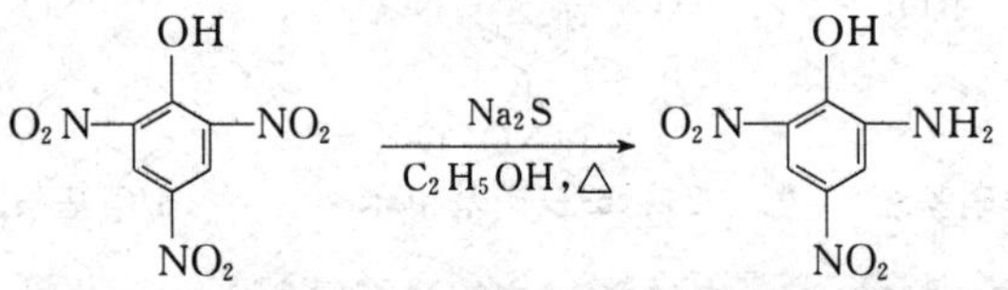

2.苯环上的取代反应

硝基是间位定位基,它使苯环钝化。例如

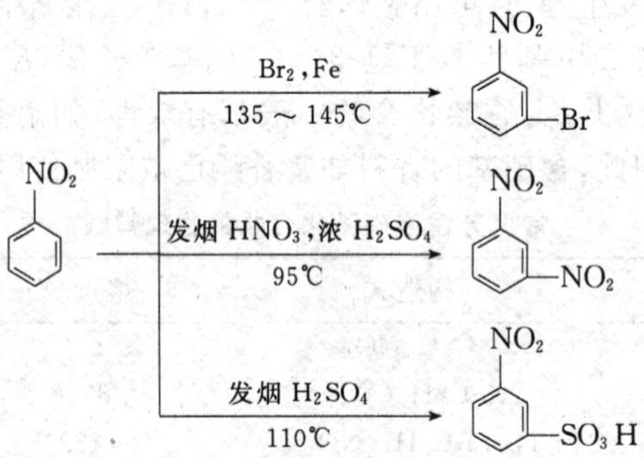

硝基化合物的卤化、硝化和磺化都比较困难。由于硝基使苯环电子云密度降低得较多,以致硝基苯不能发生烷基化和酰基化反应,因此硝基苯可做这类反应的溶剂。

Ⅱ 胺

11.3 胺的分类和命名

11.3.1 胺的分类

胺可以看做氨的烃基衍生物，即氨分子中的氢原子被烃基取代的化合物。根据氮上氢原子被烃基取代的个数，分别称为伯胺(1°胺)、仲胺(2°胺)、叔胺(3°胺)。即

NH_3	$R—NH_2$	R_2NH	R_3N
氨	伯胺	仲胺	叔胺

胺的这种分类方法与醇或卤代烷不同。伯、仲、叔醇或卤代烷是指羟基或卤原子与伯、仲、叔碳原子相连而言，而伯、仲、叔胺却是由氮原子所连的烃基数目而定的。例如

$(CH_3)_3C—Cl$	$(CH_3)_3C—OH$	$(CH_3)_3C—NH_2$
叔卤代烷	叔醇	伯胺

胺类还可根据氮原子所连接烃基的不同，分为脂肪胺和芳香胺。氮原子上只连接脂肪烃基的胺，称为脂肪胺；芳基与氮原子直接相连的胺，称为芳香胺。例如

脂肪胺 $(CH_3CH_2)_2NH$ 二乙胺 $H_2NCH_2CH_2NH_2$ 乙二胺

苯甲胺

β-苯乙胺

芳香胺

苯胺

N-甲基苯胺

二苯胺

α-萘胺

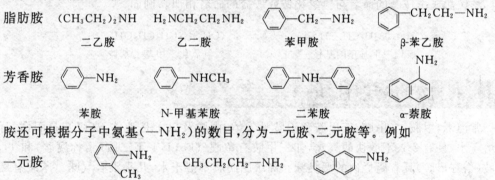

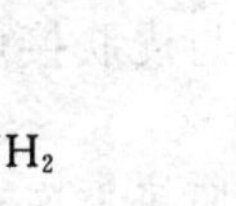

胺还可根据分子中氨基(—NH_2)的数目，分为一元胺、二元胺等。例如

一元胺

邻甲苯胺

$CH_3CH_2CH_2—NH_2$ 丙胺

β-萘胺

二元胺

对苯二胺

$H_2N—CH_2CH_2CH_2CH_2—NH_2$ 1,4-丁二胺

氮原子上连有四个烃基的卤化物，相当于铵盐类化合物，称为季铵盐。四烃基氮的氢氧化物，相当于氢氧化铵类化合物，称为季铵碱。例如

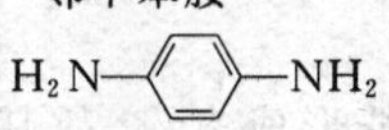

季铵盐 $(CH_3)_4\overset{+}{N}\overset{-}{Cl}$ 氯化四甲铵 $C_6H_5CH_2\overset{+}{N}(CH_3)_3Br^-$ 溴化三甲基苄基铵

季铵碱 $(C_2H_5)_4\overset{+}{N}OH^-$ 氢氧化四乙铵

11.3.2 胺的命名

简单的胺习惯上按所含的烃基命名，即烃基名加“胺”字，基字可省略，例如

$(CH_3)_2CHNH_2$ ◯—NH_2 H_3C—◯—NH_2

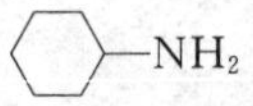

异丙胺   环己胺   对甲基苯胺

对于脂肪族仲胺和叔胺,相同的烃基应注明数目;不同的烃基,按次序规则优先烃基放在后面。例如

$CH_3CH_2CH_2$—NH—$CH_2CH_2CH_3$ $(CH_3)_2$—N—CH_2CH_3 $CH_3CH_2CH(CH_3)NHCH_3$

二丙胺   二甲基乙胺   甲基仲丁胺

当氮原子上同时连有芳基和脂肪烃基时,在芳胺名称前加"N"字,以表示脂肪烃基连在氮原子上。例如

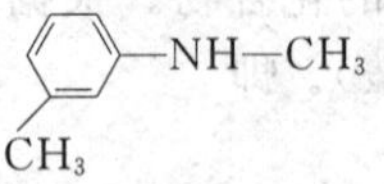

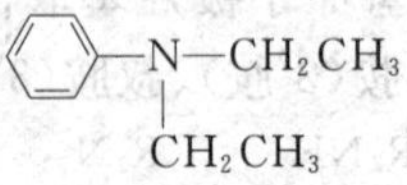

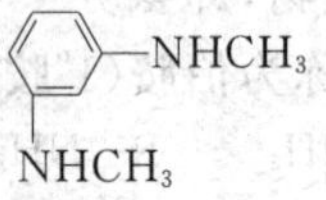

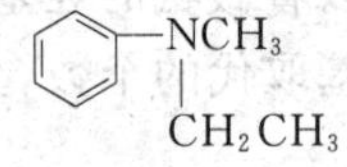

◯—NH—CH_3 ◯—N—CH_2CH_3 ◯—$NHCH_3$ ◯—N—CH_3
CH_3 CH_2CH_3 $NHCH_3$ CH_2CH_3

N-甲基间甲苯胺   N,N-二乙基苯胺   N,N'-二甲基间苯二胺   N-甲基-N-乙基苯胺

复杂的胺则用系统命名法,即以烃为母体,氨基作为取代基命名。例如

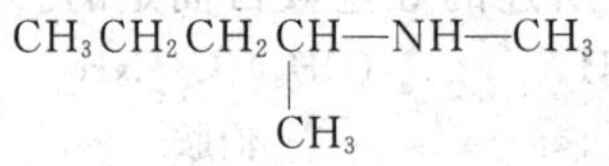

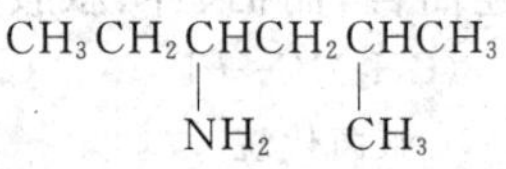

$CH_3CH_2CH_2CH$—NH—CH_3 $CH_3CH_2CHCH_2CHCH_3$
           CH_3 NH_2 CH_3

2-甲氨基戊烷   2-甲基-4-氨基己烷

季铵盐或季铵碱的命名与氢氧化铵或铵盐的命名相似。例如

$(CH_3)_3\overset{+}{N}CH_2CH_2CH_3\ Cl^-$ $(CH_3)_3\overset{+}{N}CH_2CH_3\ OH^-$

氯化三甲基正丙基铵   氢氧化三甲基乙基铵

11.4   胺的物理性质

常温下,甲胺、二甲胺、三甲胺和乙胺是气体,丙胺及以上是液体,高级胺是固体。低级胺溶于水,具有令人不愉快的气味,如三甲胺有鱼腥气味,1,4-丁二胺(俗称腐胺)和1,5-戊二胺(俗称尸胺)具有腐烂肉的恶臭味。高级脂肪胺不溶于水,几乎没有气味。苯胺有毒,吸入其蒸气或与皮肤接触均可引起严重中毒。另外,某些芳胺(如联苯胺、β-萘胺等)有致癌作用。

由于氮原子上连有氢原子,低级伯胺和仲胺分子间能形成氢键,故其沸点比相对分子质量相近的烷烃高;由于氮原子的电负性比氧原子小,故其分子间的氢键比醇分子间的氢键弱,沸点比相对分子质量相近的醇低。例如:

	相对分子质量	沸点/℃
$CH_3CH_2CH_2CH_2NH_2$	73	78
$CH_3(CH_2)_3CH_3$	72	36
$CH_3CH_2CH_2CH_2OH$	74	117.3

除叔胺外,伯、仲胺均可形成分子间氢键,但伯胺分子中有两个 N—H 键可形成氢键,因此相对分子质量相同的脂肪胺中,伯胺沸点最高,叔胺沸点最低。

常见胺的物理常数见表 11-2。

名称	熔点/℃	沸点/℃	溶解度 g/100g 水	名称	熔点/℃	沸点/℃	溶解度 g/100g 水
甲胺	−92	−7.5	易溶	丁胺	−50	78	易溶
二甲胺	−96	7.5	易溶	乙二胺	8	117	溶
三甲胺	−117	3	91	己二胺	42	204~205	溶
乙胺	−80	17	∞	苯胺	−6	184	3.7
二乙胺	−39	55	易溶	N-甲基苯胺	−57	196	微溶
三乙胺	−114.7	89	易溶	N,N-二甲基苯胺	3	194	1.4
丙胺	−83	49	∞				

表 11-2　　　　　　　　　常见胺的物理常数

11.5　胺的化学性质

胺的官能团为—NH_2，与氨相似，胺也呈棱锥形结构，氮原子位于四面体的中心，氮原子的 3 个 sp^3 轨道与氢原子或碳原子成键，还有一对未成键的孤对电子占据第四个 sp^3 杂化轨道。芳胺分子中的氮虽然也是棱锥形结构，但氮原子上未共用电子对能与苯环的 π 轨道构成共轭体系。氮原子上的电子云向苯环离域，共轭的结果降低了氮原子与质子的结合能力，同时提高了苯环进行亲电取代反应的活性。结构决定性质，胺的主要化学性质与氮上的孤对电子及 N—H 键的极性密切相关。

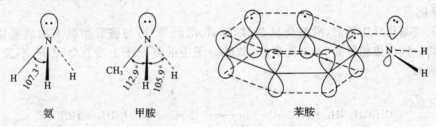

氨　　　　　　甲胺　　　　　　　　苯胺

11.5.1　碱　性

胺分子中氮原子上具有未共用电子对，因此胺有碱性。

$$R— \overset{..}{N} H_2 + HCl \longrightarrow R— \overset{+}{N} H_3 Cl^-$$

在脂肪胺分子中，由于烷基供电诱导效应的影响，氮原子上的电子云密度增加，有利于与质子结合，碱性比氨强。在芳胺分子中，氮原子上的未共用电子对与苯环 π 轨道形成共轭体系，使氮原子上的电子云密度降低，与质子结合的能力降低，碱性比氨弱。例如

碱性：

$$CH_3—NH_2 \quad > \quad NH_3 \quad > \quad \text{C}_6\text{H}_5—NH_2$$

对于脂肪胺，在非水溶液或气相中，碱性通常是叔胺＞仲胺＞伯胺（＞氨）。但在水溶液中，胺的碱性受溶剂化作用和诱导效应影响，两种作用的综合结果是：

碱性：

$$(CH_3)_2NH \quad > \quad CH_3NH_2 \quad > \quad (CH_3)_3N \quad > \quad NH_3$$

对于芳香胺有以下碱性大小次序：

$$\text{C}_6\text{H}_5-\text{NH}_2 > (\text{C}_6\text{H}_5)_2\text{NH} > (\text{C}_6\text{H}_5)_3\text{N}$$

在二苯胺中,氮上的未共用电子对同时受到二个苯基的影响,碱性比苯胺弱。三苯胺则因氮上未共用电子对受到三个苯基的影响,所以接受质子的能力更弱,碱性就更小。

当苯环上有取代基时,由于取代基的性质以及在苯环上的位置不同,对碱性的影响不同。当取代基位于氨基的对位时,供电基使碱性增强,吸电基使碱性减弱。例如

碱性:

$$\text{H}_3\text{C}-\text{C}_6\text{H}_4-\text{NH}_2 > \text{Cl}-\text{C}_6\text{H}_4-\text{NH}_2 > \text{O}_2\text{N}-\text{C}_6\text{H}_4-\text{NH}_2$$

11.5.2 烷基化、酰基化和磺酰化

1.烷基化

胺可以与卤代烷反应生成伯胺、仲胺、叔胺或季铵盐。

$$\text{R}-\text{NH}_2 + \text{R}'\text{X} \longrightarrow \begin{matrix}\text{R}'\\|\\\text{NH}_2\text{X}^-\\|\\\text{R}\end{matrix} \xrightarrow{\text{NaOH}} \begin{matrix}\text{R}'\\|\\\text{NH}\\|\\\text{R}\end{matrix} \xrightarrow{\text{R}'\text{X}} \begin{matrix}\text{R}'\\|\\\text{R}'-\text{NH X}^-\\|\\\text{R}\end{matrix} \xrightarrow{\text{NaOH}} \begin{matrix}\text{R}'\\|\\\text{R}'-\text{N}\\|\\\text{R}\end{matrix} \xrightarrow{\text{R}'\text{X}} [\text{R}-\text{NR}_3']^+\text{X}^-$$

上述反应中,胺作为亲核试剂与卤代烷发生了亲核取代反应,结果得到在氮上逐步烷基化的产物。

2.酰基化

与氮上烷基化反应类似,酰基化试剂(如酰卤、酸酐等)可与胺发生氮上的酰基化反应,伯胺和仲胺分别生成相应的 N-取代酰胺,叔胺分子中的氮原子上没有氢原子,不发生酰基化反应。例如

$$\text{CH}_3\text{CH}_2\text{NH}_2 + \text{H}_3\text{C}-\overset{\text{O}}{\underset{}{\text{C}}}-\text{Cl} \longrightarrow \text{H}_3\text{C}-\overset{\text{O}}{\underset{}{\text{C}}}-\text{NHCH}_2\text{CH}_3 + \text{HCl}$$

$$(\text{CH}_3\text{CH}_2)_2\text{NH} + (\text{CH}_3\text{CO})_2\text{O} \longrightarrow \text{H}_3\text{C}-\overset{\text{O}}{\underset{}{\text{C}}}-\text{N}(\text{CH}_2\text{CH}_3)_2 + \text{CH}_3\text{COOH}$$

由于叔胺无酰基化反应,可利用酰基化反应从伯、仲、叔胺的混合物中分离出叔胺。

胺的酰基化具有重要意义,因为氨基易被氧化,所以反应中常用酰基化来保护氨基。而且生成的酰胺在酸或碱性条件下又可水解成原来的胺。例如

$$\text{C}_6\text{H}_5-\text{NH}_2 \xrightarrow{(\text{CH}_3\text{CO})_2\text{O}} \text{C}_6\text{H}_5-\text{NHCOCH}_3 \xrightarrow[\text{OH}^-]{\text{H}_2\text{O}} \text{C}_6\text{H}_5-\text{NH}_2$$

3.磺酰化

与胺的酰基化反应相似,如用磺酰氯(如苯磺酰氯或对甲苯磺酰氯等)代替酰氯与伯胺和仲胺反应,结果在胺分子中引入了磺酰基,生成了相应的磺酰胺,称为胺的磺酰化反应,又称为兴斯堡(Hinsberg)反应。此反应常用来分离及鉴别伯、仲、叔胺。

磺酰胺不溶于水,但伯胺生成的磺酰胺分子中,由于磺酰基是较强的吸电子基,与氮原子相连的氢原子受其影响具有一定的酸性,能与氢氧化钠成盐而溶于水溶液中。而仲胺生成的磺酰胺分子中,氮原子上已没有氢原子,故不溶于氢氧化钠水溶液中,叔胺不反应。

$$C_2H_5NH_2$$
$$(C_2H_5)_2NH$$
$$(C_2H_5)_3N$$

与 $H_3C\!-\!\!\bigcirc\!\!-\!SO_2Cl$ 反应：

$$H_3C\!-\!\!\bigcirc\!\!-\!SO_2NHC_2H_5 \downarrow \xrightarrow[H_2O]{NaOH} H_3C\!-\!\!\bigcirc\!\!-\!SO_2\bar{N}C_2H_5\,Na^+(溶)$$
$$H_3C\!-\!\!\bigcirc\!\!-\!SO_2N(C_2H_5)_2 \downarrow \quad\quad H_3C\!-\!\!\bigcirc\!\!-\!SO_2N(C_2H_5)_2(不溶)$$
$$不反应$$

11.5.3　与亚硝酸反应

伯、仲、叔胺与亚硝酸($NaNO_2/HCl$)的反应结果各不相同,这与胺的结构有关。

脂肪族伯胺与亚硝酸反应,生成极不稳定的脂肪族重氮盐。该重氮盐即使在低温下也会自动分解,定量地放出氮气并生成碳正离子,后者可以发生进一步的反应,得到卤代烃、醇、烯等的混合物。例如

$$CH_3CH_2CH_2NH_2 \xrightarrow{NaNO_2,\,HCl} [\,CH_3CH_2CH_2\overset{+}{N}\!\equiv\!NCl^-\,] \longrightarrow CH_3CH_2\overset{+}{C}H_2 + Cl^- + N_2\uparrow$$

$$CH_3CH_2\overset{+}{C}H_2\!-\!\!\begin{cases} \xrightarrow{H_2O,\,-H^+} CH_3CH_2CH_2OH \\ \xrightarrow{-H^+} CH_3CH\!=\!CH_2 \\ \xrightarrow{Cl^-} CH_3CH_2CH_2Cl \end{cases}$$

由于产物复杂,在合成上没有实用价值。但由于反应定量地放出氮气,可用于脂肪族伯胺的定性鉴别与定量分析。

芳香族伯胺在常温下与亚硝酸在强酸性介质中作用生成不稳定芳香族重氮盐:

$$\bigcirc\!-\!NH_2 + NaNO_2 + 2HCl \longrightarrow \bigcirc\!-\!\overset{+}{N}_2Cl^- + 2H_2O + NaCl$$

干燥的重氮盐一般极不稳定,受热或振动容易发生爆炸,而在酸性溶液中和低温时则比较稳定,升高温度重氮盐会逐渐分解,放出氮气。

脂肪族和芳香族仲胺与亚硝酸反应,生成亚硝基胺。例如

$$(C_2H_5)_2NH + NaNO_2 + HCl \longrightarrow (C_2H_5)_2N\!-\!N\!=\!O$$
$$N\text{-}亚硝基二乙胺$$

$$\bigcirc\!-\!NHCH_3 + NaNO_2 + HCl \xrightarrow{0\sim10℃} \bigcirc\!-\!\underset{NO}{\overset{\displaystyle N\!-\!CH_3}{|}}$$
$$N\text{-}甲基\text{-}N\text{-}亚硝基苯胺$$

一般的 N-亚硝基胺类化合物为黄色中性油状液体,不溶于水,有强烈的致癌作用。

脂肪族叔胺一般不与亚硝酸反应;而芳香族叔胺与亚硝酸作用,则发生环上的亲电取代反应,生成对亚硝基化合物。例如

$$(CH_3)_2N\!-\!\bigcirc + NaNO_2 + HCl \xrightarrow{8℃} (CH_3)_2N\!-\!\bigcirc\!-\!NO$$
$$N,N\text{-}二甲基对亚硝基苯胺(绿色固体)$$

由于亚硝酸与各类胺的反应现象明显不同,可用于鉴别伯、仲、叔胺。

11.5.4　芳环上的亲电取代反应

氨基是第一类定位基,对苯环有很强的给电子共轭作用,使苯环活化,因此芳胺的环上

容易进行亲电取代反应。

1. 卤化

芳胺与卤素(通常是氯或溴)容易发生亲电取代反应。在苯胺的水溶液中加入溴水,则立即生成 2,4,6-三溴苯胺白色沉淀。此反应定量完成,可用于苯胺的定性鉴别和定量分析。

$$\text{C}_6\text{H}_5-\text{NH}_2 + 3\text{Br}_2 \longrightarrow \text{Br}-\text{C}_6\text{H}_2(\text{Br})_2-\text{NH}_2 \downarrow + 3\text{HBr}$$

为了获得一卤代物,需将氨基酰化,以降低其对苯环的活化能力。由于乙酰氨基体积较大,空间障碍大,故取代反应主要发生在对位。例如

$$\text{NH}_2 \xrightarrow{(\text{CH}_3\text{CO})_2\text{O}} \text{NHCOCH}_3 \xrightarrow[\text{AcOH}]{\text{Br}_2} \text{Br}-\text{NHCOCH}_3 \xrightarrow[\text{H}^+ \text{或 OH}^-]{\text{H}_2\text{O}} \text{Br}-\text{NH}_2$$

2. 硝化

因为硝酸是一种较强的氧化剂,而胺又易被氧化,所以苯胺用硝酸硝化时,常伴随着氧化反应发生,为了避免这一副反应,可先将芳胺溶于浓硫酸中,使之成为硫酸氢盐,然后再硝化。$-\overset{+}{\text{N}}\text{H}_3$ 的生成防止了芳胺的氧化,但 $-\overset{+}{\text{N}}\text{H}_3$ 是个钝化芳环的间位定位基,硝化产物主要是间硝基苯胺。例如

$$\text{NH}_2 \xrightarrow{\text{浓 H}_2\text{SO}_4} \overset{+}{\text{N}}\text{H}_3\text{HSO}_4^- \xrightarrow[\triangle]{\text{HNO}_3} \text{NO}_2-\overset{+}{\text{N}}\text{H}_3\text{HSO}_4^- \xrightarrow[\text{OH}^-]{\text{H}_2\text{O}} \text{NO}_2-\text{NH}_2$$

若使硝化产物主要是对位异构体,则需将苯胺进行氮原子上的酰基化——保护氨基再硝化。例如

$$\text{NH}_2 \xrightarrow[\triangle]{\text{CH}_3\text{COOH}} \text{NHCOCH}_3 \xrightarrow[\text{H}_2\text{SO}_4]{\text{HNO}_3} \text{O}_2\text{N}-\text{NHCOCH}_3 \xrightarrow[\text{H}^+ \text{或 OH}^-]{\text{H}_2\text{O}} \text{O}_2\text{N}-\text{NH}_2$$

制备邻硝基苯胺,需将酰化后的苯胺先磺化,再硝化,最后水解去磺酸基和酰基。例如

$$\text{NH}_2 \xrightarrow[\triangle]{\text{CH}_3\text{COOH}} \text{NHCOCH}_3 \xrightarrow{\text{H}_2\text{SO}_4} \text{HO}_3\text{S}-\text{NHCOCH}_3 \xrightarrow[\text{H}_2\text{SO}_4]{\text{HNO}_3}$$

$$\text{HO}_3\text{S}-(\text{NO}_2)\text{NHCOCH}_3 \xrightarrow[\text{H}^+, \triangle]{\text{H}_2\text{O}} (\text{NO}_2)\text{NH}_2$$

3. 磺化

苯胺与浓硫酸反应,首先生成苯胺硫酸氢盐,然后加热脱水再重排生成对氨基苯磺酸。

$$\text{NH}_2 \xrightarrow{\text{H}_2\text{SO}_4} \overset{+}{\text{N}}\text{H}_3\text{HSO}_4^- \xrightarrow[(-\text{H}_2\text{O})]{180℃} \text{H}_2\text{N}-\text{SO}_3\text{H} \rightleftharpoons \text{H}_3\overset{+}{\text{N}}-\text{SO}_3^-$$

(内盐)

在对氨基苯磺酸分子内,因同时含有碱性氨基和酸性磺酸基,故分子内能生成盐,称作内盐。对氨基苯磺酸是重要的染料中间体,也用于防治麦锈病(敌锈酸)。

11.5.5 胺的氧化

无论是脂肪胺还是芳香胺均容易被氧化。脂肪族伯胺、仲胺的氧化因产物复杂而无合成价值,叔胺用过氧化氢或过氧酸氧化后得到氧化叔胺。例如

$$\bigcirc\!\!-CH_2N(CH_3)_2 + H_2O_2 \longrightarrow \bigcirc\!\!-CH_2\overset{\overset{\overset{-}{O}}{\uparrow}}{\underset{+}{N}}(CH_3)_2$$

$$C_{12}H_{25}N(CH_3)_2 + H_2O_2 \longrightarrow C_{12}H_{25}\overset{\overset{\overset{-}{O}}{\uparrow}}{\underset{+}{N}}(CH_3)_2$$

二甲基十二烷基胺氧化物是性能良好的表面活性剂。

芳胺易被各种氧化剂氧化,甚至空气也能使之氧化。例如,纯的苯胺是无色油状液体,在空气中放置因被氧化颜色逐渐变深,氧化过程很复杂,产物也难以分离。若用二氧化锰在稀硫酸中氧化苯胺,则主要生成对苯醌:

$$\bigcirc\!\!-NH_2 \xrightarrow{MnO_2, 稀\ H_2SO_4} O=\!\!\bigcirc\!\!=O$$

11.6　季铵盐和季铵碱

季铵盐是白色晶体,具有盐的性质,易溶于水,不溶于非极性有机溶剂。季铵盐在加热时分解,生成叔胺和卤代烷。

$$[R_4N]^+X^- \xrightarrow{\triangle} R_3N + RX$$

季铵盐与强碱作用,可得到含有季铵碱的平衡混合物:

$$[R_4N]^+X^- + KOH \Longrightarrow R_4N^+OH^- + KX$$

这一反应如果在醇溶液中进行,由于碱金属的卤化物不溶于醇而使反应进行到底。用湿的氧化银代替氢氧化钾,由于生成的卤化银难溶于水而使反应顺利进行,得到季铵碱。例如

$$[(CH_3)_4N]^+X^- + Ag_2O \xrightarrow{H_2O} (CH_3)_4\overset{+}{N}OH^- + AgX\downarrow$$

季铵碱是有机强碱,碱性与氢氧化钠、氢氧化钾相当。它易吸收空气中的二氧化碳,易潮解,能溶于水;受热易分解,分解产物与氮原子上连接的烃基有关。若加热氢氧化四甲胺,生成甲醇和三甲胺:

$$(CH_3)_4\overset{+}{N}OH^- \xrightarrow{\triangle} (CH_3)_3N + CH_3OH$$

如果分子中有比甲基大的烷基,且有 β-氢原子时,则分解为叔胺和烯烃。例如

$$HO\!+\!H\!-\!CH_2\!-\!CH_2\!-\!\overset{+}{N}(CH_3)_3 \xrightarrow{\triangle} (CH_3)_3N + CH_2\!=\!CH_2 + H_2O$$

这是由于氢氧根离子进攻 β-氢原子,发生消除反应的缘故。如果季铵碱具有两种或多种不同类型的 β-氢原子可供消除时,氢原子通常是从含氢较多的 β-碳原子上除去,即生成双键碳原子上连有较少烷基的烯烃,这是季铵碱特有的消除规律,称为霍夫曼规则。

$$\begin{bmatrix} \overset{H}{|}\quad\overset{H}{|} \\ CH_3\!-\!CH\!-\!CH\!-\!CH_2 \\ \underset{N(CH_3)_3}{|} \end{bmatrix} OH^- \xrightarrow{\triangle} \underset{95\%}{CH_3CH_2CH\!=\!CH_2} + \underset{5\%}{CH_3CH\!=\!CHCH_3} + N(CH_3)_3 + H_2O$$

如果某个 β-碳原子上有吸电子基团,特别像苯基、乙烯基、羰基等有吸电子共轭效应的基团存在时,则其 β-氢的酸性增大,容易接受碱的进攻而发生消除,得到的烯烃因共轭体系的形成而稳定。例如

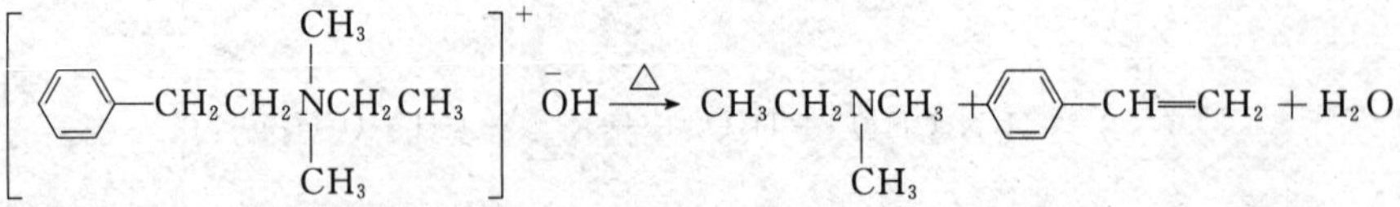

$$\left[\begin{array}{c} \underset{CH_3}{\overset{CH_3}{C_6H_5-CH_2CH_2\overset{+}{N}CH_2CH_3}} \end{array}\right]{}^{-}OH \xrightarrow{\triangle} \underset{CH_3}{CH_3CH_2NCH_3} + C_6H_5-CH=CH_2 + H_2O$$

　　季铵盐是一类阳离子表面活性剂,即起表面活性作用的是阳离子。阳离子表面活性剂除了具有去污能力外,还具有良好的润湿、起泡、乳化、防腐性能,以及显著的杀菌、防霉作用。如溴化二甲基苄基十二烷基铵 $\left[\begin{array}{c} (CH_3)_2\overset{+}{N}-CH_2-C_6H_5 \\ C_{12}H_{25} \end{array}\right] Br^-$,商品名"新洁尔灭",既是具有去污能力的表面活性剂,又是具有广谱杀菌能力的消毒剂。

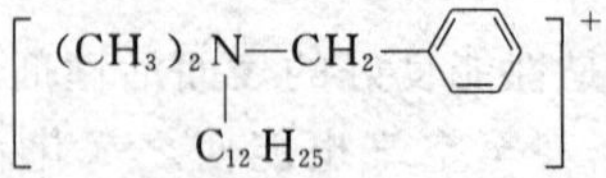

　　某些低碳链的季铵盐或季铵碱具有较强的生理作用。在动物的肝、胆组织中存在着胆碱,它以卵磷脂的形式在体内调节脂肪和糖类、蛋白质的代谢,并传递神经冲动所需的物质,因其首先在胆汁中发现,而被称为胆碱。矮壮素是一种植物生长调节剂,它能抑制农作物细胞伸长,但不抑制细胞分裂,从而使植株变矮,秆茎变粗,叶色变绿,具有提高农作物耐旱、耐盐碱和抗倒伏的能力。

$$[(CH_3)_3\overset{+}{N}CH_2CH_3]OH^-, \quad [(CH_3)_3\overset{+}{N}CH_2CH_2-COCH_3]OH^-, \quad [(CH_3)_3\overset{+}{N}CH_2CH_2Cl]OH^-$$
　　　胆碱　　　　　　　　　　　　乙酰胆碱　　　　　　　　　　　　矮壮素

Ⅲ 重氮、偶氮及腈类化合物

　　重氮和偶氮化合物分子中都含有—N ═N—基团,若其两端都分别与烃基相连,称为偶氮化合物。例如

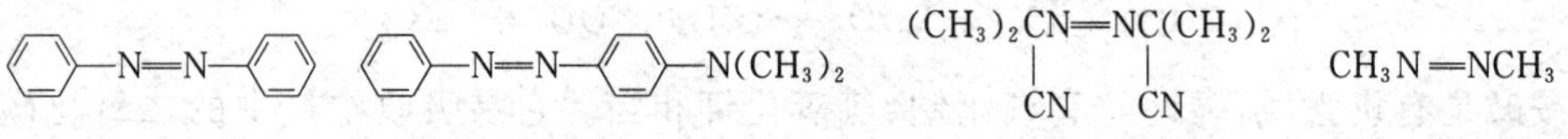

　偶氮苯　　　　　　对二甲氨基偶氮苯　　　　　　偶氮二异丁腈　　　　　偶氮甲烷

　　若—N ═N—基的一端与烃基相连,另一端与其他非碳原子相连,则称为重氮化合物。例如

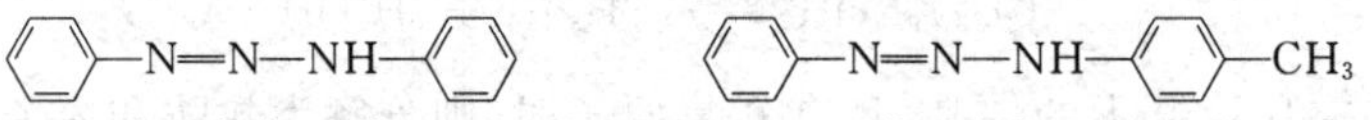

　　苯重氮氨基苯　　　　　　　　　　　苯重氮氨基对甲苯

　　还有一类较为重要的重氮化合物,叫重氮盐。例如

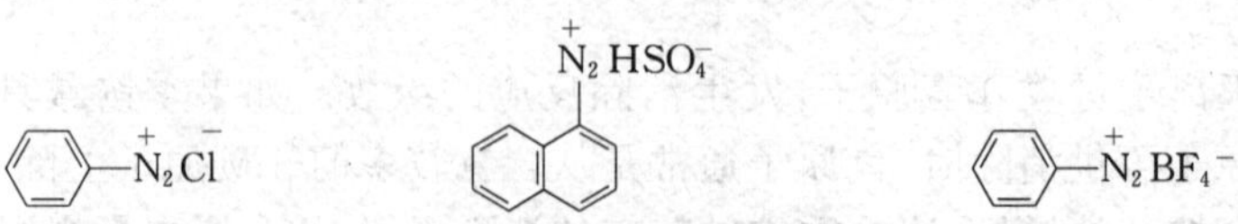

　　氯化重氮苯　　　　　α-萘基重氮硫酸盐　　　　　苯基重氮氟硼酸盐

　　自然界中极少存在天然的重氮和偶氮化合物,它们大多是人工合成的,其中芳香族重氮和偶氮化合物尤为重要。芳香族重氮化合物在有机合成和分析上有广泛用途,由芳香族重氮盐偶合而成的偶氮化合物是重要的精细化工产品,如染料、药物、色素等。

11.7　重氮盐的制备及在有机合成中的应用

　　重氮盐是通过重氮化反应来制备的。芳香族伯胺在低温(一般为 0~5℃)和强酸(通常

为盐酸和硫酸)溶液中与亚硝酸作用生成重氮盐,此反应称为重氮化反应。例如重氮盐酸盐的制备:

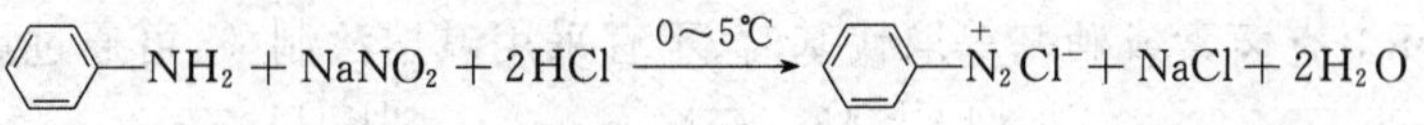

$$\text{C}_6\text{H}_5-\text{NH}_2 + \text{NaNO}_2 + 2\text{HCl} \xrightarrow{0\sim5℃} \text{C}_6\text{H}_5-\overset{+}{\text{N}}_2\text{Cl}^- + \text{NaCl} + 2\text{H}_2\text{O}$$

重氮盐的化学性质活泼,可以发生多种反应,在有机合成上有广泛应用。其反应可归纳为两大类:一类是放氮反应——重氮基被取代的反应;另一类是保留氮的反应——还原反应和偶合反应。

11.7.1　放氮反应

重氮盐在一定条件下分解,重氮基可被氢原子、羟基、卤原子和氰基等所取代,生成相应的芳烃衍生物,同时有氮气放出。

(1)被氢原子取代

重氮盐与次磷酸或乙醇等还原剂作用,重氮基被氢原子取代。例如

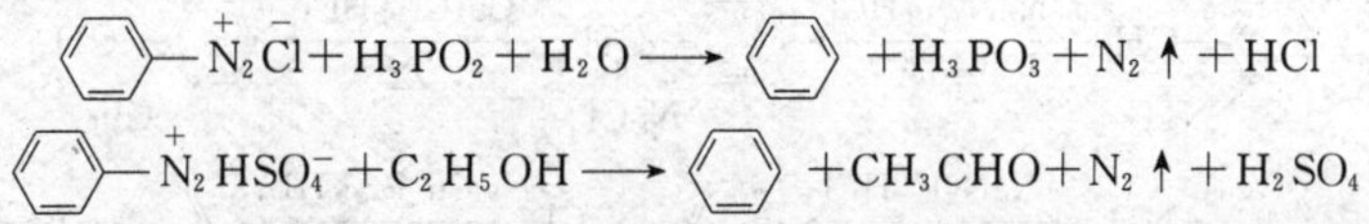

$$\text{C}_6\text{H}_5-\overset{+}{\text{N}}_2\text{Cl}^- + \text{H}_3\text{PO}_2 + \text{H}_2\text{O} \longrightarrow \text{C}_6\text{H}_6 + \text{H}_3\text{PO}_3 + \text{N}_2\uparrow + \text{HCl}$$

$$\text{C}_6\text{H}_5-\overset{+}{\text{N}}_2\text{HSO}_4^- + \text{C}_2\text{H}_5\text{OH} \longrightarrow \text{C}_6\text{H}_6 + \text{CH}_3\text{CHO} + \text{N}_2\uparrow + \text{H}_2\text{SO}_4$$

因为重氮基来自氨基,又称为去氨基反应。通过在苯环上引入氨基并借助它的定位效应,可将某些基团引入芳环上某个所需的位置,再通过重氮化反应将氨基去掉,因此可用来合成由其他方法不易或不能得到的一些芳烃衍生物。例如 1,3,5-三溴苯,无法由苯卤化得到,但由苯胺出发经溴化、重氮化和去氨基反应可得到。

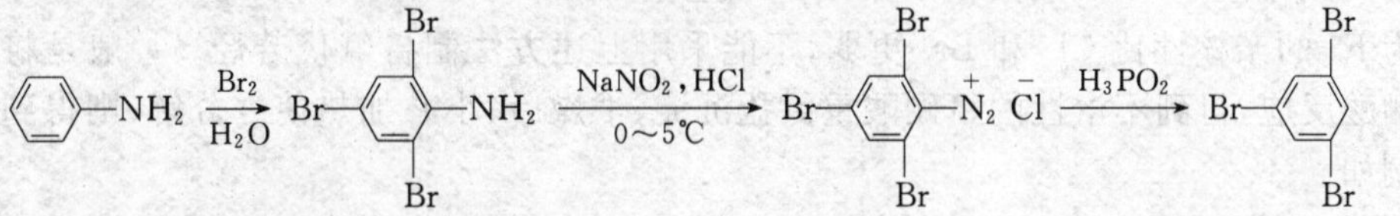

再如,2,4,6-三溴苯甲酸的合成:

间溴甲苯不能用甲苯直接溴化制得,而利用去氨基的方法(占定位作用),则可顺利地制得。

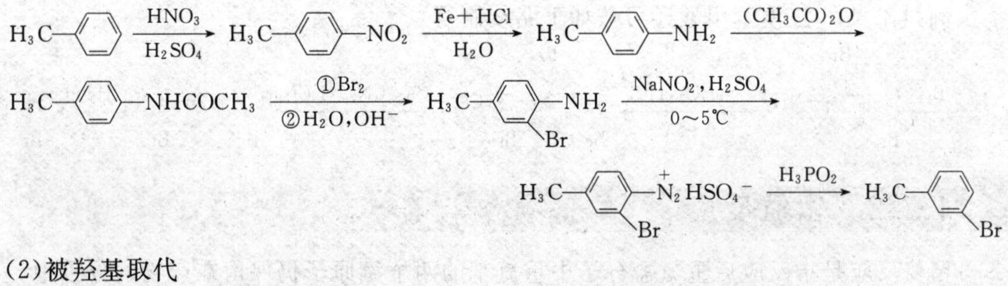

(2)被羟基取代

将重氮盐的强酸性溶液(一般是 40%～50% 的硫酸溶液)加热,则重氮盐分解生成酚并放出氮气。因为经重氮盐制酚的路线较长,产率也不高,不如通过磺化、碱熔制酚的方法简捷。但是当苯环上有卤素或硝基等取代基时,不宜采用碱熔法制酚,可通过重氮盐的途径。

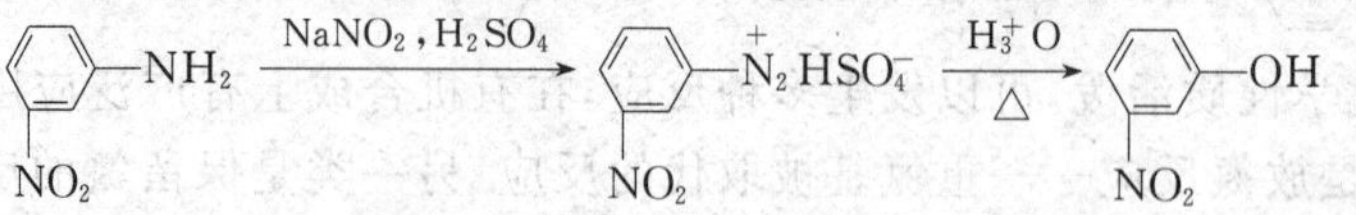

重氮盐水解制酚最好用重氮硫酸盐,在强酸性的硫酸溶液中水解。这是因为若采用重氮盐酸盐在盐酸溶液中进行,体系中的 Cl^- 作为较强的亲核试剂容易产生氯苯等副产物,而硫酸氢根的亲核性很弱。同时,水溶液要保持强酸性,否则水解反应已生成的酚易与尚未反应的重氮盐发生偶合反应。

(3)被卤原子取代

重氮盐在氯化亚铜或溴化亚铜催化剂和相应的氢卤酸作用下,重氮基可被氯或溴原子取代并放出氮气。此反应称为桑德迈尔(Sandmeyer)反应。例如

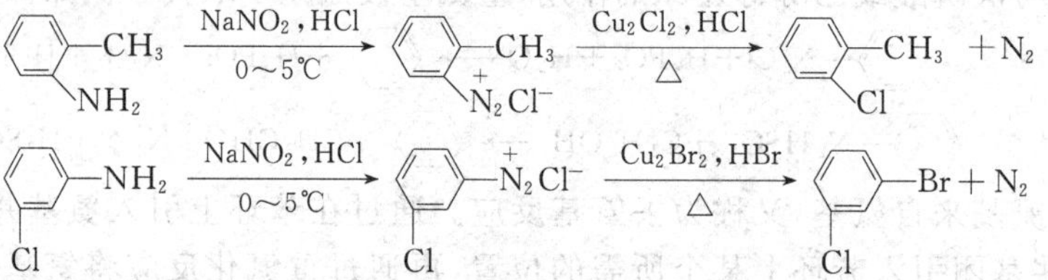

重氮盐与碘化钾水溶液共热,不需要催化剂就能生成产率较高的碘化物。例如

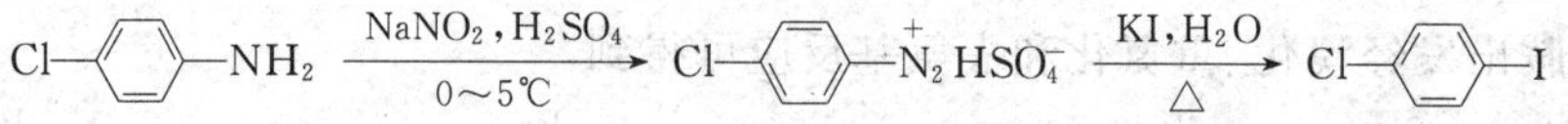

因为 F^- 的亲核性比 Cl^- 和 Br^- 更弱,不能采用上述方法制备氟代芳烃。一般是将重氮盐与氟硼酸反应,得到不溶性的氟硼酸重氮盐沉淀,干燥后,小心加热使之分解,则得到氟取代物。例如

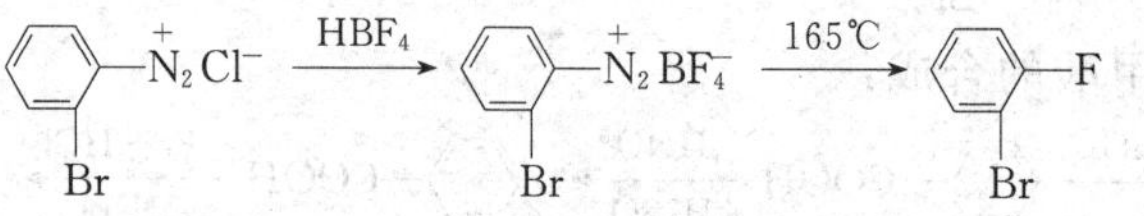

上述反应在有机合成上常用来制备某些不易或不能直接由卤代法制得的芳卤化合物。

(4)被氰基取代

重氮盐与氰化亚铜的氰化钾水溶液作用时,重氮基被氰基取代。例如

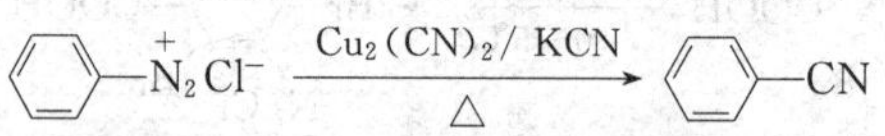

此反应是在亚铜盐存在下进行的,也称为桑德迈尔反应。由于氯苯不能直接氰解,由重氮盐引入氰基是非常重要的。又因为氰基容易水解为羧基,所以可利用此反应合成芳香酸。例如,2,4,6-三溴苯甲酸还可按如下路线制得:

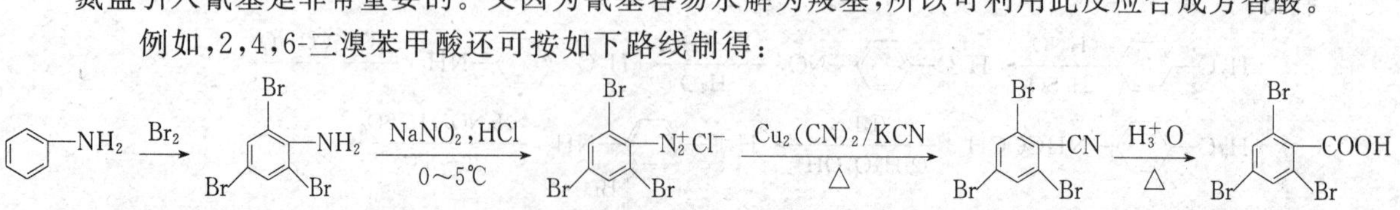

11.7.2 留氮反应

留氮反应是指反应后重氮盐分子中重氮基的两个氮原子仍保留在产物的分子中。

（1）还原反应

芳香重氮盐与二氯化锡和盐酸、亚硫酸钠、亚硫酸氢钠等还原剂作用,被还原成芳基肼。例如

$$\text{C}_6\text{H}_5\text{N}_2^+\text{Cl}^- \xrightarrow{\text{SnCl}_2,\text{HCl}} \text{C}_6\text{H}_5\text{—NH—NH}_2 \cdot \text{HCl} \xrightarrow{\text{NaOH}} \text{C}_6\text{H}_5\text{—NH—NH}_2$$

苯肼是无色油状液体,沸点242℃,不溶于水,有毒,是常用的羰基试剂,也是合成药物和染料的原料。

（2）偶合反应

在适当条件下,重氮盐与酚或芳胺作用生成偶氮化合物的反应,称为偶合反应。例如

$$\text{C}_6\text{H}_5\text{N}_2^+\text{Cl}^- + \text{HO—C}_6\text{H}_5 \xrightarrow[\text{0℃,pH}=8\sim9]{\text{NaOH,H}_2\text{O}} \text{C}_6\text{H}_5\text{—N=N—C}_6\text{H}_4\text{—OH}$$

对羟基偶氮苯（橘红色）

$$\text{C}_6\text{H}_5\text{N}_2^+\text{Cl}^- + \text{C}_6\text{H}_5\text{—N(CH}_3)_2 \xrightarrow[\text{H}_2\text{O,0℃,pH}=5\sim7]{\text{CH}_3\text{CO}_2\text{H/CH}_3\text{CO}_2\text{Na}} \text{C}_6\text{H}_5\text{—N=N—C}_6\text{H}_4\text{—N(CH}_3)_2$$

对二甲氨基偶氮苯

参加偶合反应的重氮盐称为重氮组分,酚或芳胺等叫偶合组分。重氮正离子 ArN_2^+ 作为弱的亲电试剂,进攻酚羟基或二甲氨基的对位,发生亲电取代反应而生成相应的偶氮化合物。如果对位已有其他基团占据,则在邻位发生偶合。

$$\text{C}_6\text{H}_5\text{N}_2^+\text{Cl}^- + \text{(HO)(CH}_3)\text{C}_6\text{H}_4 \xrightarrow{\text{pH}=8\sim10} \text{偶合产物}$$

偶合反应与介质有关。重氮盐与酚偶合,通常在弱碱性介质中进行。因为此时酚转变成芳氧负离子,芳环更容易与亲电试剂重氮正离子偶合。芳胺的偶合一般在弱酸性或中性介质中进行。因为酸性强会使氨基转变为铵盐,而氨基是第二类定位基,它钝化苯环,不利于偶合反应的发生。

利用偶合反应可合成许多偶氮化合物。例如,$\text{H}_3\text{C—C}_6\text{H}_4\text{—N=N—C}_6\text{H}_4\text{—N(CH}_3)_2$ 的合成:

$$\text{C}_6\text{H}_6 \xrightarrow[\text{60℃}]{\text{HNO}_3,\text{H}_2\text{SO}_4} \text{C}_6\text{H}_5\text{—NO}_2 \xrightarrow{\text{Fe,HCl}} \text{C}_6\text{H}_5\text{—NH}_2 \xrightarrow[\triangle]{\text{CH}_3\text{OH}} \text{C}_6\text{H}_5\text{—N(CH}_3)_2$$

$$\text{H}_3\text{C—C}_6\text{H}_5 \xrightarrow[\text{30℃}]{\text{HNO}_3,\text{H}_2\text{SO}_4} \text{H}_3\text{C—C}_6\text{H}_4\text{—NO}_2 \xrightarrow{\text{Fe+HCl}}$$

$$\text{H}_3\text{C—C}_6\text{H}_4\text{—NH}_2 \xrightarrow[\text{0}\sim5℃]{\text{NaNO}_2,\text{HCl}} \text{H}_3\text{C—C}_6\text{H}_4\text{—N}_2^+\text{Cl}^-$$

$$\text{H}_3\text{C—C}_6\text{H}_4\text{—N}_2^+\text{Cl}^- + \text{C}_6\text{H}_5\text{—N(CH}_3)_2 \xrightarrow{\text{pH}=6} \text{H}_3\text{C—C}_6\text{H}_4\text{—N=N—C}_6\text{H}_4\text{—N(CH}_3)_2$$

许多偶氮化合物有颜色,可做染料,因分子中含有偶氮基,故称为偶氮染料,广泛用于棉、毛、丝、麻织品以及塑料、印刷、皮革、橡胶等产品的染色。而有些偶氮化合物由于颜色不稳定,在酸或碱溶液中结构发生变化而显示不同颜色,可用做酸碱指示剂。例如,甲基橙在 pH<3.1 时呈红色,而 pH>4.4 时呈黄色。

$$\text{}^-\text{O}_3\text{S—C}_6\text{H}_4\text{—N=N—C}_6\text{H}_4\text{—N(CH}_3)_2 \underset{\text{OH}^-}{\overset{\text{H}^+}{\rightleftharpoons}} \text{}^-\text{O}_3\text{S—C}_6\text{H}_4\text{—NH—N=C}_6\text{H}_4\text{=N}^+(\text{CH}_3)_2$$

pH>4.4（黄色）　　　　　　　　pH<3.1（红色）

11.8　腈类化合物

腈可以看做氢氰酸分子中的氢原子被烃基取代后的化合物,或烃分子中的氢原子被氰基取代后的化合物。氰基(—CN)是腈的官能团。

腈可由卤代烷氰解或酰胺在脱水剂五氧化二磷作用下失水制得。

11.8.1　腈的结构、分类和命名

氰基是一个强吸电子基团。氰基的氮原子是 sp 杂化,其中一个 sp 杂化轨道与碳原子的一个 sp 杂化轨道重叠形成 σ 键,另两个 p 轨道与碳原子的两个 p 轨道形成两个互相垂直的 π 键,氮原子上还有一对未共用电子在 sp 轨道上(图 11-1)。由于 sp 杂化的氮原子电负性很大(4.67),π 键容易极化,苯腈和乙腈的偶极矩都较大。

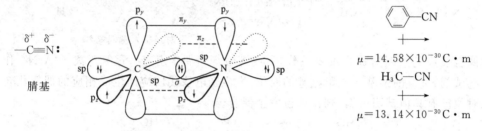

图 11-1　:C≡N:中的 σ 键和 π 键(C 和 N 都是 sp 杂化)

腈可以根据氰基所连烃基的不同分为:不饱和腈(如 $H_2C=CH—CN$)、饱和腈(如 CH_3CH_2CN)、芳香腈(如 〈苯〉-CN);还可以根据分子中氰基的数目分为一元腈和多元腈。

腈的命名和羧酸相似,也要将氰基的碳原子计在主链碳原子数之内,称为某腈。例如

$CH_3CH_2CH_2CN$　　$H_2C=CH—CN$　　$NC(CH_2)_4CN$　　〈苯〉$—CH_2CN$

丁腈　　　　　　丙烯腈　　　　　己二腈　　　　　苯乙腈

11.8.2　腈的性质

1. 腈的物理性质

低级腈为无色液体。由于腈分子中碳氮键极性较强,分子间引力较大,腈的沸点比相对分子质量相近的烃、醚、醛、酮、胺均高,与醇相近,比羧酸要低。例如

	CH_3CN	$CH_3CH_2CH_3$	$C_2H_5NH_2$	CH_3CHO	C_2H_5OH	$HCOOH$
相对分子质量	41	44	45	44	46	46
沸点/℃	82	−42.2	16.6	21	78.3	100

腈类化合物中氰基上的氮原子与水能形成氢键,所以在水中低级腈溶解度较大。如乙腈与水混溶,丙腈、丁腈在水中的溶解度迅速降低,丁腈以上的腈类则难溶于水。一些低级的不饱和腈有毒。

2. 腈的化学性质

(1)还原

氰基中有两个 π 键,用氢化铝锂或催化加氢使其还原,生成伯胺。例如

$$\text{C}_6\text{H}_5\text{—C}\equiv\text{N} \xrightarrow{\text{LiAlH}_4} \text{C}_6\text{H}_5\text{—CH}_2\text{—NH}_2$$

工业上用己二腈催化加氢制己二胺：

$$\text{NC(CH}_2)_4\text{CN}+4\text{H}_2 \xrightarrow[\text{2}\sim\text{3 MPa}]{\text{Ni,C}_2\text{H}_5\text{OH,70}\sim\text{90℃}} \text{H}_2\text{N(CH}_2)_6\text{NH}_2$$

（2）水解

腈与酸或碱的水溶液共沸，水解，生成羧酸。例如

$$\text{C}_6\text{H}_5\text{—CH}_2\text{CN}+\text{H}_2\text{SO}_4+\text{H}_2\text{O} \xrightarrow{130℃} \text{C}_6\text{H}_5\text{—CH}_2\text{COOH}+\text{NH}_4\text{HSO}_4$$

$$(\text{CH}_3)_2\text{CHCH}_2\text{CH}_2\text{CN}+\text{NaOH}+\text{H}_2\text{O} \longrightarrow (\text{CH}_3)_2\text{CHCH}_2\text{CH}_2\text{COONa}+\text{NH}_3$$

习　题

11-1　分别指出下列化合物属于脂肪族还是芳香族的伯、仲、叔胺？

（1）N—CH₃　（2）C₆H₅—NH₂　（3）(C₆H₅)₂NH　（4）C₆H₅CH₂NHCH₃

（5）环己基—NH₂　（6）N(CH₃)₂　（7）萘—NH₂　（8）(C₆H₅)₃N

11-2　用系统命名法命名下列化合物：

(1)CH₃CH₂CH₂NH₂　(2)(CH₃)₂NC₂H₅　(3)环戊基—NH₂

(4)CH₃CH₂CHCH₂CH₃ 带NH₂　(5)(CH₃CH₂)₂NCH(CH₃)₂　(6)(CH₃)₂C—CH(CH₃)₂ 带NH₂

(7)C₆H₅N(CH₃)CH₂CH₃　(8)CH₃—C₆H₄—NHC₂H₅　(9)Br—C₆H₄—N(CH₃)₂

(10)H₂NCH₂CH₂CH₂CH₂NH₂　(11)(CH₃)₄N⁺OH⁻　(12)(C₂H₅)₂N⁺(CH₃)₂OH⁻

(13)(CH₃)₃N⁺CH₂C₆H₅Cl⁻　(14)(CH₃CH₂CH₂CH₂)₄N⁺Br⁻

11-3　写出下列化合物的构造式：

(1)3-甲基-2-氨基戊烷　(2)异丁胺　(3)仲丁胺
(4)2-甲乙氨基丁烷　(5)对苯二胺　(6)二苯胺
(7)氯化三乙基异丙基铵　(8)氢氧化二甲基乙基丙基铵

11-4　写出苯胺与下列试剂作用的反应式：

(1)稀盐酸　(2)溴水　(3)碘甲烷(过量)
(4)对硝基苯甲酰氯　(5)乙酐　(6)浓 H₂SO₄,180～190℃

11-5　将下列各组化合物按碱性由强到弱排列成序：

(1)A. C₆H₅—NH₂　B. CH₃O—C₆H₄—NH₂　C. O₂N—C₆H₄—NH₂
(2)A. FCH₂CH₂NH₂　B. F₂CHCH₂NH₂　C. F₃CCH₂NH₂
(3)A. (CH₃)₂NH　B. CH₃NH₂　C. C₆H₅—NH₂
(4)A. C₆H₅NHCH₃　B. (C₆H₅)₂NH　C. C₆H₅NH₂

11-6 用化学方法鉴别下列各组化合物：

(1) A. $\text{C}_6\text{H}_5-\text{CH}_2\text{NH}_2$ B. $\text{C}_6\text{H}_5-\text{CH}_2\text{NHCH}_3$ C. $\text{C}_6\text{H}_5-\text{CH}_2\text{N(CH}_3)_2$

(2) A. $\text{C}_6\text{H}_5-\text{NH}_2$ B. $\text{C}_6\text{H}_5-\text{OH}$ C. 环己基$-\text{NH}_2$

(3) A. 苯胺 B. 乙胺 C. 二乙胺 D. 二甲乙胺 E. N,N-二甲基苯胺

11-7 写出下列化合物受热时的分解产物：

(1) $\left[(\text{CH}_3)_2\text{CH}-\overset{+}{\underset{\text{CH}_3}{\overset{\text{CH}_3}{\text{N}}}}-\text{CH}_2\text{CH}_3\right]^+ \text{OH}^-$

(2) $\left[\text{C}_6\text{H}_5-\text{CH}_2\text{CH}_2-\overset{\text{CH}_2\text{CH}_3}{\text{N(CH}_3)_2}\right]^+ \text{OH}^-$

(3) 甲基哌啶季铵 OH^-

(4) $\left[\text{C}_6\text{H}_{11}-\overset{\text{CH}_3}{\text{CHNH(CH}_3)_2}\right]^+ \text{OH}^-$

(5) 甲基环己基季铵 OH^-

(6) 二甲基吡咯烷季铵 OH^-

11-8 试写出对甲基氯化重氮苯与下列试剂作用的产物：

(1) H_3PO_2 (2) CuBr, HBr (3) Cu_2CN_2, KCN (4) KI, △

(5) $\text{CH}_3-\text{C}_6\text{H}_4-\text{OH}$（弱碱性溶液）

(6) $\text{C}_6\text{H}_5-\text{N(CH}_3)_2$（弱酸性溶液）

(7) 萘酚$-\text{OH}$（弱碱性溶液）

11-9 完成下列反应式：

(1) $\text{C}_6\text{H}_6 \xrightarrow{\text{浓 HNO}_3 / \text{浓 H}_2\text{SO}_4} \xrightarrow{\text{Fe+HCl}} \xrightarrow{\text{C}_6\text{H}_5\text{SO}_2\text{Cl}}$

(2) $\text{C}_6\text{H}_5-\text{NHCH}_2\text{CH}_3 + \text{CH}_3\text{I} \longrightarrow$

(3) $(\text{C}_2\text{H}_5)_3\text{N} + (\text{CH}_3)_2\text{CHBr} \longrightarrow$

(4) $\text{C}_6\text{H}_5-\text{CONH}_2 \xrightarrow[\triangle]{\text{Br}_2,\text{NaOH}} \xrightarrow[0\sim5℃]{\text{NaNO}_2,\text{HCl}}$

(5) $\text{CH}_3-\text{C}_6\text{H}_4-\text{NH}_2 \xrightarrow[0\sim5℃]{\text{NaNO}_2,\text{HCl}} \xrightarrow{\text{CuCN-KCN}} \xrightarrow[\text{H}_2\text{O}]{\text{H}^+}$

(6) $(\text{CH}_3)_2\text{NC}_2\text{H}_5 + \text{CH}_3\text{CH}_2\text{I} \longrightarrow \xrightarrow[\text{H}_2\text{O}]{\text{Ag}_2\text{O}} \xrightarrow{\triangle}$

(7) $\text{NO}_2-\text{C}_6\text{H}_4-\text{NH}_2 \xrightarrow[0\sim5℃]{\text{NaNO}_2,\text{H}_2\text{SO}_4}$

(8) $\text{Cl}-\text{C}_6\text{H}_4-\overset{+}{\text{N}}_2 + \text{HO}-\text{C}_6\text{H}_4-\text{COOH} \longrightarrow$

(9) $\text{HOOC}-\text{C}_6\text{H}_4-\text{NH}_2 \xrightarrow[0\sim5℃]{\text{NaNO}_2,\text{HCl}} \xrightarrow{\text{C}_6\text{H}_5-\text{N(CH}_3)_2}$

(10) 2-甲基环己胺 $\xrightarrow{\text{过量 CH}_3\text{I}} \xrightarrow[\text{H}_2\text{O}]{\text{Ag}_2\text{O}} \xrightarrow{\triangle}$

(11)  [哌啶-2-甲基结构] $\xrightarrow[\text{②Ag}_2\text{O/H}_2\text{O}]{\text{①过量 CH}_3\text{I}}$ $\xrightarrow{\triangle}$ $\xrightarrow[\text{②Ag}_2\text{O/H}_2\text{O}]{\text{①CH}_3\text{I}}$ $\xrightarrow{\triangle}$

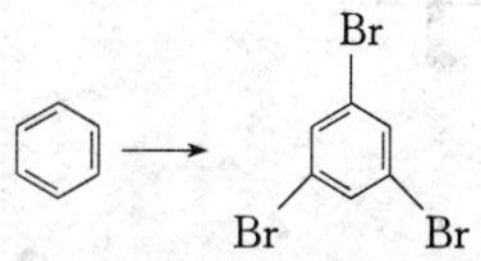

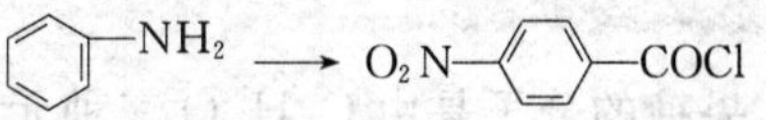

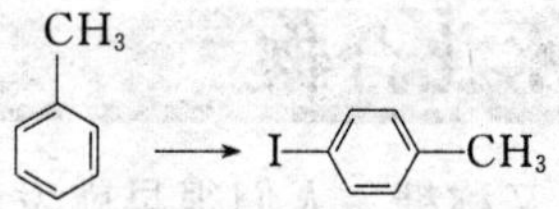

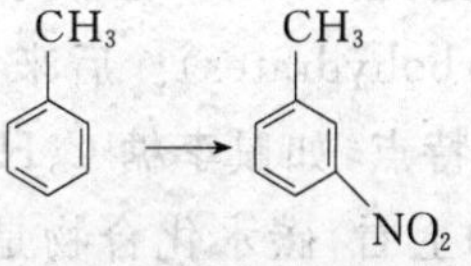

(12) 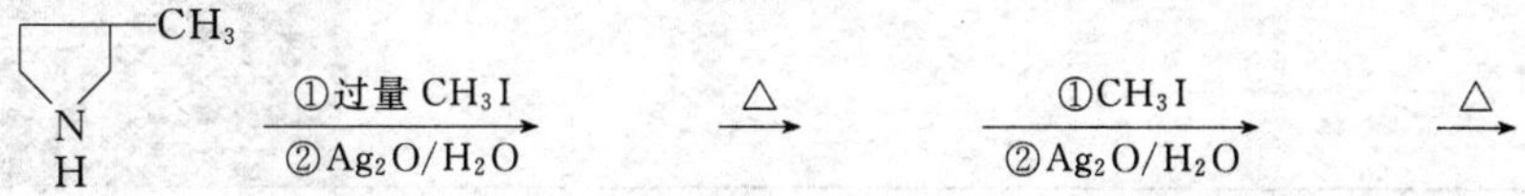 [吡咯烷-3-甲基结构] $\xrightarrow[\text{②Ag}_2\text{O/H}_2\text{O}]{\text{①过量 CH}_3\text{I}}$ $\xrightarrow{\triangle}$ $\xrightarrow[\text{②Ag}_2\text{O/H}_2\text{O}]{\text{①CH}_3\text{I}}$ $\xrightarrow{\triangle}$

11-10 完成下列合成反应：

(1) 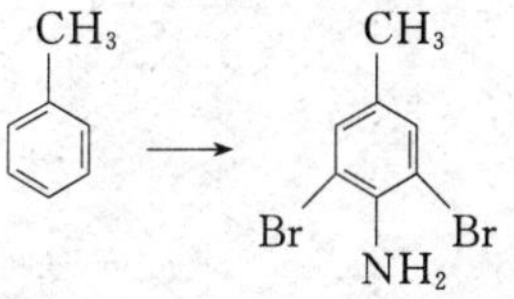 [甲苯] $\longrightarrow$ [2,6-二溴-4-甲基苯胺]

(2) [苯] $\longrightarrow$ [1,3,5-三溴苯]

(3) [苯胺] $\longrightarrow$ [O_2N—苯—$COCl$]

(4) [甲苯] $\longrightarrow$ [I—苯—CH_3]

(5) [甲苯] $\longrightarrow$ [3-硝基甲苯]

(6) [苯] $\longrightarrow$ [3,5-二溴苯胺]

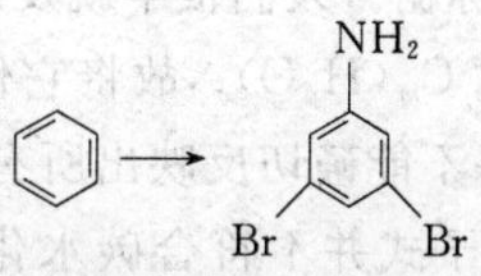

11-11 化合物 A 和 B 的分子式都是 $C_6H_{15}N$，用碘甲烷处理时，均形成季铵盐。将季铵盐用湿的氧化银处理再加热分解，由化合物 A 所得到的季铵碱分解生成乙烯及分子式为 $C_5H_{13}N$ 的化合物；由化合物 B 得到的季铵碱则分解生成 1-丁烯及分子式为 C_3H_9N 的产物。试写出化合物 A 和 B 的结构式。

11-12 分子式为 $C_6H_{15}N$ 的化合物 A，能溶于稀 HCl，A 与亚硝酸在室温下作用放出氮气，并得到几种产物，其中一种产物 B 能进行碘仿反应。B 和浓 H_2SO_4 共热得到 C(C_6H_{12})，C 能使 $KMnO_4$ 褪色，且反应后的产物是乙酸和 2-甲基丙酸。试推测 A～C 的构造式。

11-13 分子式为 $C_7H_7NO_2$ 的化合物 A，与 Fe＋HCl 反应生成分子式为 C_7H_9N 的化合物 B，B 和 $NaNO_2$，HCl 在 0～5℃反应生成分子式为 $C_7H_7ClN_2$ 的 C，在稀盐酸中 C 与 CuCN 反应生成化合物 C_8H_7N (D)，D 在酸性条件下水解得到酸 $C_8H_8O_2$ (E)，E 用 $KMnO_4$ 氧化得到另一种酸 F，F 受热时生成分子式为 $C_8H_4O_3$ 的酸酐 G。试推测 A～G 的构造式。

第12章

生物分子

12.1　碳水化合物

碳水化合物,又称糖。人们很早就发现葡萄糖、果糖的分子是由 C、H、O 三种元素组成,而且实验式符合通式 $C_m(H_2O)_n$,故将它们称为碳水化合物(carbohydrates)。后来发现,碳水化合物这个名称并不能确切反映出所有糖类化合物结构上的特点,如鼠李糖 $C_5H_{12}O_5$,脱氧核糖($C_5H_{10}O_4$)分子式并不符合碳水化合物的通式。从结构上看,碳水化合物是多羟基醛或多羟基酮以及水解后能生成多羟基醛或多羟基酮的物质,一些多羟基酸和多羟基胺也在碳水化合物研究的范围内。

碳水化合物在自然界分布最为广泛,从细菌到高等动物都含有碳水化合物,而植物是碳水化合物最重要的来源和储存形式,植物干重的 $85\%\sim90\%$ 是碳水化合物。它是人类和动植物的三大能源(脂肪、蛋白质、糖类)之一。碳水化合物在人体内代谢最终生成二氧化碳和水,同时释放出能量,以维持生命及体内进行各种生物合成和转变所必需的能量。另外,碳水化合物(如糖、棉、麻、木等)可为化学工业提供丰富的有机原料。

根据分子的大小和结构特征,碳水化合物可分为三大类:

(1)单糖:不能水解成更小分子的多羟基醛或多羟基酮,如葡萄糖、果糖、核糖、半乳糖等。

(2)低聚糖:能水解成两个、三个或十几个单糖的碳水化合物称为低聚糖,又称寡糖。其中最重要的是二糖,如蔗糖和麦芽糖等。

(3)多糖:水解后能产生较多个单糖的碳水化合物,如淀粉和纤维素等。

12.1.1　单　糖

根据单糖分子中所含碳原子的数目,可分为丙糖、丁糖、戊糖、己糖和庚糖等。分子中含有醛基的叫醛糖,含有酮基的叫酮糖。葡萄糖是己醛糖,果糖是己酮糖,核糖是戊醛糖。

1.单糖的结构

(1)单糖的开链结构

单糖的开链结构以 Fischer 投影式表示时,将碳链垂直放置,醛(酮)基放在上方,碳原子的编号自上端开始。为了书写方便,常用简式,氢可以不写出,也可用短线表示羟基。如葡萄糖的开链结构为

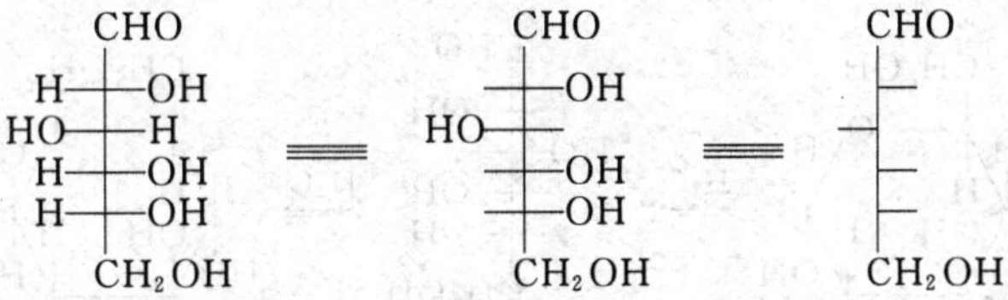

最简单的单糖是丙醛糖(甘油醛)和丙酮糖(二羟基丙酮)。在甘油醛分子中,由于存在一个手性碳原子,它有对映异构体。

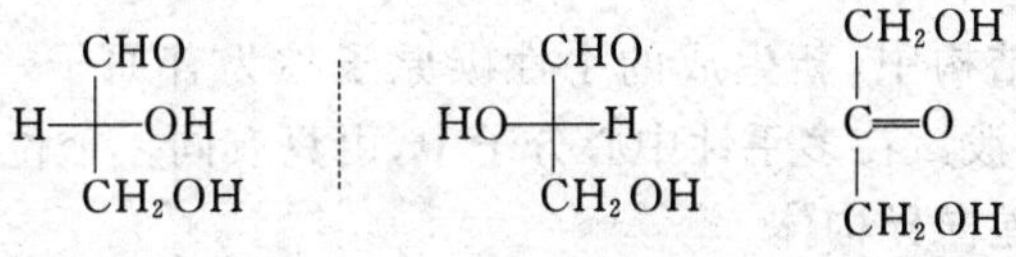

D-(＋)-甘油醛　　　L-(－)-甘油醛　　　二羟基丙酮

除丙酮糖外,其他单糖分子中都含有一个或多个手性碳原子,因此都有立体异构体。如己醛糖分子中有 4 个手性碳原子,故存在 $2^4 = 16$ 个立体异构体,葡萄糖是其中之一。己酮糖分子中有 3 个手性碳原子,故有 $2^3 = 8$ 个立体异构体,果糖是其中之一。

单糖构型的确定是以甘油醛为标准,规定 OH 写在右边的为右旋(＋)-甘油醛,构型记为 D 型,OH 写在左边的为左旋(－)-甘油醛,构型记为 L 型。凡由 D-(＋)-甘油醛经过增碳反应转变成的醛糖称为 D 型,由 L-(－)-甘油醛经过增碳反应转变成的醛糖称为 L 型。自然界存在的单糖绝大部分是 D 型。

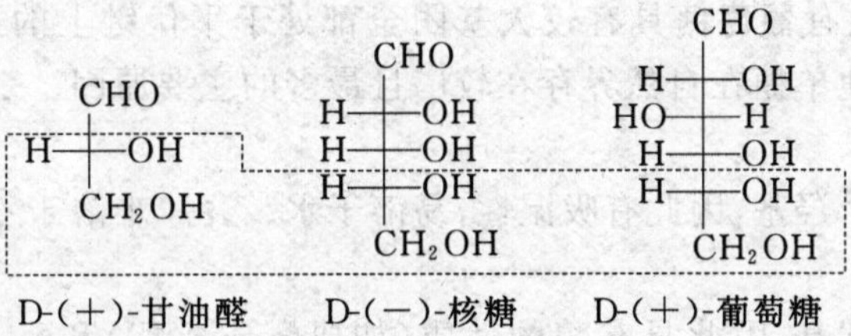

D-(＋)-甘油醛　　　D-(－)-核糖　　　D-(＋)-葡萄糖

(2)单糖的氧环式结构

葡萄糖的开链式构型虽已确定,但许多反应现象用葡萄糖的开链式结构不能解释。例如它的水溶液不与 $NaHSO_3$ 发生一般醛基化合物应有的加成反应等。这是因为醛和醇可以生成缩醛,所以同时含有羟基和醛基的葡萄糖分子生成了环状半缩醛,形成了葡萄糖的 δ-氧环式结构,故没有独立醛基的结构特征。

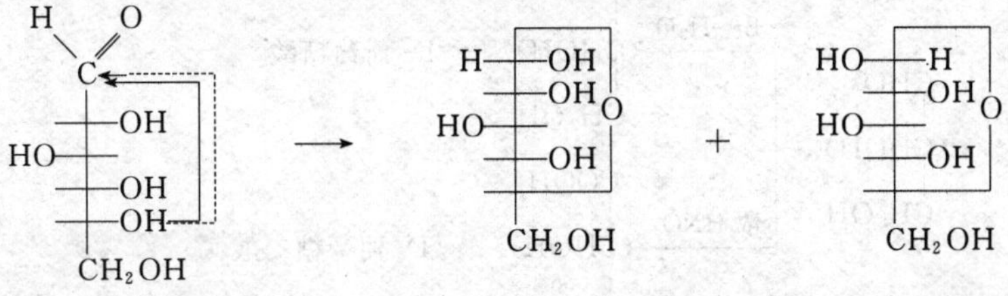

D-(＋)-葡萄糖　　　　　α-D-(＋)-葡萄糖　β-D-(＋)葡萄糖
开链式　　　　　　　　　　　　氧环式

葡萄糖的氧环式不能恰当地反映分子中各原子或基团的空间关系,因此,哈沃斯(Haworth)提出了以透视式表示糖分子的空间构型。即将六元环写成环骨架中的氧原子位于纸面右后方的形式()。

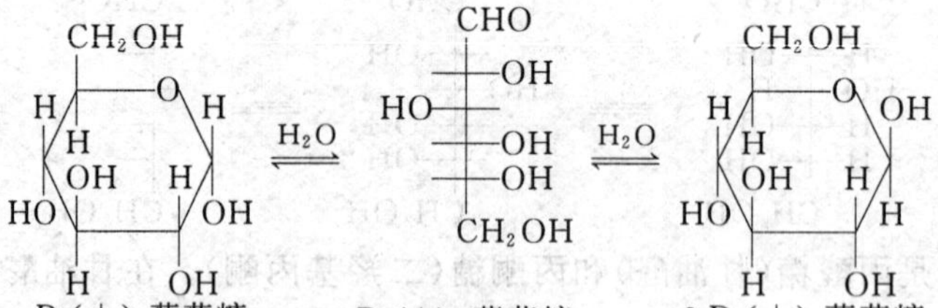

$$\alpha\text{-D-}(+)\text{-葡萄糖} \quad \underset{H_2O}{\rightleftharpoons} \quad \underset{\substack{\text{D-}(+)\text{-葡萄糖}\\\text{开链式}}}{} \quad \underset{H_2O}{\rightleftharpoons} \quad \beta\text{-D-}(+)\text{-葡萄糖}$$

在葡萄糖的氧环式结构中,新生成的手性碳原子称为苷原子,它所连接的羟基叫苷羟基,苷羟基比其他羟基活泼。在多手性中心分子中,由只有同一个位置的手性中心的构型不同所产生的异构体叫做差向异构体。

葡萄糖 δ-氧环式的骨架与四氢吡喃(⬡O)环相同,因此把具有六元氧环结构的糖类称为吡喃糖。同理,把具有五元氧环结构的糖类称为呋喃糖。

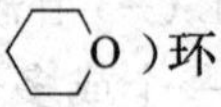

在哈沃斯式中,吡喃葡萄糖的六元环表示在同一个平面上。实际上,它的空间排布与环己烷类似,也是椅式构象,两种椅式构象可互相转化,所有的按较大取代基占据平伏键最多者为稳定构象。在 β-D-(+)-葡萄糖两种椅式构象中,羟基和羟甲基都处于平伏键上的是最稳定的优势构象,所以 β 型葡萄糖在平衡混合物中占比例较大,而 α-D-(+)-葡萄糖的优势构象中,苷羟基处于直立键,不是最稳定的构象式。

在 D-己醛糖中,只有葡萄糖具有较大基团全都处于平伏键上的这种稳定的优势构象,这可能是葡萄糖比其他单糖在自然界存在较广且最多的主要原因。

2.单糖的性质

单糖分子中有多个羟基,因此有吸湿性,易溶于水、醇,难溶于乙醚及其他非极性有机溶剂。

单糖含有羟基和羰基,因此具有醇的性质(如成醚或成酯)和醛、酮的性质(如加成、氧化、还原等);羟基和羰基相互影响,使糖又有其特殊性质。

(1)氧化反应

单糖可被多种氧化剂氧化,氧化剂不同,产物也不同。如醛糖能被溴水氧化成糖酸,被浓 HNO_3 氧化成糖二酸。例如

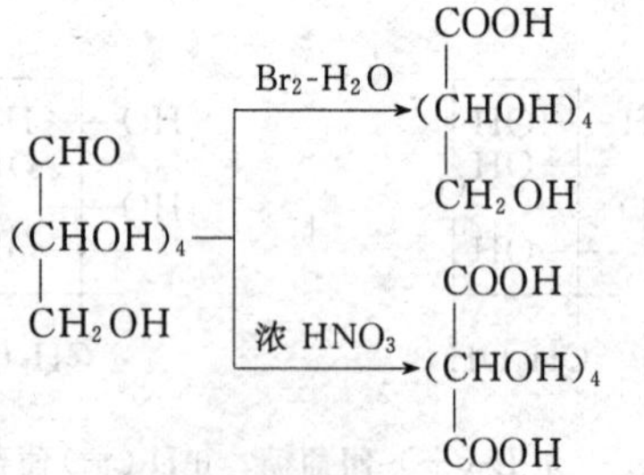

$$\begin{array}{c} CHO \\ | \\ (CHOH)_4 \\ | \\ CH_2OH \end{array} \begin{array}{c} \xrightarrow{Br_2\text{-}H_2O} \\ \\ \xrightarrow{\text{浓 } HNO_3} \end{array} \begin{array}{c} \begin{array}{c} COOH \\ | \\ (CHOH)_4 \\ | \\ CH_2OH \end{array} \quad \text{D-葡萄糖酸} \\[2em] \begin{array}{c} COOH \\ | \\ (CHOH)_4 \\ | \\ COOH \end{array} \quad \text{D-葡萄糖二酸} \end{array}$$

酮糖与溴水不发生氧化作用,故用溴水为试剂可以区别醛糖和酮糖。酮糖与浓 HNO_3 等强氧化剂作用则可发生碳链断裂,生成复杂的小分子混合物。

醛糖中的醛基能被斐林试剂或托伦试剂氧化生成糖酸。如

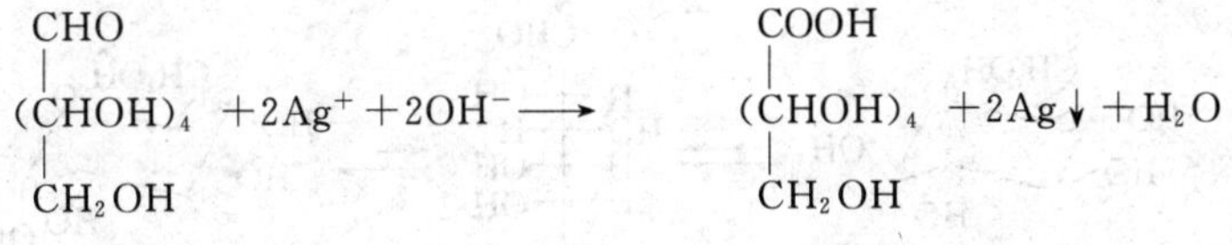

$$
\begin{array}{c}
\text{CHO} \\
| \\
\text{(CHOH)}_4 \\
| \\
\text{CH}_2\text{OH}
\end{array}
+2\text{Ag}^+ +2\text{OH}^- \longrightarrow
\begin{array}{c}
\text{COOH} \\
| \\
\text{(CHOH)}_4 \\
| \\
\text{CH}_2\text{OH}
\end{array}
+2\text{Ag}\downarrow +\text{H}_2\text{O}
$$

D- 葡萄糖   D- 葡萄糖酸

酮糖虽无醛基,但也能被斐林试剂或托伦试剂氧化。这是因为在碱溶液中,酮糖能够通过酮式-烯醇式互变异构转变为醛糖。凡是能与斐林试剂或托伦试剂发生反应的糖称为还原糖。

(2)还原反应

糖分子中的羰基可被还原成羟基,实验室中可使用 NaBH_4 为还原剂,工业上则采用催化加氢的方法将羰基还原,例如

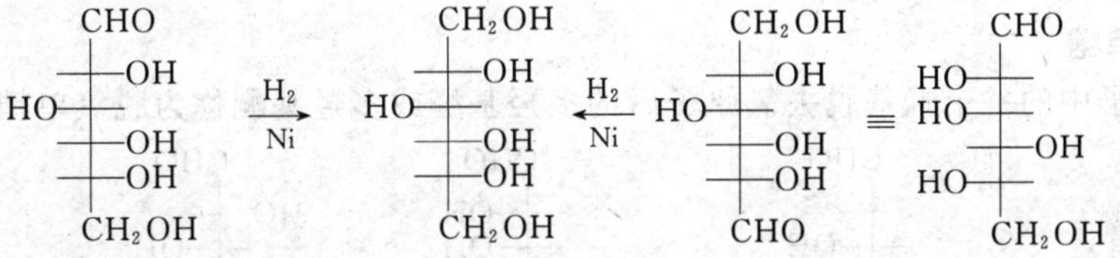

D-葡萄糖   山梨醇   L-古洛糖

(3)脎的生成

醛糖或酮糖与苯肼作用生成糖的苯腙,当苯肼过量时加热则生成一种不溶于水的黄色结晶——脎。例如

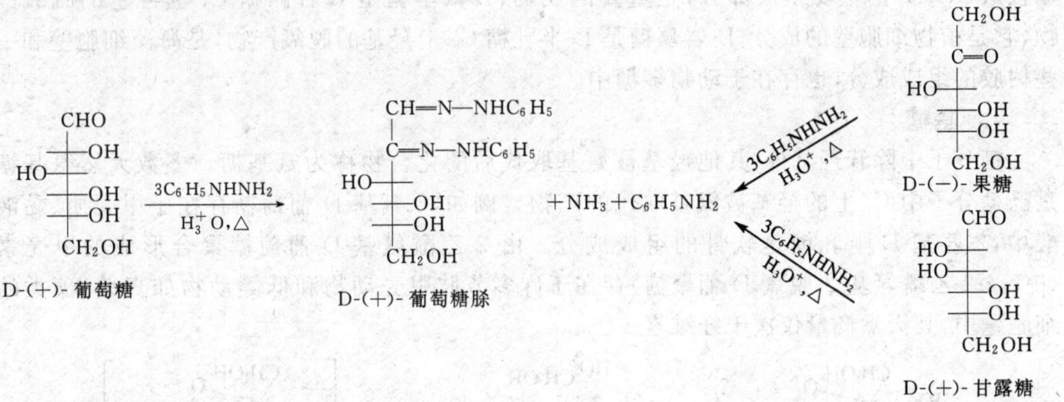

脎的生成只发生在 C_1 和 C_2 上。对于只是 C_1 和 C_2 构型不同的糖,将生成相同的脎,即它们的分子中 C_3、C_4、C_5 的构型是完全相同的。糖脎不溶于水,是黄色结晶。不同的糖脎的晶型及熔点不同。不同的糖即使生成相同的脎其反应速率和析出糖脎的时间也不同。因此可利用糖脎的生成进行糖的鉴别和分离。

(4)苷的生成

苷是糖的氧环式结构中苷羟基转变为烃氧基所形成的产物。因此苷是糖的一种缩醛或缩酮结构。在单糖的氧环式结构中,苷羟基的活性比其他羟基的活性高,易与醇(或烷基化试剂)作用生成缩醛或缩酮。例如

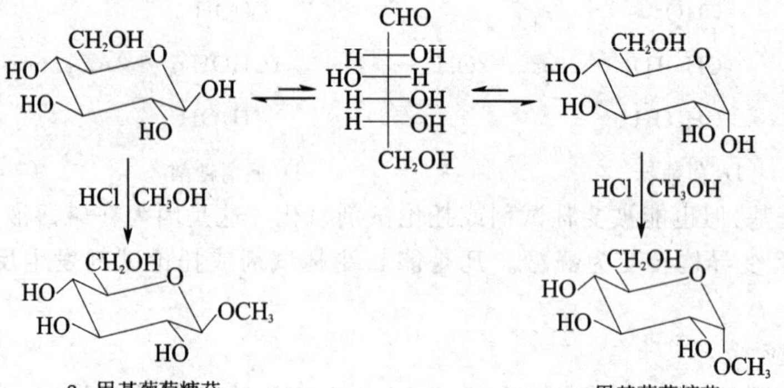

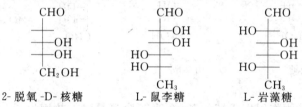

β–甲基葡萄糖苷
(熔点 107℃, $[\alpha]_D^{20}=-34°$)

α–甲基葡萄糖苷
(熔点 165℃, $[\alpha]_D^{20}=+159°$)

3.脱氧单糖

单糖分子中的一个羟基脱去氧原子后的多羟基醛或多羟基酮称为脱氧单糖。例如

2- 脱氧 -D- 核糖   L- 鼠李糖   L- 岩藻糖

2-脱氧-D-核糖是 D-核糖 C_2 上羟基的脱氧产物,两者分别是脱氧核糖核酸(DNA)及核糖核酸(RNA)的重要组成部分,是重要的戊糖;L-鼠李糖是 L-甘露糖 C_6 上羟基的脱氧产物,它是植物细胞壁的成分;L-岩藻糖是 L-半乳糖 C_6 上羟基的脱氧产物,是海藻细胞壁和一些树胶的组成成分,也存在于动物多糖中。

4.氨基糖

糖分子中除苷羟基外,其他羟基被氨基取代后的化合物称为氨基糖。多数天然氨基糖是己糖分子中 C_2 上的羟基被氨基取代的产物。例如,2-氨基-D-葡萄糖存在于甲壳质、黏液酸中,2-氨基-D-半乳糖是软骨的组成成分。由 2-乙酰氨基-D-葡萄糖聚合形成的甲壳素(β-1,4-2-乙酰氨基-2-脱氧-D-葡聚糖)存在于许多节肢甲壳动物和低等动物如真菌、藻类的细胞壁中,其天然产量仅次于纤维素。

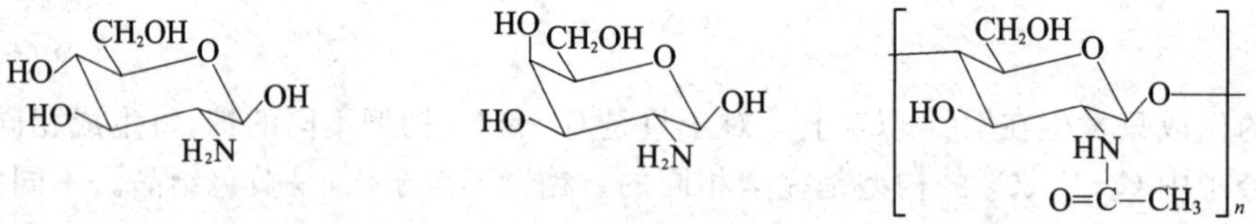

α-氨基-D-葡萄糖   α-氨基-D-半乳糖   甲壳素

12.1.2 二 糖

二糖可看做是一个单糖分子中的苷羟基和另一个单糖分子中的苷羟基或醇羟基之间脱水后的缩合物。自然界中常见的以游离态存在的二糖有蔗糖、麦芽糖、纤维二糖等。

1.蔗糖

蔗糖存在于苷蔗、甜菜及水果等农产品中,是自然界中分布最广、产量最大的二糖。它是无色晶体,熔点 180℃,易溶于水,甜味超过葡萄糖,但不如果糖,相对甜度为葡萄糖：蔗糖：果糖＝1：1.45：1.65。

　　蔗糖的分子式为 $C_{12}H_{22}O_{11}$,是一分子葡萄糖和一分子果糖的缩合产物。蔗糖不与斐林试剂和托伦试剂发生氧化反应,因此蔗糖是非还原糖。蔗糖分子中没有苷羟基,不能转变为开链式。

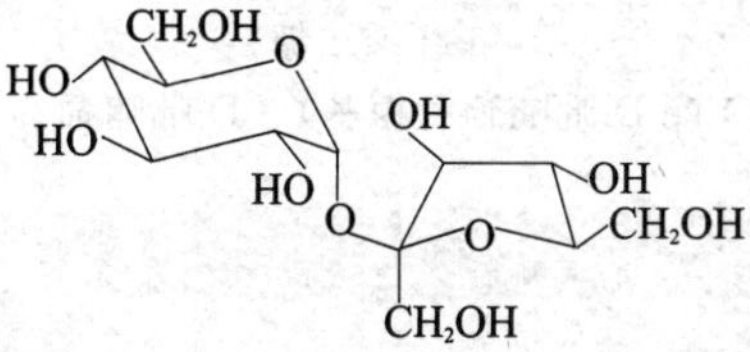

蔗糖

β-D-呋喃果糖基-α-D-吡喃葡萄糖苷或 α-D-吡喃葡萄糖基-β-D-呋喃果糖苷

　　蔗糖是右旋糖,其水解产物是一分子葡萄糖和一分子果糖。果糖是左旋糖,葡萄糖是右旋糖。因为果糖的比旋光度绝对值比葡萄糖的大,所以蔗糖水解后的混合物的比旋光度是负值。在蔗糖水解过程中,比旋光度由右旋变到左旋,即旋光方向发生了转化。这种水解前后比旋光度发生转变的反应称为糖的转化反应,生成的混合产物叫转化糖。

$$C_{12}H_{22}O_{11} + H_2O \xrightarrow{\ H^+\ } C_6H_{12}O_6 + C_6H_{12}O_6$$

蔗糖　　　　　　　　　　D-(+)-葡萄糖　　　D-(−)-果糖

$[\alpha]_D^{20} = +66°$　　　　　$[\alpha]_D^{20} = +52.7°$　　$[\alpha]_D^{20} = −92.4°$

转化糖

$[\alpha]_D^{20} = −20°$

2.麦芽糖

　　淀粉在淀粉酶作用下水解得到麦芽糖。麦芽糖是白色晶体,熔点160～165℃,易溶于水,甜度不如蔗糖。

　　麦芽糖分子式 $C_{12}H_{22}O_{11}$,在酸或麦芽糖酶存在下水解得到的产物只有 D-葡萄糖,所以麦芽糖是两分子葡萄糖的脱水产物。麦芽糖可与斐林试剂和托伦试剂发生氧化反应,因此麦芽糖是还原糖。麦芽糖被溴水氧化生成麦芽糖酸,可与苯肼发生成脲反应,也有变旋光现象。麦芽糖分子是由一分子葡萄糖的 α-苷羟基与另一分子葡萄糖 C_4 上的羟基脱水生成的苷,属于 α-葡萄糠苷;由于其分子中还存在苷羟基,故有 α-和 β-两种异构体,其中 α-D-麦芽糖的 $[\alpha]_D^{20} = +168°$,β-D-麦芽糖 的 $[\alpha]_D^{20} = +112°$,两者经变旋光达到平衡后,$[\alpha]_D^{20} = +136°$。

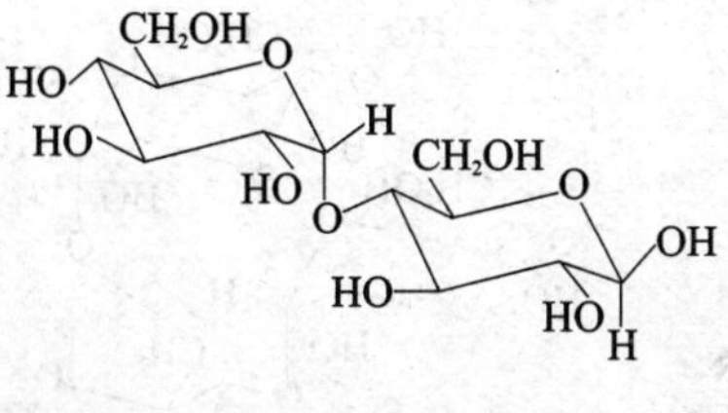

β-D-麦芽糖 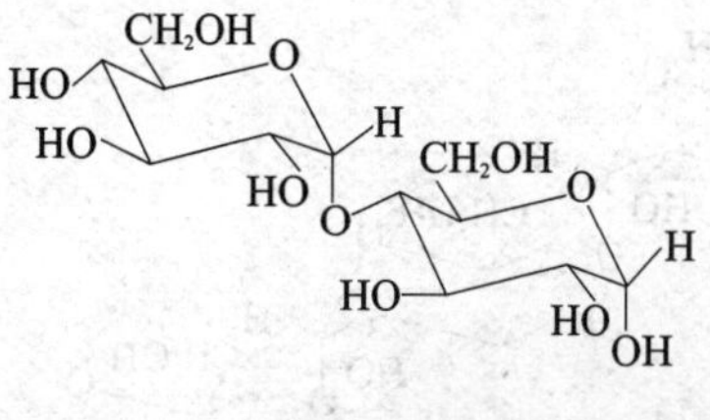　　　　　　　　　　α-D-麦芽糖

3.纤维二糖

　　纤维二糖是由纤维素经部分水解生成的。它是一种白色晶体,熔点 225℃,可溶于水。它的分子式与麦芽糖相同,在 β-糖苷酶的催化下水解也生成两分子 D-葡萄糖。纤维二糖属

于 β-葡萄糖苷,是由一分子葡萄糖的 β-苷羟基与另一分子葡萄糖 C_4 上的羟基脱水而成,其结构式为

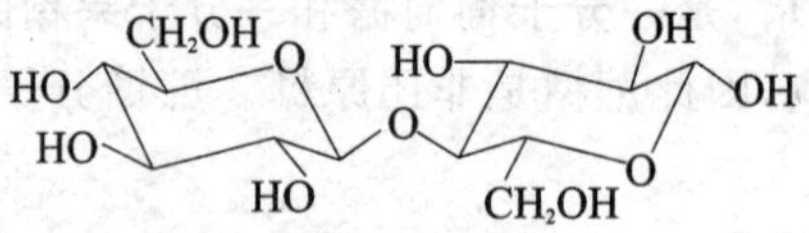

β-纤维二糖
4-O-(β-D-吡喃葡萄糖基)-β-D-吡喃葡萄糖

12.1.3 多 糖

多糖是由大量的单糖分子通过糖苷键缩合而成的大分子化合物。多糖水解的最终产物是单糖。多糖水解后只产生一种单糖的称为统多糖,而水解后产生一种以上单糖的称为杂多糖。多糖的性质与单糖、双糖不同,它们大多是不溶于水的非晶形固体,无甜味。虽然多糖分子的末端仍有苷羟基,但其所占比例太小,故多糖不呈现还原性和变旋光现象。

多糖在自然界分布广泛,储量丰富。许多多糖化合物是人类生命活动不可缺少的物质,也是人类食物的主要构成之一。淀粉和纤维素是最重要的多糖。

1.淀粉

淀粉是植物进行光合作用的产物,存在于植物的根茎、果实和种子中。不同来源的淀粉其外观形状不同,大多是无定形的颗粒。淀粉的分子式为 $(C_6H_{10}O_5)_n$,在酸催化下水解时先生成糊精,继而生成麦芽糖和异麦芽糖,最终水解产物都是葡萄糖。可见,淀粉是由葡萄糖构成的同多糖。

$$(C_6H_{10}O_5)_n \longrightarrow (C_6H_{10}O_5)_x \longrightarrow C_{12}H_{22}O_{11} \xrightarrow{H_3^+O} C_6H_{12}O_6$$
淀粉　　　　糊精　　　麦芽糖和异麦芽糖　　D-(+)-葡萄糖

淀粉经热水处理后可得到约 20% 的直链淀粉和 80% 的支链淀粉。直链淀粉是一种线型缩合物,其结构是盘旋的螺旋形,每一圈螺旋约有 6 个葡萄糖单元。淀粉螺旋中间的空腔恰好可以容纳碘分子进入,形成一个呈现深蓝色的络合物。此显色反应迅速、灵敏,常用于检验淀粉的存在。从结构上看,直链淀粉是由葡萄糖的 α-1,4-苷键结合而成的大分子化合物。

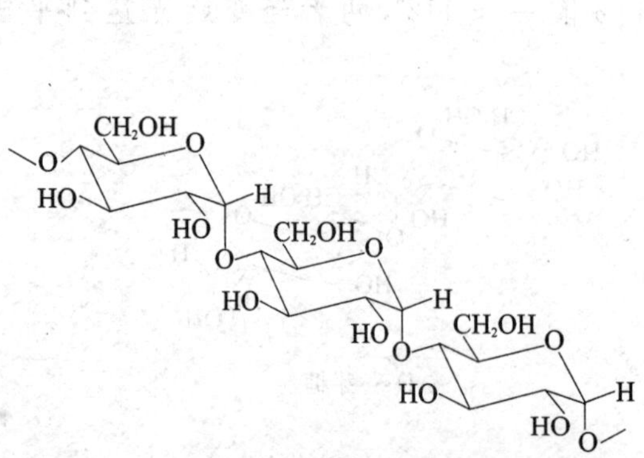

直链淀粉 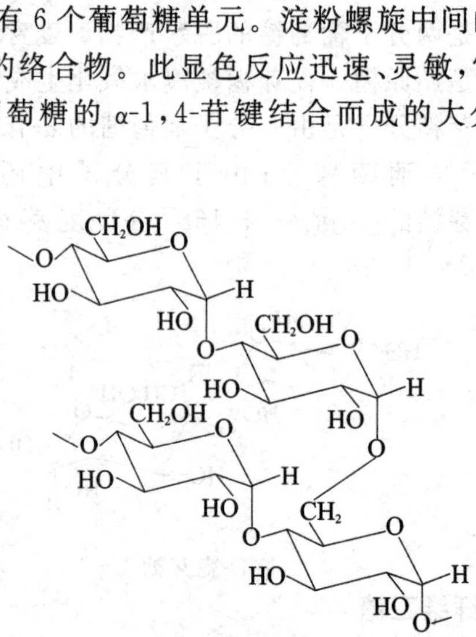　　　　　　　　　　支链淀粉

支链淀粉的结构,除了有葡萄糖的 α-1,4-苷键外,还有 α-1,6-苷键。因此,支链淀粉的高度支链化的结构使其相对分子质量比直链淀粉的大。由于支链淀粉中有许多暴露在外侧的羟基,易与水形成氢键,故其水溶性较好。支链淀粉遇碘呈红紫色。

淀粉经不同的处理而具有不同的用途。例如,淀粉经过环糊精糖基转化酶水解,可以得到由 6~12 个葡萄糖单位组成的"筒形"结构的化合物,被称为环糊精。由 6、7、8 个葡萄糖残基构成环分别称为 α-环糊精、β-环糊精、γ-环糊精,其作用类似于冠醚,在有机合成与医药等方面有应用价值。淀粉经水解、糊精化等处理后,分子中的某些 D-吡喃葡萄糖基单元的结构会发生改变,称为淀粉的改性。淀粉经改性后得到的产品在轻工、农业、食品、卫生等领域有重要的应用。

2.纤维素

纤维素是自然界中贮量最大、分布最广的多糖,是构成植物的主要成分。如棉花中纤维素含量高达 97%～99%,木材中纤维素占 41%～53%。

纤维素无色、无味,组成与淀粉相同,分子式也是 $(C_6H_{10}O_5)_n$,需要在酸催化下才能水解生成纤维二糖,最终水解产物也是 D-(+)-葡萄糖。与淀粉不同的是,淀粉的构成单元是 α-D-葡萄糖,而纤维素的构成单元是 β-D-葡萄糖,即纤维素是由 D-葡萄糖通过 β-1,4-苷键相连而成的直链多糖,其结构为

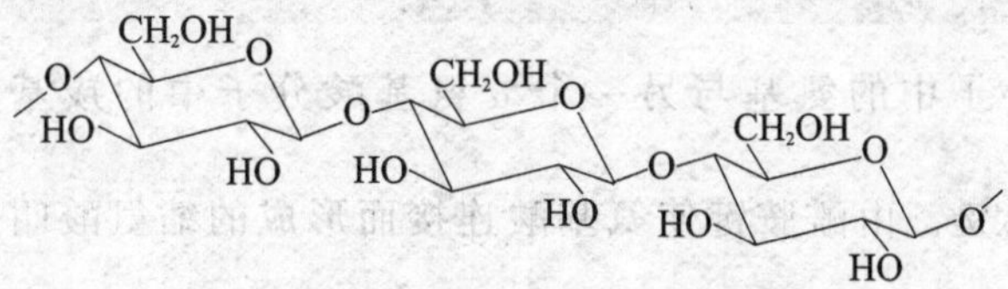

纤维素不溶于水,无还原性。在纤维素中,由于每个葡萄糖单元含有三个醇羟基,与醇相似,也能生成酯和醚。

(1)纤维素酯

在硫酸催化下,乙酸酐和乙酸混合液与纤维素作用可生成醋酸纤维素酯:

$$[C_6H_7O_2(OH)_3]_n + 3n(CH_3CO)_2O \xrightarrow{H_2SO_4} [C_6H_7O_2(OOCCH_3)_3]_n + 3nCH_3COOH$$

此产物易变脆,将其部分水解后得到的醋酸纤维素酯,不易燃烧,可用来制造人造丝、安全胶片等。

纤维素用浓硝酸和浓硫酸处理后生成一种俗称硝化纤维的硝酸纤维素酯。硝化程度不同,含氮量不同,产物的性质和用途也不同。含氮量在 11% 左右的叫胶棉,不溶于水,易燃,但无爆炸性,是制造喷漆、赛璐珞和照相软片等的原料。当纤维素中 3 个游离羟基都被硝化时,含氮量达 13% 左右,此时称硝棉,易燃,有爆炸性,是制造无烟火药的原料。

$$[C_6H_7O_2(OH)_3]_n \xrightarrow[H_2SO_4]{HNO_3} [C_6H_7O_2(ONO_2)_3]_n$$

(2)纤维素醚

纤维素在碱溶液中可以和卤代烷作用,得到纤维素醚,但同时纤维链也有不同程度的断裂。这种短链的醚可用于制备薄膜、假漆。如果用氯乙酸钠代替卤代烷,则生成含有羧基的纤维素醚,俗称羧甲基纤维素。羧甲基纤维素可溶于水中形成黏稠液,可用做纺织工业的上浆剂、黏合剂,石油工业的泥浆稳定剂,造纸工业的胶料及合成洗涤剂的填料,牙膏和冰淇淋的稳定剂等。

$$[C_6H_7O_2(OH)_3]_n \xrightarrow{NaOH} [C_6H_7O_2(OH)_2ONa]_n \xrightarrow{nClCH_2COOH} [C_6H_7O_2(OH)_2OCH_2COOH]_n$$

（3）黏胶纤维

纤维素用氢氧化钠处理后再与二硫化碳反应，生成纤维素黄原酸酯的钠盐，然后在稀酸中水解，转变成纤维素——黏胶纤维。这种黏胶纤维可制成长纤维，称为人造丝，可供纺织和针织用；也可制成短纤维，称为人造棉、人造毛，供纯纺和混纺用。

$$[C_6H_7O_2(OH)_3]_n \xrightarrow[②CS_2]{①NaOH} [C_6H_7O_2(OH)_2OCS_2Na]_n \xrightarrow{H_3^+O} [C_6H_7O_2(OH)_3]_n + nCS_2$$

纤维素　　　　　　　　纤维素黄原酸酯钠　　　　　　黏胶纤维

纤维素虽然在纤维素酶的作用下水解生成葡萄糖，但人体内不存在能使纤维素中 β-苷键断裂的酶，所以纤维素不能给人类提供能量。而有些动物，如牛、羊等，可以消化纤维素。因为这些食草动物的消化道中存在能够产生纤维素酶的微生物，故食草动物靠吃各种富含纤维素的植物茎、叶、根等就能生存。

12.2 蛋白质及核酸

12.2.1 肽

一个 α-氨基酸分子中的氨基与另一个 α-氨基酸分子中的羧基脱水形成的酰胺键 $\left[\begin{array}{c} O \\ \parallel \\ -C-NH- \end{array}\right]$ 叫肽键。由酰胺键使氨基酸连接而形成的缩氨酸叫肽（peptides）。由两个、三个或多个 α-氨基酸组成的肽，分别称为二肽、三肽或多肽。

最简单的肽是由两分子 α-氨基酸形成的二肽。例如，由甘氨酸和丙氨酸形成的二肽，除相同的氨基酸组成的两个二肽外，还可形成下面两种不同的二肽：

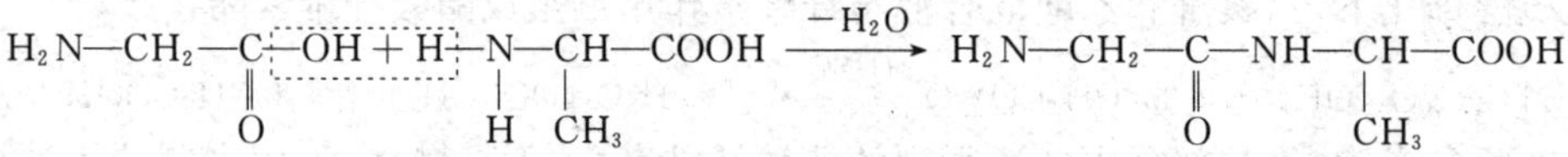

$$H_2N-CH_2-\underset{O}{C}-OH + H-N-\underset{H\ \ CH_3}{CH}-COOH \xrightarrow{-H_2O} H_2N-CH_2-\underset{O}{C}-NH-\underset{CH_3}{CH}-COOH$$

甘氨酸　　　　　　丙氨酸　　　　　　　　　　丙氨酸-甘氨酰

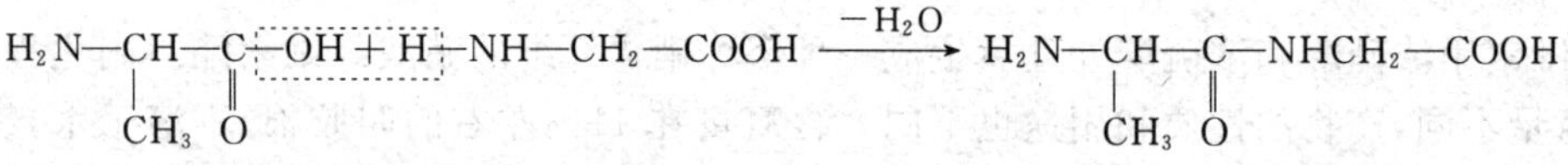

$$H_2N-\underset{CH_3\ \ O}{CH}-C-OH + H-NH-CH_2-COOH \xrightarrow{-H_2O} H_2N-\underset{CH_3\ \ O}{CH}-C-NHCH_2-COOH$$

丙氨酸　　　　　　甘氨酸　　　　　　　　　丙氨酰-甘氨酸

随着形成肽的 α-氨基酸数目增多，在理论上肽键连接方式也随之增多。不考虑同种 α-氨基酸之间的肽键，三肽可有 6 种，四肽可有 24 种，六肽则有 720 种。

多肽一般是 10 个以上氨基酸形成的肽链。多肽广泛存在于自然界，在生物体内起着重要生理作用。如由胰脏 α-细胞分泌的胰高血糖素，它是 29 肽，可调节肝糖元降解产生葡萄糖，以维持血糖平衡。

在肽链中，有氨基的一端叫做 N 端，有羧基的一端叫做 C 端。在书写肽的结构式时，将 N 端写在左边，C 端写在右边。命名时，以 C 端的 α-氨基酸作为母体，由 N 端起，依次称为某氨酰-某氨酸。例如

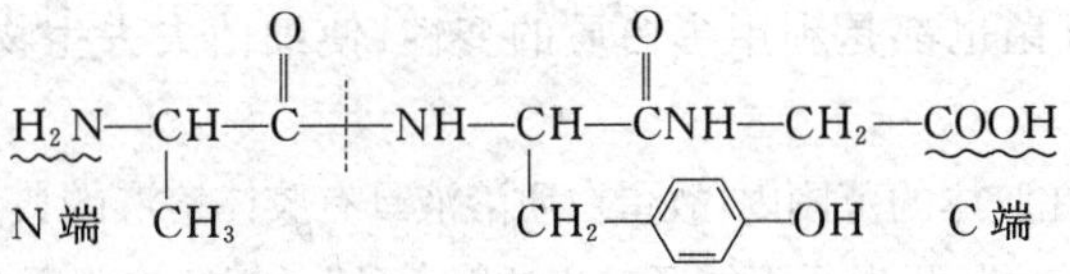

$$H_2N \sim CH-C-NH-CH-CNH-CH_2-COOH \sim$$

N 端　CH_3　　　CH_2　　　　OH　　C 端

称为丙氨酰-酪氨酰-甘氨酸,简记为丙-酪-甘。

12.2.2　蛋白质

蛋白质是结构复杂的多肽,是一类含氮的生物高分子化合物,是生物体内组成细胞的基础物质。由元素分析得知,蛋白质的元素组成中含有 C、H、O、N 及少量 S,有的还含有微量的 P、Fe、Zn、Mo 等元素。蛋白质从组成上可分为简单蛋白质和结合蛋白质。经水解只生成 α-氨基酸的叫简单蛋白质,如鸡蛋中的卵清蛋白;水解后除生成 α-氨基酸外,还生成糖类、核酸等非蛋白物质的叫结合蛋白质,如核蛋白、糖蛋白等。

蛋白质不仅相对分子质量大而且结构复杂。它不仅存在着多肽链内氨基酸的种类和排列不同——构造异构,还存在着多肽链本身或几条多肽链之间的空间结构不同——构型和构象异构。蛋白质的结构层次分为四级。氨基酸在蛋白质肽链中排列的顺序称为一级结构。蛋白质的性质及生物活性,首先取决于它的一级结构。蛋白质分子中的肽链不是像正构烃类化合物那样的线型结构,而是排列成盘旋或折叠状,此为蛋白质的二级结构。二级结构一般有两种,一种是 α-螺旋形,另一种是 β-折叠形。

蛋白质的三级结构是肽链(二级结构)整体上进一步扭曲折叠形成的复杂空间结构。许多球状蛋白质是由多条肽链构成的,每条肽链都有各自一、二、三级结构,这些肽链称为蛋白质的亚基或原体。而各个亚基以一定的方式聚集成团簇式的大分子,称为蛋白质的四级结构。由于蛋白质的结构复杂,分子中含有很多官能团,这些官能团彼此间互相影响,某些基团还带有电荷,所以蛋白质表现出一些特殊的物理和化学性质。

1.两性和等电点

蛋白质和氨基酸相似,也是两性物质,与强酸强碱反应都能生成盐。某一蛋白质在一定的 pH 时,它所带的正电荷与负电荷恰好相等,即净电荷为零,此时溶液的 pH 就是该蛋白质的等电点(用 pI 表示)。不同蛋白质的等电点不同。

在等电点时,蛋白质的溶解度最小。通过调节溶液的 pH(不同的等电点),可使不同的蛋白质从溶液中析出来,用于蛋白质的分离。

2.盐析

在蛋白质的水溶液中加入浓的无机盐(如硫酸铵、硫酸钠、硫酸镁、氯化钠等)溶液后,蛋白质就从溶液中析出,这种作用称为盐析。盐析是一个可逆过程,盐析出来的蛋白质还可以溶于水而不影响其生理功能和性质。所有的蛋白质在浓的盐溶液中都能沉淀出来,但不同的蛋白质盐析出来所需盐溶液的最低浓度是不相同的,利用此性质可分离不同的蛋白质。

3.变性

蛋白质受到某些物理因素(如加热、高压、强烈振荡、紫外线等)或化学因素(如强酸、强碱、氧化剂、重金属盐、乙醇、丙酮等有机溶剂)的作用时,蛋白质的一些物理性质或化学性质发生改变,这种现象称为蛋白质的变性。蛋白质变性后,溶解度大为降低,甚至凝固或析出沉淀。重金属使人体中毒就是 Hg^{2+}、Pb^{2+}、Cu^{2+}、Ag^+ 等重金属盐使蛋白质凝固的缘故。

医院常用高温或酒精灭菌也都是利用蛋白质的变性,使细菌失去生物活性。

4.胶体性质

蛋白质颗粒的大小在胶体的范围内,故蛋白质溶液具有胶体溶液的典型性质,如丁达尔现象、布朗运动等。由于胶体溶液中的蛋白质不能通过半透膜,可用透析法将非蛋白的小分子杂质除去。

5.变色反应

蛋白质中含有不同的氨基酸,可以和不同的试剂发生特殊的颜色变化,由此可鉴别蛋白质。

(1)缩二脲反应:向蛋白质和缩二脲的氢氧化钠溶液中加入硫酸铜稀溶液时出现紫色或粉红色,称为缩二脲反应。二肽以上的肽和蛋白质都可发生此显色反应。

(2)茚三酮反应:茚三酮与具有 $\overset{NH_2}{\underset{|}{-CH}}\overset{O}{\underset{\|}{-C-}}$ 结构的化合物作用,生成蓝紫色物质。

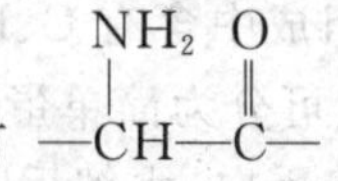

(3)蛋白质黄色反应:某些含有苯环的氨基酸构成的蛋白质,遇浓硝酸后立刻变成黄色。可能是发生了苯环上的硝化反应的缘故。如皮肤、指甲遇浓硝酸变成黄色就是这个原因。

(4)米隆(Millon)反应:含有酪氨酸的蛋白质溶液与 $Hg(NO_3)_2/HNO_3$ 作用,生成白色沉淀,加热后又变成红色,此为酪氨酸分子中羟基与汞的特征反应。

(5)醋酸铅反应:含硫蛋白质在过量强碱溶液中煮沸后,加入醋酸铅,则有黑色物质——硫化铅析出。

12.2.3 核 酸

核酸是一种线型多聚核苷酸,是具有重要生理作用的生物高分子。因为它最初是从细胞核中分离出来的,且具有酸性,所以称为核酸。核酸不仅存在于细胞核内,在细胞质,特别是细胞质的粒子子中,也含有丰富的核酸。在生物体内,核酸对遗传信息的储存和传递,对蛋白质的生物合成等都起着重要作用。经元素分析得知,核酸除含 C、H、O、N 4 种元素外,还含有大量的 P,个别的还含有 S,其中含 N 15%~16%,含 P 9%~10%。

在生物体内,核酸主要以核蛋白的形式存在。由核蛋白水解可得核酸,核酸进一步水解可得如下产物:

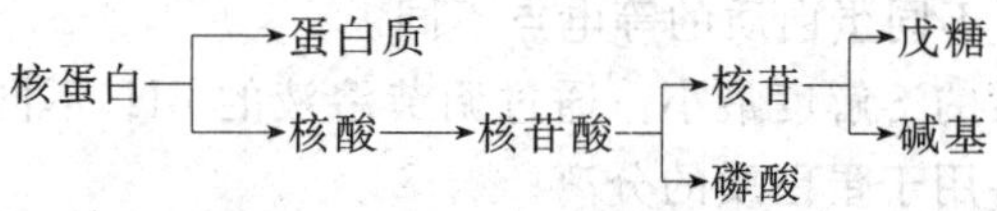

核蛋白 → 蛋白质
核蛋白 → 核酸 → 核苷酸 → 核苷 → 戊糖
核苷酸 → 核苷 → 碱基
核苷酸 → 磷酸

即:核酸是由核苷酸构成,而核苷酸是由碱基、戊糖及磷酸形成。由核酸水解所得到的戊糖有两种,即核糖和脱氧核糖。

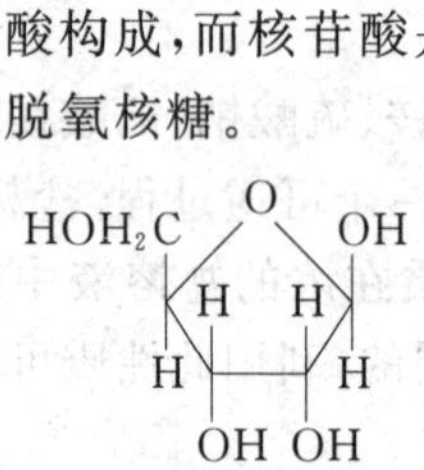

β-D-核糖 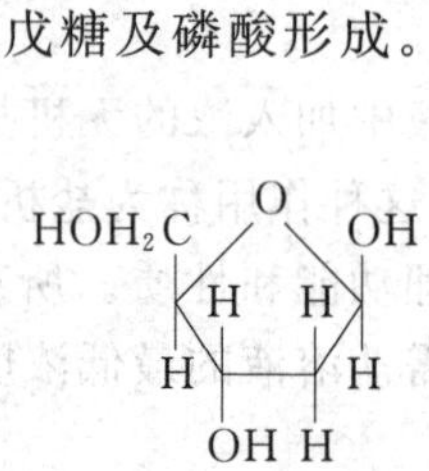   β-D-2-脱氧核糖

按水解后得到戊糖的不同,核酸可分为两类。水解后得到核糖的叫核糖核酸(简称RNA),水解后得到脱氧核糖的叫脱氧核糖核酸(简称 DNA)。核酸水解得到的碱基有两类:嘌呤碱和嘧啶碱。主要有如下 5 种碱基:

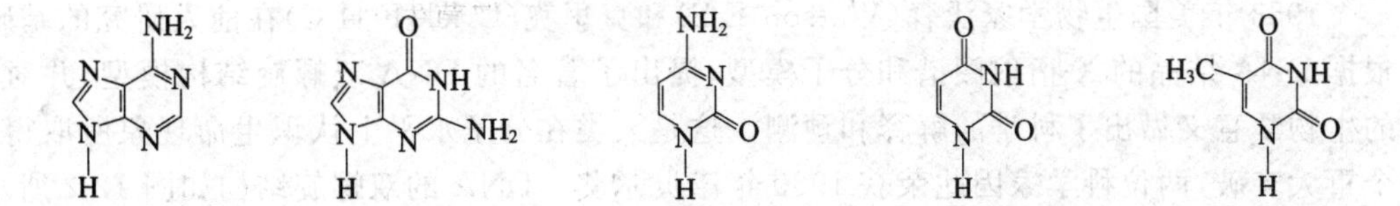

	腺嘌呤	鸟嘌呤	胞嘧啶	尿嘧啶	胸腺嘧啶
	(Adenine,简称A)	(Guanine,简称G)	(Cytosine,简称C)	(Uracil,简称U)	(Thymine,简称T)

RNA 和 DNA 所含的嘌呤碱是相同的,即都含有腺嘌呤(A)和鸟嘌呤(G)。但 RNA 和 DNA 所含的嘧啶碱不完全一样,RNA 含有胞嘧啶(C)和尿嘧啶(U),而 DNA 含有胞嘧啶(C)和胸腺嘧啶(T)。核糖核酸(RNA)和脱氧核糖核酸(DNA)的基本化学组成见表 12-1。

表 12-1　　　　DNA 和 RNA 的基本化学组成

化学组成		DNA	RNA
碱基	嘌呤碱	腺嘌呤(A)	腺嘌呤(A)
		鸟嘌呤(G)	鸟嘌呤(G)
	嘧啶碱	胞嘧啶(C)	胞嘧啶(C)
		胸腺嘧啶(T)	尿嘧啶(U)
戊糖		D-2-脱氧核糖	D-核糖
酸		磷酸	磷酸

从表 12-1 可见,DNA 和 RNA 除戊糖不同外,还有 RNA 中无胸腺嘧啶(T),而 DNA 中无尿嘧啶(U)。

核酸的结构非常复杂,分为一级结构和空间结构。一种核酸具有多种碱基,核酸链中含有不同碱基的各种核苷酸是按一定的排列次序互相连接的,这就形成了核酸的一级结构,如图 12-1 所示。

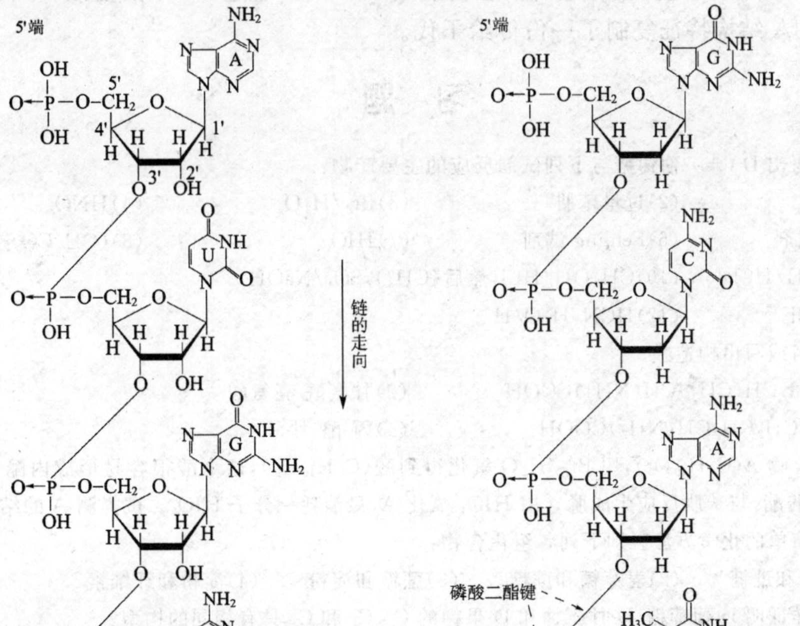

图 12-1　RNA 和 DNA 的一级结构

1953 年美国生物学家沃森(Watson E S)和克里克(Crick F H C)在前人研究的基础上,根据 DNA 结晶的 X-衍射图谱和分子模型,提出了著名的 DNA 双螺旋结构模型,并对模型的生物学意义做出了科学的解释和预测。这是人类在分子水平上认识生命现象所取得的一个重大突破,两位科学家因此荣获 1960 年诺贝尔奖。DNA 的双螺旋结构如图 12-2 所示。

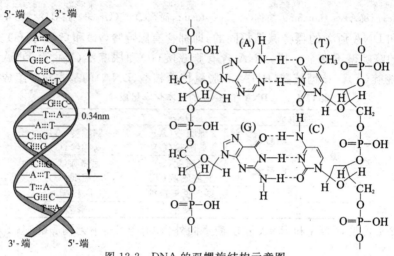

图 12-2　DNA 的双螺旋结构示意图

当细胞分裂时,DNA 的两条链可以从一端"自行"拆开,分离到两个子细胞里,复制出一条与母链相同的新链,这样就将遗传信息传递给下一代。通过 DNA 的复制,母代就把自身所具有的 DNA 结构特征复制了一份传给子代。

习　题

12-1　试写出 D-(＋)-葡萄糖与下列试剂反应的主要产物:

(1)羟胺　　　　　　(2)过量苯肼　　　　　(3)Br_2/H_2O　　　　　(4)HNO_3

(5)托伦试剂　　　　(6)Fehling 试剂　　　　(7)HIO_4　　　　　　(8)$(CH_3CO)_2O$

(9)CH_3OH/HCl　　(10)CH_3OH/HCl,然后$(CH_3)_2SO_4/NaOH$

(11)H_2/Ni　　　　(12)$HCN,H_2O/H^+$

12-2　命名或写出构造式。

(1)$CH_3CH_2CH(CH_3)CH(NH_2)COOH$　　　　　(2)甘氨酰-亮氨酸

(3)$HOOCCH_2CH_2CH(NH_2)COOH$　　　　　　(4)丙-酪-甘

12-3　化合物 A($C_5H_{10}O_4$),用 Br_2/H_2O 氧化得到酸($C_5H_{10}O_5$),这个酸很容易形成内酯。A 与乙酐反应生成三乙酸酯,与苯肼反应生成脎。用 HIO_4 氧化 A,只消耗一分子 HIO_4。试推测 A 的结构式。

12-4　用简单的化学方法区别下列各组化合物:

(1)葡萄糖和蔗糖　　(2)麦芽糖和蔗糖　　(3)蔗糖和淀粉　　(4)淀粉和纤维素

12-5　怎样证明 D-葡萄糖、D-甘露糖和 D-果糖的 C_3、C_4 和 C_5 具有相同的构型?

12-6　写出下列两种单糖的氧环式构象式,它们的哪一种构象比较稳定?

$$\begin{array}{c} CHO \\ HO-\!\!\!\!\!\mid\!\!-\!\! \\ \mid-OH \\ \mid-OH \\ CH_2OH \end{array} \qquad \begin{array}{c} CHO \\ \mid-OH \\ HO-\!\!\!\!\!\mid \\ \mid-OH \\ CH_2OH \end{array}$$

12-7 为什么 D-果糖是还原糖,而 β-甲基呋喃果糖无还原性? 为什么由葡萄糖组成的淀粉无还原性?

12-8 试判断卵清蛋白(等电点 pI＝4.6)、β-乳球蛋白(等电点 pI＝5.2),当外界 pH 为 5.0 时,在电场中朝何方向移动(阳极、阴极或原点不动)?

第13章

有机化合物的红外光谱和核磁共振氢谱

通过有机化合物的波谱分析来确定有机化合物的结构,与仅依靠化学方法对有机化合物进行结构测定相比,有耗用试样量极少、快速、准确等优点。根据有机化合物波谱特征不但对分子的构造而且对构型甚至构象都可进行分析。在这一章,我们对有机化合物的红外光谱(IR)和核磁共振波谱(NMR)做适当的介绍。红外光谱和核磁共振波谱都属于吸收光谱。

分子或原子吸收一定波长的光,便可产生吸收光谱,其吸收光的频率与吸收的能量有关系式:

$$E=h\nu, \quad \nu=\frac{c}{\lambda}=c \cdot \sigma$$

式中,E 为光或电磁波的能量,单位 J;h 为 Planck 常数(6.63×10^{-34} J · s);ν 为频率,单位 Hz;c 为光速(3×10^{10} cm · s^{-1});λ 为波长,单位 cm;σ 代表波数,表示在 1 cm 长度中波的数目,单位是 cm^{-1}。

不同的有机化合物,分子结构不同,由较低能级向较高能级跃迁时所吸收的光或电磁波的能量不同,因此可产生不同的特征性吸收光谱,故可用于鉴别和确定有机化合物的结构。不同的电磁波或光波作用在有机化合物时产生的能级激发形态和相对应的光谱检测方法见表 13-1。

表 13-1	电磁波(或光波)与光谱方法		
光波区域	波长范围	激发能级	光谱方法
γ 射线	0.05～0.14 nm	核的能级	Mössbauer 谱
X 射线	0.1～10 nm	内层电子能级	X 射线光谱
远紫外线	10～200 nm	σ 电子跃迁	真空紫外光谱
紫外线	200～400 nm	n 和 π 电子跃迁	紫外光谱
可见光	400～800 nm	n 和 π 电子	可见光谱
近红外线	0.8～2.5 μm	振动和转动	近红外光谱
中红外线	2.5～15 μm	振动和转动	红外光谱 Raman 光谱
远红外线	15～300 μm	振动和转动	远红外光谱
微波	0.03～100 cm	分子转动、电子自旋	微波波谱 电子自旋波谱
无线电波	1～1000 m	原子核自旋	核磁共振波谱

13.1　红外光谱

红外光谱(infrared spectroscopy,IR)是分子吸收红外区光波时,分子中原子的振动能级和转动能级发生跃迁而产生的吸收光谱。有机化合物的红外光谱图是以波数 σ(或波长 λ)为横坐标,以透射比 T 为纵坐标的谱图,其中吸收峰的位置由波数表示,吸收的强度由 $T\%$ 表示。

13.1.1　分子的两类振动与红外吸收

有机分子的振动是成键原子之间发生键长变化和键角变化而引起的伸缩振动和弯曲振动。有机化合物中原子的不同键接方式,以及不同原子形成的化学键,其伸缩振动和弯曲振动所需能量(波数)不同。因此产生各不相同的红外吸收光谱,可由此来推断化合物的特征性构造。

1.伸缩振动

双原子分子是最简单的分子,当成键两原子间发生伸缩振动时,其振动模型可由简谐振动表示(图 13-1)。

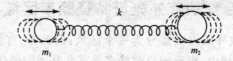

图 13-1　双原子分子的伸缩振动

根据 Hooke 定律描述其振动频率 ν 或波数 σ 的表达式为

$$\nu=\frac{1}{2\pi}\sqrt{k\left(\frac{1}{m_1}+\frac{1}{m_2}\right)},\qquad \sigma=\frac{1}{2\pi c}\sqrt{k\left(\frac{1}{m_1}+\frac{1}{m_2}\right)}$$

上述两式中 k 为两原子间键的力常数,m_1、m_2 分别为两个原子的相对质量。令 $\frac{1}{m_1}+\frac{1}{m_2}=\frac{m_1+m_2}{m_1 m_2}=M$,$M$ 称为折合质量,则有

$$\sigma=\frac{1}{2\pi c}\sqrt{k\cdot M}=1\ 303\sqrt{k\cdot M}$$

可见,M 越大,k 越大,发生伸缩振动时所需能量越大,即红外光谱中的该振动的吸收峰所对应的波数(σ)数值越大。

在有机分子中,由于碳、氮、氧等原子分别可以与四个、三个、两个其他原子以单键相连,形成中性分子,直接键接的两个原子间的振动受相连的其他成键原子间的振动影响。例如,在—CH_2—中有两个 C—H 键(共用一个碳原子),它们的伸缩振动能相当,可相互偶合,结果表现出对称伸缩振动和不对称伸缩振动两种情况,相应的频率(或波数)也不同:

对称伸缩振动(ν_s)　　　　　　不对称伸缩振动(ν_{as})
$2\ 853\ cm^{-1}$　　　　　　　　　$2\ 926\ cm^{-1}$

2.弯曲振动

弯曲振动是指有机化合物中,相关联原子之间的键角发生变化,有面内弯曲(δ)和面外弯曲(r)两类。面内弯曲振动又分为剪式和摇式两种;面外弯曲又分为摆式和扭式两种。以—CH$_2$—为例:

面内剪式弯曲 1 450±20 cm^{-1}　　面内摇式弯曲 ~720 cm^{-1}　　面外摆式弯曲 ~1 300 cm^{-1}　　面外扭式弯曲 ~1 250cm^{-1}

"⌒"或"⌣"表示在键角平面内的变形弯曲方向,⊕和⊖表示离开键角平面的变形弯曲方向。弯曲振动所需能量较少,相应的波数也较低,但可反映出一些细微的结构特征。

在有机化合物中,不是所有的振动都能够引起红外吸收。产生红外吸收的条件是:分子吸收的红外光的频率(ν)应与分子发生相关振动的基本频率(ν_0)相同(即 $hc\nu = \Delta E = hc\nu_0$),而且分子振动时必然产生偶极矩的变化。没有偶极矩变化的振动属于红外非活性振动,在红外光谱中不出现吸收峰。如CH$_3$C≡CCH$_3$中的C≡C的伸缩振动无偶极矩变化,不产生红外吸收。

13.1.2　有机化合物的红外光谱特征频率区域

在红外光谱图中,吸收峰的出现被分为三个区域:倍频区、官能团特征区和指纹区。在大于 3 700 cm^{-1} 的倍频区域内,出现的吸收峰多是某些基团的倍频吸收,而不是该基团的基本吸收频率。在小于 1 600 cm^{-1} 低频区域内吸收峰多而复杂,可反映出化合物在结构上的细微变化,故称为指纹区。在官能团特征区内(1 600~3 700 cm^{-1}),许多官能团有其特征吸收,以此可以判断化合物是否具有某种官能团。常见官能团的红外吸收频率见表13-2。

表 13-2　　　　　　　　　常见官能团的红外吸收频率

键 型	化合物类型	吸收峰位置/cm^{-1}	吸收强度
C—H	烷烃	2 960~2 850	强
=C—H	烯烃及芳烃	3 100~3 010	中等
≡C—H	炔烃	3 300	强
—C—C—	烷烃	1 200~700	弱
C=C	烯烃	1 680~1 620	不定
—C≡C—	炔烃	2 200~2 100	不定
C=O	醛	1 740~1 720	强
	酮	1 725~1 705	强
	酸及酯	1 770~1 710	强
	酰胺	1 690~1 650	强
—O—H	醇及酚	3 650~3 610	不定,尖锐
	氢键结合的醇及酚	3 400~3 200	强,宽

（续表）

键　型	化合物类型	吸收峰位置/cm^{-1}	吸收强度
—N（H）（H）	胺	3 500～3 300	中等,双峰
C—X	氯化物	800～600	中等
	溴化物	700～500	中等

烷烃中主要有 C—H 和 C—C 两种化学键的红外吸收,以 3-甲基戊烷的红外光谱为例,从图 13-1 可见:3 000～2 800 cm^{-1} 处强吸收为饱和 C—H 的伸缩振动吸收;1 461 cm^{-1} 和1 380 cm^{-1} 处强吸收为—CH$_3$ 和—CH$_2$—的面内弯曲振动吸收;1 380 cm^{-1} 处吸收峰无裂分,表示无同碳二甲基和同碳三甲基存在;775 cm^{-1} 处峰为 $\leftarrow$CH$_2$$\rightarrow_n$ 的面内摇摆振动吸收,并且 $n<4$,若 $n\geqslant4$,则该峰应在～722 cm^{-1} 处。

烯烃有 C=C 伸缩振动、=C—H 伸缩振动和 =C—H 面外变形振动三种特征吸收。双键伸缩振动吸收在 1 680～1 620 cm^{-1},=C—H 伸缩振动吸收在 3 100～3 010 cm^{-1}（中等强度）,可用于鉴定双键以及双键碳上至少有一个氢原子存在。=C—H 的面外摇摆振动吸收在 1 000～800 cm^{-1},对于鉴定各种类型的烯烃非常有用。

炔烃中碳碳三键的力常数比碳碳双键大,所以三键比双键伸缩振动出现在较高波数位置,端炔烃 RC≡CH 的 C≡C 伸缩振动在 2 140～2 100 cm^{-1}（弱）,二元取代炔烃 RC≡CR′ 的C≡C 伸缩振动在 2 260～2 190 cm^{-1},乙炔及对称二取代乙炔,因分子对称,在红外光谱中没有 C≡C 吸收峰。≡C—H 伸缩振动吸收在 3 310～3 300 cm^{-1}（较强）,与 N—H 伸缩振动值很近,但 N—H 伸缩振动多为宽峰,易于识别。在 700～600 cm^{-1} 区域有 ≡C—H 弯曲振动吸收,对于端炔结构鉴定有意义。

正辛烷、1-辛烯、1-辛炔的红外光谱图如图 13-2～图 13-4 所示。

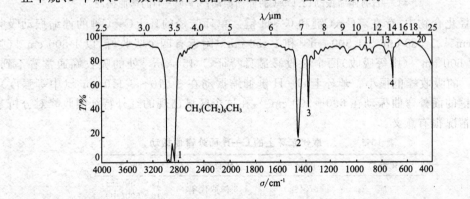

图 13-2　正辛烷的红外光谱
1.C—H 的伸缩振动;　2 和 3.C—H 的弯曲振动
4.(—CH$_2$—)$_n$　$n\geqslant4$ 时的面内摇摆振动

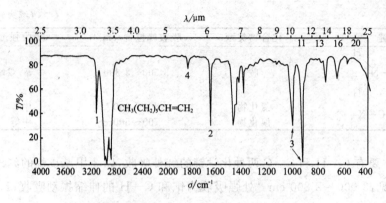

图 13-3 1-辛烯的红外光谱

1.=C—H的伸缩振动;2.C=C的伸缩振动

$$\underset{H}{\overset{H}{\underset{|}{\text{—C}}}}=\underset{H}{\overset{H}{\underset{|}{\text{C—H}}}}$$

3.——C=C—H的面外摇摆振动;4.915 cm^{-1}的倍频峰

(995 cm^{-1}和915 cm^{-1}二处的吸收峰是末端烯烃的特征)

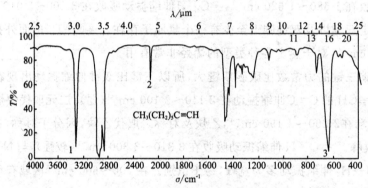

图 13-4 1-辛炔的红外光谱

1.≡C—H的伸缩振动;2.C≡C的伸缩振动;3.≡C—H的弯曲振动

在芳烃化合物中,存在着C=C键和C—H键。单环芳烃的环上C=C键的伸缩振动吸收在 1 600 cm^{-1}、1 580 cm^{-1}、1 500 cm^{-1}和 1 450 cm^{-1}附近有四个吸收峰,以 1 500 cm^{-1}(强吸收)和 1 600 cm^{-1}(中等吸收)两个吸收峰最具特征,1 450 cm^{-1}处的吸收峰通常看不到,1 580 cm^{-1}的吸收峰也很小。苯环上 C—H键伸缩振动在 3 010~3 110 cm^{-1}(中等强度)。而 C—H键的面外弯曲振动在 690~900 cm^{-1},在这个区域出现的红外特征吸收峰对分析苯环上取代情况很有意义。

表 13-3 　　取代苯环上的 C—H 面外弯曲振动

化合物	σ/cm^{-1}	化合物	σ/cm^{-1}
苯	670(强)	1,3-二取代苯	810~750(强) 710~690(中)
一取代苯	770~730(强) 710~690(强)	1,4-二取代苯	833~810(强)
1,2-二取代苯	770~735(强)		

在醇的 IR 谱中,主要有两种特征的化学键伸缩振动吸收峰:C—O 键及 H—O 键。

游离的醇羟基(在非极性溶剂,如 CCl$_4$ 中)的伸缩振动吸收在 3 500~3 650 cm^{-1}有一尖

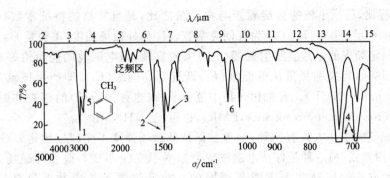

图 13-5　甲苯的红外光谱

1.苯环中 C—H 的伸缩振动;2.芳环骨架的伸缩振动;3.—CH₂—H的弯曲振动;

4.一取代苯环上 C—H 面外弯曲振动;5.—CH₂—H的伸缩振动;6.C—C 伸缩振动

峰;而醇分子之间有氢键形成时,缔合羟基的伸缩振动吸收则在 3 200～3 400 cm⁻¹有一宽峰;分子内缔合羟基在 3 000～3 500 cm⁻¹有伸缩振动吸收峰。醇分子中的 C—O 键的伸缩振动一般是在 1 050～1 200 cm⁻¹出现吸收峰。例如:

$$\text{伯醇 C—O 键}\quad \nu_{伸}=1\ 050～1\ 085\ cm^{-1}$$

$$\text{仲醇 C—O 键}\quad \nu_{伸}=1\ 100～1\ 125\ cm^{-1}$$

$$\text{叔醇 C—O 键}\quad \nu_{伸}=1\ 150～1\ 200\ cm^{-1}$$

醛、酮羰基在 1 680～1 750 cm⁻¹有强伸缩振动吸收峰,醛基(—CHO)中C—H键在 2 665～2 880 cm⁻¹区域有特征伸缩振动吸收峰,可用来判断是否有—CHO 存在。

胺的红外光谱有 N—H 键及 C—N 键的特征吸收峰。N—H 键的伸缩振动在 3 300～3 500 cm⁻¹(其中伯胺为双峰、仲胺为单峰);弯曲振动在 1 580～1 650 cm⁻¹;摇摆振动在 666～909 cm⁻¹。C—N 键的伸缩振动:脂肪胺在 1 020～1 250 cm⁻¹;芳香胺在 1 250～1 380 cm⁻¹,其中芳伯胺在 1 250～1 340 cm⁻¹,芳仲胺在 1 250～1 350 cm⁻¹,芳叔胺在 1 310～1 380 cm⁻¹。

化合物的红外谱图解析比较困难,很大程度上依赖于实践经验。有一万种左右有机化合物的红外光谱已被测定出来,制成标准谱图。一些常见化合物也可利用标准谱图进行鉴定。

13.2　核磁共振氢谱

13.2.1　核磁共振原理概述

原子序数或质量数为奇数的原子核,其自旋可产生一定的磁矩。自旋着的质子具有能量相同的量子数为 $m_s=+\dfrac{1}{2}$ 和 $m_s=-\dfrac{1}{2}$ 两个自旋态。但质子在外磁场 H_0 中自旋时,两个自旋态的能量不再相等,自旋磁矩与 H_0 同向平行的自旋态能级较低(E_α),自旋磁矩与 H_0 反向平行的自旋态能级较高(E_β),这两个自旋能级之差 ΔE 的大小与外加磁场 H_0 的强度成正比:

$$\Delta E=E_\beta-E_\alpha=\gamma\frac{h}{2\pi}H_0=h\nu\ \left(\nu=\gamma\cdot\frac{H_0}{2\pi}\right)$$

式中,γ 为磁旋比,是原子核的自旋磁矩与角动量之比,是自旋核的特征常数(对于 $^1H,\gamma=2.675\times10^8$ A·m²·J⁻¹·s⁻¹);h 为普朗克常数,H_0 为外磁场强度,单位是 Gs。

如果用一定频率的电磁波照射磁场(H_0)中的氢核,当电磁波的能量恰好满足上式时,自旋的氢核因吸收相应的能量从低能级(E_α)跃迁到高能级(E_β),即产生核磁共振(nuclear magnetic resonance,NMR)。有机化合物中氢原子核(也称为质子)的核磁共振又称为质子核磁共振(proton magnetic resonance,PMR),也可记为 ^1HNMR。

核磁共振仪的工作方式有两种,一种是保持外磁场强度不变(H_0 固定),改变电磁波辐射频率,称为扫频式;另一种是保持电磁波辐射频率不变(ν 不变),改变外磁场强度,称为扫场式。这两种方式的核磁共振谱图是相同的。常见的质子核磁共振仪是扫场式的,在 ^1HNMR 谱图中,每一组吸收峰对应一定的磁场强度,用于表示化合物中不同结构环境的氢原子核发生核磁共振所需能量不同。

13.2.2 化学位移

由于氢核的化学环境的不同而引起的核磁共振信号位置的变化叫做化学位移(chemical shift),以 δ 表示。"化学环境"在这里指化合物中氢原子核外的电子分布情况、与该氢核邻近的其他原子和成键电子的分布情况及其对该氢核的影响。化学环境不同的氢核(也就是结构环境不同的质子),其核磁共振谱图中的化学位移不同。

通过实验测定发现,有机分子中不同化学环境的氢核,其核磁共振信号与独立的质子相比,出现在较高磁场处。这主要是在氢原子核周围的电子对其产生了屏蔽效应(shielding effect)。在外磁场(H_0)的感应下,氢原子核周围的电子的运动产生了感应磁场,其方向与外磁场方向相反,则氢核实际所感受到的磁场强度比 H_0 略小。如果要使该氢核产生核磁共振现象,在采用扫场式的测定操作时,就必须适当增大外磁场强度,才能使被屏蔽的氢核发生核磁共振。氢核外部的电子云密度越大(质子性质越不明显),氢核受到的屏蔽作用就越大,则该氢核发生核磁共振所需能量就越大,即它在 ^1HNMR 谱图中较高磁场处出现吸收峰(δ 值较小)。

有机化合物中由于结构上的差异性,不同化学环境的氢核的 ^1HNMR 化学位移(δ 值)互不相同。为了便于比较和判断,选定以 $Si(CH_3)_4$(简记 TMS)为参照标准物,规定其中氢核的化学位移值为零($\delta=0$),将其他氢核的化学位移与之对比,按下式取相对化学位移 δ 值:

$$\delta=\frac{\nu_{试样}-\nu_{TMS}}{\nu_0}\times10^6$$

在常见的有机化合物中,氢核的 δ 值是负的,按 IUPAC 的建议,规定在 ^1HNMR 谱图中 δ 值改写为正值。则 δ 值越大,氢核受到的屏蔽作用就越小(或去屏蔽作用越大),在较低磁场强度处便可发生核磁共振。反之,δ 值越小,氢核的受屏蔽作用越大,核磁共振在较高磁场强度处方可发生。

在测定化合物的 ^1HNMR 谱图时,一般把待测试样用不含氢原子的 CCl_4、CS_2 或 $DCCl_3$ 制成溶液,将其与 TMS 混在一起,此为内标法;若将 TMS 置于封闭的毛细管中,然后再放入试样中进行测定,此为外标法。

表 13-4 中列出了部分常见 ^1H 的化学位移值。

表 13-4　　　　　　　　部分 ^1H 的化学位移值　　　（以 TMS 为标准）

氢的类型	化学位移	氢的类型	化学位移
RCH_3	0.9	ROH	1.0~5.5*
R_2CH_2	1.3	ArOH	6~8*
R_3CH	1.5	RCOOH	10~13*
C=CH₂	4.5~6.0	R—CHO	9~10
C=CCH₃	1.7	R—O—CH₃	3.5~4
C=C—C—H	1.9~2.6	RCOOCH₃	3.7~4
—C≡CH	1.7~3	R—CO—CH	2~2.7
Ar—C—H	2.3~3	H—C—COOR	2~2.2
Ar—H	6.3~8.5	RNH_2，R_2NH	0.5~3.5*
$RCONH_2$	5.0~6.5	$ArNH_2$	2.9~4.8*
C=C—O—H	15~17	(ArNRH)	

* 与 O、N 相连的 H,其化学位移随测定时的温度、浓度、溶剂等条件的变化有较大幅度改变。

13.2.3　影响化学位移的因素

有机化合物中氢核的化学位移的大小取决于核外电子云密度的高低及磁各向异性效应的强弱。

1.电负性的影响

电负性较大的原子或基团对电子的吸引力大,即吸电子诱导效应强。它可使分子中氢原子核外的电子云密度降低,即屏蔽效应减小,氢的质子性增强,化学位移值增大;也就是电负性大的基团使质子的核磁共振信号(化学位移)移向低场。相反,有供电基团存在时,氢核外电子云密度增加,屏蔽效应增强,质子的化学位移向较高场处移动。例如

化合物	$(CH_3)_4Si$	CH_4	CH_3I	CH_3Br	CH_3Cl	CH_3OH	CH_3F
CH_3 中 ^1H 的 δ	0	0.23	2.16	2.68	3.05	3.40	4.26

2.磁各向异性效应

分子中某些基团电子云的分布不是球形对称时,在外加磁场作用下,它对邻近的 ^1H 核产生一个各向异性的磁场,因此使分子中处于不同空间位置的氢核受到不同程度的屏蔽作用,此为磁各向异性效应。处于受屏蔽区域的 ^1H 其 δ 值移向较高场,处于去屏蔽区域的 ^1H 其 δ 值移向较低场。下面以乙烯、乙炔、苯为例介绍化学位移与磁各向异性效应的关系。

如图 13-6 所示,当乙烯或苯环的骨架平面与外磁场方向垂直时,π 电子形成的环电流在其内部区域产生一个与外加磁场反向平行的感应磁场。若氢核处于这个区域中,有较强的受屏蔽作用,必须加大外磁场的强度才能发生核磁共振。但是,在感应磁场与外磁场同向平

行区域中的氢核则受到较强的去屏蔽作用,在此去屏蔽区域的质子的化学位移则在较低场处出现。由于乙烯双键碳上的氢和苯环中的氢正处于去屏蔽区,故它们的 δ 值较高。苯的 $\delta_H=7.27$,乙烯中 $\delta_H=5.25$。

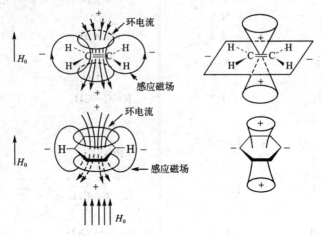

图 13-6　乙烯、苯的各向异性效应(＋号及－号分别表示受屏蔽区和去屏蔽区)

如图 13-7 所示,乙炔分子在外磁场中,可有两种取向,一种是与外磁场垂直,另一种是与外磁场平行。但这两种取向的 π 电子环流产生的感应磁场使炔氢所处的磁各向异性效应区域不同,前者是去屏蔽区,后者是受屏蔽区,综合结果是炔氢的受屏蔽作用较强。乙炔中 ^1H 的 δ_H 值为 2.8。一般的单取代炔烃 R—C≡CH,其 δ_H 值在 1.7～2.0。

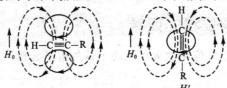

图 13-7　C≡C 的各向异性效应

13.2.4　自旋偶合与自旋裂分

1.磁等价质子和磁不等价质子

在有机化合物中,化学环境相同(则化学位移相同)的质子称为磁等价质子。例如,下列化合物中各自的氢核属于磁等价质子:$H_2C{=}CH_2$,$HC{\equiv}CH$,H_3CCH_3,C_6H_6,$(CH_3)_4Si$,CH_3COCH_3,$(CH_3)_2C{=}C(CH_3)_2$。

化学环境不同(化学位移必定不同)的质子称为磁不等价质子。例如,在 1-氯丙烷 $(CH_3CH_2CH_2Cl)$中 3 个碳上的氢核互为磁不等价质子,在下面所列化合物中,被标注的氢核互为磁不等价质子:

$$
\begin{array}{cccc}
\underset{(a)}{CH_3} & \underset{(a)(b)}{CH_3\,CH_2} & \underset{(d)}{H} & \\
C{=}N & & C{=}C & \\
\underset{(b)}{CH_3} & \underset{(c)}{OH} & \underset{(c)}{CH_3} & \underset{(e)}{H}
\end{array}
$$

2.自旋偶合与自旋裂分

从丙醇和氯乙烷的^{1}HNMR 谱图中可见(图 13-8、图 13-9),它们的—CH_3 和—CH_2—上的磁等价质子的吸收峰不是单峰,而是多重峰。这是因为分子中相邻的磁不等价质子其自旋的相互作用导致了磁等价质子的核磁共振吸收峰发生分裂,把这种自旋的相互作用称为自旋-自旋偶合,简称为自旋偶合,而由此产生的质子的核磁共振吸收峰分裂成多重峰的现象称为自旋裂分。

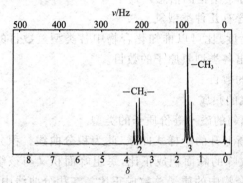

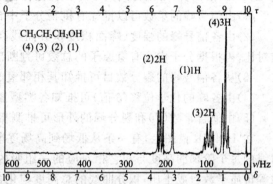

图 13-8　氯乙烷的^{1}HNMR 谱(60 MHz)　　　图 13-9　丙醇的^{1}HNMR 谱(60 MHz)

质子的自旋偶合产生自旋裂分,但是磁等价质子之间的自旋偶合作用不产生自旋裂分,如对二甲苯的^{1}HNMR 谱图中只有两个单峰;磁不等价质子之间的自旋偶合作用才产生自旋裂分。自旋裂分所形成的每组吸收峰中,各峰之间的距离称为偶合常数,用 J 表示,单位是 Hz。

两组相互偶合的磁不等价质子的化学位移之差 $\Delta\nu$ 与其偶合常数 J 的比值($\Delta\nu/J$)大于等于 6 时,其^{1}HNMR 谱图呈现一级谱图的特征:

(1)峰的裂分数目符合 $n+1$ 规律。n 为相邻碳原子上磁等价质子的数目。

(2)一组裂分峰中各峰的强度的比值基本上符合二项式的展开系数之比:双峰(1∶1),三重峰(1∶2∶1),四重峰(1∶3∶3∶1),五重峰(1∶4∶6∶4∶1),六重峰(1∶5∶10∶10∶5∶1),七重峰(1∶6∶15∶20∶15∶6∶1)。

(3)每组裂分峰中心处对应的 δ 值为该种氢的化学位移。

(4)相互偶合的两组裂分峰的峰型由外侧到内侧,峰高增大(图 13-10)。

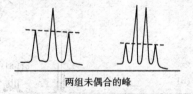

两组未偶合的峰　　　　　　两组偶合的峰

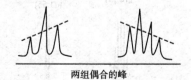

图 13-10　裂分峰的峰型

(5)每组裂分峰中,各裂分峰等距离,即偶合常数 J 相同。

所谓($n+1$)规律是指在分子中,某个质子与 n 个磁等价质子自旋偶合时,该质子的核磁共振信号裂分为($n+1$)重峰。

$\Delta\nu/J \geqslant 6$,以及同一组氢核均为磁等价质子,这是产生^{1}H 的一级谱的条件。不满足一级谱条件的^{1}HNMR 谱称为高级谱,其谱图的峰形较复杂,而且裂分峰的数目不符合$(n+1)$规律。

13.2.5 ^{1}HNMR 谱图解析

通过考查一个纯有机化合物的核磁共振谱图,对于不太复杂有机化合物分子的一级^{1}HNMR 谱而言,可以得到关于此有机化合物分子结构的信息:

(1)由信号峰的组数可以推知有机物分子中含有几种类型氢。

(2)由各信号峰的强度(峰面积或积分曲线高度)比可以推知化合物中各类型氢数目的相对比,再根据分子中含有氢原子的总数可判断出各类型氢原子的数目。

(3)从各信号峰的裂分数目可推知其相邻氢的数目。

(4)由各峰的化学位移(δ 值)可推知各类型氢的归属。

(5)由偶合常数(J)和裂分峰的外形可推测相邻的磁不等价质子的类型。

在^{1}HNMR 谱图上,有一条从低场到高场逐渐上升的阶梯式曲线,此为积分曲线。积分曲线的每个阶梯的高度与和它相对应的一组吸收峰的峰面积成正比,每组峰面积又与该组磁等价质子数目成正比;积分曲线的总高度与化合物中的质子总数成正比。在积分曲线中,各阶梯高度之比就等于各组磁不等价质子数目之比。峰面积可由电子积分仪测量,并在谱图上以连续的阶梯式积分曲线表示出来。根据积分曲线中各阶梯高之比,由分子中氢的总数很容易推算出各磁不等价质子的数目。

【例 13-1】 如图 13-11 所示两个^{1}HNMR 谱图分别代表化合物 1-氯丙烷和 2-氯丙烷。试说明其归属。

解 在 2-氯丙烷($CH_3CHClCH_3$)中,只有两组磁不等价质子;两个—CH_3 上的 6 个氢是磁等价的,它们对仲碳上氢核的自旋偶合作用使其核磁共振吸收峰裂分为$(6+1)=7$ 重峰,而且,该组峰应有较大的化学位移。因为 Cl 的—I 效应对仲碳上的氢核有较强的去屏蔽作用,该化学位移在较低场处($\delta=4.14$)出现。甲基上的氢核只受一个邻接质子的自旋偶合作用,故其吸收峰裂分为双峰。所以,图(A)应为 2-氯丙烷。图(B)为 1-氯丙烷;图(B)中有3 组峰,对应着 $CH_3CH_2CH_2Cl$ 中三组磁不等价质子;而且—CH_3 和—CH_2Cl 上的氢核的吸收峰受—CH_2—上两个质子的自旋偶合(三键偶合)作用使其裂分为三重峰;—CH_2—上氢核的吸收峰,由于受邻近的—CH_3 和—CH_2Cl 上的质子的自旋偶合作用,被裂分。

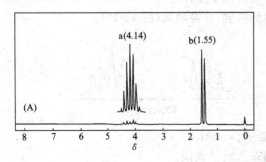
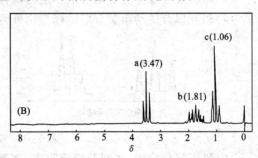

图 13-11 氯丙烷的核磁共振谱(60 MHz)

【例 13-2】 已知分子式为 $C_4H_{10}O$ 的化合物的^{1}HNMR 谱如图 13-12 所示,试写出该化合物的构造式。

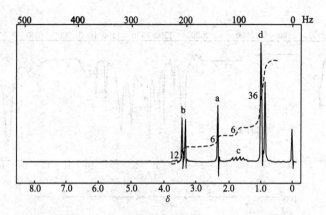

图 13-12 化合物 $C_4H_{10}O$ 的 ^{1}HNMR 谱

解 从图中可看出,该饱和化合物中有 4 组氢,由积分曲线的阶梯高度之比可看出,这 4 种氢的比例是 a:b:c:d=6:12:6:36=1:2:1:6,而分子中只有 10 个氢,所以这 4 种氢的数目是 1,2,1,6。从各信号的位置及裂分峰的数目可知:$\delta \approx 2.4$ 的单峰应是羟基上的氢,而 $\delta \approx 1$ 的 6 个质子的双峰应是 2 个甲基上的氢核,并且与之邻近的磁不等价质子只有 1 个。图中 b 处也是双峰,且含有 2 个磁等价氢核,而且该峰的化学位移值最大,应有

$$\underset{b}{\overset{H}{\underset{|}{C}}}-CH_2-OH$$

结构特征。所以该化合物的构造式为 $\underset{d\quad c\quad b\quad a}{(CH_3)_2CHCH_2OH}$。c 处的信号峰为多重峰,它是由 2 个 H_b 和 6 个 H_d 对 H_c 共同自旋偶合作用产生的自旋裂分峰。

【例 13-3】 分子式为 C_9H_{12} 的化合物,其 ^{1}HNMR 谱图如图 13-13 所示,试写出该化合物的构造式。

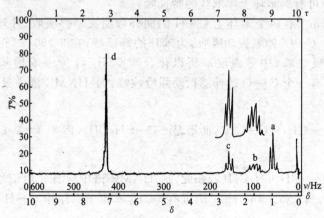

图 13-13 C_9H_{12} 的 ^{1}HNMR 谱

解 从图中出现 4 组信号峰可判定,该化合物是含有苯环的有 4 种氢的取代芳烃。d 处的 $\delta \approx 7.2$,是苯环上的 [1]H 的吸收峰;因为 a 处和 c 处均为三重峰,而且 [1]H_a 的化学位移值 $\delta \approx 1.0$,a 处应为 CH_3 的信号;但在 [1]H_a 和 [1]H_c 中间,一定有 $-CH_2-$ 存在,即与 b 处的信号相对应。所以该化合物的构造式为 $\text{C}_6\text{H}_5-CH_2CH_2CH_3$。

【例 13-4】 试由分子式为 $C_9H_{10}O$ 的 IR 谱图和 ^{1}HNMR 谱图(图 13-14)推测其结构。

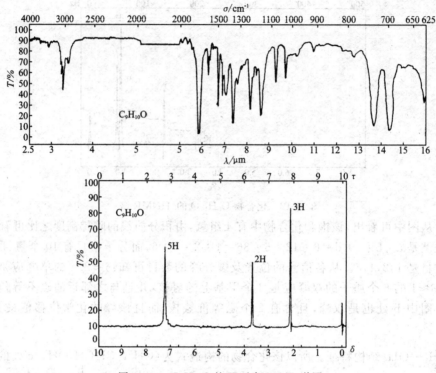

图 13-14 $C_9H_{10}O$ 的 IR 和 ^{1}HNMR 谱图

解 有机化合物的结构表征,往往不是由一种波谱图来完成的,常常是几种谱图联合运用。从图 13-14 中看到,$C_9H_{10}O$ 的 ^{1}HNMR 谱中有 $\delta=7.3$ 左右的化学位移,而且有 5 个氢质子,再从 IR 谱中可看到苯环上单取代的特征峰。

在 770~690 cm^{-1} 有两个苯环上 C—H 的面外弯曲振动强吸收,并且在 1 600 cm^{-1} 和 1 500 cm^{-1} 附近有 C=C 伸缩振动吸收,为苯环的特征峰;在 3 100~3 000 cm^{-1} 还存在着 =C—H伸缩振动吸收峰(中等强度),所以化合物 $C_9H_{10}O$ 为一取代苯。在 IR 谱中,于 1 720 cm^{-1} 附近处有一个 C=O 的伸缩振动强吸收峰,而 ^{1}HNMR 谱中只有 3 种化学位移,

苯环上的取代基为 —CH$_2$—$\overset{\text{O}}{\overset{\|}{\text{C}}}$—CH$_3$,而不是 —$\overset{\text{O}}{\overset{\|}{\text{C}}}$—CH$_2CH_3$,因为 $\delta=2.2$ 及 $\delta=3.7$ 的两个

峰没有裂分,也不是 —CH$_2$CH$_2\overset{\text{O}}{\overset{\|}{\text{CH}}}$(若如此,则 ^{1}HNMR 谱中应有 4 组信号峰)。而从 IR 图中可见到在 1 380 cm^{-1} 和 1 460 cm^{-1} 附近有 —CH$_2$— 和 —CH$_3$ 中 C—H 的弯曲振动,并且在 2 900~2 800 cm^{-1} 有 $\overset{|}{\underset{|}{\text{—C—H}}}$ 的伸缩振动。综合以上分析可知,化合物 $C_9H_{10}O$ 的构造式为 $C_6H_5CH_2COCH_3$。

习 题

13-1 下列各组化合物的红外光谱有什么特征区别?

(1) $CH_3C\equiv CCH_3$ 和 $CH_3CH_2C\equiv CH$ (2) ⬡—OH 和 ⬡=O

(3) 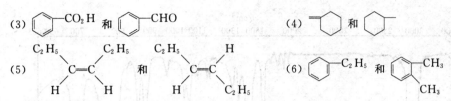 和 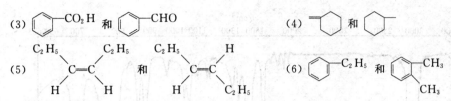　　　　(4) 和

(5) 和　　　　(6) 和

13-2　下列各组化合物的核磁共振谱有什么特征区别？

(1) $CH_3CH=CH_2$ 和 $CH_3C≡CH$　　　　(2) CH_3CH_2OH 和 CH_3OCH_3

(3) COCH_3 和 CO_2CH_3　　　　(4) CH_2OH 和 CHO

(5) H_3C-　$-CH_3$ 和 $Cl-$　$-Cl$　　　　(6) $HO-$　$-CH_3$ 和　$-OCH_3$

13-3　预计下列各化合物的 ^1HNMR 图中，将有几个核磁共振信号峰出现。

(1) $CH_3-CH-CH_2$（O）　　　(2) $CH_3CH=CH_2$　　　(3) $CH_3CH_2C≡CH$

(4) $CH_3CO_2CH(CH_3)_2$　　　(5) $CH_3CHClCH_2CH_3$　　　(6) 吡啶 $-CH_3$

13-4　按化学位移值由大到小，把下列化合物中各个质子的 $δ$ 值排列成序。

(1) $C_6H_5CH_2CH_2CH_3$　　(2) $ClCH_2CH_2CH_2Br$　　(3) $CH_3COOCH_2CH_3$　　(4) O_2N-　$-CH_2CH_3$

13-5　根据 IR、^1HNMR 光谱数据，推测化合物构造式。

(1) 分子式为 $C_9H_{11}Br$，^1HNMR 谱：$δ=2.15$（2H 五重峰），$δ=2.75$（2H 三重峰），$δ=3.38$（2H 三重峰），$δ=7.22$（5H 单峰）。

(2) 分子式为 $C_9H_{10}O$，^1HNMR 谱：$δ=2.0$（3H 单峰），$δ=3.5$（2H 单峰），$δ=7.1$（5H 多重峰）。IR 谱中有 $1705\ cm^{-1}$ 强吸收峰。

(3) 实验式为 C_3H_6O，^1HNMR 谱：$δ=1.2$（6H 单峰），$δ=2.2$（3H 单峰），$δ=2.6$（2H 单峰）、$δ=4.0$（1H 单峰）。IR 谱在 $1\ 700\ cm^{-1}$ 及 $3\ 400\ cm^{-1}$ 处有明显吸收峰。

13-6　用 1 mol 丙烷和 2 mol 氯气进行自由基氯代反应，对生成的氯代产物进行精密分馏，得到 4 种二氯代丙烷 A、B、C、D。试从核磁共振谱的数据，推测其结构。

化合物 A：$δ=2.4$，6H 单峰（沸点 69℃）；化合物 B：$δ=1.2$，3H 三重峰，$δ=1.9$，2H 五重峰，$δ=5.8$，1H 三重峰（沸点 88℃）；化合物 C：$δ=1.4$，3H 二重峰，$δ=3.8$，2H 二重峰，$δ=4.3$，1H 多重峰（沸点 96℃）；化合物 D：$δ=2.2$，2H 五重峰，$δ=3.7$，4H 三重峰（沸点 120℃）。

13-7　下面两张 ^1HNMR 谱图，哪个代表乙酸苯甲醇酯，哪个代表对甲基苯甲酸甲酯？

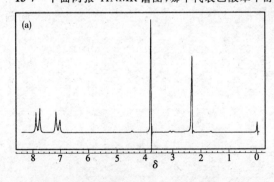 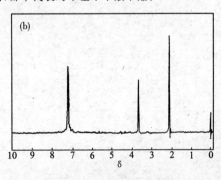

13-8　下面给出了化合物 $C_{10}H_{14}$ 的 IR 谱、^1HNMR 谱。试写出这个化合物的构造式。

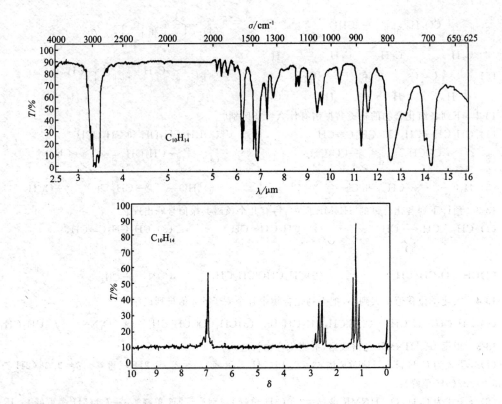